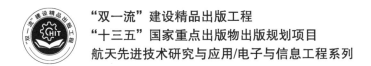

"双一流"建设精品出版工程

"十三五"国家重点出版物出版规划项目

航天先进技术研究与应用/电子与信息工程系列

随机过程分析与处理

ANALYSIS AND PROCESSING FOR STOCHASTIC PROCESS

（第2版）

高玉龙　陈艳平　何晨光　编著

U0223157

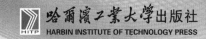

哈尔滨工业大学出版社

HARBIN INSTITUTE OF TECHNOLOGY PRESS

内容简介

本书从概率论和随机过程的发展历史出发,以随机过程的概率论基础、随机过程基本理论、随机过程的时域和频域分析原理、平稳随机过程通过系统、窄带随机过程、离散随机过程以及非平稳随机过程为主要内容。在介绍的过程中采用先确定后随机、先连续后离散的思路,便于读者对相关知识进行对比理解以至达到融会贯通的程度。

本书可作为通信工程、电子工程、信息工程的高年级本科生和研究生的教学参考书,也可供相关的工程技术人员参考。

图书在版编目(CIP)数据

随机过程分析与处理/高玉龙,陈艳平,何晨光编著.—2版.—哈尔滨:哈尔滨工业大学出版社,2020.6(2023.8重印)
ISBN 978-7-5603-8719-2

Ⅰ.①随… Ⅱ.①高…②陈…③何… Ⅲ.①随机过程-研究 Ⅳ.①O211.6

中国版本图书馆 CIP 数据核字(2020)第 031891 号

电子与通信工程
图书工作室

策划编辑	许雅莹 杨 桦
责任编辑	李长波
封面设计	屈 佳
出版发行	哈尔滨工业大学出版社
社 址	哈尔滨市南岗区复华四道街 10 号 邮编 150006
传 真	0451－86414749
网 址	http://hitpress.hit.edu.cn
印 刷	哈尔滨圣铂印刷有限公司
开 本	787mm×1092mm 1/16 印张 18.75 字数 480 千字
版 次	2017 年 3 月第 1 版 2020 年 6 月第 2 版
	2023 年 8 月第 3 次印刷
书 号	ISBN 978-7-5603-8719-2
定 价	38.00 元

(如因印装质量问题影响阅读,我社负责调换)

"十三五"国家重点图书
电子与信息工程系列

编 审 委 员 会

序

FOREWORD

　　教材建设一直是高校教学建设和教学改革的主要内容之一。针对目前高校电子与信息工程教材存在的基础课教材偏重数学理论,而数学模型和物理模型脱节,专业课教材对最新知识增长点和研究成果跟踪较少等问题,及创新型人才的培养目标和各学科、专业课程建设全面需求,哈尔滨工业大学出版社与哈尔滨工业大学电子与信息工程学院的各位老师策划出版了电子与信息工程系列精品教材。

　　该系列教材是以"寓军于民,军民并举"为需求前提,以信息与通信工程学科发展为背景,以电子线路和信号处理知识为平台,以培养基础理论扎实、实践动手能力强的创新型人才为主线,将基础理论、电信技术实际发展趋势、相关科研开发的实际经验密切结合,注重理论联系实际,将学科前沿技术渗透其中,反映电子信息领域最新知识增长点和研究成果,因材施教,重点加强学生的理论基础水平及分析问题、解决问题的能力。

　　该系列教材具有以下特色:

　　　　强调平台化完整的知识体系　该系列教材涵盖电子与信息工程专业技术理论基础课程,对现有课程及教学体系不断优化,形成以电子线路、信号处理、电波传播为平台课程,与专业应用课程的四个知识脉络有机结合,构成了一个通识教育和专业教育的完整教学课程体系。

　　　　物理模型和数学模型有机结合　该系列教材侧重在经典理论与技术的基础上,将实际工程实践中的物理系统模型和算法理论模型紧密结合,加强物理概念和物理模型的建立、分析、应用,在此基础上总结牵引出相应的数学模型,以加强学生对算法理论的理解,提高实践应用能力。

　　　　宽口径培养需求与专业特色兼备　结合多年来有关科研项目的科研经验及丰硕成果,以及紧缺专业教学中的丰富经验,在专业课教材编写过程中,在兼顾电子与信息工程毕业生宽口径培养需求的基础上,突出军民兼用特色,在满足一般重点院校相关专业理论技术需求的基础上,也满足军民并举特色的要求。

电子与信息工程系列教材是哈尔滨工业大学多年来从事教学科研工作的各位教授、专家们集体智慧的结晶,也是他们长期教学经验、工作成果的总结与展示。同时该系列教材的出版也得到了兄弟院校的支持,提出了许多建设性的意见。

我相信:这套教材的出版,对于推动电子与信息工程领域的教学改革、提高人才培养质量必将起到重要推动作用。

中国工程院院士
哈尔滨工业大学教授　　张乃通

2010 年 11 月于哈工大

第 2 版前言

PREFACE

随机性是世间万物存在的一种形态,因此研究随机性的科学便应运而生。从静态的概率论一路发展到动态的随机过程(在电信类专业可以称之为随机信号),随机性分析与处理的理论和方法逐步完善。本书主要介绍概率论和随机过程处理的发展历史,随机过程分析与处理的概率论基础,随机过程基本概念和理论,平稳随机过程的谱分析,随机过程通过系统,窄带随机过程,离散随机过程分析与处理以及非平稳随机信号处理和分析等。在介绍随机过程分析与处理理论时,采用先确定性后随机性,先连续后离散,先理论后实验的思路,便于学生掌握和理解随机过程分析与处理的难点和重点。紧密结合电信专业的具体情况给出相应的习题和例题,使学生真正明白理论的应用价值和应用方法。另外,本书侧重在物理概念和分析方法上,把复杂的理论和数学问题与实际的应用技术问题相联系,使学生深入理解随机过程的本质,掌握随机过程处理分析的相关理论与方法。更为重要的是,通过对本书内容的学习不仅仅可以学会一些具体的理论和方法,更应该学会用统计的、随机性观点看待物质世界和现实生活中的人及事物,逐步用这些观点完善我们的世界观和人生观。通过更进一步的学习可以上升到哲学的高度去引领我们更好地认识世界的本质和自然界的规律。

本书的第一个特点是不仅介绍原理和方法,而且还介绍了方法和原理的发展历史,使读者不仅学习知识,还了解知识的来龙去脉,掌握科学发展的规律,从而激发读者的创新思维。第二个特点是针对电信专业设计习题和例题,使学生掌握理论的应用方法,明白理论的应用价值。第三个特点是把随机信号历史、关键技术瓶颈及其解决思路和国际前沿动态相联系,有利于引导科研创新思维并跟踪国际发展,开阔读者的视野。第四个特点是理论联系实际,把相关的理论和实际应用相结合,并采用 Matlab 实现。

本书具体内容介绍如下:

首先为绪论。主要介绍概率论和随机通信信号处理的发展历史、研究内容、各内容之间的联系及其相应的学习方法。

第 1 章随机过程的概率论基础。主要介绍概率论的有关知识,包括概率的概念,随机变量基本概念,随机变量的数字特征,多维随机变量,随机变量函数的分布函数和概率密度函数,大数定理和中心极限定理。

第 2 章随机过程基本概念和理论。主要介绍随机过程的概念和定义,统计特征,随机过程的积分和微分定义,平稳随机过程,非平稳随机过程,各态历经过程,随机过程的联合分布和互相关函数,实际通信中常用的高斯随机过程。结合实际通信信号和噪声对这些概念和理论进行应用。

第 3 章平稳随机过程的功率谱。主要包括随机过程的功率谱定义,功率谱密度的性质,功率谱密度与自相关函数之间的关系,联合平稳随机过程的互功率谱密度,互谱密度和互相关函数的关系,平稳随机过程互谱密度的性质,通信中的噪声,理想白噪声,高斯噪声,高斯型白噪声,限带高斯噪声等。

第 4 章随机过程与系统。主要包括线性系统和非线性系统的基本理论,随机过程通过线性系统的时域数字特征,系统输出过程的平稳性和遍历性分析,平稳随机过程通过线性系统的功率谱,两个平稳随机过程之和通过线性系统,白噪声通过线性系统,线性系统输出随机过程的概率分布,随机过程通过非线性系统。

第 5 章通信中的窄带随机过程。主要介绍窄带随机过程的三种表示形式,窄带随机过程对应的解析过程及其性质,窄带随机过程正交和同相分量的性质,高斯随机过程包络与相位的概率密度,高斯过程包络平方的概率密度,马尔可夫过程的概念和相关理论。

第 6 章离散时间随机过程分析与处理。主要介绍随机过程的采样定理,随机序列的时域分析(概率密度和数字特征),随机序列的频域分析(功率谱和功率谱采样定理),随机序列通过系统(可以包括建模),平稳随机序列的时域模型,离散随机过程的参数估计(数字特征和功率谱估计)。

第 7 章非平稳随机信号分析与处理。主要包括非平稳信号处理和分析的基本概念、性质及非平稳的通信信号分析,主要讲述循环平稳信号分析和处理方法在通信信号处理中的应用。

本书从工科技术研究和教学人员的角度进行资料的选择和内容安排。作者在编撰过程中,参考了国内外有关随机过程分析与处理的著作,得到很多的启发,并根据自己的教学实践和学生的情况对随机信号处理理论和方法从一种学生和读者容易理解的角度进行撰写。另外,为了加深对基本概念的理解,灵活运用所学知识,我们在相关章的最后采用 Matlab 对相关内容进行了仿真实现。

本书绪论和第 3 章由高玉龙和何晨光撰写;第 1、2 章由高玉龙和陈艳平撰写;第 4、7 章由何晨光撰写;第 5、6 章由陈艳平撰写。

由于作者水平有限,书中难免有疏漏与不足之处,敬请各位读者和同仁批评指正。

作　者

2020 年 4 月

目　录

CONTENTS

绪　论

1. 生活中的随机过程

在人们的日常生活和科学研究中处处充满了各种确定性或随机性的现象,概率论和随机过程则是研究随机现象数量规律的数学分支。所谓的随机现象是指人们提前无法预知事情发生的结果,但这些结果也不是完全没有规律,而只是多种可能结果中的一种。例如,掷一枚硬币,不知道出现正面或反面,但肯定是二者其中之一。另外,如果测量一个物体或房间的尺寸,由于工具和环境的影响,每次测量结果可能不同,但应该在某个范围之内,也就是说测量误差应该符合某种分布。可以看出,虽然在一次随机试验中出现某种结果是有偶然性的,但如果在相同条件下大量重复的随机试验,却往往呈现出明显的数量规律性。例如,连续多次抛硬币,出现正面和反面的频率几乎相等;多次测量房间尺寸所得结果的平均值随着测量次数的增加,逐渐稳定于一个常数,并且测量值大都落在此常数的附近,测量次数越少对应的测量误差越大,也就是测量误差随测量次数的分布符合高斯分布。人们在长期实践和研究中已逐步发现了某些随机现象的规律性,经过几代人近四百年的研究形成了今天的概率论体系,其中最著名的就是大数定律和中心极限定理。在实际中,人们往往还需要研究随着时间的变化某一特定随机现象的演变情况,此时采用古典概率理论已经无法准确描述这种现象,因此逐渐出现了随机过程的相关理论。例如,某个地区每一年的降水量由于受天气等许多随机因素的影响导致其具有随机性,因此年降水量就是一个随机过程;食堂不同时刻到达窗口需要服务的学生人数;电话交换局从确定时刻起到其后的某一时刻为止所收到的呼叫次数;微小粒子在液体中因受周围分子的随机碰撞而形成不规则的布朗运动等都是随机过程。因此,随机过程可以简单地认为是随时间变化的随机变量,通常被视为概率论的动态部分。概率论主要研究概率空间上的一个或有限多个随机变量的规律性,而随机过程则研究随时间不断变化的随机变量,内容包括不同时间随机变量的规律或不同时间随机变量之间的相互关系,是随机变量概念在二维空间的拓展和延伸。目前,随机过程论已在自然科学、工程技术科学、社会科学、军事和工农业生产中得到广泛应用,在诸如天气预报、物理学、运筹决策、经济数学、安全科学、生物、通信、自动控制及计算机科学等领域都要经常采用随机过程的理论来建立数学模型。

概率论和随机过程的发展史说明了理论与实际之间的密切关系。它们的许多研究方向来源于生产活动、科学研究和工程技术中的大量实际问题所提出的应用需求。反过来,当这些方向被深入研究形成科学理论后,又可以指导实践,进一步扩大和深化应用范围。

2. 概率论和随机过程的发展历史

(1)概率史前阶段。

随机现象存在于自然界的各个方面,在很早以前这些现象已经引起了人们的注意,例如,古希腊人从航海实践中发现了许多概率经验规律,古犹太人在纪元之初就有概率加法定律和乘法定律的应用记录。古希腊哲学家亚里士多德认为自然科学是一种可能性科学,他把事件分成3类,分别是必然发生的确定性事件、在大部分情况下发生的可能性事件以及偶然发生的不可预测或不可知事件。但是由于受到知识的限制以及结果不确定因素的影响,人们一直认为随机现象的结果都由天神决定,其规则是人类无法掌握的。在现实生活中能够促使人们思考概率的事情很多,但最终孕育概率论的却是广泛使用的骰子(俗称"色子")赌博游戏。原因大概是人们经常接触骰子赌博,比较容易引起大家的注意,另外就是如果把生活中的机遇问题精确到数量上去考虑,只有赌博这种较为简单的活动才有可能。其实很早以前赌博几乎出现在世界各地的许多地方,如古埃及、古印度和中国等。在赌博的过程中,人们发明了骰子等赌博性工具,总结了赌博的简单规律。后来,慢慢有人利用简单的数学思想计算赌博输赢机会的大小,以便在赌博中获胜。公元960年左右,怀特尔德大主教计算出掷3个骰子时不计次序所能出现的不同组合有56种。13世纪左右,拉丁诗歌的《维图拉》指出这56种组合出现的机会不是相同的:3枚骰子点数一样,每个点数只有一种方式;2枚骰子点数一样而另一枚不一样,则有3种方式;如果3枚都不一样就有6种方式。但是这些结果并没有引起人们更多的思考,输赢概率的计算仍处于直觉的、散乱的经验水平上。一直到欧洲文艺复兴时期,人们一直没有把赌博与数学直接进行关联,甚至没有人意识到骰子点数下落频率的计算是可能的、有效的或每一面会以相同的频率出现等这些最简单的概率思想。对于概率思想出现得如此缓慢的现象,人们提出了许多原因。第一就是由于缺少完美平衡和"诚实"的骰子,因而阻碍了人们发现任何可察觉的规律。或者由于缺少适当的数学概念和符号而阻碍了数学的探索。缺乏刺激概率思想研究的经济问题。还有一个更可能的原因是"随机"概念本身与时空观念相对,长期以来,人们一直认为一系列的好运和坏运都是神授的。人们相信上帝或众神以某种预先确定的计划指导着世俗的事件,所以随机性的研究不但是不可能的,甚至是不可想象的。还有一个解释涉及道德的规范,赌博长期以来被视为一种不道德的行为,历史上充满了限制、制止赌博的各种措施。既然赌博被视为不道德的,那么将机会性游戏作为科学研究的对象也就几乎没有可能。然而这些原因没有一个得到广泛的认可,人们对每一个猜测都提出了反驳的理由。

(2)概率萌芽阶段。

在欧洲文艺复兴前,概率还是一个非数学的概念。直到欧洲文艺复兴时期,随着阿拉伯数字和计算技术的广泛传播,简单代数和组合数学的发展,并且影响人们思想的哲学观念开始转变,此时概率的思想才开始逐渐浮出水面。现在有史可查的对于赌博问题最早加以研究的事件是从意大利开始的,那时候贵族之间盛行赌博,掷骰子是他们常用的一种赌博方式。因骰子的形状为小正方体,当它被掷到桌面上时,每个面向上的可能性是相等的,即出现1点至6点中任何一个点数的可能性是相等的。当时就有人思考不同情况出现的可能性大小以及对观察结果如何加以归类计算等问题。例如,1477年意大利但丁的《神曲》的注释本讲到了投掷3颗骰子可能出现的各种结果。15世纪后期和16世纪早期,一些数学家开始思考赌博游戏中各种存在结果的数学概率,开始从纯数学的角度研究概率,根据这些研究成果最终提出了古典概率的概念,即要把出现的结果分解为一些同等可能出现的结果,其数目与全部可能结果数之比就是该情况的概率。此定义最初出自何人已无法考证,因为这些早期的赌博家或者学者,都没有著作流传下来。另外比较重要的事件是在这期间出现了分赌本问题,它的文字记载最早在1494年帕西奥利的一本著作中,该问题成为推动概率论研究的着力点和动力之一。所谓的分赌本问题就是,A、B 二人赌博,每人的赌金是 a 元,每人每局获胜的概率为 1/2,并且规定,谁先赢得 S 局,谁就获得全部的 $2a$ 元赌金。当进行到 A 胜 S_1 局,B 胜 S_2 局时(S_1 和 S_2 都小于S),赌博因故停止,问此时的 $2a$ 元赌金怎样分配才公平合理?由于当时并没有很明确的规定公平合理的标准是什么,因此人们给出了不同的解决方法。帕西奥利本人则提出按照 $S_1:S_2$分配,意大利数学家塔泰格利亚则认为很难找到数学方法进行分配,而是应该交给法官决定。虽然这样,他也给出了自己的解法,如 $S_1 > S_2$,则 A 取走自己的 a 元,并取走 B 的 a 元中的$(S_1 - S_2)/S$,反之亦然。

　　现在有流传下来关于赌博问题的研究最为人知的著作是意大利的卡尔达诺(1501—1576),他是意大利数学和医学教授,天资聪明,常常不循规蹈矩,有着丰富有趣的生活经历。他最著名的著作是 1524 年出版的《伟大的艺术》,其中包括了那个时代所有发展起来的代数规则,包括三次和四次方程的解法。在他一生中超过 40 年的时间里,卡尔达诺几乎每天都参与赌博。早年时他就认定,如果一个人赌博不是为了钱,那么就没有什么能够弥补在赌博中耗去的时间,这些时间本来是可以花在更值得做的事情上,比如学习。作为对在不合适的活动中浪费时间的补偿,他认真地分析了这种活动中的智力因素所起的作用,例如,从一副牌中抽出 A的概率;同时掷两个骰子,出现点数的和为 7 的概率等问题。最终,在一本名叫《机遇博弈》的书中,他阐述了对这些调查、思考的结果和关于赌博实践的体会,从道德、理论和实践等方面对赌博进行了全面的探讨。这本书大约在 1546 年完成,但直到一百多年后的 1663 年才出版。这本书的内容一部分是他自己个人赌博经验的总结,如什么时候适合赌博,如何判断赌博是否公平,如何识别和防止赌博中的欺骗。在书中他认为在分牌时,得到某一张牌的机会是随着前一张牌的选走而增大的,如果掷一个骰子能掷出 2、4、6,同时也能掷出 1、3、5。因此,如果骰子是"诚实"的,那么下赌注就应依据这种等可能性;如果骰子不是"诚实"的,那么它就以一定的或大一点或小一点的比例离开这种等可能性。他的思想已包含了"在'诚实'的情况下把概率定义为等可能性事件的比"的思想萌芽,即一个特殊结果的概率是所有达到这个结果可能方法的数目与所有可能结果的方法总和的比值。这是人们第一次看到关于骰子的问题由经验向理论的思想转变。从这一角度来讲,有人认为卡尔达诺可以被称为是"概率论之父",概率论这一个数学分支应当以他作为起点。另外,他明确了胜率是有利结果与不利结果之比,由于在他的那个时代组合理论发展还很不充分,无法用现有的方法进行求解,但书中给出了计算全部结果数的一些方法。但令人遗憾的是,卡尔达诺作为经验丰富的赌博家,在其著作中没有关于实际赌博中各种结果出现频率的记载,这应该是因为那个时候人们还没有认识到频率和概率的关系,特别是频率逼近概率这个后来被伯努利称之为"笨人皆知"的事实。另外,卡尔达诺也对分赌本问题进行了研究,通过较深的推理和计算于 1539 年提出了按照 $r_2(r_2+1):r_1(r_1+1)$ 的比例进行分配,其中 $r_i = S - S_i (i=1,2)$,他的解法在今天看来是不正确的,但他已经注意到$S - S_i$ 的作用,而不是 S_1 或 S_2 本身。

　　除了卡尔达诺,伟大的天文学家伽利略也对骰子问题的数学化进行了研究,在《关于骰子游戏的思想》的著作中伽利略解释了在抛掷 3 枚骰子时为什么会有 216 种同等可能的结果的问题以及 3 枚骰子的某些和数的出现看来似乎有同样大小的可能性,而实际上却不是同等可能的,如和数为 10 比和数为 9 更占有优势等问题。至此,概率论思想开始萌芽、发展,随后人们逐渐开始对其进行更加详细的研究。

(3)组合概率阶段。

17 世纪中叶,法国有一位热衷于骰子游戏的贵族德·梅耳受到前述概率论思想的启蒙,经常从数学的角度提出和思考赌博中出现的需要计算可能性大小的一些问题,包括前面所说的分赌本问题,但他自己无法给出答案。于是他将这些问题寄给了当时的法国数学家帕斯卡(1623—1662),这开启了概率论发展的历史。不知什么原因,帕斯卡没有立即回答德·梅耳的问题,而是把它交给另一位法国数学家费马(1601—1665),他是一位业余数学研究爱好者,虽然没受过特别的数学训练,但是在数学这一领域,却取得了同时代其他数学家不可比拟的重大发现,他和笛卡儿(1596—1650)各自独立发明的解析几何学为微积分奠定了技术基础。费马在 17 世纪的数论领域里有着丰富的成果,以至于后来数论成为一个正式的抽象数学领域,这与他的贡献密不可分。作为一个谦逊朴实的人,费马很少发表文章,但是他与当时很多一流数学家不断通信,并在他的同时代人中有相当的影响力。费马的众多重要的贡献丰富了数学的很多领域,所以被称为"业余数学家之王"。1654 年 7~10 月,两位伟大的法国数学家帕斯卡和费马之间为了解决德·梅耳的问题开始了具有划时代意义的通信。他们共有 7 封信,其中费马写了 3 封,在信中他们围绕着赌博中的数学问题开始了深入细致的研究和交流。借鉴前人关于概率的相关知识,他们用计算等可能的有利和不利情况数作为计算机遇数的方法,此时他们还没有使用概率这个术语,但与前人相比,他们广泛使用组合和递推公式等初等概率的有关知识对赌博中的问题进行了研究,终于用不同的方法完整地解决了"分赌本问题"。他们给出的分赌本的计算结果中包含了二项式定理以及概率的加法和乘法定理等,更为重要的是他们将此题的解法向更一般的情况推广,从而建立了概率论的一个基本概念——赌博的值,并定义为赌注乘以胜率。另外,在这些信中他们还讨论了更为复杂的赌博输光问题。这些问题后来被与牛顿齐名的荷兰科学家惠更斯获悉并进行研究,于 1657 年出版《论赌博中的机会》一书。这本书被认为是迄今为止关于概率论最早的论著,在欧洲作为概率论的标准教材长达 50 年之久,在著作中惠更斯把帕斯卡和费马所说的赌博的值正式定义为期望。在这本书中,他从公平期望的 1 条公理出发推出关于期望的 3 条定理,在此基础上利用递推法等解决了当时的一些赌博问题,最后提出了 11 个问题,这些定理和问题称为惠更斯的 14 个命题。

因此可以说早期概率论的真正创立者是帕斯卡、费马和惠更斯,他们主要采用组合数学的知识对概率的相关基本问题进行研究,得到了古典概率若干重要的结论,因此这一时期被称为组合概率时期。在这期间,帕斯卡和费马正确解决了"分赌本问题",这一事件被伊夫斯称为"数学史上的一个里程碑",成为数学概率论的起始标志。之所以不把卡尔达诺的著作作为概率论起源的始点,是因为在卡尔达诺的著作中只有一小部分内容是处理机会计算的。就像卡尔达诺的大多数作品一样,这种处理似乎只是零碎和模糊的,混杂于卡尔达诺的个人奇闻轶事、哲学思考、大量流行的赌博者常用的欺骗策略和精明的心理应用等建议之中,并且他的著作中所阐述的数学思想对数学家和一般的赌博者几乎都没有什么影响。因为对于当时的数学家而言,概率太游戏化;而对赌博者来说,概率又太数学化。而帕斯卡和费马的通信除了正确解决了一些概率论问题和概念之外,还创造了一种研究的传统——用数学方法研究和思考机会性游戏,这种传统统治这个领域达半个多世纪的时间。所以,综合考虑所有这些因素,帕斯卡和费马关于赌博问题的解决在数学概率论历史中的标志性地位是当之无愧的。

（4）古典概率阶段。

惠更斯的《论赌博中的机会》一书的主要研究内容是针对赌博中各种情况出现概率的计算。而把概率论由局限于对赌博机遇的研究扩展到其他领域，使概率论成为数学一个分支的另一奠基人是瑞士数学家雅各布·伯努利（1654—1705）。雅各布·伯努利在前人研究的基础上，继续分析赌博中的其他问题，给出了"赌徒输光问题"的详尽解法，并证明了概率论中第一个极限定理——伯努利大数定理。伯努利大数定理用公式表示为

$$\lim_{N \to +\infty} P\left(\left|\frac{X}{N} - p\right| \geqslant \varepsilon\right) = 0 \tag{1}$$

其中，X/N 表示事件发生的频率；p 表示事件发生的概率；ε 为任意小的正数。

定理表示当试验次数很大时，事件出现的频率以概率意义收敛于事件概率。这是研究等可能性事件的古典概率论中极其重要的结果，第一次在单一概率值与众多现象的统计度量之间建立了演绎关系，构成了从概率论通向更广泛应用领域的桥梁，标志了概率概念漫长形成过程的终结，也是数学概率论的开始，对概率论的发展有着不可估量的影响。因此，雅各布·伯努利被称为概率论的奠基人。大数定律证明的发现过程极其困难，为了证明大数定律的猜想，雅各布·伯努利用了二十多年时间，做了大量的试验计算，最终完成了这一定理的证明。在证明的过程中雅各布·伯努利发现了很多新方法，取得了很多新成果。这些成果发表在1713年出版的遗著《推测术》中。该书第1部分对惠更斯的《论赌博中的机会》做了详细的注解，内容总量为前者的4倍以上，第2部分较为系统地阐述了组合数学的相关内容，总结了包括莱布尼兹等一些数学家关于组合数学的研究结果。第3部分是利用前面两部分的内容解决赌博中的问题。《推测术》的前三部分是古典概率的系统化和深化，而第4部分则是雅各布·伯努利对大数定理的推导过程，也是本书的精华所在。伯努利在书的结尾对自己工作的意义进行了总结："如果我们能把一切事件永恒地观察下去，我们终将发现世间的一切事物都受到因果律的控制，而我们也注定会在种种极其杂乱的现象中认识到某种必然。"从大数定律可以看出，虽在一次随机试验中其结果受偶然性支配难以确定，但当试验次数足够多时其结果就会呈现出某种规律性，这就是所谓的"统计规律性"。大数定律体现了事物偶然性和必然性的关系，第一次用数学的语言对此进行了描述，这一认识具有很高的哲学意义，需要说明的是他的思想也有因果论的某些局限性。当然，现在学过概率论的人都能够简单利用切比雪夫不等式推导大数定律，但当时还没有方差的概念，而切比雪夫不等式也是在1887年发现并证明的。

此后，雅各布·伯努利的侄子同时也是《推测术》定稿人的尼古拉·伯努利对概率论的相关问题进行了研究，提出了著名的"圣彼得堡问题"，提高了伯努利逆概问题的求解精度，也就是给定概率和误差时试验次数 N，用公式表示为：如果已知 ε, c，且 ε 很小，c 很大，求满足

$$P\left(\left|\frac{X}{N} - p\right| \leqslant \varepsilon\right) \geqslant \frac{c}{c+1} \tag{2}$$

的 N 的最小值。雅各布·伯努利给出的答案不够精确，甚至是非常粗糙的。尼古拉·伯努利改变了思路，他把 N 固定，估计概率 P_d，其中 $P_d = P(|X - Np| \leqslant d)$。曾经有个例子，在同样的条件下雅各布·伯努利给出的 N 为 25 550，尼古拉·伯努利计算的 N 为 17 350。后来按照棣莫弗的方法 N 为 6 600，这主要是因为 P_d 是一些二项概率之和，棣莫弗之前的人还没有找到计算它们的方法。

棣莫弗（1667—1754）出生于法国，成名于英国，但一生困苦。棣莫弗上学期间非常喜欢

数学,但由于当时教会的阻挠,只能偷偷地学习,他最感兴趣的是惠更斯的《论赌博中的机会》,这给了他概率论的启蒙。1684 年,棣莫弗在法国杰出的数学教育家奥扎拉姆的鼓励下学习了欧几里得的《几何原本》等数学家的重要著作,1685 年由于参加震惊欧洲的宗教骚乱被捕入狱,出狱后移居伦敦,抵达伦敦不久,棣莫弗利用做家庭教师的间隙仔细研读了牛顿刚刚出版的《自然哲学的数学原理》,为他打下了坚实的数学基础,并开始进行学术研究。棣莫弗在雅各布·伯努利的《推测术》出版之前,就对概率论进行了广泛而深入的研究。1711 年,他在英国皇家学会的《哲学学报》上发表了《论抽签的原理》,该文于 1718 年出版时翻译成《机会的学说》,后来扩充成一本著作。当时,他在书中并没讨论上述雅各布·伯努利讨论的问题,直到1738 年《机会的学说》再版时,才给出了上述问题的解决方法。

促使棣莫弗进行二项概率研究的不是伯努利的工作,而是一个偶然的事件。1721 年的某天,一位名叫亚历山大·礴明的人向棣莫弗询问了一个和赌博相关的问题:A、B 两人在赌场里赌博,A、B 各自的获胜概率是 $p,q=1-p$,共赌 N 局,假设 X 表示 A 胜的局数,并且两人约定:若 $X > Np$ 则 A 付给赌场 $X-Np$ 元;反之则 B 付给赌场 $Np-X$ 元。问赌场挣钱的期望值是多少?该问题用现在的理论解决非常简单,其实质是一个二项分布的数学期望,棣莫弗假设 Np 为整数,求出的结果是 $2Npqb(N,p,Np)$。其中 $b(N,p,Np)=C_N^i p^i q^{N-i}$ 是常见的二项概率。但是对具体的 N,其中的二项公式中有组合数,但在当时并没有阶乘组合数的计算方法,对于比较大的 N 计算相当困难,这就驱动棣莫弗寻找近似计算的方法。与此相关联的另一个问题是,如果随机变量 $X \sim B(N,p)$,求 X 落在二项分布中心点一定范围内的概率 $P_d = P(|X-Np| \leqslant d)$。对于 $p=1/2$ 的情形,棣莫弗进行了研究,给出了关于阶乘 $N!$ 的近似公式,但是结果还不够精确。与此同时,他把这个问题告诉了他的朋友斯特林(1692—1770),他在棣莫弗的基础上给出了关于阶乘运算的更一般结果,棣莫弗的计算公式是它的一个特例,因此阶乘公式在数学上被称为斯特林公式或斯特林逼近。可以看出斯特林公式的雏形是棣莫弗最先得到的,但斯特林改进了这个公式,并进行了一般化推广。1733 年,棣莫弗很快利用斯特林公式计算二项概率问题,得到如下重要的公式

$$P\left(\left|\frac{X}{N}-\frac{1}{2}\right| \leqslant \frac{c}{\sqrt{N}}\right) \approx \int_{-2c}^{2c} \frac{1}{\sqrt{2\pi}} e^{-x^2/2} dx \tag{3}$$

它是二项分布的中心极限定理的雏形,是概率论中第二个基本极限定理的原始表达。这一发现开辟了中心极限定理这个概率论发展的新方向。令人惊讶的是,在这个公式中首次以积分的形式出现了正态分布的概率密度函数,这也正说明了二项分布的极限分布是正态分布。但当时棣莫弗还不知道这就是正态分布的概率密度函数,只是以数学的形式体现出来。

棣莫弗的《机会的学说》在概率论发展中起着承前启后的作用,尤其在二项分布、正态分布函数和中心极限定理等方面的工作。他的发现同样包含着重要的哲学意义:在人们以为是纯粹偶然的事件中,可以寻找出其规律和必然。正如他在该书第 3 版中所指出的那样,尽管机会具有不规则性,但是由于机会无限多,随着时间的推移,不规则性与秩序相比将显得微不足道。他认为,这种秩序自然是从"固有设计中"产生而来的。

除了上述成果外,棣莫弗在《机会的学说》中得到了泊松分布的一种特殊情形,并将母函数用于对正态分布的讨论,开创了一种概率论研究的新方法。此外,他在这部著作中还对赌博中涉及的其他概率问题进行了深入探讨。

棣莫弗发表成果 40 年后的 1770 年,拉普拉斯(1749—1827)把 $p=1/2$ 推广到 $0 < p < 1$

的情形,建立了中心极限定理较一般的形式,即

$$\lim_{N\to+\infty} P\left(\frac{X_n - Np}{\sqrt{Np(1-p)}} \leqslant x\right) = \int_{-\infty}^{x} \frac{1}{\sqrt{2\pi}} e^{\frac{-t^2}{2}} dt \tag{4}$$

此公式被后人称为棣莫弗－拉普拉斯极限定理,这是概率论中心极限定理的原始形式。中心极限定理随后又被其他数学家推广到其他任意分布的情形,在样本量 N 趋于无穷的时候,其极限分布都是正态的形式,这构成了数理统计学中大样本理论的基础。

除了上述成果之外,在 1812 年拉普拉斯的《概率分析理论》一书中,他把在概率论上的发现以及前人所有成果进行归纳整理,明确地对古典概率做出了定义,并在概率论中引入了随机变量、数字特征、特征函数、拉普拉斯变换、差分方程和母函数等更有力的数学分析工具,从而实现了概率论由单纯的组合计算到分析方法的过渡,将概率论推向一个新的发展阶段。该书和雅各布·伯努利的《推测术》以及棣莫弗的《机会的学说》成为概率论发展史上的三大具有里程碑意义的著作,标志着古典概率的形成。另一在概率论发展史上的代表人物是法国的数学家、几何学家和物理学家泊松(1781—1840),他推广了伯努利的大数定律。伯努利大数定律证明了事件在完全相同条件下重复进行的随机试验中频率的稳定性,而泊松定理表明,当独立进行的随机试验的条件变化时,随着试验次数 N 的无限增大,在 N 次独立试验中,事件 A 的频率在各次试验中事件 A 出现概率的算术平均值处取得稳定值,也就是频率仍然具有稳定性。基于这些成果,泊松于 1838 年提出了泊松分布。另外,德国数学家高斯也对概率论的发展做出了很大贡献,他在研究天文测量数据误差处理时引入了最小二乘方法,首次给出了极大似然的思想,解决了误差概率密度分布的问题,明确证明了误差的概率密度函数为

$$f(x) = \frac{1}{\sqrt{2\pi}\,\sigma} e^{-\frac{x^2}{2\sigma^2}} \tag{5}$$

此式就是正态分布函数表达式。高斯的这项工作对后世的影响极大,而正态分布也因此被冠名为高斯分布。从此之后,概率论的研究中心则集中在推广和改进伯努利大数定律和中心极限定理两个方面。19 世纪后期由于受到哲学思想的影响,概率论学科在西欧备受抨击,使概率论研究无人问津。正是以俄国数学家切比雪夫为首的圣彼得堡数学学派以及物理学的蓬勃发展挽救了岌岌可危的概率论研究。切比雪夫(1821—1894)一生发表了 70 多篇科学论文,内容涉及数论、概率论、函数逼近论、积分学等方面。他证明了贝尔特兰公式,自然数列中素数分布的定理,大数定律的一般公式以及中心极限定理。他一开始就抓住了古典概率论中的大数定律这个具有基本意义的问题。1845 年,在其硕士论文《试论概率论的基础分析》中借助十分初等的工具 ——$\ln(1+x)$ 的麦克劳林展开式,对雅各布·伯努利大数定律做了精细的分析和严格的证明。1846 年,他又发表了《概率论中基本定理的初步证明》,文中给出了泊松形式的大数定律的证明。1866 年,切比雪夫发表了论文《论平均数》,进一步讨论了作为大数定律极限值的平均数问题,用他所创立的切比雪夫不等式建立了有关独立随机变量序列的大数定理,即具有相同数学期望和方差的独立随机变量序列的算术平均值依概率收敛于数学期望,表达式为

$$\frac{1}{N}\sum_{i=1}^{n} X_i - \frac{1}{N}\sum_{i=1}^{n} E[X_i] \xrightarrow{P} 0 \quad (N\to+\infty) \tag{6}$$

当 N 足够大时,算术平均值几乎就是一个常数。这是关于大数定律的普遍结果,许多大数定律的古典结果都是它的特例。因此,根据此定理可以用算术平均值近似地代替数学期

望。1867年,他发表了更为重要的《关于概率的两个定理》,开始对随机变量之和收敛到正态分布的条件,即中心极限定理进行讨论,建立了有关各阶绝对矩一致有界的独立随机变量序列的中心极限定理。

切比雪夫引出的一系列概念和研究方法为俄国以及后来苏联的数学家继承和发展。1898年,马尔可夫对切比雪夫的中心极限定理进行补充证明,圆满地解决了随机变量和按正态收敛的条件问题。1901年李雅普诺夫则发展了特征函数方法,对一类相当广泛的独立随机变量序列,证明了中心极限定理。他还利用这一定理第一次科学地解释了实际中遇到的许多随机变量近似服从正态分布的原因,从而引起中心极限定理研究向现代化方向上的转变。继李亚普诺夫之后,辛钦提出了独立同分布的大数定律,柯尔莫哥罗夫则对概率论的公理化研究做出了决定性的贡献,莱维和林德贝格则提出了独立同分布的中心极限定理。到20世纪30年代,有关独立随机变量序列的极限理论已经逐渐完备成熟,成为切比雪夫所开拓的古典极限理论在20世纪抽枝发芽形成繁茂大树的基础。切比雪夫工作的主要意义在于他总是渴望从极限规律中精确地估计任何次试验中的可能偏差并以有效的不等式表达出来。

(5)概率公理化阶段。

随着18、19世纪科学的发展,人们注意到某些生物、物理和社会现象与机会游戏相似,从而由机会游戏起源的概率论被应用到这些领域中,同时也大大推动了概率论本身的发展。但是,随着概率论在其他基础学科和工程技术上的应用,由拉普拉斯给出的古典概率定义的局限性很快便暴露了出来,甚至无法适用于一般的随机现象,特别是对于几何概率的计算出现了自相矛盾的结果,比如著名的贝特朗悖论,即在圆内任作一弦,求其长超过圆内接正三角形边长的概率。采用不同的方法会得到概率为1/2、1/3、1/4共3种完全不同的答案。可以说,到20世纪初,概率的古典定义已经严重阻碍了概率论的进一步发展和应用,急需扩展概率的定义以便适合各种情况。受到当时数学其他分支公理化潮流的影响,1900年希尔伯特在世界数学家大会上公开提出了建立概率论公理化体系的问题。最先从事这方面研究的是庞加莱、博雷尔及伯恩斯坦。伯恩斯坦于1917年构造了概率论的第一个公理化体系,此后凯恩斯及米泽斯等人相继提出了自己关于概率论公理化的观点。凯恩斯主要以主观概率为基础提出了相关的公理体系,但最后证明有失合理性。和主观概率学派相对立的是以米泽斯为代表的频率理论学派,该学派把频率极限的存在性作为他的第一条公理。他的第二条公理是:对随机选取的子试验序列,事件出现的频率的极限也存在并且极限值相等。严格说来,第二条公理没有确切的数学含义。因此,这种所谓公理化在数学上是不可取的。这些学者失败的原因是他们采用形而上学的观点,试图在孤立学科范围内建立概率论的公理体系。

20世纪初完成的勒贝格测度和勒贝格积分理论以及随后发展起来的测度理论,为概率论公理体系的确立奠定了理论基础。测度论的奠基人,法国数学家博雷尔(1781—1956)把区间[0,1]赋以的勒贝格测度看作概率测度,首先将测度论方法引入概率论重要问题的研究,于1909年证明了强大数定律,他的工作激起了数学家们沿这一崭新方向进行研究的兴趣。人们通过对概率论的事件与概率这两个最基本的概念的长期研究,发现事件的运算与集合的运算完全类似,概率与测度有相同的性质。到了20世纪20~30年代,随着大数定律研究的深入,概率论与测度论的联系越来越明显。例如,强、弱大数定律中的收敛性与测度论中的几乎处处收敛及依测度收敛完全类似。在这种背景下,柯尔莫哥罗夫(1903—1987)在1926年推导了弱大数定律成立的充分必要条件。随后,他又对博雷尔提出的强大数定律问题给出了最一般的结果,从而解决了概率论"大数定律"这个中心课题,成为以测度论为基础的概率论公理化的前奏。1933 年他在《概率论基础》中以集合论、测度论与实变函数论为工具建立了集合测度与事件概率的类比、积分与数学期望的类比、函数的正交性与随机变量独立性的类比等,这种广泛的类比赋予概率论演绎数学的特征。许多在直线上的积分定理都可移植到概率空间,在此基础上第一次给出了概率的测度论定义和一套严密的公理体系。这一公理体系着眼于规定事件及事件概率的最基本的性质和关系,并用这些规定来表明概率的运算法则。它们是从客观实际中抽象出来的,既概括了概率的古典定义、几何定义及频率定义的基本特性,又避免了各自的局限性和含混之处。这一公理体系一经提出,便迅速得到数学家们的普遍认可。它的出现是概率论发展史上的一个里程碑,为现代概率论的蓬勃发展打下了坚实的基础,使概率论成为严谨的数学分支。由于公理化,概率论成为一门严格的演绎科学,并通过集合论与其他数学分支密切联系,充分显示了数学的简洁美与统一美。

因此可以说惠更斯的《论赌博中的机会》把具体赌博问题的分析提升到一定的理论高度,标志着概率论的创立。雅各布·伯努利的《推测术》给出第一个大数定理,开辟了概率论极限理论研究的先河,标志着概率论成为独立的数学分支。棣莫弗的《机会的学说》给出概率论中第一个中心极限定理和最重要的分布——正态分布。拉普拉斯的《概率的分析理论》系统总结了古典概率论的理论体系,开创了概率论发展的新阶段,实现了概率论由组合技巧向分析方法的过渡。柯尔莫哥罗夫的《概率论基础》则建立了概率论公理化体系,使概率论从半物理性质的科学演化为严格的数学分支,奠定了近代概率论的基础。

当然,柯尔莫哥罗夫概率论公理化体系的构造并没有解决所有的概率论原则问题。概率论公理体系只是将概率的某些性质进行了公理化。关于随机性的本质这个基本问题仍未解决。随机性与确定性的界限在什么地方、是否存在等这些带有哲学性质的问题值得研究和关注。后来柯尔莫哥罗夫为此付出了许多努力,试图从复杂性、信息和其他概念等方面来解决这个问题。他在晚年提出了一个平行地研究确定性现象复杂性、偶然性现象统计确定性的庞大计划,其基本思想是:有序王国和偶然性王国之间事实上并没有一条真正的边界,数学世界原则上是一个不可分割的整体。需要说明的是,由于柯尔莫哥罗夫公理化体系将人们对于概率的一些共识或者基本性质抽象出来,形成一套公理体系,然后依据这套体系逐步发展出一套概率理论,因此成为概率研究的绝对主流。我们这里所谈到的概率论的学习也是指以柯尔莫哥罗夫公理化体系为基础的概率理论。

(6)随机过程阶段。

在 20 世纪初,受到概率论发展的影响以及实际问题的研究需要,静止的概率论已经不能满足要求,人们开始研究随机过程,随机过程理论是由柯尔莫哥罗夫和杜布奠定的。这一学科最早源于物理学的研究,如吉布斯、玻耳兹曼和庞加莱等人对统计力学的研究,以及后来爱因斯坦、维纳和莱维等人对布朗运动的开创性工作。

1900 年,巴施里耶首次将布朗运动用于股票价格的描述。1905 年爱因斯坦和斯莫卢霍夫斯基各自独立地研究了布朗运动,他们用不同的概率模型求得了运动质点的转移密度。但直到 1923 年,维纳才利用三角级数首次给出了布朗运动的严格数学定义,并证明了布朗运动轨道的连续性。1907 年前后,马尔可夫开始研究一列有特定相依性的随机变量,也就是现在经常研究的离散马尔可夫过程。这是一种无后效性随机过程,即在已知当前状态下,随机过程未来状态与其过去状态无关。

虽然上述关于随机过程的研究较早,但由于只是对特殊的随机过程进行处理,还没有建立随机过程一般性的理论。因此,一般情况下,通常认为随机过程一般理论的研究开始于1931年柯尔莫哥罗夫发表的《概率论的解析方法》和1934年辛钦发表的《平稳过程的相关理论》两篇著作,它们奠定了马尔可夫过程和平稳过程的理论基础。随后的1935年柯尔莫哥罗夫提出了可逆对称马尔可夫过程概念及其特征所服从的充要条件,这种过程成为统计物理、排队论、模拟退火以及人工神经网络等领域的重要模型。1936—1937年可数状态马尔可夫链状态分布被提出。所有这些关于随机过程的研究,都是基于分析方法,即将概率问题化为微分方程或泛函分析等问题来解决。从1938年开始,莱维开始着眼于轨道性质的概率方法,系统深入地研究了布朗运动,取得了一系列重要成果,他充分利用概率的直觉性,将逻辑与直觉结合起来,倡导了研究随机过程的一种新方法。莱维于1948年出版著作《随机过程与布朗运动》,提出了独立增量过程的一般理论,这极大地促进了对作为一类特殊的马尔可夫过程的布朗运动的研究。1943年帕尔姆在电话业务问题的研究中运用了泊松过程。后来,辛钦于20世纪50年代在服务系统的研究中进一步发展了泊松过程。1942年,伊藤清用它来研究一类特殊而重要的马尔可夫过程——扩散过程,开辟了研究马尔可夫过程的又一重要途径,为研究马尔可夫过程开辟了新的道路。1951年,伊藤清建立了关于布朗运动的随机微积分方程的理论。随机积分与随机微分方程的建立不仅开辟了随机过程研究的新道路,而且为随机分析这门数学新分支的创立和发展奠定了基础。

另一类有重要意义的随机过程是鞅,布朗运动也是其特例。从20世纪30年代起,莱维等人就开始研究鞅序列,把它作为独立随机变量序列部分和的推广。20世纪40年代到50年代初,美国数学家杜布对鞅进行了系统的研究,得到有名的鞅不等式、停止定理和收敛定理等重要结果。1953年,杜布出版了名著《随机过程论》,他系统地介绍了随机过程的基本理论,并提出了鞅论的概念。自1939年维尔引进鞅的概念后使鞅论成为随机过程一门独立的分支,杜布使随机过程的研究进一步抽象,不仅丰富了概率论的内容,而且为调和分析、复变函数和位势理论等其他数学分支提供了有力工具。1962年,迈耶解决了杜布提出的连续时间的鞅分解为鞅及增过程之差的问题。在解决这个问题的过程中,出现了很多新鲜而深刻的概念,使鞅和随机过程一般理论的内容丰富起来。鞅的研究丰富了随机过程的内容,并引起人们用它所提供的新方法新概念对概率论中许多经典的内容重新审议,把以往认为是复杂的东西纳入鞅论的框架而加以简化。此外,利用鞅的分解定理,可以把伊藤清对布朗运动的随机积分推广到对一般鞅乃至半鞅的随机积分。因而,更一般的随机微分方程的研究也随之发展。最近出现的流形上的随机微分方程又和微分几何及分析力学的研究发生了密切的联系。

通过以上的分析可以看出,在数学上研究随机过程的方法多种多样,主要可分为两大类:一类是概率方法,采用轨道性质、停时、随机微分方程等方法;另一类是分析方法,采用测度论、微分方程、半群理论、函数论、希尔伯特空间等分析工具。但许多重要结果往往是由两者并用而取得的。此外,组合方法、代数方法在某些特殊随机过程的研究中也起一定的作用。

需要说明的是,概率论和随机过程蕴涵着丰富的哲学思想,因此它的发展与人们的思想发展紧密相连,甚至可以说影响是非常巨大的。刚开始的时候受到有神论的影响,比如概率论发展的关键人物帕斯卡说道:"自然界中的万物无一不令人怀疑和不安。若无论在何处都看不到上帝的印证,我将会否定他的存在;如果我在每一处都看到了上帝的光辉,我将安心于自己的信仰。但看到的太多了,以致无法忘却和抛弃,可信的太少了以致无法确认。我处于可怜兮兮的境地,曾上百次地祈祷,若上帝支配着自然界,则自然界就应毫不含糊地显示神迹;如果上帝的印记是谬误,则自然界就应该把上帝的迹象抹去;大自然要么道出全部真理,要么一言不发。果真如此,我也就知道该站在哪一边了。"帕斯卡认为概率论将解决整个一生中困惑其思想、耗费其身体、折磨其精神的复杂的基本问题。他运用赌博作为研究概率论的起点,而以运用上帝的行为为终点。

18 世纪后,随着牛顿力学的发展,机械决定论的思想在欧洲科学界占据了主导地位,人们的思想受到机械决定论的严重束缚。大多科学家们认为,蕴涵在牛顿力学中的严格决定论以及因果必然性的观念可通过类似上帝的数学计算和逻辑推演而实现。世界上任何事物皆由因果必然性严格决定,而随机性被看作科学的敌人。拉普拉斯也受到了其深刻影响,他认为如果演算技术足够先进,就可完全确定世界上的一切。但他否定自然现象的神学解释,对莱布尼茨和牛顿等人企图以数学臆想来证明神存在的思想感到惋惜。

在拉普拉斯以后,很多人对概率论的认知逐渐摆脱了机械决定论的束缚。比如俄国科学家布尼亚科夫斯基认为概率论属于科学体系,它不允许科学家从完全无知中得到正确推断,认为随机现象不是人类的无知,而是科学的本性。1860 年,切比雪夫在讲授概率论时所给定义为:概率论的目的就是确定某些事件发生的机会,这些事件是指任何其出现概率可以确定的事件。因此,从数学意义上来说概率是可以被测量的数值。这是概率论的抽象定义,它向概率论的公理化迈出了启发性一步。

随着哲学和其他学科的发展,人们逐渐接受了辩证唯物主义思想,对事物的认识更加客观科学。正是唯物辩证法的科学性使很多数学家摆脱了孤立、静止的观点,致力探索事物内外在联系和相互作用,从而在数学各分支的基础研究方面取得若干成果。借助勒贝格测度及一般抽象测度的积分理论,柯尔莫哥罗夫提出了概率论的公理化结构,使概率论和随机过程成为一个严密的数学分支。

通过概率论和随机过程理论的发展历史可以看出,同其他自然科学一样,概率论也是应社会发展需要而发展起来的,推动概率论发展的强大动力是社会实践的需要,因此不能简单地认为概率论起源于对赌博问题的研究,这种观点仅看到个别历史事件和表面现象,而未看到推动概率论形成的本质因素。欧洲从 14 世纪至 17 世纪初,先后进入了文艺复兴时期,在宗教、政治、思想和文化等领域出现了反封建的大变革,各种工业经济活动日趋增多,这对数学家提出了更高的要求,他们需要研究偶然现象中蕴藏的客观规律,估计事件发生的可能性,这就为概率论的诞生创造了条件。长期以来所积累的哲学思想也为概率论诞生奠定了基础。所以赌博问题仅是概率论诞生的导火索而已。

可以说概率论和随机过程的发展不仅受到社会、经济和生产力发展的影响,还受到人们思想的影响,且同自然科学和社会科学紧密联系,连同本身的内在矛盾相互制约、彼此推动,促使其从对立矛盾发展到相对和谐统一,从而形成了概率论和随机过程的基本内容、基本形式以及基本方法。另外重要的一点就是,现代的数学课本都是按照数学内在逻辑进行组织编排的,虽然逻辑结构上严谨优美,却把数学问题研究的历史痕迹抹得一干二净。就像 DNA 双螺旋结构的发现者之一詹姆斯·沃森在他的名著《DNA 双螺旋》的序言中说:"科学的发现很少会像门外汉所想象的一样,按照直截了当合乎逻辑的方式进行。"

概率论研究的就是随机现象的统计规律,而概率哲学思想就是揭示隐藏在偶然性内部的客观规律。正如恩格斯所说:"在表面偶然性起作用的地方,这种偶然性始终是受内部隐蔽规律支配的。而我们的问题只是在于发现这些规律。"大数定律说明了偶然性和必然性的统一,中心极限定理则表明很多事物发展到最后都是殊途同归,而随机过程则要求我们用动态的观点来看待问题。从概率论发展的历程来看,每一次概率论的发展都是人们思想发展的体现,都是当前期理论无法解决实际问题时,众多科学家费尽周折重新对其进行解释定义才能找到符合自然规律的新理论。今天,我们更应该坚持辩证的科学的方法思考问题,要敢于否定,不迷信权威,时时刻刻解放思想,实事求是,只有这样才能创新发展,为社会的进步做出更大的贡献。

3. 通信中的随机过程

为了更好地理解通信中的随机过程,首先给出通信的定义,简单来说就是信息正确地在多个地方传递。典型的通信系统如图 1 所示。

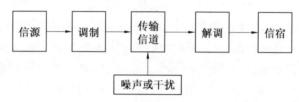

图 1　典型的通信系统

在通信过程中需要确定性信号和随机信号来承载和传递各种信息。在《信号与系统》中详细介绍了确定性信号分析与处理方法。本书则重点介绍随机信号的分析与处理方法。

通信必须有信源输出数据,例如文本、音频、图像、视频等数据,对于信源来说数据是随机产生的,并受到各种因素的影响不可能准确预测(如能预测,则无须进行通信)。信号是数据的载体,因此表示数据的信号也不可能是单一和确定的,而是各种随机信号。

信号在经过信道传输和设备接收中,会遇到各种干扰和噪声,比如自然界中的各种电磁噪声和设备本身产生的热噪声、散粒噪声等,这些干扰和噪声的波形更是各式各样、随机不可预测的,称其为随机干扰和随机噪声。传递信号时会受到噪声的干扰,为了准确地传递和接收信号,就要把这些随机噪声和干扰的性质分析清楚,然后采取相应的办法进行消除以便达到有效可靠通信的目的。上述介绍的仅仅是点到点的通信过程,在此基础上的各种通信网络也存在着许多随机现象,如在通信网中每个用户接入系统的问题,如果把用户到达或接入所需时间的统计规律研究清楚就可以有效地管理各种通信资源以提高系统效率,这些问题的研究就涉及随机过程中的排队论理论。

通过以上对通信过程的分析可以看出,通信中的干扰、噪声以及承载信息的信号都是随机信号,因此,通信过程中的随机信号和噪声均可归纳为依赖于时间的随机过程。这种过程的基本特征是:它是时间 t 的函数,但在任一时刻观察到的值却是不确定的,是一个随机变量。或者,它可看成是一个由全部可能试验结果构成的总体,每个试验结果都是一个确定的时间函数,而随机性就体现在出现哪一个试验结果是不确定的。例如,有 n 台性能相同、工作条件也相同的通信机,用 n 部记录仪同时记录各部通信机的输出噪声波形。测试结果表明,得到的 n 条记录波形曲线并不因为有相同的条件而输出相同的波形。恰恰相反,即使 n 足够大,也找不到两个完全相同的波形。图 2 给出 $n=3$ 的示意图。

这就是说,通信接收机输出的噪声电压随时间的变化是不可预测的,因而它是一个随机过程。一次记录就是一个样本,无数次记录构成的总体就是一个随机过程。

尽管随机信号和随机噪声为何种波形是不可预测的、随机的,但它们具有统计规律性。研究随机信号和随机干扰统计规律性的数学工具是随机过程理论。随机过程是随机信号和随机干扰的数学模型,其基本思想是把概率论中随机变量的概念推广到包含时间和试验结果的二维函数。

4. 课程特点和学习方法

随机过程是一门研究随机变化过程的特点与规律性的学科,主要包括随机过程分析与处理的基本概念、理论和方法,为通信系统的分析和设计提供理论基础和工具。本书的主要内容可以用图3表示。

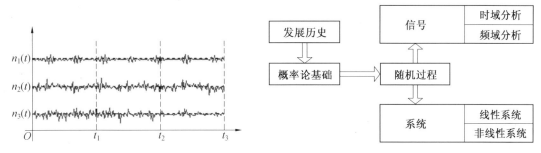

图 2　观察 3 台的噪声波形　　　　图 3　本书的主要内容

本书介绍的重点内容是随机过程的基本概念、随机过程的统计特性、随机过程通过系统的分析、通信系统中常见的窄带以及正态随机过程的分析等。随机过程分析是以概率论和确定性信号分析为基础。因此,本书是概率论和信号与系统的结合,是在它们基础上的扩展。

需要说明的是,随机过程的分析方法和确定性信号的分析方法有显著不同,所以学习方法也会不同。学习时可以抓住下面 3 个特点:

(1)统计的概念。

由于随机过程不像确定性的信号有明确的表达式,因此一定要用统计的观点看待相关的概念和理论,要弄清楚基本概念是在什么意义下以多大的概率趋近某个结果。要彻底改变确定性信号分析中的思路和方法,理解和应用统计的观点分析和解决问题。

(2)模型的概念。

不同的随机过程模型代表了不同的分布类型,可以表述不同的物理事件。大家应该深刻理解各种模型所代表的物理现象以及对应参数的含义,并能够熟练应用它们解决实际问题。

(3)物理概念。

美国概率学家 Rick Durrett 教授指出学习概率论和随机过程的两个方面,第一就是基于测度论的严格数学,另一个就是基于概率的思考方法,也可以理解成概率的物理直观。也就是说概率论和随机过程模型背后都有实际的物理意义和背景,但另外需要注意的是很多概念都是物理现象和背景的理想化模型,和实际的物理过程有一定的差别,所以不能认为现实世界和理论模型是完全一样的,理论是现实世界的抽象和建模。

总之,随机过程通常被视为概率论的动态部分,在概率论中研究的随机现象,都是在概率空间上的一个或有限多个随机变量的规律性。但在实际问题中,还需要研究一些随机现象的发展和变化过程,即随时间不断变化的随机变量,这就是随机过程所要研究的对象。在研究随机过程时人们透过事物表面的偶然性描述出事物发展的必然内在规律并以概率的形式来描述这些规律，从偶然中发现蕴藏的必然正是这一学科的魅力所在。可以说通过随机过程理论可以让人们见微知著，通过现象找到本质。

本书绪论部分介绍了概率和随机过程的发展历史，从中可以看出二者的联系和区别，通过本章可以清晰地了解它们的发展过程以及带来的启示。第 1 章是概率论知识的总结和归纳，也是后续内容的基础，特别是随机变量的概念是本书的重点，因为随机过程是动态的随机变量。在此基础上，第 2 章介绍了随机过程的基本概念和理论，通过该章读者可以了解随机过程的各种分类、定义以及它的诸多性质，如平稳性和遍历性、数字特征等，当然这些内容大都是从时域的角度来分析随机过程，这远远不能完整地描述随机过程的全部特性，因此在第 3 章介绍随机过程的频域表示，也就是随机过程的功率谱密度的定义和推导过程，以及随机过程的功率谱密度和自相关函数的关系，建立了和确定性信号分析相统一的维纳-辛钦定理。其实，不管时域还是频域，前述各章都是分析随机过程本身的统计特性，而在实际的应用中，随机过程要经历各种数学处理和信道，这些处理和信道都可以建模为系统，因此分析随机过程通过系统后的各种统计特性是随机过程理论应用的重点和关键。在第 4 章把系统分为线性和非线性，代表实际应用中的不同物理情况，主要分析通过系统后的时域和频域统计特性以及概率密度函数。阐述完随机过程的一般概念和理论后，第 5 章针对通信信号分析和处理中常用的窄带随机过程进行介绍，先介绍一般性的窄带随机过程以及它的表示形式，然后阐述常用的高斯窄带随机过程的相关知识。上述所有内容都是从连续的角度对随机过程进行分析和处理，而在实际应用中，我们处理的随机过程大都是离散随机过程的一个样本，因此第 6 章主要阐述离散随机过程的各种概念和理论，它是连续随机过程的离散化处理，所以可以完全借鉴前述各章的知识和内容。另外，对于一个样本的有限数据介绍了利用它们进行随机过程特征参数估计的方法。到此为止，经典的随机过程理论已经阐述完毕，可以说前面处理的都是平稳随机过程，但很多时候特别是通信信号都具有非平稳性，此时前面的很多方法和理论都将失效，因此在第 7 章简单介绍了非平稳随机过程的处理方法，当然更深更详细的介绍大家可以参考相关的专业书籍。至此，本书的内容全部介绍完毕，我们的总体思路就是从静态到动态、从连续到离散、从平稳到非平稳、从简单到复杂的思路介绍随机过程的各种知识，以便读者可以更好地理解各个知识点之间的联系。

第 1 章

随机过程的概率论基础

通过本章的学习,复习概率论的基础知识,尤其是通信信号分析与处理中涉及的概率论知识。本章的教学重点主要包括概率的概念、随机变量的定义、分布函数、概率密度函数、数字特征和随机变量分布、多维随机变量、随机变量函数的分布函数和概率密度函数、大数定理和中心极限定理;难点为概率论基本概念的理解,随机变量和随机变量函数的分布函数与概率密度函数的计算以及对大数定理和中心极限定理在通信系统中的应用。基本知识点总结如下。

序号	内　　　容	要求
1	概率空间,随机变量的分布函数和概率密度函数	理解掌握
2	边缘分布和条件分布: $f_X(x) = \int_{-\infty}^{+\infty} f_{XY}(x,y)\mathrm{d}y = \int_{-\infty}^{+\infty} f_{X\mid Y}(x\mid y)f_Y(y)\mathrm{d}y$	熟练掌握
3	随机变量函数的概率密度: 单调: $f_Y(y) = f_X(h(y))\mid h'(y)\mid$ 非单调: $f_Y(y) = f_X(h_1(y))\mid h'_1(y)\mid + f_X(h_2(y))\mid h'_2(y)\mid$ 二维: $f_{Y_1Y_2}(y_1,y_2) = \mid J\mid f_{X_1X_2}(x_1,x_2)$	熟练掌握
4	随机变量间的关系: 独立: $f_{XY}(x,y) = f_X(x)f_Y(y)$ 不相关: $\rho_{XY} = 0, R_{XY}(x,y) = E[X]E[Y], Cov(X,Y) = 0$ 正交: $R_{XY}(x,y) = E[XY] = 0$ 以及不相关和独立之间、正交与不相关之间的关系	可进行判断 和证明
5	大数定理和依概率收敛的意义: $\lim_{n \to +\infty} P(\mid p_n - p\mid \geqslant \varepsilon) = 0$	理解
6	切比雪夫不等式: $P(\mid X - E[X]\mid \geqslant \varepsilon) \leqslant \dfrac{D[X]}{\varepsilon^2}$	理解
7	中心极限定理	理解

1.1 概率的概念

1.1.1 概率的定义及其基本概率

概率是衡量一个事件发生的可能性大小的数量指标,其值介于 0 和 1 之间。由于事件类型不同导致不同的概率定义,我们首先给出 3 种具体的概率定义,然后给出概率的统一公理化定义,以便读者能够从各个角度对概率进行理解,使读者对其有全面的认识。因此,本节介绍概率的定义和相关的基本概念。

1. 随机事件和样本空间

为了说明概率的定义,首先回顾概率论中的基本概念。如果一个试验在相同条件下可以重复进行,而每次试验的可能结果不止一个,但在进行一次试验之前却不能断言它出现哪个结果,则称这种试验为随机试验。随机试验的可能结果称为随机事件,不可再分的事件称为基本事件,所有基本事件的集合称为样本空间,记为 $\Omega = \{\omega_1, \omega_2, \cdots, \omega_n\}$,样本空间的每个元素称为样本点。也就是说随机事件是样本空间的子集。一般要求样本空间具有完备性和互斥性。所谓的完备性是指样本空间必须包含随机试验的所有可能的基本结果;互斥性是指样本空间中的任意两个基本事件不能在一次试验中同时发生,即基本事件互斥。从中可以看出,可以采用集合论的知识对概率论进行研究,这是因为事件的关系及运算与集合的关系及运算是一致的,只是由于概率论中的事件及其运算有着很强的直观背景。表 1.1.1 给出了事件的概率运算及其对应的集合表示。

表 1.1.1　事件的概率运算及其对应的集合表示

	概率论	集合论	文氏图
样本空间 (必然事件)	Ω 随机试验的所有基本结果	全集	
样本点 (基本事件)	ω 随机试验的基本结果	Ω 的元素	
事件	A	Ω 的子集	
对立事件	$\overline{A}$ A 不发生	A 的补集	
不可能事件	$\varnothing$	空集	
事件的和	$A \cup B$ A 发生或 B 发生	A、B 的并	

续表 1.1.1

概率论		集合论	文氏图
事件的积	$A \cap B$ A、B 同时发生	A、B 的交	
事件的差	$A - B$ A 发生而 B 不发生	A、B 的差	
互斥事件	$A \cap B = \varnothing$ A、B 不同时发生	A、B 互不相交	
蕴含	$B \subset A$ B 发生导致 A 发生	B 包含于 A	

2. 概率的统计定义

进行 n 次重复试验,记 $n(A)$ 为事件 A 的频数,称 $f_n(A) = \dfrac{n(A)}{n}$ 为事件 A 的频率。当 $n \rightarrow +\infty$ 时,频率 $f_n(A) \rightarrow$ 常数 $P(A)$,则 $P(A)$ 称为事件 A 发生的概率。从上述定义可以看出,频率表示事件发生的频繁程度,而概率表示事件发生的可能性,如果试验次数足够多,那么频率具有稳定性,且趋近于事件概率。因此可以采用频率的稳定值作为该事件的概率。可以说频率在某种意义上反映了事件发生的可能性大小。但频率依赖于具体的试验,且必须有多次试验才可计算频率,而概率只要有一次试验即可计算。比如在掷一枚硬币之前就知道出现正面的概率为 0.5,而篮球中的投篮命中率就是一个频率意义上的概念。概率的统计定义提供了估算概率的方法,但是要确定某事件的概率,就必须进行大量试验,这在实际中难以办到,即使有条件大量试验也无法确切地指出频率的稳定值。概率的统计定义是以频率稳定性为客观依据(伯努利大数定律),因而从本质上说是科学的,但这个定义不是定量的。根据定义,我们至多知道在大多数情形下把大量重复试验所得到的频率作为随机事件的概率的近似值是合理的,定义本身不能给出概率的精确值。

3. 概率的古典定义(古典概型或离散等可能概型)

概率的古典定义是由法国数学家拉普拉斯提出的。如果一个随机试验所包含的单位事件是有限的,其对应的样本空间为 $\Omega = \{\omega_1, \omega_2, \cdots, \omega_n\}$,且每个单位事件发生的可能性均相等,也即每个基本结果发生的概率是相同的,则用公式可以表示为 $P(\omega_1) = P(\omega_2) = \cdots = P(\omega_n) = \dfrac{1}{n}$。设任一事件 A,它由 $\omega_1, \omega_2, \cdots, \omega_m$ 组成,则有

$$P(A) = P((\omega_1) \bigcup (\omega_2) \bigcup \cdots \bigcup (\omega_m)) = P(\omega_1) + P(\omega_2) + \cdots + P(\omega_m)$$
$$= \frac{m}{n} = \frac{A \text{ 所包含的基本事件数}}{\text{基本事件总数}} \tag{1.1.1}$$

从上面的定义可以看出,古典概率具有有限性(所有可能出现的基本事件只有有限个)和等可能性(每个基本事件出现的可能性相等)。

4. 概率的几何定义（几何概型或连续等可能概型）

古典概型只适合有限离散等可能的情况，若随机试验的结果为无限不可数并且每个结果出现的可能性均匀，同时样本空间中的每一个基本事件可以使用一个有界区域来描述，则称此随机试验为几何概型试验。对任一事件 A，$P(A) = L(A)/L(\Omega)$，L 为相应几何测度，可以为长度、面积或体积，由此可以看出概率是连续的。

5. 概率的公理化定义（数学定义）

上述概率的定义都是针对某一类型的事件定义其对应的概率计算方法，它们没有统一的计算方法，也就是说没有普适性，但是通过分析发现它们具有很多相同的性质。因此，在上述定义的基础上，1933 年苏联大数学家柯尔莫哥罗夫给出了概率的公理化定义，它适合上述所有的情况，具有一般性。下面给出概率的公理化定义。设 E 是随机试验，Ω 为其样本空间，以 E 中所有可能的随机事件组成的集合 F 为定义域，对任意事件 A，规定一个实值函数 $P(A)$，$A \in F$，如果 $P(A)$ 满足下列 3 个条件：

① 非负性：$P(A) \geqslant 0$；

② 规范性：$P(\Omega) = 1$；

③ 可列可加性：设 $A_1, A_2, \cdots, A_n$ 为两两互斥事件，有

$$P(A_1 \bigcup A_2 \bigcup \cdots \bigcup A_n) = P(A_1 + A_2 + \cdots + A_n) = P(A_1) + P(A_2) + \cdots + P(A_n)$$

则 $P(A)$ 称为事件 A 的概率。

概率的公理化定义完全包含了前述各种概率定义的全部思想。它采用实数描述事件，此时概率就是一种实变函数，在此情况下可以利用高等数学知识来研究概率问题，也就是说通过公理化定义，概率的研究变成了数学的研究，这是概率论成为一个严密数学分支的重要依据。

6. 概率空间

根据上述概率的公理化定义，为了阐述概率空间的概念，我们给出事件域的定义。样本空间作为基本事件的集合，包含很多子集，把空集、全集以及满足集合运算封闭性的子集组成的集合称为事件域 F，即概率公理化中的定义域。特别指出，样本空间 Ω 称为必然事件，而空集 $\varnothing$ 称为不可能事件。$P(A)$ 是定义在样本空间 Ω 中事件域 F 上的概率，满足概率公理化定义中的 3 个条件。对随机试验 E 而言，样本空间 Ω 给出它的所有可能的试验结果，事件域 F 给出了由这些可能结果组成的各种各样的事件，而概率 P 给出每一事件发生的概率，则 (Ω, F, P) 称为概率空间。

概率空间是研究概率论的一个框架，通过这个框架来对偶然性和相应概率进行定义而不用担心一致性问题。从测度理论的角度，概率空间 (Ω, F, P) 是一个总测度为 1 的测度空间，也即是 $P(\Omega) = 1$。

7. 条件概率

设 A、B 是两个事件，且 $P(A) > 0$，则称 $\dfrac{P(AB)}{P(A)}$ 为事件 A 发生条件下、事件 B 发生的条件概率，记为 $P(B \mid A) = \dfrac{P(AB)}{P(A)}$。条件概率是概率的一种，因此所有概率的性质都适合于条件概率。相应于概率对应的概率空间，条件概率对应条件概率空间。

8. 主观概率和客观概率

一般来说,把在同样条件下可无限次重复的事件称为可重复性事件,比如掷骰子、抛硬币等,当然这里的同样条件不是要求那么严格,不是说抛硬币就需要相同的天气、相同的地点等。除了可重复性事件还有一次性事件,比如"明天正常上班"等,把可重复事件的概率称为客观概率,而把一次性事件发生的概率称为主观概率。客观概率的决定是有一定的公认原则进行决定的,不随着人的意志而改变,但主观概率会因人而异。

例 1.1　抛硬币试验的一个更合理的概率赋值方法是:对于概率空间 (Ω, F, P) 做如下定义,基本事件为 $\Omega = \{$正面(h),反面(t),边缘$(e)\}$,相应的概率为 $P\{h\} = 0.49$,$P\{t\} = 0.49$,$P\{e\} = 0.02$,则其事件域定义为 F 所有可能的子集,即 $F = \{\{\phi\}, \{h\}, \{t\}, \{e\}, \{h, t\}, \{h, e\}, \{t, e\}, \{h, t, e\}\}$。

1.1.2　概率计算法则

为了更好地理解概率的运算法则,给出概率典型的运算公式,其中包括四则运算、全概率公式和贝叶斯公式。

1. 加法公式

$A + B$ 表示 A 发生、B 发生且 AB 不同时发生,用集合表示为 A 与 B 的并集。$P(A + B) = P(A) + P(B) - P(AB)$,当 $P(AB) = 0$ 时,$P(A + B) = P(A) + P(B)$。

2. 减法公式

$A - B$ 表示 A 发生且 B 不发生,用集合表示为 A 与 B 的差集。$P(A - B) = P(A) - P(AB)$,当 $B \subset A$ 时,$P(A - B) = P(A) - P(B)$。当 $A = \Omega$ 时,$P(\overline{B}) = 1 - P(B)$。

3. 乘法公式

$P(AB) = P(A)P(B \mid A)$,更一般地,对事件 $A_1, A_2, \cdots, A_n$,若 $P(A_1 A_2 \cdots A_{n-1}) > 0$,则有 $P(A_1 A_2 \cdots A_n) = P(A_1)P(A_2 \mid A_1)P(A_3 \mid A_1 A_2) \cdots P(A_n \mid A_1 A_2 \cdots A_{n-1})$。

4. 全概率公式

为了更好地说明全概率公式,先介绍划分的概念。如果事件组 $A_1, A_2, \cdots, A_n$ 满足:

① $\bigcup\limits_{i=1}^{n} A_i = \Omega$;

② $A_i \bigcap A_j = \varnothing (i \neq j)$,则称 $A_1, A_2, \cdots, A_n$ 为样本空间 Ω 的一个划分,又称为样本空间 Ω 的一个完备事件组。

正确理解一个划分是合理使用全概率公式和贝叶斯公式的关键。全概率公式可以理解为已知事件发生的原因求其对应的结果。下面给出其定义。

设事件 $A_1, A_2, \cdots, A_n$ 满足:$A_1, A_2, \cdots, A_n$ 两两互不相容,每个事件对应的概率为 $P(A_i)$,$i = 1, 2, \cdots, n$,对于任一事件 A,则全概率公式表示为

$$P(A) = \sum_{i=1}^{n} P(A \mid A_i)P(A_i)$$

证明如下:

$$A = \Omega A = (A_1 + A_2 + \cdots + A_n)A = A_1 A + A_2 A + \cdots + A_n A \tag{1.1.2}$$

显然，$A_1A, A_2A, \cdots, A_nA$ 均两两互不相容，则由概率的可加性及乘法公式可知

$$P(A) = P(A_1A + A_2A + \cdots + A_nA) = \sum_{i=1}^{n} P(A_iA) = \sum_{i=1}^{n} P(A_i)P(A \mid A_i) \quad (1.1.3)$$

5. 贝叶斯公式

与全概率公式相反，贝叶斯公式为已知结果求导致该结果的原因。其定义为：$A_1, A_2, \cdots,$ A_n 两两互不相容，组成一个完备事件组，每个事件对应的概率为 $P(A_i), i = 1, 2, \cdots, n$，对于任一事件 A，如果 $P(A) > 0$，则

$$P(A_i \mid A) = \frac{P(A_i)P(A \mid A_i)}{\sum_{j=1}^{n} P(A_j)P(A \mid A_j)} \quad (i = 1, 2, \cdots, n) \tag{1.1.4}$$

式 (1.1.4) 于 1763 年由英国数学家贝叶斯 (Bayes) 给出。它是在观察到事件 A 已发生的条件下，寻找导致 A 发生的每个原因 A_n 的概率。贝叶斯公式反映了"因果"的概率规律，并做出了"由果朔因"的推断。$P(A_i), i = 1, 2, \cdots, n$ 称为先验概率。$P(A_i \mid A)$ 称为后验概率。先验概率是指根据以往经验和分析得到的概率。利用过去历史数据计算得到的先验概率称为客观先验概率。当历史数据无从取得或数据不完全时，凭人们的主观经验来判断而得到的先验概率称为主观先验概率。而后验概率是基于新的数据，修正原来的先验概率后所获得的更接近实际情况的估计概率。先验概率不是根据有关事件发生的全部数据测定的，而只是利用现有的数据计算的。根据定义可以看出后验概率使用了有关事件更加全面的数据，既有先验概率，也有最新补充的数据信息。需要说明的是，先验概率和后验概率是相对的，如果以后还有新的信息引入，更新现在的后验概率，得到新的概率值，那么这个新的概率值被称为后验概率。

例 1.2　在一只盒子里有 100 只电阻，其阻值和容许偏差见表 1.1.2。先从该盒子中选取一只电阻，并假设每只电阻被选中的可能性相同，定义两个事件 D 和 E：事件 D 为"选取一只 22 Ω 的电阻"，事件 E 为"选取一只容许偏差为 10% 的电阻"。另外，定义两个互斥事件 B_1 和 B_2 使 $B_1 \bigcap B_2 = \varnothing$，$B_1$ 为"选取一只容许偏差为 5% 的电阻"，B_2 为"选取一只容许偏差为 10% 的电阻"，在此基础上定义事件 F 为"选取一只 22 Ω，且容许偏差为 5% 的电阻"。求 $P(D)$、$P(E)$、$P(D \bigcap E)$、$P(D \mid E)$ 和 $P(E \mid D)$，用全概率公式求事件 D 的概率，用贝叶斯公式求事件 F 的概率。

表 1.1.2　阻值和容许偏差

阻值	5% 偏差的电阻数	10% 偏差的电阻数	总数
22 Ω	10	14	24
47 Ω	28	16	44
100 Ω	24	8	32
总数	62	38	100

解　根据题中给出的条件：每只电阻被选中的可能性相同，可以求得

$$P(D) = 24/100, \quad P(E) = 38/100, \quad P(D \bigcap E) = 14/100,$$

$$P(D \mid E) = 14/38, \quad P(E \mid D) = 14/24$$

根据全概率公式可以得到

$$P(D) = P(D|B_1)P(B_1) + P(D|B_2)P(B_2) = \frac{10}{62}\frac{62}{100} + \frac{14}{38}\frac{38}{100} = \frac{24}{100} \quad (\text{例 } 1.2.1)$$

根据贝叶斯公式可以得到

$$P(F) = P(B_1|D) = P(D|B_1)P(B_1)/P(D) = \frac{10}{62}\frac{62}{100}\bigg/\frac{24}{100} = \frac{10}{24} \quad (\text{例 } 1.2.2)$$

例 1.3　一基本的数字通信系统,信源发出 0 或 1 两个符号中的一个,从信道到信宿的过程中可能会发生错误,也就是 1 变成 0 或 0 变成 1。现在定义事件 B_1 为"发送为 1",事件 B_2 为"发送为 0",事件 A_1 为"接收为 1",事件 A_2 为"接收为 0",并且已知 $P(B_1) = 0.6, P(B_2) = 0.4, P(A_1|B_1) = P(A_2|B_2) = 0.95, P(A_2|B_1) = P(A_1|B_2) = 0.05$。求 $P(A_1), P(A_2), P(B_1|A_1), P(B_2|A_1), P(B_1|A_2), P(B_2|A_2)$。

解　根据题意,事件 A_1 和事件 A_2 为互斥事件,并且样本空间仅包含 A_1 和 A_2 事件,因此可以得到

$$P(A_1|B_i) + P(A_2|B_i) = 1 \quad (i = 1, 2) \quad (\text{例 } 1.3.1)$$

根据全概率公式,可以得到事件 A_1 和 A_2 的概率为

$$P(A_1) = P(A_1|B_1)P(B_1) + P(A_1|B_2)P(B_2) = 0.95 \times 0.6 + 0.05 \times 0.4 = 0.59$$

$$(\text{例 } 1.3.2)$$

$$P(A_2) = P(A_2|B_1)P(B_1) + P(A_2|B_2)P(B_2) = 0.05 \times 0.6 + 0.95 \times 0.4 = 0.41$$

$$(\text{例 } 1.3.3)$$

根据贝叶斯公式可得

$$\begin{cases} P(B_1|A_1) = P(A_1|B_1)P(B_1)/P(A_1) = 0.95 \times 0.6/0.59 = 0.966 \\ P(B_1|A_2) = P(A_2|B_1)P(B_1)/P(A_2) = 0.05 \times 0.6/0.41 = 0.073 \\ P(B_2|A_1) = P(A_1|B_2)P(B_2)/P(A_1) = 0.05 \times 0.4/0.59 = 0.034\ 6 \\ P(B_2|A_2) = P(A_2|B_2)P(B_2)/P(A_2) = 0.95 \times 0.4/0.41 = 0.927 \end{cases} \quad (\text{例 } 1.3.4)$$

在上述结果中 $P(B_1|A_2)$、$P(B_2|A_1)$ 是由于信号经过信道导致的错误概率,而 $P(B_1|A_1)$、$P(B_2|A_2)$ 是通信系统的正确传输概率。

1.2　随机变量基本概念

1.2.1　随机变量定义

根据 1.1 节的内容可知,概率空间为随机现象的集合数学模型,概率为建立在事件域上的集合函数。对于集合函数,无法直接利用高等数学对其进行处理和研究,因此必须通过某个机制在集合函数和高等数学中的点函数之间建立联系,这就是随机变量。假设随机试验的每一个可能的结果 ω(即每一基本事件)对应样本空间的集合 Ω 中每一元素,令一个实数 $X(\omega)$ 来表示该元素,定义样本空间 Ω 上的实值函数 X 为随机变量。其严格的数学定义为:设已知一个概率空间 (Ω, F, P),对于试验结果 $\omega \in \Omega, X(\omega)$ 是一个实值函数,若对于任意实数 $x_1, \{\omega : X(\omega) < x_1\}$ 是一个随机事件,也就是 $\{\omega : X(\omega) < x_1\} \in F$,则称 $X(\omega)$ 为随机变量。显然,随机变量是一个映射:$X(\omega) : \Omega \to \mathbf{R}$,也即是随机变量 X 是随机现象各种样本点 ω 的函数,其定义域为样本空间 Ω 的基本事件,其值域为 $\mathbf{R} = (-\infty, +\infty)$。若随机变量 X 可能取值的个数为有限个或无限可

列个,则称 X 为离散随机变量。若随机变量 X 的可能取值充满某个区间 $[a,b]$,则称 X 为连续随机变量。

随机变量概念是 20 世纪 30 年代以后由苏联学者首先提出的,它的提出是概率论发展史上的重大事件。随机变量的引入使随机试验中的各种事件可以通过随机变量的关系式表达出来。随机变量概念提出以后,对随机现象统计规律的研究就由对事件及事件概率的研究转化为对随机变量及其取值规律的研究,建立了概率研究的数学模型。随机事件是从静态的观点来研究随机现象,而随机变量则是一种动态的观点,可以说随机事件的概念是包含在随机变量这个更广的概念之中。

1.2.2 随机变量的分布函数和概率密度函数

1. 随机变量的分布函数

一般情况下,人们只对某个区间内的概率感兴趣,即研究以下四种区间的概率,用公式表示为 $P(a < X \leqslant b)$、$P(a \leqslant X \leqslant b)$、$P(a \leqslant X < b)$ 或 $P(a < X < b)$,其中 $b \geqslant a$。根据概率的定义,当 $\varepsilon \to 0$ 时有如下结论成立

$$
\begin{cases}
P(a < X \leqslant b) = P(X \leqslant b) - P(X \leqslant a) \\
P(a \leqslant X \leqslant b) = P(X \leqslant b) - P(X \leqslant a - \varepsilon) \\
P(a \leqslant X < b) = P(X \leqslant b - \varepsilon) - P(X \leqslant a - \varepsilon) \\
P(a < X < b) = P(X \leqslant b - \varepsilon) - P(X \leqslant a)
\end{cases}
\tag{1.2.1}
$$

由式(1.2.1)可知,区间概率的四种情况都可以归结为 $P(X \leqslant x)$ 形式的加减运算,因此引出随机变量分布函数的定义

$$
F_X(x) = P(X \leqslant x) \quad (-\infty < x < +\infty)
\tag{1.2.2}
$$

它表示随机变量 X 在区间 $(-\infty, x]$ 上的概率,本质上是一个累积函数,因此又被称为累积分布函数(Cumulative Distribution Function,CDF)。累积分布函数建立起了随机变量和高等数学函数之间的桥梁,是用来描述在样本空间中随机变量以何种概率取值的问题。按照概率的概念,结合式(1.2.2),很容易得出 $F_X(x)$ 具有下列重要性质:

① 单调不降:$\forall x_1, x_2 \in (-\infty, +\infty)$ 且满足 $x_1 < x_2$,则 $F_X(x_1) \leqslant F_X(x_2)$;

② 有界:$0 \leqslant F_X(x) \leqslant 1$,$F_X(+\infty) = \lim\limits_{x \to +\infty} F_X(x) = 1$,$F_X(-\infty) = \lim\limits_{x \to -\infty} F_X(x) = 0$;

③ 右连续性:$\lim\limits_{x \to x_0^+} F_X(x) = F_X(x_0)$ 或 $F_X(x_0 + 0) = F_X(x_0)$。

对于右连续性可以采用高等数学中的连续性定义进行证明。需要说明的是,右连续性是式(1.2.2)的定义中小于等于所确定的。如果我们的定义只是小于,则满足左连续性。一般来说,美国和西欧定义为右连续,而俄罗斯和东欧定义为左连续,我国则采用右连续。对于连续型随机变量而言,因为任意一点上的概率等于零,左连续和右连续的定义没有区别,但对于离散型随机变量,如果 $P(X=x) \neq 0$,此时左连续和右连续时的 $F_X(x)$ 值则不相同。

上述三个性质是判断一个函数是否是某个随机变量分布函数的充要条件。上述分布函数的定义不仅适用连续型随机变量,还可以描述离散型及其他非连续型随机变量,但需要说明的是,不同的随机变量可以有相同的分布函数。

根据累积函数定义,计算离散随机变量的分布函数将采用累加的形式。例如:设 X 表示抛三次硬币的试验中出现正面朝上的次数,则 $X = 0, 1, 2$ 或 3。借助于阶跃函数的定义,离散

型随机变量的分布函数可以表示为

$$F_X(x) = \sum_{i=1}^{n} P(X = x_i) U(x - x_i) \tag{1.2.3}$$

其中，$U(x - x_i)$ 为阶跃函数。而对于连续型随机变量，它的分布函数 $F_X(x)$ 借助于下节将介绍的概率密度函数采用积分的形式进行计算，也就是如果存在函数 $f_X(x)$ 使得对任意的 x，有

$$F_X(x) = \int_{-\infty}^{x} f_X(t) \mathrm{d}t = P(X \leqslant x) \tag{1.2.4}$$

其中，$f_X(x)$ 称为随机变量 X 的概率密度函数。

注意，存在既非离散型又非连续型的分布函数，如

$$F_X(x) = \begin{cases} 0 & (x < 0) \\ \dfrac{1}{2}x & (0 \leqslant x < 1) \\ 1 & (x \geqslant 1) \end{cases} \tag{1.2.5}$$

一般情况下，对此种随机变量不进行研究。

2. 随机变量的概率密度函数

对于离散型和连续型的随机变量，其概率密度函数可以统一定义为

$$f_X(x) = \frac{\mathrm{d}F_X(x)}{\mathrm{d}x} = \lim_{\Delta x \to 0} \frac{F_X(x + \Delta x) - F_X(x)}{\Delta x} \tag{1.2.6}$$

也即是累积分布函数的导数，因此累积分布函数也是概率密度函数的积分。由于离散型和连续型的随机变量情况不同，因此按照以下两种情况分别对其进行具体讨论。

① 离散型随机变量的概率密度函数。设离散型随机变量 X 的可能取值为 $x_i (i = 1, 2, \cdots)$，事件 $(X = x_i)$ 的概率为 $P(X = x_i) = p_i$，其对应的分布函数为

$$F_X(x) = P(X \leqslant x) = \sum_{i : x > x_i}^{n} p_i U(x - x_i) \tag{1.2.7}$$

根据概率密度函数定义，对分布函数求导可得到

$$f_X(x) = \sum_{i=1}^{n} P(X = x_i) \delta(x - x_i) \tag{1.2.8}$$

离散型随机变量的概率密度函数也可采用离散分布律来表示，表示方法主要有解析法和列表法。由概率的性质不难知道，任何一个离散随机变量的概率分布都满足非负性和完备性。所谓非负性是对于任意的 $p_i \geqslant 0 (i = 1, 2, \cdots, n)$，而完备性是指所有概率加起来为 1，即 $\sum_{i=1}^{n} p_i = 1$。图 1.2.1 给出了一个具体的例子。

② 连续型随机变量的概率密度函数。连续型随机变量的概率密度函数定义如下：设 $X(\omega)$ 是连续随机变量，$F_X(x)$ 是它的分布函数，如果存在函数 $f_X(x)$ 使得对任意的 x，有

$$F_X(x) = \int_{-\infty}^{x} f_X(t) \mathrm{d}t = P(X \leqslant x) \tag{1.2.9}$$

则称 $f_X(x)$ 是随机变量 X 的概率密度函数或称为密度函数。离散型分布函数反映在各个分布点上，而连续型随机变量在各个分布点上的分布函数为 0，显然不能反映其分布本质，故而使用其相应的 $f_X(x)$ 概率密度或称分布密度来反映分布规律，二者之间的关系可以从图 1.2.2 中看出。

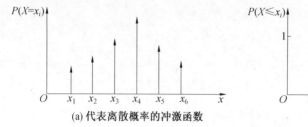

图 1.2.1　离散随机变量的概率函数

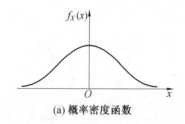

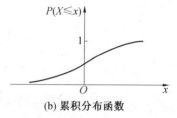

图 1.2.2　连续型随机变量的概率函数

连续型随机变量的概率密度函数具有下列性质：

性质 1　非负性：$\forall x \in (-\infty, +\infty)$，$f_X(x) \geqslant 0$。

性质 2　规范性：$\int_{-\infty}^{+\infty} f_X(x) \mathrm{d}x = 1$。

反过来，定义在实数 **R** 上的函数 $f_X(x)$，如果具有上述两个性质，即可定义一个概率密度函数 $f_X(x)$。概率密度函数除了上述两条特征性质外，还有如下一些重要性质：

性质 3　$F_X(x)$ 在实数 **R** 上连续，且在连续点处，有 $F'_X(x) = f_X(x)$，对连续型随机变量，分布函数和密度函数可以相互确定，因此概率密度函数也完全刻画了连续型随机变量的分布规律。

性质 4　设 $X(\omega)$ 为连续型随机变量，则对任意实数 x，有 $P(X = x) = F(x + 0) - F(x) = 0$。

这表明连续型随机变量取固定值的概率为 0，这与离散型随机变量有本质的区别，顺便指出 $P(X = x) = 0$ 并不意味着 $(X = x)$ 是不可能事件。

性质 5　对任意 $a < b$，则

$$P(a \leqslant X \leqslant b) = P(a < X \leqslant b) = P(a \leqslant X < b) = P(a < X < b)$$
$$= F_X(b) - F_X(a) = \int_a^b f_X(x) \mathrm{d}x$$

根据定积分的几何意义可知，随机变量 X 取值落在区间 (a, b) 内的概率等于由直线 $x = a$、$x = b$、曲线 $f_X(x)$ 以及 X 轴围成的曲边梯形的面积；$f_X(x)$ 与 x 轴之间的面积为 1。如图 1.2.3 所示。

需要说明的是，只有存在不恒为零的概率密度函数的随机变量才称为连续型随机变量，而不是分布函数连续的随机变量为连续型随机变量。如分布函数 $F_X(x) = 1$，$x \geqslant 1$ 就不是连续型。对于离散型与连续型随机变量存在如下关系

$$P(X = x) \approx P(x < X \leqslant x + \mathrm{d}x) \approx f_X(x) \mathrm{d}x \tag{1.2.10}$$

可见，积分元 $f_X(x) \mathrm{d}x$ 在连续型随机变量理论中与 $P(X = x_k) = p_k$ 在离散型随机变量理论中所起的作用和地位是相同的，这与高等数学微分的几何意义完全一致。

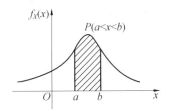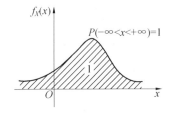

图 1.2.3　随机变量 X 取值落在区间 (a,b) 内的概率

下面通过列表的方式总结离散型和连续型随机变量的特点,见表 1.2.1。

表 1.2.1　离散型和连续型随机变量的特点

离散型	连续型
1.分布列: $p_n = P(X = x_n)$(唯一)	1.概率密度函数: $X \sim f_X(x)$(不唯一)
2. $F_X(x) = \sum_{x_i \leqslant x} P(X = x_i)$	2. $F_X(x) = \int_{-\infty}^{x} f_X(t)\mathrm{d}t$
3.　　　　　$F_X(a+0) = F_X(a)$;$P(a < X \leqslant b) = F_X(b) - F_X(a)$	
4.点点计较	4. $P(X = a) = 0$
5. $F_X(x)$ 为阶梯函数,$F_X(a-0) \neq F_X(a)$	5. $F_X(x)$ 为连续函数,$F_X(a-0) = F_X(a)$

除了这两种随机变量,还有混合型随机变量,在此不做过多的讨论,只是给出它的概率密度函数和分布函数的一种示意图,如图 1.2.4 所示。

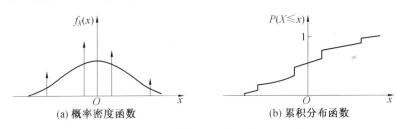

(a) 概率密度函数　　　　　　　(b) 累积分布函数

图 1.2.4　混合型随机变量的概率函数

1.2.3　典型的随机变量分布

明确了累积分布函数和概率密度函数以后,根据它们可以区别不同的随机变量。本节主要介绍几种常用的符合某种分布的随机变量。

1. 伯努利二项分布 $B(n,p)$

伯努利二项分布的试验必须满足两个条件,一是试验的条件要稳定,二是各次试验要求独立。随机试验结果只有两种,每次 A 发生的概率为 p,共试验了 n 次,且每次试验是独立的,即每次试验 A 发生与否与其他次试验 A 发生与否是互不影响的。其中 A 发生 k 次的概率为

$$P(X=k)=C_n^k p^k (1-p)^{n-k}=C_n^k p^k q^{n-k} \sim B(n,p) \quad (k=0,1,2,\cdots,n) \quad (1.2.11)$$

记为 $X \sim B(n,p)$,其中 $q=1-p$。根据棣莫弗－拉普拉斯定理,当 n 充分大时,X 近似服从正态分布 $N(np,npq)$。这种分布是最重要的离散型概率分布之一,比如工厂里每天的废品率,还有通信中信源发出 0,1 的分布都符合这种分布。

2. 泊松分布

泊松分布是以 18～19 世纪的法国数学家泊松命名的,他在 1838 年时提出。其定义为:如果随机变量 X 的分布律为

$$P(X=k)=\frac{\lambda^k}{k!}e^{-\lambda} \quad (\lambda>0,k=0,1,2,\cdots) \tag{1.2.12}$$

则称随机变量 X 服从参数为 λ 的泊松分布,记为 $X\sim\pi(\lambda)$。根据泊松定理可以得到二项分布和泊松分布的关系,即:设 X 服从二项分布 $X\sim B(n,p)$,参数 n 充分大、p 充分小而 np 适中,则有如下近似公式

$$C_n^k p^k (1-p)^{n-k} \approx \frac{(np)^k}{k!}e^{-np} \quad (k=0,1,\cdots,n) \tag{1.2.13}$$

即 X 近似服从参数为 $\lambda=np$ 的泊松分布。实际中,当 $n\geqslant 100,p\leqslant 0.1$ 时即可利用此式,不过 n 应尽量大,否则近似效果不会很好。泊松分布一般描述在一定时间或空间内出现的事件个数,比如某个时间段内接入通信系统的用户个数,食堂某个窗口在一段时间内服务的学生人数等。

3. 均匀分布 $U(a,b)$

设随机变量 X 的值落在 $[a,b]$ 内,在此区间内取值具有"等可能"性,即其密度分布 $f_X(x)$ 在 $[a,b]$ 上为常数 $\frac{1}{b-a}$,即

$$f_X(x)=\begin{cases} \dfrac{1}{b-a} & (a\leqslant x\leqslant b) \\ 0 & (\text{其他}) \end{cases} \tag{1.2.14}$$

记为 $X\sim U(a,b)$,其对应的累积分布函数为

$$F_X(x)=\int_{-\infty}^x f(t)\,dt=\begin{cases} 0 & (x<a) \\ \int_a^x f_X(t)\,dt=\dfrac{x-a}{b-a} & (a\leqslant x<b) \\ 1 & (x\geqslant b) \end{cases} \tag{1.2.15}$$

根据定义可知,在区间 $x_1<x\leqslant x_2$ 的概率为

$$P(a\leqslant x_1<X\leqslant x_2\leqslant b)=F_X(x_2)-F_X(x_1)=\frac{x_2-x_1}{b-a} \tag{1.2.16}$$

通信系统的调制信号的相位一般符合均匀分布。

4. 指数分布 $E(\lambda)$

对应的概率密度函数为

$$f_X(x)=\begin{cases} \lambda e^{-\lambda x} & (x>0) \\ 0 & (x\leqslant 0) \end{cases} \tag{1.2.17}$$

此分布被称为指数分布,记为 $X\sim E(\lambda)$,其对应的累积分布函数为

$$F_X(x)=\begin{cases} 1-e^{-\lambda x} & (x>0) \\ 0 & (x\leqslant 0) \end{cases} \tag{1.2.18}$$

在实践中,指数分布一般表示某一随机事件发生所需等待的时间。例如,组成通信系统的电子元件从开始使用到损坏所需的时间、通信网络中的用户等待服务时间以及在食堂学生吃饭的等候时间等等均可认为服从指数分布。

5. 高斯分布 $N(\mu,\sigma^2)$ 及其高斯变量函数的分布

在实践中,如果随机变量 X 表示大量均匀微小随机因素的总和,则它一般情况下将近似地服从高斯分布,其概率密度函数为

$$f_X(x) = \frac{1}{\sqrt{2\pi}\,\sigma}\mathrm{e}^{-\frac{(x-\mu)^2}{2\sigma^2}} \tag{1.2.19}$$

记为 $X \sim N(\mu,\sigma^2)$,$x \in (-\infty,+\infty)$。高斯分布又称为正态分布。通信系统中的噪声和无线信道的多径衰落都是高斯分布。其对应累积分布函数为

$$F_X(x) = \frac{1}{\sqrt{2\pi}\,\sigma}\int_{-\infty}^{x}\mathrm{e}^{-\frac{(t-\mu)^2}{2\sigma^2}}\mathrm{d}t \tag{1.2.20}$$

当 $\mu=0,\sigma=1$ 时,其概率密度函数为 $f_X(x) = \frac{1}{\sqrt{2\pi}}\mathrm{e}^{-\frac{x^2}{2}} \sim N(0,1)$,称为标准正态分布。

此时分布函数定义为一个新的函数

$$\Phi(x) = \frac{1}{\sqrt{2\pi}}\int_{-\infty}^{x}\mathrm{e}^{-\frac{t^2}{2}}\mathrm{d}t \tag{1.2.21}$$

此函数具有如下性质:

性质 1　$\Phi(-x) = 1 - \Phi(x)$

性质 2　$\Phi(0) = \frac{1}{2} = P(X>0) = P(X \leqslant 0)$

性质 3　$\dfrac{x-\mu}{\sigma} \sim N(0,1)$

性质 4　$P(x_1 < X \leqslant x_2) = \Phi\left(\dfrac{x_2-\mu}{\sigma}\right) - \Phi\left(\dfrac{x_1-\mu}{\sigma}\right)$

例 1.4　若 X 服从 $[1,6]$ 上的均匀分布,求方程 $x^2 + Xx + 1 = 0$ 有实根的概率。

解　x 有实根,则 $X^2 - 4 \geqslant 0 \Rightarrow X \geqslant 2,X \leqslant -2$,其中 $X \leqslant -2$ 舍去。则 x 有实根的概率为 $\dfrac{6-2}{6-1} = \dfrac{4}{5}$。

例 1.5　指数分布的特点是:"无记忆性",即 $P(x_0 < X < x_0 + x \mid X > x_0) = P(X < x)$。试证明之。

证明

$$\begin{aligned}
P(x_0 < X < x_0 + x \mid X > x_0) &= \frac{P(x_0 < X < x_0 + x, X > x_0)}{P(X > x_0)}\\[2mm]
&= \frac{P(x_0 < X < x_0 + x)\bigcap P(X > x_0)}{P(X > x_0)}\\[2mm]
&= \frac{P(x_0 < X < x_0 + x)}{1 - P(X \leqslant x_0)}\\[2mm]
&= \frac{F_X(x_0 + x) - F_X(x_0)}{1 - F_X(x_0)}\\[2mm]
&= \frac{(1 - \mathrm{e}^{-\lambda(x_0 + x)}) - (1 - \mathrm{e}^{-\lambda x_0})}{1 - (1 - \mathrm{e}^{-\lambda x_0})}\\[2mm]
&= 1 - \mathrm{e}^{-\lambda x}\\[2mm]
&= F_X(x) = P(X \leqslant x) \tag{例1.5.1}
\end{aligned}$$

例 1.6   已知样本空间 $\Omega = \{0,2,5,12\}$，且样本空间中每个元素发生的概率相同，求样本空间对应的随机变量的概率密度函数和分布函数，并画图说明。

解   对应的随机变量为 X，其中对应的元素为 $x_1 = 0, x_2 = 2, x_3 = 5, x_4 = 12$，则对应的概率密度函数为

$$f_X(x) = \sum_{i=1}^{4} P(x_i)\delta(x - x_i)$$
$$= (1/4)\delta(x) + (1/4)\delta(x-2) + (1/4)\delta(x-5) + (1/4)\delta(x-12) \quad (例 1.6.1)$$

则对应的分布函数为

$$F_X(x) = \sum_{i=1}^{4} P(x_i)U(x - x_i) = (1/4)U(x) + (1/4)U(x-2) +$$
$$(1/4)U(x-5) + (1/4)U(x-12) \quad (例 1.6.2)$$

例 1.7   对任意实常数 m 和 $b > 0$，确定实常数 a 使 $f_X(x) = a\exp\left[-\dfrac{|x-m|}{b}\right]$ 为一概率密度函数。

解   如果一个函数为概率密度函数需要满足两个条件，即 ① 非负性：$\forall x \in (-\infty, +\infty)$，$f_X(x) \geqslant 0$；② 规范性：$\int_{-\infty}^{+\infty} f_X(x)\mathrm{d}x = 1$。

根据第一个性质，即 $a > 0$，根据条件 ② 得

$$\int_{-\infty}^{+\infty} f_X(x)\mathrm{d}x = \int_{-\infty}^{+\infty} a\exp\left[-\frac{|x-m|}{b}\right]\mathrm{d}x = 2ab = 1 \quad (例 1.7.1)$$

得到 $b > 0, a = \dfrac{1}{2b}$。

例 1.8   一高斯随机变量 X 的均值为 0，方差为 1，求：$|X| > 2$ 的概率，$X > 2$ 的概率。如果方差变成 4，重新计算上述两种情况的概率。

解   (1)
$$P(|X| > 2) = P(X > 2) + P(X < -2) = 1 - P(X \leqslant 2) + P(X < -2)$$
$$(例 1.8.1)$$

根据分布函数的定义可得

$$P(|X| > 2) = 1 - P(X \leqslant 2) + P(X < -2) = 1 - F(2) + F(-2) \quad (例 1.8.2)$$

又因为 $F(-2) = 1 - F(2)$，可以得到

$$P(|X| > 2) = 2 - 2F(2) = 2 - 2 \times 0.977 = 0.046 \quad (例 1.8.3)$$

(2)
$$P(X > 2) = 1 - P(X \leqslant 2) = 1 - F_X(2) = 1 - 0.977 = 0.023 \quad (例 1.8.4)$$

(3) 当方差为 4 时，根据分布函数的定义，对其做归一化处理可得

$$F_X(x) = F_X\left(\frac{2 - \mu}{\sigma}\right) \quad (例 1.8.5)$$

因此

$$P(|X| > 2) = 1 - P(X \leqslant 2) + P(X < -2)$$
$$= 1 - F_X\left(\frac{2 - \mu}{\sigma}\right) + F_X\left(\frac{-2 - \mu}{\sigma}\right)$$
$$= 1 - F_X(1) + F_X(-1) \quad (例 1.8.6)$$

进行整理可得最后结果为

$$P(|X|>2)=2-2F_X(1)=2-2\times0.842=0.316 \qquad (例1.8.7)$$

同理可求得

$$P(X>2)=1-P(X\leqslant2)=1-F_X\left(\frac{2-\mu}{\sigma}\right)=1-F_X(1)=1-0.841=0.159$$

$$(例1.8.8)$$

需要说明的是,上述求解过程中需要查表求得 $F_X(1)$、$F_X(2)$、$F_X(3)$ 的结果。

1.3　随机变量的数字特征

在一些实际问题中,有时人们很难获得随机变量的分布函数。但也必须意识到,很多时候不必知道具体的分布函数,只需知道相关的数字特征就可以衡量很多随机变量的特征。例如,对一射手的技术评定,要了解他的命中环数的平均值,同时还应考虑他的稳定情况,命中点是分散还是集中,这些特征就由随机变量的数字特征决定。所谓数字特征是指联系于随机变量分布函数的某些数字,它们反映随机变量某些方面的特性。对于包含有限个数字特征的随机变量,如果能够获得这些数字特征就可以获得分布函数的参数,从而确定分布函数的具体表达式。因此,本节主要介绍随机变量的数字特征,包括期望、方差和矩等。

1. 数学期望

数学期望是随机变量的加权平均,即概率平均。这里的加权系数为每个可能取值所对应的概率。不管离散型还是连续型随机变量,其数学期望可以统一进行定义。设 X 为一个随机变量,密度函数为 $f_X(x)$,当 $\int_{-\infty}^{+\infty}|x|f_X(x)\mathrm{d}x<+\infty$ 时,称 X 的数学期望(均值)存在,定义为

$$E[X]=\int_{-\infty}^{+\infty}xf_X(x)\mathrm{d}x \qquad (1.3.1)$$

当然,式(1.3.1)对于连续型随机变量很容易理解,直接利用即可。但对于离散型随机变量就显得不那么直接。根据上节关于离散型概率密度函数定义,其表达式为 $f_X(x)=\sum_{i=1}^{+\infty}P(X=x_i)\delta(x-x_i)$,代入式(1.3.1)可以得到

$$E[X]=\int_{-\infty}^{+\infty}xf_X(x)\mathrm{d}x=\int_{-\infty}^{+\infty}x\sum_{i=1}^{+\infty}P(X=x_i)\delta(x-x_i)\mathrm{d}x=\sum_{i=1}^{+\infty}P(X=x_i)x_i$$

$$(1.3.2)$$

日常生活和研究工作中的平均计算,其实是数学期望的一种特例,也就是对应可能值为有限个,且每个可能值的概率相等的离散型随机变量。不管是连续型随机变量还是离散型随机变量,它们的数学期望都具有如下性质:

性质 1　对于任意常数 $C,E[C]=C$；$E[E[X]]=E[X]$

性质 2　$E[aX+bY]=aE[X]+bE[Y]$

性质 3　如果 X、Y 独立,那么 $E[XY]=E[X]E[Y]$

性质 4　$E^2[XY]\leqslant E^2[X]E^2[Y]$

2. 方差 $D[X]$

对于随机变量,仅仅依靠数学期望还远远不能描述其性质,比如数学期望相同的两个随机变量,其各个可能的取值离数学期望的差值则完全不同,此时引入方差的概念描述随机变量的这种性质。其定义为:若 $E[(X-E[X])^2]$ 存在,则称 $E[(X-E[X])^2]$ 为 X 的方差,记为

$$D[X]=E[(X-E[X])^2]=E[X^2]-E^2[X] \tag{1.3.3}$$

方差反映了随机变量相对其均值的偏离程度,方差越大,则随机变量的取值越分散。对方差求其平方根得到的正的部分,称为标准差。用公式表示为 $\sigma_X=\sqrt{D[X]}$。其量纲与随机变量的量纲相同。对于离散型的随机变量,其方差的计算公式为

$$D[X]=\sum_{k=1}^{+\infty}(x_k-E[X])^2 p_k \tag{1.3.4}$$

对于连续型随机变量,其方差的计算公式为

$$D[X]=\int_{-\infty}^{+\infty}(x-E[X])^2 f_X(x)\mathrm{d}x \tag{1.3.5}$$

方差的主要性质包括以下几点:

性质 1 设 C 是常数,则 $D[C]=0$,因此对于期望,有如下推论成立,即 $D[E[X]]=0$ 和 $D[CX]=C^2 D[X]$。

性质 2 若 X 和 Y 是两个随机变量,则

$$D[X\pm Y]=D[X]+D[Y]\pm 2E[(X-E[X])(Y-E[Y])] \tag{1.3.6}$$

如果 X 与 Y 独立,则有 $D[aX\pm bY]=a^2 D[X]+b^2 D[Y]$。

性质 3 X 与 Y 为独立的两个随机变量,则两个变量的乘积的方差为

$$D[XY]=D[X]D[Y]+D[X]E^2[Y]+D[Y]E^2[X] \tag{1.3.7}$$

推论 1 $D[XY]=D[X]D[Y]+D[X]E^2[Y]+D[Y]E^2[X]\geqslant D[X]D[Y]$,当且仅当 $E[X]=E[Y]=0$ 时等号成立。

推论 2 $D\left[\sum_{n=1}^{N}a_n X_n\right]=\sum_{i=1}^{N}\sum_{j=1}^{N}a_i a_j Cov(X_i,X_j)$,其中 $Cov(X_i,X_j)$ 为协方差,定义为 $Cov(X_i,X_j)=E[(X_i-E[X_i])(X_j-E[X_j])]$。

3. 方差和期望的关系(切比雪夫不等式)

我们知道方差反映了随机变量离开数学期望的平均偏离程度,如果随机变量 X,数学期望 $E[X]$,方差为 $D[X]$,那么对任意大于零的常数 ε,事件 $(|X-E[X]|\geqslant\varepsilon)$ 发生的概率 P 应该与 $D[X]$ 有一定的关系。简单来说,如果 $D[X]$ 越大,那么 $P(|X-E[X]|\geqslant\varepsilon)$ 也会越大,将这个直觉数学化,就是切比雪夫不等式。

定理 3 对任意的随机变量 X,若 $E[X]=a$,且 $D[X]$ 存在,则对任意正数 ε 有

$$P(|X-E[X]|\geqslant\varepsilon)\leqslant\frac{D[X]}{\varepsilon^2} \tag{1.3.8}$$

根据公式可知,判断概率的大小只须知道方差 $D[X]$ 及数学期望 $E[X]$ 两个数字特征即可。但因为没有完整地用到随机变量的分布函数或密度函数,所以一般说来,切比雪夫不等式估计出的概率是比较粗略的。

4. 均方值

对于离散型的随机变量,其均方值的计算公式为

$$E[X^2] = \sum_{k=1}^{+\infty} (x_k)^2 p_k \qquad (1.3.9)$$

对于连续型随机变量,其均方值的计算公式为

$$E[X^2] = \int_{-\infty}^{+\infty} x^2 f_X(x) \mathrm{d}x \qquad (1.3.10)$$

5. 原点矩和中心矩

根据期望和方差的定义,可以扩展它们的概念,就是原点矩和中心矩。原点矩的定义为:设 X 为随机变量,k 为任意系数,若 $E[X^k]$ 绝对收敛,称 $E[X^k]$ 为随机变量 X 的 k 阶原点矩。中心矩的定义为:若 $E^k[X-E[X]]$(k 为正整数)绝对收敛,则称 $E^k[X-E[X]]$ 为随机变量 X 的 k 阶中心矩。

数学期望 $E[X]$ 就是 $k=1$ 的一阶原点矩,而方差 $D[X]$ 为二阶中心矩。更一般地,若 a 为一常数,p 为任一正数,如果 $E^p[X-a]$ 绝对收敛,则称 $E^p[X-a]$ 是关于点 a 的 p 阶矩。

对于离散和连续随机变量,其原点矩计算公式分别为

$$u_k = \sum_i x_i^k p_i, \quad u_k = \int_{-\infty}^{+\infty} x^k f_X(x) \mathrm{d}x \qquad (1.3.11)$$

其对应的中心矩计算公式分别为

$$u_k = \sum_i (x_i - E[X])^k p_i, \quad u_k = \int_{-\infty}^{+\infty} (x - E[X])^k f_X(x) \mathrm{d}x \qquad (1.3.12)$$

6. 常用分布的数字特征

根据数学期望和方差的概念可以求出各种分布的数字特征,见表 1.3.1。

表 1.3.1　各种分布的数字特征

分布名称	$P(X=k)$	值域	参数	数学期望	方差
$0-1$	p 和 q	1 和 0	p	p	pq
二项	$C_n^k p^k q^{n-k}$	$0,1,\cdots,n$	n,p	np	npq
均匀	$\dfrac{1}{b-a}$	$[a,b]$	a,b	$\dfrac{a+b}{2}$	$\dfrac{(b-a)^2}{12}$
泊松	$\dfrac{\lambda^k}{k!}\mathrm{e}^{-\lambda}$	自然数	$\lambda>0$	λ	λ
指数	$\lambda\mathrm{e}^{-\lambda x}$	$(0,+\infty)$	λ	$1/\lambda$	$1/\lambda^2$
正态	$\dfrac{1}{\sqrt{2\pi}\,\sigma}\mathrm{e}^{-\frac{(x-\mu)^2}{2\sigma^2}}$	$(-\infty,+\infty)$	μ,σ^2	μ	σ^2

例 1.9　已知随机变量 X 符合指数分布,其概率密度函数为 $f_X(x) = \begin{cases} (1/b)\mathrm{e}^{-(x-a)/b} & (x>a) \\ 0 & (x<a) \end{cases}$,求前三阶原点矩。

解
$$m_1 = \int_a^{+\infty} x f_X(x) \mathrm{d}x = \frac{1}{b}\int_a^{+\infty} x\, \mathrm{e}^{-(x-a)/b} \mathrm{d}x \qquad (\text{例 }1.9.1)$$

令 $u=(x-a)/b$,则 $\mathrm{d}u=\mathrm{d}x/b$,可以得到

$$m_1 = \frac{1}{b} \int_a^{+\infty} (x - a + a) \mathrm{e}^{-(x-a)/b} \mathrm{d}x$$

$$= b \int_0^{+\infty} u \mathrm{e}^{-u} \mathrm{d}u + a \int_0^{+\infty} \mathrm{e}^{-u} \mathrm{d}u$$

$$= a + b \qquad\qquad (\text{例 } 1.9.2)$$

$$m_2 = \frac{1}{b} \int_a^{+\infty} x^2 \mathrm{e}^{-(x-a)/b} \mathrm{d}x$$

$$= \int_0^{+\infty} (bu + a)^2 \mathrm{e}^{-u} \mathrm{d}u$$

$$= \int_0^{+\infty} (b^2 u^2 + 2abu + a^2) \mathrm{e}^{-u} \mathrm{d}u$$

$$= 2b^2 + 2ab + a^2 \qquad\qquad (\text{例 } 1.9.3)$$

$$m_3 = \frac{1}{b} \int_a^{+\infty} x^3 \mathrm{e}^{-(x-a)/b} \mathrm{d}x$$

$$= \int_0^{+\infty} (bu + a)^3 \mathrm{e}^{-u} \mathrm{d}u$$

$$= \int_0^{+\infty} (b^3 u^3 + 3ab^2 u^2 + 3a^2 bu + a^3) \mathrm{e}^{-u} \mathrm{d}u$$

$$= 6b^3 + 6ab^2 + 3a^2 b + a^3 \qquad\qquad (\text{例 } 1.9.4)$$

1.4　多维随机变量

上一节讨论了一维随机变量及其分布。但在实际生活中,有些随机现象不能用一个随机变量进行描述。比如表示导弹的弹着点位置,必须采用对应两个坐标的两个随机变量 (X, Y)。而飞机在空中的位置则需要用表示 3 个坐标的 3 个随机变量 (X, Y, Z) 来确定。因此,必须拓展一维随机变量的概念到多维随机变量才能正确描述这些情况。根据分布函数和概率密度函数的定义可以得到多维随机变量的概率分布函数和概率密度函数,具体如下。

定义　设 E 是一个随机试验,$X_1, X_2, \cdots, X_n$ 是定义在同一个样本空间 Ω 上的随机变量,则称 n 维随机向量 $(X_1, X_2, \cdots, X_n)$ 是样本空间 Ω 上的 n 维随机变量,其对应的联合分布函数定义为

$$F_{X_1, X_2, \cdots, X_n}(x_1, x_2, \cdots, x_n) = P(X_1 \leqslant x_1, X_2 \leqslant x_2, \cdots, X_n \leqslant x_n) \qquad (1.4.1)$$

联合分布函数描述了多维随机变量的统计规律。n 维随机变量的 n 维概率密度为

$$f_{X_1, X_2, \cdots, X_n}(x_1, x_2, \cdots, x_n) = \frac{\partial^n F(x_1, x_2, \cdots, x_n)}{\partial x_1 \partial x_2 \cdots \partial x_n} \qquad (1.4.2)$$

为了简单又不失一般性,本节重点研究 $n = 2$ 对应的二维随机变量 (X, Y)。

1.4.1　二维随机变量联合分布函数

和研究一维随机变量的思路相同,首先介绍二维随机变量两个重要的概念,也就是概率分布函数和概率密度函数,然后可以把相关的结果推广到多维随机变量。需要说明的是,由于二维随机变量涉及两个随机变量,对应的概率分布函数和概率密度函数称为联合概率分布函数和联合概率密度函数。若 (X, Y) 表示二维随机变量,那么 $F_{XY}(x, y) = P(X \leqslant x, Y \leqslant y)$ 为

(X,Y) 的联合分布函数,表示落在如图 1.4.1 所示区域内的概率。而一维随机变量分布函数则表示小于某个数的概率。

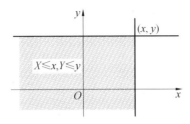

图 1.4.1　$X \leqslant x, Y \leqslant y$ 表示区域

根据定义,二维联合分布函数具有如下性质:

性质 1　对 x 或 y 都是单调不减的,即对于任意固定的 y,当 $x_2 > x_1$ 时,$F_{XY}(x_2, y) \geqslant F_{XY}(x_1, y)$,同理对另一个随机变量 Y 同样成立。

性质 2　$0 \leqslant F_{XY}(x, y) \leqslant 1$,且对任意 x 和 y,有

$$\begin{cases} F_{XY}(-\infty, y) = \lim_{x \to -\infty} F_{XY}(x, y) = 0 \\ F_{XY}(x, -\infty) = \lim_{y \to -\infty} F_{XY}(x, y) = 0 \\ F_{XY}(-\infty, -\infty) = \lim_{\substack{x \to -\infty \\ y \to -\infty}} F_{XY}(x, y) = 0 \\ F_{XY}(+\infty, +\infty) = \lim_{\substack{x \to +\infty \\ y \to +\infty}} F_{XY}(x, y) = 1 \end{cases} \tag{1.4.3}$$

性质 3　$F_{XY}(x, y)$ 分别对 x 和 y 是右连续的,即

$$F_{XY}(x, y) = F_{XY}(x+0, y), \quad F_{XY}(x, y) = F_{XY}(x, y+0) \tag{1.4.4}$$

性质 4　对任意 (x_1, y_1) 和 (x_2, y_2),其中 $x_1 < x_2, y_1 < y_2$ 有

$$P(x_1 < X \leqslant x_2, y_1 < Y \leqslant y_2) = F_{XY}(x_2, y_2) - F_{XY}(x_2, y_1) - F_{XY}(x_1, y_2) + F_{XY}(x_1, y_1) \tag{1.4.5}$$

$$F_{XY}(x_2, y_2) - F_{XY}(x_1, y_2) - F_{XY}(x_2, y_1) + F_{XY}(x_1, y_1) \geqslant 0 \tag{1.4.6}$$

反过来还可以证明,任意一个具有上述 4 个性质的二元函数必定可以作为某个二维随机变量的分布函数,因而满足这 4 个条件的二元函数通常称为二维联合分布函数。其对应的二维概率密度函数为

$$f_{XY}(x, y) = \frac{\partial^2 F_{XY}(x, y)}{\partial x \partial y} \tag{1.4.7}$$

很显然,根据概率密度函数的定义,可以很容易地得到二维随机变量概率密度函数的性质:

性质 1　$f_{XY}(x, y) \geqslant 0$

性质 2　$\int_{-\infty}^{+\infty} \int_{-\infty}^{+\infty} f_{XY}(x, y) \mathrm{d}x \mathrm{d}y = 1$

性质 3　$P(x_1 < X \leqslant x_2, y_1 < Y \leqslant y_2) = \int_{x_1}^{x_2} \int_{y_1}^{y_2} f_{XY}(x, y) \mathrm{d}x \mathrm{d}y$

根据联合概率分布函数及其概率密度函数的性质,图 1.4.2 给出了一种典型的情况。

特别地,对于离散型二维随机变量,采用阶跃函数对应的分布函数可以具体地表示为

$$F_{XY}(x, y) = \sum_{i=1}^{+\infty} \sum_{j=1}^{+\infty} p(x_i, y_j) U(x - x_i) U(y - y_j) \tag{1.4.8}$$

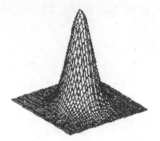

图 1.4.2 二维概率密度和概率分布函数

其中

$$p(x_i, y_j) = P(X = x_i, Y = y_j)$$

根据分布函数和概率密度函数微分关系,概率密度函数表示为

$$f_{XY}(x, y) = \sum_{i=1}^{+\infty} \sum_{j=1}^{+\infty} p(x_i, y_j) \delta(x - x_i) \delta(y - y_j) \tag{1.4.9}$$

1.4.2 边缘分布函数

根据定义,二维随机变量(X, Y)对应为联合分布函数。但很多情况下,人们也比较关心二维随机变量(X, Y)中每一个随机变量 X、Y 各自的分布函数。此时假设一个变量趋于无穷大,另一个变量所对应的分布函数定义为边缘分布函数,记为 $F_X(x)$、$F_Y(y)$。下面介绍联合分布函数和边缘分布函数之间的关系。设二维随机变量(X, Y)的联合分布函数为 $F_{XY}(x, y)$,那么它的两个分量 X、Y 的分布函数可由联合分布函数 $F_{XY}(x, y)$ 求得

$$F_X(x) = F_{XY}(x, +\infty) = P(X \leqslant x, Y \leqslant +\infty) = \lim_{y \to +\infty} P(X \leqslant x, Y \leqslant y) = \lim_{y \to +\infty} F_{XY}(x, y) \tag{1.4.10}$$

同理可得

$$F_Y(y) = F_{XY}(+\infty, y) = \lim_{x \to +\infty} P(X \leqslant x, Y \leqslant y) = \lim_{x \to +\infty} F_{XY}(x, y) \tag{1.4.11}$$

由此可知,由联合分布可以唯一确定边缘分布函数,反之,不一定成立。只有两个随机变量相互独立时,联合分布与边缘分布函数才能互相决定。

对于离散型二维随机变量的边缘分布函数为

$$\begin{cases} F_X(x) = F_{XY}(x, +\infty) = \sum_{x_i \leqslant x} \sum_{j=1}^{+\infty} p_{ij} \\ F_Y(y) = F_{XY}(+\infty, y) = \sum_{y_j \leqslant y} \sum_{i=1}^{+\infty} p_{ij} \end{cases} \tag{1.4.12}$$

其中

$$p_{ij} = p(x_i, y_j) = P(X = x_i, Y = y_j)$$

对于连续型随机变量 X 和 Y 的边缘分布函数为

$$F_X(x) = F_{XY}(x, +\infty) = \int_{-\infty}^{x} \left[\int_{-\infty}^{+\infty} f(x, y) \mathrm{d}y \right] \mathrm{d}x \tag{1.4.13}$$

$$F_Y(y) = F_{XY}(+\infty, y) = \int_{-\infty}^{y} \int_{-\infty}^{+\infty} f(x, y) \mathrm{d}x \mathrm{d}y \tag{1.4.14}$$

得到 X 和 Y 的边缘分布函数,根据定义可以得到对应的概率密度函数为

$$f_X(x) = \frac{\mathrm{d}F_X(x)}{\mathrm{d}x} = \frac{\mathrm{d}F_{XY}(x, +\infty)}{\mathrm{d}x} = \lim_{y \to +\infty} \frac{\mathrm{d}F_{XY}(x,y)}{\mathrm{d}x} = \lim_{y \to +\infty} f_{XY}(x,y) \quad (1.4.15)$$

所以得到

$$\begin{cases} f_X(x) = \displaystyle\int_{-\infty}^{+\infty} f_{XY}(x,y)\,\mathrm{d}y \\[2mm] f_Y(y) = \displaystyle\int_{-\infty}^{+\infty} f_{XY}(x,y)\,\mathrm{d}x \end{cases} \quad (1.4.16)$$

1.4.3　条件分布

当 (X,Y) 为离散型，并且其联合分布律为

$$P((X,Y) = (x_i, y_j)) = p_{ij} \quad (i,j = 1,2,\cdots) \quad (1.4.17)$$

在已知 $X = x_i$ 的条件下，Y 取值的条件分布为

$$P(Y = y_j \mid X = x_i) = \frac{P(X = x_i, Y = y_j)}{P(X = x_i)} = \frac{p_{ij}}{p_{i\cdot}} \quad (1.4.18)$$

其中，$p_{i\cdot}$，$p_{\cdot j}$ 分别为 X、Y 的边缘分布。

同理有

$$P(X = x_i \mid Y = y_j) = \frac{P(X = x_i, Y = y_j)}{P(Y = y_j)} = \frac{p_{ij}}{p_{\cdot j}} \quad (1.4.19)$$

当 (X,Y) 为连续型随机向量，并且其联合分布密度为 $f(x,y)$，则在已知 $Y = y$ 的条件下，X 的条件分布密度为

$$f_{X|Y}(x \mid y) = \frac{f_{XY}(x,y)}{f_Y(y)} \quad (1.4.20)$$

在已知 $X = x$ 的条件下，Y 的条件分布密度为

$$f_{X|Y}(y \mid x) = \frac{f_{XY}(x,y)}{f_X(x)} \quad (1.4.21)$$

其中，$f_X(x) > 0$、$f_Y(y) > 0$ 分别为 X、Y 的边缘分布密度。

其对应的累积分布函数为

$$F_{X|Y}(x|y) = P(X \leqslant x \mid Y = y) = \int_{-\infty}^{x} \frac{f_{XY}(x,y)}{f_Y(y)}\,\mathrm{d}x \quad (1.4.22)$$

$$F_{Y|X}(y|x) = P(Y \leqslant y \mid X = x) = \int_{-\infty}^{y} \frac{f_{XY}(x,y)}{f_X(x)}\,\mathrm{d}y \quad (1.4.23)$$

1.4.4　二维随机变量的数字特征

1. 数学期望

对于二维随机变量中的两个单个随机变量的数学期望分别定义为

$$\begin{cases} E[X] = \displaystyle\int_{-\infty}^{+\infty} x f_X(x)\,\mathrm{d}x \\[2mm] E[Y] = \displaystyle\int_{-\infty}^{+\infty} y f_Y(y)\,\mathrm{d}y \end{cases} \quad (1.4.24)$$

当然，式(1.4.24)不仅适合连续型的二维随机变量，也适合离散型的随机变量。但如果把用奇异函数表示的离散型随机变量的概率密度函数公式代入式(1.4.24)，进一步整理可以

得到更具体的表达式为

$$\begin{cases} E[X] = \sum_{i=1}^{n} x_i p_{i.} \\ E[Y] = \sum_{i=1}^{n} y_i p_{.j} \end{cases} \tag{1.4.25}$$

2. 方差

二维随机变量中两个单个随机变量的方差分别定义为

$$\begin{cases} D[X] = \int_{-\infty}^{+\infty} (x - E[X])^2 f_X(x) \, \mathrm{d}x \\ D[Y] = \int_{-\infty}^{+\infty} (y - E[Y])^2 f_Y(y) \, \mathrm{d}y \end{cases} \tag{1.4.26}$$

当然,式(1.4.26)不仅适合连续型的二维随机变量,也适合离散型的随机变量。但如果我们把用奇异函数表示的离散型随机变量的概率密度函数公式代入式(1.4.26),进一步整理可以得到更具体的表达式为

$$\begin{cases} D[X] = \sum_{i=1}^{n} (x_i - E[X])^2 p_{i.} \\ D[Y] = \sum_{i=1}^{n} (y_i - E[Y]) p_{.j} \end{cases} \tag{1.4.27}$$

3. 协方差

$E[X]$、$E[Y]$ 只反映了 X 和 Y 各自的数学期望,而 $D[X]$、$D[Y]$ 反映的则是 X 和 Y 各自偏离平均值的程度。但对于二维随机变量,人们不仅关心单个随机变量的数字特征,两个随机变量之间的关联程度也非常重要,而协方差则是反映 X 和 Y 之间关系的数学度量,它定义为

$$Cov(X,Y) = E[(X - E[X])(Y - E[Y])] \tag{1.4.28}$$

根据期望的定义,二维离散型随机变量的协方差具体表示为

$$Cov(X,Y) = \sum_i \sum_j (x_i - E[X])(y_i - E[Y]) p_{ij} \tag{1.4.29}$$

二维连续型随机变量的协方差具体表示为

$$Cov(X,Y) = \int_{-\infty}^{+\infty} \int_{-\infty}^{+\infty} (x - E[X])(y - E[Y]) f_{XY}(x,y) \, \mathrm{d}x \, \mathrm{d}y \tag{1.4.30}$$

从协方差的定义可以看出,它是 X 的偏差"$X - E[X]$"与 Y 的偏差"$Y - E[Y]$"的乘积的数学期望。由于偏差可正可负,故协方差也可正可负,也可为零,其具体表现如下:

① 当 $Cov(X,Y) > 0$ 时,称 X 与 Y 正相关,这时两个偏差 $(X - E[X])$ 与 $(Y - E[Y])$ 同时增大或同时减小,由于 $E[X]$ 与 $E[Y]$ 都是常数,故等价于 X 与 Y 同时增大或同时减小,这就是正相关的含义。

② 当 $Cov(X,Y) < 0$ 时,称 X 与 Y 负相关,这时 X 增大而 Y 减小,或 Y 增大而 X 减小,这就是负相关的含义。

③ 当 $Cov(X,Y) = 0$ 时,称 X 与 Y 不相关。

根据数学期望、方差和协方差的定义,可以得出它们之间的关系为

$$\begin{cases} Cov(X,Y) = E[XY] - E[X]E[Y] \\ D[X \pm Y] = D[X] + D[Y] \pm 2Cov(X,Y) \end{cases} \tag{1.4.31}$$

根据协方差的定义,可以推导出二维随机变量协方差函数的性质,主要包括以下3点:

性质 1 $Cov(X_1 + X_2, Y) = Cov(X_1, Y) + Cov(X_2, Y)$

性质 2 $Cov(X, X) = E[(X - E[X])^2] = D[X]$

性质 3 $Cov(aX, bY) = abCov(X, Y) = abCov(Y, X)$

4. 相关系数

二维随机变量的协方差描述了两个随机变量关联程度的相对关系,但不能反映它们关联程度的绝对关系,因为协方差受到每个随机变量大小和量纲的影响。如果采用协方差,会出现协方差很大而相关程度很小的情况。为了消除随机变量大小和量纲的影响,对协方差进行归一化就得到了相关系数的定义,具体为

$$\rho_{XY} = \frac{Cov(X,Y)}{\sqrt{D[X]} \cdot \sqrt{D[Y]}} = \frac{\sigma_{XY}}{\sqrt{D[X]D[Y]}} \tag{1.4.32}$$

该参数主要描述 X、Y 的线性相关程度,相关系数 ρ_{XY} 的性质反映了两个随机变量 X 和 Y 的线性关系。利用施瓦茨不等式可以推导出 $|\rho_{XY}| \leqslant 1$,如果 $\rho_{XY} = 0$ 说明 X 和 Y 不相关。如果 $|\rho_{XY}| = 1$ 表示 X 和 Y 是完全的线性关系,如果 $\rho_{XY} = 1$ 表示正全相关,如果 $\rho_{XY} = -1$ 则为负全相关。

从协方差与相关系数的定义和性质可知二者都是反映 X 与 Y 相关程度的度量,且具有一致性,也就是说大于零表示正相关,小于零表示负相关。但二者也有矛盾性的一方面,对于相关系数来说,越接近1线性相关程度越高,越接近0,则线性相关程度越低。而协方差则不具备这样的特点,其原因就是协方差受到两个标准差 σ_X 和 σ_Y 大小和量纲的影响。

和一维随机变量一样,也可以将协方差的概念进行推广,对应的就是二维随机变量的联合原点矩和联合中心矩。X 和 Y 的 $n + k$ 阶联合原点矩定义为

$$m_{nk} = E[X^n Y^k] = \int_{-\infty}^{+\infty} \int_{-\infty}^{+\infty} x^n y^k f_{XY}(x,y) \mathrm{d}x \mathrm{d}y \tag{1.4.33}$$

二维随机变量 X 和 Y 的 $n + k$ 阶联合中心矩为

$$\begin{aligned} \mu_{nk} &= E[(X - E[X])^n (Y - E[Y])^k] \\ &= \int_{-\infty}^{+\infty} \int_{-\infty}^{+\infty} (X - E[X])^n (Y - E[Y])^k f_{XY}(x,y) \mathrm{d}x \mathrm{d}y \end{aligned} \tag{1.4.34}$$

当 $n = 1$、$k = 1$ 时,二阶联合原点矩和联合中心矩分别为

$$m_{11} = E[XY] = R_{XY}(x,y) \tag{1.4.35}$$

$$\mu_{11} = E[(X - E[X])(Y - E[Y])] = C_{XY}(X,Y) = \sigma_{XY} \tag{1.4.36}$$

二阶联合原点矩又称为 X 和 Y 的相关矩,二阶联合中心矩又称为 X 和 Y 的协方差。

5. 矩和协方差矩阵

矩的概念扩展到二维随机变量就是 $k + l$ 阶混合矩,其定义为 $E[(X - E(X))^k (Y - E(Y))^l]$,显然,结合前面一维随机变量的原点矩和中心矩的定义,可以看出 $E[X]$ 为 X 的一阶原点矩,$D[X]$ 是 X 的二阶中心矩,$Cov(X, Y)$ 是 X、Y 的 $1 + 1$ 阶混合中心矩,也就是说随机变量的全部数字特征最终都可以由矩来统一定义。比如对二维随机变量 (X, Y),有四个二阶 $1 + 1$ 阶中心矩,也就是 $Cov(X, X)$、$Cov(X, Y)$、$Cov(Y, X)$ 和 $Cov(Y, Y)$。

上面只是针对二维随机变量,如果随机变量为 n 维随机变量,则此时对应 $n \times n$ 个 $1 + 1$ 阶的中心矩。为了方便,一般情况下把它们组成矩阵的形式,称为协方差矩阵,这种类型的矩阵

在后续的很多课程和研究中经常遇到。当然,如果 $k+l$ 阶的中心矩,也可相应定义对应的矩阵,但其复杂度大大增加。因此我们仅仅介绍协方差矩阵,并给出具体的定义。设 n 维随机变量 $(X_1, X_2, \cdots, X_n)$ 的 $1+1$ 阶混合中心矩为

$$\sigma_{ij} = Cov(X_i, X_j) = E[(X_i - E[X_i])(X_j - E[X_j])] \tag{1.4.37}$$

则协方差矩阵定义为

$$\boldsymbol{\Sigma} = \begin{bmatrix} \sigma_{11} & \sigma_{12} & \cdots & \sigma_{1n} \\ \sigma_{21} & \sigma_{22} & \cdots & \sigma_{2n} \\ \vdots & \vdots & & \vdots \\ \sigma_{n1} & \sigma_{n2} & \cdots & \sigma_{nn} \end{bmatrix} \tag{1.4.38}$$

由于 $\sigma_{ij} = \sigma_{ji}$,$\boldsymbol{\Sigma}$ 是一个对称矩阵,它给出了 n 维随机变量的全部方差和协方差。如对二维随机变量 (X_1, X_2),其协方差矩阵为

$$\begin{aligned} \boldsymbol{\Sigma}(X_1, X_2) &= \begin{bmatrix} \sigma_{11} & \sigma_{12} \\ \sigma_{21} & \sigma_{22} \end{bmatrix} = \begin{bmatrix} D[X_1] & Cov(X_1, X_2) \\ Cov(X_1, X_2) & D[X_2] \end{bmatrix} \\ &= \begin{bmatrix} D[X_1] & \rho_{X_1 X_2} \sqrt{D[X_1]D[X_2]} \\ \rho_{X_1 X_2} \sqrt{D[X_1]D[X_2]} & D[X_2] \end{bmatrix} \end{aligned} \tag{1.4.39}$$

其中

$$\sigma_{ij} = Cov(X_i, X_j)$$
$$\sigma_{11} = E[(X_1 - E[X_1])^2] = Cov(X_1, X_1) = D[X_1]$$
$$\sigma_{12} = E[(X_1 - E[X_1])(X_2 - E[X_2])] = Cov(X_1, X_2) = \sigma_{21}$$
$$\sigma_{22} = E[(X_2 - E[X_2])^2] = Cov(X_2, X_2) = D[X_2]$$

1.4.5 两个随机变量之间的关系

两个随机变量除了采用相关系数表示它们的相关程度,还存在其他比较特殊的关系,比如正交和独立等。如果知道随机变量之间的关系就可以简化运算,为后续的研究带来方便。首先介绍各种关系的数学定义,最后介绍它们之间的关系。

1. 统计独立

对于随机变量而言,X 和 Y 相互统计独立的充要条件为

$$f_{XY}(x, y) = f_X(x) f_Y(y) \tag{1.4.40}$$

2. 随机变量 X 与 Y 不相关

随机变量 X 与 Y 不相关的充要条件是相关系数 $\rho_{XY} = 0$。根据相关系数的定义可知 $\rho_{XY} = \dfrac{Cov(X, Y)}{\sigma_X \sigma_Y}$,所以不相关的等价条件为 $Cov(X, Y) = 0$。由于

$$Cov(X, Y) = E[(X - E[X])(Y - E[Y])] = R_{XY}(x, y) - E[X]E[Y] \tag{1.4.41}$$

因此 X 和 Y 不相关的条件也可表示为

$$R_{XY}(x, y) = E[X]E[Y] \tag{1.4.42}$$

需要说明的是,这里的不相关指的是线性不相关,也即是两个变量没有线性关系,但不能由此确定它们之间有没有非线性关系。

因此,从两个随机变量独立和不相关的定义可以看出二者的关系,若 X 和 Y 独立,说明 X

和 Y 没有关系,当然也不会有线性关系,从而可以断定 X 和 Y 不相关。若 X 和 Y 不相关,只能说明 X 和 Y 没有线性关系,但 X 和 Y 可能有非线性关系,比如平方关系,因此 X 和 Y 不一定独立。也就是说,独立必不相关,不相关不一定独立。但对高斯分布而言,独立和不相关完全等价,因为它们的概率密度函数完全由其均值和方差决定。

其实,也可以通过公式证明,若两个随机变量统计独立,它们必然不相关,具体过程如下。根据互相关的定义可知

$$R_{XY}(x,y) = E[XY] = \int_{-\infty}^{+\infty}\int_{-\infty}^{+\infty} xy f_{XY}(x,y)\mathrm{d}x\mathrm{d}y \tag{1.4.43}$$

如果 X 和 Y 独立,则

$$R_{XY}(x,y) = E[XY] = \int_{-\infty}^{+\infty}\int_{-\infty}^{+\infty} xy f_{XY}(x,y)\mathrm{d}x\mathrm{d}y = \int_{-\infty}^{+\infty}\int_{-\infty}^{+\infty} xy f_X(x)f_Y(y)\mathrm{d}x\mathrm{d}y \tag{1.4.44}$$

进一步整理可得

$$R_{XY}(x,y) = E[XY] = \int_{-\infty}^{+\infty} y f_Y(y)\int_{-\infty}^{+\infty} x f_X(x)\mathrm{d}x\mathrm{d}y$$
$$= E[X]E[Y] \tag{1.4.45}$$

满足不相关的定义,结论得证。

3. 正交

对于两个随机变量,其正交的定义为

$$R_{XY}(x,y) = E[XY] = 0 \tag{1.4.46}$$

推论　对于正交的两个随机变量,若其中一个随机变量的数学期望为 0,则二者一定不相关。

证明　因为 $R_{XY}(x,y) = 0$,且 $E[X] = 0$ 或 $E[Y] = 0$,所以 $\sigma_{XY} = R_{XY}(x,y) - E[X]E[Y] = 0$,根据不相关的定义可知这两个随机变量不相关。

联想到大家熟悉的两个向量 $\boldsymbol{U}$、$\boldsymbol{V}$,它们之间的正交是指它们之间的夹角为 $90°$,用公式表示为

$$\cos\theta = \frac{\langle \boldsymbol{U},\boldsymbol{V}\rangle}{\sqrt{\langle \boldsymbol{U},\boldsymbol{U}\rangle}\ \sqrt{\langle \boldsymbol{V},\boldsymbol{V}\rangle}} \tag{1.4.47}$$

其中,$\langle \boldsymbol{U},\boldsymbol{V}\rangle$ 表示两个向量的内积。当夹角为 $90°$ 时正交,此时 $\cos\theta = 0$。

而对于两个信号在 $[t_1,t_2]$ 内正交则定义为

$$\int_{t_1}^{t_2} f_1(t)f_2(t)\mathrm{d}t = 0 \tag{1.4.48}$$

从波形看则是它们的相位相差 $90°$,比如大家熟悉的正弦和余弦函数。因此可以看出函数的内积表示两个函数的相似性,内积越大越相似,内积为零时一点也不相似。

当然,不论函数还是随机变量都可以从夹角的角度定义正交。对于函数,其夹角可以用公式表示为

$$\cos\theta = \frac{\int_{t_1}^{t_2} f_1(t)f_2(t)\mathrm{d}t}{\sqrt{\int_{t_1}^{t_2} f_1(t)f_1(t)\mathrm{d}t}\ \sqrt{\int_{t_1}^{t_2} f_2(t)f_2(t)\mathrm{d}t}} \tag{1.4.49}$$

对于随机变量则其夹角表示为

$$\cos\theta = \frac{E[XY]}{\sqrt{E[XX]}\sqrt{E[YY]}} \quad\quad (1.4.50)$$

1.4.6 两种常用分布

1. 均匀分布

设 G 是平面上的一个有界区域，其面积为 A，令

$$f_{XY}(x,y) = \begin{cases} \dfrac{1}{A} & ((x,y) \in G) \\ 0 & (\text{其他}) \end{cases}$$

则 $f_{XY}(x,y)$ 是一个密度函数，以 $f_{XY}(x,y)$ 为密度函数的二维联合分布称为区域 G 上的均匀分布。若 (ξ,η) 服从区域 G 上的均匀分布，则对 G 中的任一（有面积的）子区域 D，有

$$P((\xi,\eta) \in D) = \iint_D f_{XY}(x,y)\mathrm{d}x\mathrm{d}y = \iint_D \frac{1}{A}\mathrm{d}x\mathrm{d}y = \frac{S_D}{A}$$

其中，S_D 是 D 的面积。

上式表明二维随机变量落入区域 D 的概率与 D 的面积成正比，而与在 G 中的位置和形状无关，由此可知"均匀"分布的含义就是"等可能"。特别地，若 $G = \{(x,y) \mid a \leqslant x \leqslant b, c \leqslant y \leqslant d\}$，则 (ξ,η) 服从 G 上的均匀分布，其联合概率密度函数为

$$f_{XY}(x,y) = \begin{cases} \dfrac{1}{(b-a)(d-c)} & (a \leqslant x \leqslant b, c \leqslant y \leqslant d) \\ 0 & (\text{其他}) \end{cases} \quad\quad (1.4.51)$$

相应的边缘概率密度函数分别为边际密度，即

$$f_X(x) = \begin{cases} \dfrac{1}{(b-a)} & (a \leqslant x \leqslant b) \\ 0 & (\text{其他}) \end{cases} \quad \text{和} \quad f_Y(y) = \begin{cases} \dfrac{1}{(d-c)} & (c \leqslant y \leqslant d) \\ 0 & (\text{其他}) \end{cases}$$

由此说明，矩形区域上的均匀分布的边缘概率密度是一维均匀分布。

2. 二维正态分布

若二维随机变量 (X,Y) 具有概率密度

$$f_{XY}(x,y) = \frac{1}{2\pi\sigma_1\sigma_2\sqrt{1-\rho^2}}\mathrm{e}^{\frac{-1}{2(1-\rho^2)}\left[\frac{(x-\mu_1)^2}{\sigma_1^2} - \frac{2\rho(x-\mu_1)(y-\mu_2)}{\sigma_1\sigma_2} + \frac{(y-\mu_2)^2}{\sigma_2^2}\right]} \quad\quad (1.4.52)$$

则称 (X,Y) 服从二维正态分布，记为 $(X,Y) \sim N(\mu_1,\mu_2,\sigma_1^2,\sigma_2^2,\rho)$，参数为 μ_1、μ_2、σ_1^2、σ_2^2、ρ（常数），且满足 $\sigma_1 > 0, \sigma_2 > 0, -1 < \rho < 1$。习惯上称 (X,Y) 为二维正态向量，由 (X,Y) 的联合分布可以求得边缘概率密度函数分别为

$$\begin{cases} f_X(x) = \dfrac{1}{\sqrt{2\pi}\sigma_1}\mathrm{e}^{-\frac{(x-\mu_1)^2}{2\sigma_1^2}} \\ f_Y(y) = \dfrac{1}{\sqrt{2\pi}\sigma_2}\mathrm{e}^{-\frac{(x-\mu_2)^2}{2\sigma_2^2}} \end{cases} \quad\quad (1.4.53)$$

由此说明二维正态分布 $(X,Y) \sim N(\mu_1,\mu_2,\sigma_1^2,\sigma_2^2,\rho)$ 的两个边缘概率分布都是一维正态分布，分别为 $X \sim N(\mu_1,\sigma_1^2)$，$Y \sim N(\mu_2,\sigma_2^2)$。

例 1.10　两个随机变量 X 和 Y 的联合样本空间由 4 个元素构成,$(1,1)$、$(2,2)$、$(3,3)$、$(4,4)$,各元素的概率分别是 0.1、0.35、0.05、0.5。求联合分布函数和边缘分布。

解　联合分布函数为

$$F_{XY}(x,y) = 0.1U(x-1)U(y-1) + 0.35U(x-2)U(y-2) +$$
$$0.05U(x-3)U(y-3) + 0.5U(x-4)U(y-4) \qquad (例 1.10.1)$$

则根据联合分布和边缘分布的关系,得到

$$F_X(x) = F_{XY}(x,+\infty) = 0.1U(x-1) + 0.35U(x-2) + 0.05U(x-3) + 0.5U(x-4)$$
$$(例 1.10.2)$$

$$F_Y(y) = F_{XY}(+\infty,y) = 0.1U(y-1) + 0.35U(y-2) + 0.05U(y-3) + 0.5U(y-4)$$
$$(例 1.10.3)$$

例 1.11　随机变量 X 和 Y 是归一化联合正态分布,若其概率密度函数为

$$f_{XY}(x,y) = \frac{1}{2\pi\sqrt{1-u^2}}\exp\left[-\frac{x^2-2uxy+y^2}{2(1-u^2)}\right] \quad (-1 \leqslant u \leqslant 1)$$

求其对应的边缘概率密度函数和条件概率 $f_X(x\,|\,Y=y)$,并说明 X 和 Y 是否统计独立。

解　根据边缘概率密度函数和联合概率密度函数的关系

$$
\begin{aligned}
f_X(x) &= \int_{-\infty}^{+\infty} f_{XY}(x,y)\mathrm{d}y = \int_{-\infty}^{+\infty} \frac{1}{2\pi\sqrt{1-u^2}}\exp\left[-\frac{x^2-2uxy+y^2}{2(1-u^2)}\right]\mathrm{d}y \\
&= \frac{1}{\sqrt{2\pi}}\int_{-\infty}^{+\infty} \frac{1}{\sqrt{2\pi}\sqrt{1-u^2}}\exp\left[-\frac{x^2+y^2-2uxy+u^2x^2-u^2x^2}{2(1-u^2)}\right]\mathrm{d}y \\
&= \frac{1}{\sqrt{2\pi}}\mathrm{e}^{-\frac{x^2}{2}}\int_{-\infty}^{+\infty} \frac{1}{\sqrt{2\pi}\sqrt{1-u^2}}\exp\left(-\frac{(y-ux)^2}{2(1-u^2)}\right)\mathrm{d}y \\
&= \frac{1}{\sqrt{2\pi}}\mathrm{e}^{-\frac{x^2}{2}} \qquad\qquad\qquad (例 1.11.1)
\end{aligned}
$$

上式中的积分是均值为 ux、方差为 $1-u^2$ 的高斯分布概率密度函数的面积,其值为 1,故得

$$f_X(x) = \frac{\mathrm{e}^{-x^2/2}}{\sqrt{2\pi}}$$

同理可得

$$f_Y(y) = \frac{\mathrm{e}^{-y^2/2}}{\sqrt{2\pi}}$$

所以

$$f_X(x)f_Y(y) = \frac{\mathrm{e}^{-(x^2+y^2)/2}}{2\pi} \neq f_{XY}(x,y)$$

因此,除 $u=0$ 外,X 和 Y 不是统计独立的。把 $f_X(x)$ 和 $f_Y(y)$ 与式(1.4.53)中的概率密度函数相比较,可以发现 $f_X(x)$ 和 $f_Y(y)$ 确实是式(1.4.53)的归一化。

根据条件概率密度函数的定义,可得

$$
\begin{aligned}
f_X(x\,|\,Y=y) &= \frac{f_{XY}(x,y)}{f_Y(y)} = \left(\frac{\mathrm{e}^{-y^2/2}}{\sqrt{2\pi}}\right)^{-1}\left(\frac{1}{2\pi\sqrt{1-u^2}}\exp\left[-\frac{x^2-2uxy+y^2}{2(1-u^2)}\right]\right) \\
&= \frac{1}{\sqrt{2\pi}\sqrt{1-u^2}}\exp\left[-\frac{(x-uy)^2}{2(1-u^2)}\right] \qquad (例 1.11.2)
\end{aligned}
$$

可以看出,$f_X(x\,|\,Y=y)$ 是均值为 uy、方差为 $1-u^2$ 的高斯分布的概率密度函数。

例 1.12 两个随机变量 X 和 Y 的概率密度为

$$f_{XY}(x,y) = \begin{cases} xy/9 & (0 < x < 2, 0 < y < 3) \\ 0 & (\text{其他}) \end{cases}$$

证明:(1)X 和 Y 是不相关的;

(2)X 和 Y 统计独立。

证明 (1)先求 X、Y 的联合相关函数为

$$E[XY] = \int_{-\infty}^{+\infty}\int_{-\infty}^{+\infty} xy f_{XY}(x,y)\mathrm{d}x\mathrm{d}y = \int_0^3\int_0^2 x^2 y^2/9\mathrm{d}x\mathrm{d}y = 8/3 \qquad (\text{例 } 1.12.1)$$

X、Y 的数学期望分别为

$$E[X] = \int_{-\infty}^{+\infty} x f_X(x)\mathrm{d}x = \int_{-\infty}^{+\infty} x\left[\int_{-\infty}^{+\infty} f_{XY}(x,y)\mathrm{d}y\right]\mathrm{d}x = \int_0^3\int_0^2 x^2 y/9\mathrm{d}x\mathrm{d}y = 4/3$$
$$(\text{例 } 1.12.2)$$

$$E[Y] = \int_{-\infty}^{+\infty} y f_Y(y)\mathrm{d}y = \int_{-\infty}^{+\infty} y\left[\int_{-\infty}^{+\infty} f_{XY}(x,y)\mathrm{d}x\right]\mathrm{d}y = \int_0^3\int_0^2 xy^2/9\mathrm{d}x\mathrm{d}y = 2$$
$$(\text{例 } 1.12.3)$$

由此可以得出 $E[XY] = E[X]E[Y]$,X,Y 不相关。

(2)根据边缘概率密度函数与联合概率密度函数的关系,可以求得边缘概率密度函数为

$$f_X(x) = \int_{-\infty}^{+\infty} f_{XY}(x,y)\mathrm{d}y = \int_0^3 xy/9\mathrm{d}y = x/2 \qquad (\text{例 } 1.12.4)$$

$$f_Y(y) = \int_{-\infty}^{+\infty} f_{XY}(x,y)\mathrm{d}x = \int_0^2 xy/9\mathrm{d}x = 2y/9 \qquad (\text{例 } 1.12.5)$$

可以得到 $f_X(x)f_Y(y) = yx/9 = f_{XY}(x,y)$,因此可以看出 X 和 Y 统计独立。

1.5 随机变量函数的分布函数和概率密度函数

1.5.1 一维随机变量函数的情况

设有一个确定的连续函数或分段连续实函数 $y = g(x)$ 和随机变量 X,定义一个新的随机变量 $Y = g(X)$,称随机变量 Y 是随机变量 X 的函数。要求根据 X 的概率分布函数求 Y 的概率分布函数。根据累积函数的定义,其思路为设法将 Y 的概率分布函数通过 X 的概率分布函数表示

$$F_Y(y) = P(Y \leqslant y) = P(g(X) \leqslant y) \qquad (1.5.1)$$

用这种方法,在许多情形下可以求出概率分布函数。根据概率密度函数和分布函数的关系可以得到随机变量函数的概率密度函数,表示为

$$f_Y(y) = \frac{\partial F_Y(y)}{\partial y} = \frac{\partial P(Y \leqslant y)}{\partial y} = \frac{\partial P(g(X) \leqslant y)}{\partial y} \qquad (1.5.2)$$

另外一种求概率密度函数的方法利用等概率原理。考虑 $y = g(x)$ 是单调连续函数的情况,$y = g(x)$ 的反函数是唯一的,其反函数为 $x = g^{-1}(y) = h(y)$,若反函数 $h(y)$ 的导数也存在,则可利用 X 的概率密度函数求出 Y 的概率密度函数。

由图 1.5.1 可知,如随机变量 X 的取值落在区间 $(x, x+\mathrm{d}x)$ 内,那么 Y 的取值必定落在区

间 $(y,y+\mathrm{d}y)$ 内，即遵循等概率原理，有 $f_X(x)\mathrm{d}x=f_Y(y)\mathrm{d}y$，整理可得 $f_Y(y)=f_X(x)\cdot\dfrac{\mathrm{d}x}{\mathrm{d}y}$，由于概率密度非负，有

$$f_Y(y)=f_X(x)\cdot\left|\frac{\mathrm{d}x}{\mathrm{d}y}\right|=f_X(h(y))\cdot\left|h'(y)\right| \tag{1.5.3}$$

具体到离散型情形，若已知 $P(X=x_i)=p_i(i=1,2,\cdots)$，$Y=g(X)$ 的取值只可能是 $g(x_1),g(x_2),\cdots,g(x_n),\cdots$，且 $g(x_i)$ 互不相等，则 $P(Y=g(x_i))=p_i(i=1,2,\cdots,n)$ 就是 Y 的概率分布。

如果 X 和 Y 之间不是单调关系，即 Y 的取值可能对应 X 的两个或更多的值 $x_1,x_2,\cdots,x_n$。假定一个 y 值有两个 x 值与之对应，如图 1.5.2 所示。

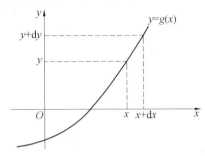 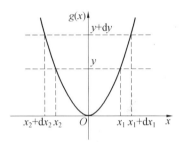

图 1.5.1　随机变量 X 和 Y 的单调函数关系　　图 1.5.2　随机变量 X 和 Y 的双值函数关系

设 $y=g(x)$ 的反函数为 $h_1(y)$、$h_2(y)$，根据等概率原理可知

$$f_Y(y)\mathrm{d}y=f_X(x_1)\mathrm{d}x_1+f_X(x_2)\mathrm{d}x_2 \tag{1.5.4}$$

于是可以得到

$$\begin{aligned}
f_Y(y)&=f_X(x_1)\cdot\left|\frac{\mathrm{d}x_1}{\mathrm{d}y}\right|+f_X(x_2)\cdot\left|\frac{\mathrm{d}x_2}{\mathrm{d}y}\right|\\
&=f_X(h_1(y))\cdot\left|(h_1)'(y)\right|+f_X(h_2(y))\cdot\left|(h_2)'(y)\right|
\end{aligned} \tag{1.5.5}$$

一般地，如果 $y=g(x)$ 有 n 个反函数 $h_1(y),h_2(y),\cdots,h_n(y)$，则

$$f_Y(y)=f_X(h_1(y))\cdot\left|h_1'(y)\right|+f_X(h_2(y))\cdot\left|h_2'(y)\right|+\cdots+f_X(h_n(y))\cdot\left|h_n'(y)\right| \tag{1.5.6}$$

具体到离散型情形，若已知 $P(X=x_i)=p_i(i=1,2,\cdots)$，$Y=g(X)$ 的取值只可能是 $g(x_1),g(x_2),\cdots,g(x_n),\cdots$，其中有某些 $g(x_i)$ 相等，则应将对应的 p_i 相加作为 $g(x_i)$ 的概率。

另外，研究一下随机变量函数的数学期望。设随机变量 X 和 Y 的函数关系为 $Y=g(X)$，其对应的数学期望和方差为

$$E[Y]=\int_{-\infty}^{+\infty}yf_Y(y)\mathrm{d}y=\int_{-\infty}^{+\infty}g(x)f_X(x)\mathrm{d}x=E[g(X)] \tag{1.5.7}$$

$$D[Y]=E[(g(X)-E[g(X)])^2]=\int_{-\infty}^{+\infty}[g(x)-m_Y]^2f_X(x)\mathrm{d}x=D[g(X)] \tag{1.5.8}$$

即计算 Y 的数学期望、方差时不需要知道 Y 的概率密度函数，只要知道 X 的概率密度函数即可。

例 1.13　已知随机变量 X 的分布列见表 1.5.1。求 $Y=X^2+3$ 的分布列。

表 1.5.1

X	1	2	3	-1	-2	4
概率	1/3	1/4	1/4	1/18	1/18	1/18

解 根据题意，Y 对应的分布列为

Y	4	7	12	4	7	19
概率	1/3	1/4	1/4	1/18	1/18	1/18

整理可得

Y	4	7	12	19
概率	7/18	11/36	1/4	1/18

例 1.14 如果 X 的概率密度函数为 $f(x)=\dfrac{1}{\sqrt{2\pi}}\mathrm{e}^{-\frac{x^2}{2}}$，求 $Y=X^2$ 的概率密度函数。

解 根据题意可得 $X=\pm\sqrt{Y}$，$Y\geqslant 0$。根据随机变量函数的相关理论有

$$f_Y(y)=\begin{cases}f_X(x_1)\left|\dfrac{\mathrm{d}x_1}{\mathrm{d}y}\right|+f_X(x_2)\left|\dfrac{\mathrm{d}x_2}{\mathrm{d}y}\right| & (y\geqslant 0)\\ 0 & (y<0)\end{cases} \tag{例 1.14.1}$$

把 X 的随机变量表达式代入式（例 1.14.1）可得

$$f_Y(y)=\begin{cases}\dfrac{\mathrm{e}^{-y/2}/\sqrt{2\pi}+\mathrm{e}^{-y/2}/\sqrt{2\pi}}{2y^{1/2}} & (y\geqslant 0)\\ 0 & (y<0)\end{cases} \tag{例 1.14.2}$$

整理可得

$$f_Y(y)=\begin{cases}\mathrm{e}^{-y/2}/(\sqrt{2\pi y}) & (y\geqslant 0)\\ 0 & (y<0)\end{cases} \tag{例 1.14.3}$$

例 1.15 对随机变量 X 变换 $Y=a/X$，其中 a 为实数，求 Y 的概率密度函数。

解 根据题意可以得到 $X=a/Y$，根据概率密度函数的定义可以得到

$$F_Y(y)=P(Y\leqslant y)=P(a/x\leqslant y) \tag{例 1.15.1}$$

根据 a 的取值可以分两种情况进行讨论，即 $a>0$ 和 $a<0$。

当 $a>0$ 时，$y<0$ 对应 $a/y<x<0$，此时

$$F_Y(y)=P(a/x\leqslant y)=\int_{a/y}^{0}f_X(x)\mathrm{d}x=F_X(0)-F_X(a/y) \tag{例 1.15.2}$$

而 $y\geqslant 0$ 对应 $-\infty<x<0$ 和 $a/y<x<\infty$，此时概率密度函数为

$$F_Y(y)=P(a/x\leqslant y)=\int_{-\infty}^{0}f_X(x)\mathrm{d}x+\int_{a/y}^{+\infty}f_X(x)\mathrm{d}x$$

$$=F_X(0)-F_X(-\infty)+F_X(+\infty)-F_X(a/y)$$

$$=1+F_X(0)-F_X(a/y) \tag{例 1.15.3}$$

根据概率密度函数和分布函数的关系，对式（例 1.15.2）和式（例 1.15.3）进行求导得到概率密度函数为

$$f_Y(y) = a/y^2 f_X(a/y) \quad (a > 0) \tag{例 1.15.4}$$

当 $a < 0$ 时，$y < 0$ 对应 $a/y > x > 0$，此时

$$F_Y(y) = P(a/x \leqslant y) = \int_0^{a/y} f_X(x)\,\mathrm{d}x = F_X(a/y) - F_X(0) \tag{例 1.15.5}$$

而 $y \geqslant 0$ 对应 $0 < x < \infty$ 和 $a/y > x > -\infty$，此时概率密度函数为

$$F_Y(y) = P(a/x \leqslant y) = \int_0^{+\infty} f_X(x)\,\mathrm{d}x + \int_{-\infty}^{a/y} f_X(x)\,\mathrm{d}x = 1 - F_X(0) + F_X(a/y) \tag{例 1.15.6}$$

根据概率密度函数和分布函数的关系，对式（例 1.15.5）和式（例 1.15.6）进行求导得到概率密度函数为

$$f_Y(y) = -a/y^2 f_X(a/y) \quad (a < 0) \tag{例 1.15.7}$$

综合式（例 1.15.4）和（例 1.15.7）可得

$$f_Y(y) = |a|/y^2 f_X(a/y) \tag{例 1.15.8}$$

1.5.2　多维随机变量函数的分布

设二维随机变量 (X_1, X_2) 的联合概率密度为 $f_{X_1 X_2}(x_1, x_2)$，另有二维随机变量 (Y_1, Y_2)，且

$$Y_1 = g_1(X_1, X_2), \quad Y_2 = g_2(X_1, X_2) \tag{1.5.9}$$

考虑 $g_1(X_1, X_2)$、$g_2(X_1, X_2)$ 是单调连续函数的情况，其反函数存在且唯一，其反函数为

$$X_1 = h_1(Y_1, Y_2), \quad X_2 = h_2(Y_1, Y_2) \tag{1.5.10}$$

同样根据等概率原理得

$$f_Y(y_1, y_2) = |J| f_X(x_1, x_2) = \left\| \begin{matrix} \dfrac{\partial h_1}{\partial y_1} & \dfrac{\partial h_1}{\partial y_2} \\[2mm] \dfrac{\partial h_2}{\partial y_1} & \dfrac{\partial h_2}{\partial y_2} \end{matrix} \right\| f_X(h_1(y_1, y_2), h_2(y_1, y_2)) \tag{1.5.11}$$

式中，$|J|$ 是变换的雅可比（Jacobian）式的绝对值。

同理，对于多维随机变量函数

$$\begin{cases} Y_1 = g_1(X_1, X_2, \cdots, X_N) \\ \vdots \\ Y_N = g_N(X_1, X_2, \cdots, X_N) \end{cases} \tag{1.5.12}$$

其反函数若为单值连续函数，即

$$\begin{cases} X_1 = h_1(Y_1, Y_2, \cdots, Y_N) \\ \vdots \\ X_N = h_N(Y_1, Y_2, \cdots, Y_N) \end{cases} \tag{1.5.13}$$

则

$$f_Y(y_1, y_2, \cdots, y_N) = f_X(x_1, x_2, \cdots, x_N)|J| = f_X(h_1, h_2, \cdots, h_N)|J| \tag{1.5.14}$$

其中

$$J = \begin{vmatrix} \dfrac{\partial h_1}{\partial y_1} & \cdots & \dfrac{\partial h_1}{\partial y_N} \\[2mm] \vdots & & \vdots \\[2mm] \dfrac{\partial h_N}{\partial y_1} & \cdots & \dfrac{\partial h_N}{\partial y_N} \end{vmatrix} \tag{1.5.15}$$

例 1.16 设有两个随机变量 X_1 与 X_2，已知它们的联合概率密度为 $f_{X_1X_2}(x_1,x_2)$，求它们的和 $Y=X_1+X_2$、差 $Y=X_2-X_1$、积 $Y=X_1 \cdot X_2$、商 $Y=X_2/X_1$ 的概率密度函数。

解 设

$$\begin{cases} Y_1=X_1 \\ Y_2=X_1+X_2 \end{cases} \qquad (例 1.16.1)$$

可得其反变换为

$$\begin{cases} X_1=Y_1 \\ X_2=Y_2-Y_1 \end{cases} \qquad (例 1.16.2)$$

雅可比式为

$$J=\begin{vmatrix} \dfrac{\partial X_1}{\partial Y_1} & \dfrac{\partial X_1}{\partial Y_2} \\ \dfrac{\partial X_2}{\partial Y_1} & \dfrac{\partial X_2}{\partial Y_2} \end{vmatrix}=\begin{vmatrix} 1 & 0 \\ -1 & 1 \end{vmatrix}=1 \qquad (例 1.16.3)$$

Y_1 与 Y_2 的联合密度函数为

$$f_Y(y_1,y_2)=f_X(x_1,x_2)\,|J|=f_X(x_1,x_2)=f_X(y_1,y_2-y_1) \qquad (例 1.16.4)$$

通过求边缘密度的方法求 Y_2 的密度函数，即

$$f_{Y_2}(y_2)=\int_{-\infty}^{+\infty} f_Y(y_1,y_2)\,\mathrm{d}y_1=\int_{-\infty}^{+\infty} f_X(y_1,y_2-y_1)\,\mathrm{d}y_1 \qquad (例 1.16.5)$$

最后用 Y 代替 Y_2，X_1 代替 Y_1

$$f_Y(y)=\int_{-\infty}^{+\infty} f_X(x_1,y-x_1)\,\mathrm{d}x_1 \qquad (例 1.16.6)$$

这就是两个随机变量之和的概率密度。进一步，如两个随机变量相互独立，有

$$f_Y(y)=\int_{-\infty}^{+\infty} f_X(x_1,y-x_1)\,\mathrm{d}x_1$$

$$=\int_{-\infty}^{+\infty} f_{X_1}(x_1)f_{X_2}(y-x_1)\,\mathrm{d}x_1$$

$$=f_{X_1}(y)*f_{X_2}(y) \qquad (例 1.16.7)$$

两相互独立随机变量之和的概率密度函数等于两随机变量的概率密度函数的卷积。

其他三种两个随机变量运算的概率密度函数求解过程与随机变量和的方法相同，在此不做详细的讨论，直接给出它们的结果。差 $Y=X_2-X_1$ 的概率密度函数为

$$f_Y(y)=\int_{-\infty}^{+\infty} f_X(x_1,x_1+y)\,\mathrm{d}x_1$$

积 $Y=X_1 \cdot X_2$ 的概率密度函数为

$$f_Y(y)=\int_{-\infty}^{+\infty} \frac{f_X(x_1,y/x_1)}{|x_1|}\,\mathrm{d}x_1$$

商 $Y=X_2/X_1$ 的概率密度函数为

$$f_Y(y)=\int_{-\infty}^{+\infty} |x_1|\,f_X(x_1,yx_1)\,\mathrm{d}x_1$$

例 1.17 零均值高斯随机变量 X 和 Y 的方差分别为 $\sigma_X^2=3$，$\sigma_Y^2=4$，相关系数 $\gamma=1/4$，

(1) 写出联合密度的表达式；(2) 证明坐标旋转一个角度 $\theta=\dfrac{1}{2}\arctan\left[\dfrac{2\gamma\sigma_X\sigma_Y}{\sigma_X^2-\sigma_Y^2}\right]$ 后所形成

的随机变量是统计独立的。

解　(1) 根据多维高斯随机变量概率密度函数的表达式可得

$$f_{XY}(x,y) = \frac{1}{2\pi\sigma_X\sigma_Y\sqrt{1-\gamma^2}}\exp\left\{-\frac{1}{2(1-\gamma^2)}\left[\frac{(X-E[X])^2}{\sigma_X^2} - \right.\right.$$
$$\left.\left. \frac{2\gamma(X-E[X])(Y-E[Y])}{\sigma_X\sigma_Y} + \frac{(Y-E[Y])^2}{\sigma_Y^2}\right]\right\}$$

把题中的条件代入表达式可得

$$f_{XY}(x,y) = \frac{1}{3\pi\sqrt{5}}\exp\left\{-\frac{2}{45}\left[4x^2 + \sqrt{3}\,xy + 3y^2\right]\right\} \qquad (\text{例 }1.17.1)$$

(2) 根据题意可知

$$U = X\cos\theta + Y\sin\theta, \quad V = -X\sin\theta + Y\cos\theta \qquad (\text{例 }1.17.2)$$

对应的雅可比行列式为

$$|J| = \begin{vmatrix} \cos\theta & -\sin\theta \\ \sin\theta & \cos\theta \end{vmatrix} = 1 \qquad (\text{例 }1.17.3)$$

此时,可以得到

$$\theta = \frac{1}{2}\arctan\left[\frac{2\gamma\sigma_X\sigma_Y}{\sigma_X^2 - \sigma_Y^2}\right] = \frac{1}{2}\arctan\left[\sqrt{3}\right] = \pi/6 \qquad (\text{例 }1.17.4)$$

所以,$\cos\theta = \dfrac{\sqrt{3}}{2}$,$\sin\theta = \dfrac{1}{2}$。可以得到

$$x^2 = \frac{3}{4}u^2 + \frac{1}{4}v^2 - \frac{\sqrt{3}}{2}uv, \quad y^2 = \frac{1}{4}u^2 + \frac{3}{4}v^2 + \frac{\sqrt{3}}{2}uv, \quad xy = \frac{\sqrt{3}}{4}u^2 - \frac{\sqrt{3}}{4}v^2 + \frac{1}{2}uv$$

$$(\text{例 }1.17.5)$$

将上述结果代入式(例 1.17.1),经过变换后可得

$$f_{UV}(u,v) = \frac{1}{3\pi\sqrt{5}}\exp\left[-u^2/5 - v^2/9\right] \qquad (\text{例 }1.17.6)$$

进一步,可以求得 $E(U) = 0$,于是可以求得

$$\sigma_U^2 = E[U^2] = E[(X\cos\theta + Y\sin\theta)^2] = 2.5 \qquad (\text{例 }1.17.7)$$

同理可得,$\sigma_V^2 = 4.5$。故式(例 1.17.6)可以写成

$$f_{UV}(u,v) = \frac{\mathrm{e}^{-u^2/(2\sigma_U^2)}}{\sqrt{2\pi\sigma_U^2}}\,\frac{\mathrm{e}^{-v^2/(2\sigma_V^2)}}{\sqrt{2\pi\sigma_V^2}} \qquad (\text{例 }1.17.8)$$

可以得出 U 和 V 是统计独立的。

1.6　随机变量的特征函数及其性质

在概率论和数理统计中,求独立随机变量和的分布问题是经常遇到的问题。经过人们不断的探索和研究,终于发现了一个重要工具——特征函数,它是处理许多概率论问题的有力工具,它能把寻求独立随机变量和的分布的卷积运算(积分运算)转换成乘法运算。本节主要介绍特征函数的基本概念、主要性质以及相关的应用。一般来说,数字特征不能完全确定随机变量的分布,而本节将要介绍特征函数,它既能完全决定分布函数,又具有良好的性质,是研究随机变量分布的有力工具。可以说,特征函数并不是一个抽象概念,在概率论与数理统计的许

多问题中,无论是证明还是应用,通过构造特征函数,往往能使问题得到简化。

分布函数及其概率密度函数无疑是描述随机变量概率规律的最有力工具,尤其是它们具有明确的概率含义,故运用分布函数可方便地解决许多与随机变量有关的概率问题。但是,在某些问题中分布函数又表现出某些不足。例如:

(1)分布函数本身的分析性质不太好,它只是一个单边连续的有界非降函数。

(2)独立随机变量和的分布函数等于各分布函数的卷积,这在计算上带来不少麻烦。

而数字特征也只反映了概率分布的某些方面。下面介绍的特征函数既能完全决定分布函数,又具有良好的分析性质。更为重要的是,利用特征函数可以简化各阶矩的运算以及独立随机变量和的分布的计算。

随机变量 X 的特征函数就是由 X 组成的一个新的随机变量 $e^{j\omega X}$ 的数学期望,即

$$\varphi_X(\omega) = E[e^{j\omega X}] \tag{1.6.1}$$

对于离散型随机变量和连续型随机变量,其具体的表达式为

$$\begin{cases} \varphi_X(\omega) = E[e^{j\omega X}] = \sum_i e^{j\omega x_i} \cdot P(X = x_i) \\ \varphi_X(\omega) = E[e^{j\omega X}] = \int_{-\infty}^{+\infty} e^{j\omega x} f_X(x) dx \end{cases} \tag{1.6.2}$$

根据定义可知特征函数是一个实变量的复值函数。由于 $|e^{j\omega x}| = 1$,因此它对一切实数 x 都有意义。与随机变量的数学期望、方差及各阶矩阵一样,特征函数只依赖于随机变量的分布,分布相同则特征函数也相同,所以也常称其为某分布的特征函数。现在研究特征函数的一些性质,其中 $\varphi_X(\omega)$ 表示 X 的特征函数。

性质 1 一致连续性。随机变量 X 的特征函数 $\varphi_X(\omega)$ 在 $(-\infty, +\infty)$ 上一致连续。

证明 设 X 是连续随机变量(离散随机变量的证明与此类似),其密度函数为 $f_X(x)$,则对任意实数 ω、h 和正数 $a > 0$,有

$$|\varphi_X(\omega + h) - \varphi_X(\omega)| = \left| \int_{-\infty}^{+\infty} (e^{jhx} - 1) e^{j\omega x} f_X(x) dx \right| \leqslant \int_{-\infty}^{+\infty} |e^{jhx} - 1| f_X(x) dx$$

$$\leqslant \int_{-a}^{a} |e^{jhx} - 1| f_X(x) dx + 2 \int_{|x| \geqslant a} f_X(x) dx \tag{1.6.3}$$

对任意的 $\varepsilon > 0$,先取定一个充分大的 a,使得

$$2 \int_{|x| \geqslant a} f_X(x) dx < \frac{\varepsilon}{2} \tag{1.6.4}$$

然后对任意的 $x \in [-a, a]$,只要取 $\delta = \frac{\varepsilon}{2a}$,则当 $|h| < \delta$ 时,便有

$$|e^{jhx} - 1| = \left| e^{j\frac{h}{2}x} (e^{j\frac{h}{2}x} - e^{-j\frac{h}{2}x}) \right| = 2 \left| \sin \frac{hx}{2} \right| \leqslant 2 \left| \frac{hx}{2} \right| < ha < \frac{\varepsilon}{2} \tag{1.6.5}$$

从而对所有的 $\omega \in (-\infty, +\infty)$,有

$$|\varphi_X(\omega + h) - \varphi_X(\omega)| < \int_{-a}^{a} \frac{\varepsilon}{2} f_X(x) dx + \frac{\varepsilon}{2} \leqslant \varepsilon \tag{1.6.6}$$

即 $\varphi_X(\omega)$ 在 **R** 上一致连续。

性质 2 特征函数在 0 点的值最大,且等于1,用公式表示为 $|\varphi_X(\omega)| \leqslant \varphi_X(0) = 1$。

证明

$$\mid \varphi_X(\omega) \mid = \left| \int_{-\infty}^{+\infty} e^{j\omega x} f_X(x)\, dx \right| \leqslant \int_{-\infty}^{+\infty} \mid e^{j\omega x} \mid f_X(x)\, dx = \int_{-\infty}^{+\infty} f_X(x)\, dx = \varphi_X(0) = 1$$

$$(1.6.7)$$

性质 3　　$\varphi_X(-\omega) = \overline{\varphi_X(\omega)}$，其中 $\overline{\varphi_X(\omega)}$ 表示 $\varphi_X(\omega)$ 的共轭。

证明

$$\varphi(-\omega) = \int_{-\infty}^{+\infty} e^{-j\omega x} f_X(x)\, dx = \overline{\int_{-\infty}^{+\infty} e^{j\omega x} f_X(x)\, dx} = \overline{\varphi_X(\omega)} \tag{1.6.8}$$

性质 4　　若 $Y = aX + b$，其中 a、b 是常数，则 $\varphi_Y(t) = e^{jb\omega} \varphi_X(a\omega)$。

证明

$$\varphi_Y(\omega) = E\left[e^{j\omega(aX+b)}\right] = e^{jb\omega} E\left[e^{ja\omega X}\right] = e^{jb\omega} \varphi(a\omega) \tag{1.6.9}$$

性质 5　　如果随机变量 X 与 Y，则随机变量和 $Z = X + Y$ 的特征函数为随机变量 X、Y 特征函数的乘积，用公式表示为 $\varphi_{X+Y}(\omega) = \varphi_X(\omega) \cdot \varphi_Y(\omega)$。

证明　　因为 X 与 Y 相互独立，所以 $e^{j\omega X}$ 与 $e^{j\omega Y}$ 也是相互独立的，从而有

$$E\left[e^{j\omega(X+Y)}\right] = E\left[e^{j\omega X} e^{j\omega Y}\right] = E\left[e^{j\omega X}\right] E\left[e^{j\omega Y}\right] = \varphi_X(\omega) \cdot \varphi_Y(\omega) \tag{1.6.10}$$

利用归纳法，不难把性质 5 推广到 n 个独立随机变量的场合，假设 $X_1, X_2, \cdots, X_N$ 是 n 个相互独立的随机变量，相应地 $Z = \sum_{i=1}^{n}(a_i X_i + b_i)$ 的特征函数为 $\varphi_Z(\omega) = \prod_{i=1}^{n} e^{j\omega b_i} \varphi_{X_i}(a_i \omega)$。

独立随机变量和的特征函数可以方便地用各个特征函数相乘来求得，而独立和的分布函数要通过卷积这种复杂的运算才能得到，相比之下，用特征函数来处理独立和的问题就方便得多。独立和问题在概率论的古典问题中占有"中心"地位，而这些问题的解决大大有赖于特征函数的引进。

性质 6　　随机变量的 n 阶矩为特征函数的 n 阶导数在 0 点的值。

若 $E[X^L]$ 存在，则 X 的特征函数 $\varphi_X(\omega)$ 可 L 次求导，且对 $1 \leqslant k \leqslant L$，有

$$\varphi_X^{(k)}(0) = j^k E[X^k] \tag{1.6.11}$$

证明　　因为 $E[X^L]$ 存在，也就是

$$\int_{-\infty}^{+\infty} \mid x \mid^L f_X(x)\, dx < +\infty \tag{1.6.12}$$

于是含参变量 t 的广义积分 $\int_{-\infty}^{+\infty} e^{j\omega x} f(x)\, dx$ 可以对 ω 求导 k 次，于是对 $0 \leqslant k \leqslant L$，有

$$\varphi_X^{(k)}(\omega) = \int_{-\infty}^{+\infty} j^k x^k e^{j\omega x} f_X(x)\, dx = j^k E\left[X^k e^{j\omega X}\right] \tag{1.6.13}$$

令 $\omega = 0$，即得 $\varphi_X^{(k)}(0) = j^k E[X^k]$。经过整理得到

$$E[X^k] = (-j)^k \frac{d^k \varphi_X(\omega)}{d\omega^k}\Big|_{\omega=0} \tag{1.6.14}$$

当 $k = 1$ 时，就是经常用的数学期望 $E[X] = -j \dfrac{d\varphi_X(\omega)}{d\omega}\Big|_{\omega=0}$。

当然，随机变量的特征函数可由它的各阶矩唯一地确定，具体表示如下

$$\varphi_X(\omega) = \sum_{n=0}^{+\infty} \frac{d^k \varphi_X(\omega)}{d\omega^k}\Big|_{\omega=0} \frac{\omega^k}{k!} \tag{1.6.15}$$

性质 7　　非负定性。随机变量 X 的特征函数 $\varphi_X(\omega)$ 是非负定的，即对任意正整数 n，及 n

个实数 $\omega_1,\omega_2,\cdots,\omega_n$ 和 n 个复数 $z_1,z_2,\cdots,z_n$,有 $\displaystyle\sum_{k=1}^{n}\sum_{j=1}^{n}\varphi_X(\omega_k-\omega_j)z_kz_j\geqslant 0$。

证明 设 X 是连续随机变量,其密度函数为 $f_X(x)$,则有

$$\sum_{k=1}^{n}\sum_{j=1}^{n}\varphi_X(\omega_k-\omega_j)z_k\overline{z_j}=\sum_{k=1}^{n}\sum_{j=1}^{n}z_k\overline{z_j}\int_{-\infty}^{+\infty}\mathrm{e}^{\mathrm{j}(\omega_k-\omega_j)x}f_X(x)\,\mathrm{d}x$$

$$=\int_{-\infty}^{+\infty}\sum_{k=1}^{n}\sum_{j=1}^{n}z_k\overline{z_j}\mathrm{e}^{\mathrm{j}(\omega_k-\omega_j)x}f_X(x)\,\mathrm{d}x$$

$$=\int_{-\infty}^{+\infty}\Big(\sum_{k=1}^{n}z_k\mathrm{e}^{\mathrm{j}\omega_kx}\Big)\Big(\sum_{j=1}^{n}z_j\mathrm{e}^{-\mathrm{j}\omega_jx}\Big)f_X(x)\,\mathrm{d}x$$

$$=\int_{-\infty}^{+\infty}\Big|\sum_{k=1}^{n}z_k\mathrm{e}^{\mathrm{j}\omega_kx}\Big|^2f_X(x)\geqslant 0 \qquad (1.6.16)$$

性质8 (反演公式及唯一性定理)设随机变量 X 的分布函数和特征函数分别为 $F_X(x)$ 和 $\varphi(\omega)$,则对于 $F_X(x)$ 的任意连续点 x_1 和 $x_2(x_1 < x_2)$,有如下结论

$$F_X(x_2)-F_X(x_1)=\lim_{T\to+\infty}\frac{1}{2\pi}\int_{-T}^{T}\frac{\mathrm{e}^{-\mathrm{j}\omega x_1}-\mathrm{e}^{-\mathrm{j}\omega x_2}}{\mathrm{j}\omega}\varphi_X(\omega)\,\mathrm{d}\omega=P(x_1\leqslant X<x_2)$$

$$(1.6.17)$$

根据上述定理有以下推论:

推论1 (唯一性定理)随机变量的分布函数由其特征函数唯一确定。

证明 对 $F_X(x)$ 的每一个连续点 x,当 y 沿着 $F_X(x)$ 的连续点趋于 $-\infty$ 时,由逆转公式得

$$F_X(x)=\lim_{y\to-\infty}\lim_{T\to+\infty}\frac{1}{2\pi}\int_{-T}^{T}\frac{\mathrm{e}^{-\mathrm{j}\omega y}-\mathrm{e}^{-\mathrm{j}\omega x}}{\mathrm{j}\omega}\varphi_X(\omega)\,\mathrm{d}x$$

而分布函数由其连续点上的值唯一确定,故结论成立。

推论2 若 X 为连续随机变量,其密度函数为 $f_X(x)$,特征函数为 $\varphi_X(\omega)$,如果 $\displaystyle\int_{-\infty}^{+\infty}|\varphi_X(\omega)|\,\mathrm{d}\omega<+\infty$,那么 $\displaystyle f_X(x)=\frac{1}{2\pi}\int_{-\infty}^{+\infty}\mathrm{e}^{-\mathrm{j}\omega x}\varphi_X(\omega)\,\mathrm{d}\omega$。

证明 记 X 的分布函数为 $F_X(x)$,由逆转公式知

$$f_X(x)=\lim_{\Delta x\to 0}\frac{F_X(x+\Delta x)-F_X(x)}{\Delta x}=\lim_{\Delta x\to 0}\frac{1}{2\pi}\int_{-\infty}^{+\infty}\frac{\mathrm{e}^{-\mathrm{j}\omega x}-\mathrm{e}^{-\mathrm{j}\omega(x+\Delta x)}}{\mathrm{j}\omega\cdot\Delta x}\varphi_X(\omega)\,\mathrm{d}\omega$$

$$(1.6.18)$$

再次利用不等式 $|\mathrm{e}^{\mathrm{j}a}-1|\leqslant|a|$,就有 $\left|\dfrac{\mathrm{e}^{-\mathrm{j}\omega x}-\mathrm{e}^{-\mathrm{j}\omega(x+\Delta x)}}{\mathrm{j}\omega\cdot\Delta x}\right|\leqslant 1$。又因为 $\displaystyle\int_{-\infty}^{+\infty}|\varphi_X(\omega)|\,\mathrm{d}\omega<+\infty$,所以可以交换极限号和积分号,即

$$f_X(x)=\frac{1}{2\pi}\int_{-\infty}^{+\infty}\lim_{\Delta x\to 0}\frac{\mathrm{e}^{-\mathrm{j}\omega x}-\mathrm{e}^{-\mathrm{j}\omega(x+\Delta x)}}{\mathrm{j}\omega\cdot\Delta x}\varphi_X(\omega)\,\mathrm{d}\omega=\frac{1}{2\pi}\int_{-\infty}^{+\infty}\mathrm{e}^{-\mathrm{j}\omega x}\varphi_X(\omega)\,\mathrm{d}\omega \quad (1.6.19)$$

可以根据一元随机变量的特征函数理论建立起多元特征函数的理论。由于方法和思路完全相同,这里就不详细叙述相关结论。对于二元随机变量,其特征函数和概率密度函数的关系为

$$\varphi_X(\omega_1,\omega_2)=\int_{-\infty}^{+\infty}\int_{-\infty}^{+\infty}f_X(x_1,x_2)\mathrm{e}^{\mathrm{j}\omega_1x_1+\mathrm{j}\omega_2x_2}\,\mathrm{d}x_1\mathrm{d}x_2 \qquad (1.6.20)$$

$$f_X(x_1,x_2)=\frac{1}{4\pi^2}\int_{-\infty}^{+\infty}\int_{-\infty}^{+\infty}\varphi_X(\omega_1,\omega_2)\mathrm{e}^{-\mathrm{j}\omega_1x_1-\mathrm{j}\omega_2x_2}\,\mathrm{d}\omega_1\mathrm{d}\omega_2 \qquad (1.6.21)$$

例 1.18　　求高斯分布对应的特征函数,并根据特征函数的性质求其数字特征。

解　根据特征函数与概率密度函数的关系,可以得到

$$\varphi_X(\omega) = E[e^{j\omega X}] = \int_{-\infty}^{+\infty} f_X(x) e^{j\omega x}\,dx = \int_{-\infty}^{+\infty} f_X(x) e^{j\omega x}\,dx = \exp(-\sigma_X^2\omega^2/2)$$

$$（例 1.18.1）$$

根据特征函数和矩的关系可以得到

$$\varphi_X(\omega) = \int_{-\infty}^{+\infty} f_X(x) e^{j\omega x}\,dx = \int_{-\infty}^{+\infty} f_X(x) \sum_{n=0}^{+\infty} \frac{(j\omega x)^n}{n!}\,dx = \sum_{n=0}^{+\infty} \frac{(j\omega)^n}{n!} \int_{-\infty}^{+\infty} f_X(x) x^n\,dx$$

$$= \sum_{n=0}^{+\infty} \frac{j^n E[x^n]}{n!}\omega^n \qquad （例 1.18.2）$$

同时,可以得到

$$\varphi_X(\omega) = \exp(-\sigma_X^2\omega^2/2) = \sum_{k=0}^{+\infty} \left(\frac{-\sigma_X^2\omega^2}{2}\right)^k \frac{1}{k!} = \sum_{k=0}^{+\infty} \frac{(-1)^k \sigma_X^{2k}\omega^{2k}}{2^k k!} \quad （例 1.18.3）$$

比较式(例 1.18.2)和式(例 1.18.3)可以得到

$$E(x^n) = \begin{cases} \dfrac{n!\ \sigma_X^n}{2^{n/2}(n/2)!} & （n \text{ 为偶数}） \\ 0 & （n \text{ 为奇数}） \end{cases} \qquad （例 1.18.4）$$

例 1.19　　已知随机变量 X 符合指数分布,其概率密度函数为

$$f_X(x) = \begin{cases} \dfrac{1}{b} e^{-(x-a)/b} & （x > a） \\ 0 & （x < a） \end{cases}$$

利用特征函数求其前三阶原点矩。

解　特征函数为

$$\varphi_X(\omega) = E[e^{j\omega X}] = \int_{-\infty}^{+\infty} f_X(x) e^{j\omega x}\,dx = \frac{1}{1-jb\omega}\exp(j\omega a) \qquad （例 1.19.1）$$

可以求得特征函数的一阶、二阶和三阶导数,分别为

$$\frac{d\varphi_X(\omega)}{d\omega} = e^{j\omega a}\left[\frac{ja}{1-j\omega b} + \frac{jb}{(1-j\omega b)^2}\right] \qquad （例 1.19.2）$$

$$\frac{d^2\varphi_X(\omega)}{d\omega^2} = e^{j\omega a}\left[\frac{-a^2}{1-j\omega b} + \frac{-2ab}{(1-j\omega b)^2} + \frac{-2b^2}{(1-j\omega b)^3}\right] \qquad （例 1.19.3）$$

$$\frac{d^3\varphi_X(\omega)}{d\omega^3} = e^{j\omega a}\left[\frac{-ja^3}{1-j\omega b} + \frac{-j3a^2 b}{(1-j\omega b)^2} + \frac{-j6ab^2}{(1-j\omega b)^3} + \frac{-j6b^3}{(1-j\omega b)^4}\right] \quad （例 1.19.4）$$

根据特征函数和矩的关系可得

$$m_1 = (-j)\frac{d\varphi_X(\omega)}{d\omega}\Big|_{\omega=0} = a + b \qquad （例 1.19.5）$$

$$m_2 = (-j)^2\frac{d^2\varphi_X(\omega)}{d\omega^2}\Big|_{\omega=0} = 2b^2 + 2ab + a^2 \qquad （例 1.19.6）$$

$$m_3 = (-j)^3\frac{d^3\varphi_X(\omega)}{d\omega^3}\Big|_{\omega=0} = 6b^3 + 6ab^2 + 3a^2 b + a^3 \qquad （例 1.19.7）$$

1.7 极限定理

1.7.1 随机变量序列的收敛性

概率是对大量随机现象考察中显示出来的,而对于大量随机现象的描述要采用极限的方法。极限定理就是随机变量序列的某种收敛性,不像确定性的序列,随机变量序列的收敛性有多种定义。对随机变量序列收敛性的不同定义将导致不同的极限定理。

首先给出随机变量序列的定义。一般地,用 $X(1), X(2), \cdots, X(n)$ 代表随机变量,这些随机变量如果按照顺序出现,就形成了随机变量序列。现在举例说明随机变量序列。假设只用一枚硬币,其出现正面的概率是 p,那么每次抛硬币出现正面或者反面是随机的。构造一个随机变量 $X(n) =$ 出现正面的次数 $/n$,其中 n 是指抛硬币总次数。对于任意给定的 $n, X(n)$ 是一个随机变量。如果 n 从 1 到 N,组成一个随机变量序列。当正整数 n 趋向于无穷大时,可以说 $X(n)$ 收敛于 X, X 是一个随机变量或者一个实数。另外一个随机变量序列更实际的例子就是人们经常见到的高速路收费站。假设一个收费站有 6 个出口,把收费站出口出去的车数记作随机变量 $X(n)$,随机变量取值为 $\{1,2,3,4,5,6\}$,那么如果按照时间顺序观察,不难得出一个随机变量序列 $X(1), X(2), \cdots, X(n)$。

在以下部分介绍的所有收敛中,随机变量序列和随机变量均属于同一个概率空间 (Ω, F, P)。首先介绍处处收敛。若随机变量序列 $\{X(n)\}$ 的每个样本数列都收敛,即对于任意试验结果 $\Omega = \{\omega_1, \omega_2, \cdots, \omega_m\}$ 对应的一个样本都收敛到一个常数,则这些常数构成一个新的随机变量 $X \in (x_1, \cdots, x_m)$。

$$\begin{cases} \omega_1, x_1(1), x_1(2), \cdots, x_1(n) \underset{n \to +\infty}{\longrightarrow} x_1 \\ \qquad \vdots \\ \omega_m, x_m(1), x_m(2), \cdots, x_m(n) \underset{n \to +\infty}{\longrightarrow} x_m \end{cases} \tag{1.7.1}$$

则称随机变量序列处处收敛于随机变量 X,记作 $\lim\limits_{n \to +\infty} X(n) = X$ 或 $X(n) \xrightarrow{e} X$。

下面介绍依概率 1 收敛。如果随机变量序列对于试验 E 的所有可能结果 $\Omega = \{\omega_1, \omega_2, \cdots, \omega_m\}$ 均满足

$$P(\lim\limits_{n \to +\infty} X(n) = X) = 1 \tag{1.7.2}$$

则称随机变量序列依概率 1 收敛于 X(或几乎处处收敛于随机变量 X),记作 $X(n) \xrightarrow{a.e} X$。

下面给出依概率收敛的定义。对于任意小的正数 ε,随机变量序列满足

$$\lim\limits_{n \to +\infty} P(|X(n) - X| \geqslant \varepsilon) = 0 \quad \text{或} \quad \lim\limits_{n \to +\infty} P(|X(n) - X| < \varepsilon) = 1 \tag{1.7.3}$$

则称随机变量序列依概率收敛于随机变量 X,记作 $X(n) \xrightarrow{P} X$。依概率收敛表明除去极小的可能性,只要 n 充分大,$X(n)$ 与 X 的取值就可以任意接近。

接下来第四种收敛关系是依分布收敛,其定义为:设随机变量序列 $X(n)$ 和随机变量 X 的分布函数分别为 $F_n(x)$ 和 $F(x)$,如果对 $F(x)$ 的每个连续点 $x \in \mathbf{R}$,都有 $\lim\limits_{n \to +\infty} F_n(x) = F(x)$,则称 F_n 弱收敛(weak convergence)于 F,记作 $F_n \xrightarrow{d} F$ 或 $X(n) \xrightarrow{d} X$。

最后一种收敛关系为均方收敛,其定义为:若随机变量序列对于所有的 n 有 $E[|X(n)|^2]<\infty$,随机变量 X 有 $E[|X|^2]<\infty$,且满足 $\lim_{n\to+\infty} E[|X(n)-X|^2]=0$,则称随机变量序列均方收敛于随机变量 X,记作 $l\cdot i\cdot m\, X(n)=X,X(n)\xrightarrow{M.S} X$(Limit in Mean Square)。

这五种随机变量序列收敛之间的关系可以用图 1.7.1 来表示。从图中可以看出它们的收敛性强弱关系如图 1.7.2 所示。

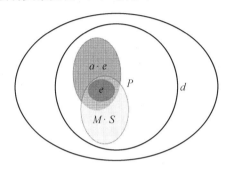

图 1.7.1　随机变量序列收敛之间的关系　　图 1.7.2　随机变量序列收敛强弱关系

下面解释经常用到的依概率 1 收敛和依概率收敛的区别。对于依概率收敛,可以用图 1.7.3 的例子进行阐述。图 1.7.3 中的每条线都代表一个数列,虚线表示一个非常小的区间。总体来说,每个数列都越来越趋近 0,且大部分时候不会超过虚线所表示的边界。但是,偶尔会有一两条线超过虚线然后再回到虚线之内,而且我们不能保证哪一个数列会在未来再次超出虚线的范围然后再回来,虽然概率很小。注意虚线的范围可以是任意小的实数,此图中大约是 ± 0.04,可以把这个边界缩小到 ± 0.004,甚至更小。

而对于依概率 1 收敛,也就是几乎处处收敛,可以采用图 1.7.4 的例子。图 1.7.4 中的黑线表示一个随机数列,这个数列在大约 $n=200$ 之后进入一个虚线定义的边界。之后可以确定,它再也不会超出虚线所表示的边界。与上面的例子一样,虚线所表示的边界可以定得任意小,而一定会有一个 n 值,当这个数列超过了 n 值之后,就再也不会超出边界。

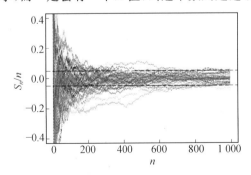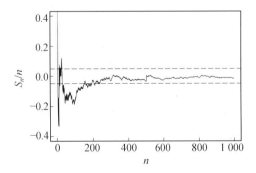

图 1.7.3　依概率收敛示意图　　　　　图 1.7.4　依概率 1 收敛示意图

在日常生活中也会经常遇到此类的例子。比如,上课了学生慢慢安静下来,这是依概率 1 收敛(几乎处处收敛)。而上课了绝大多数同学都安静下来,在某个时刻,可能出现有个别同学说句话,这是依概率收敛。再比如,几乎每个孩子都是好孩子,这是以概率 1 收敛(几乎处处收敛)。几乎在每一时刻,大多数孩子都是好孩子,这是依概率收敛。

迄今为止,人们已发现很多大数定律。简单来说,大数定律就是大量随机变量所呈现出的规律,这种规律一般用随机变量序列的某种收敛性来描述。一般理解为算术平均和数学期望之间的关系,或者是频率和概率之间的关系。按照收敛方式分为弱大数定律和强大数定律,弱大数定律是指依概率收敛的大数定律,而强大数定律是指依概率 1 收敛的大数定律。本节仅介绍几个最基本的大数定律。

1.7.2 弱大数定律

1. 伯努利大数定律

设 Y_A 是 n 次独立重复试验中事件 A 发生的次数,p 是事件 A 在每次试验中发生的概率,则 $\forall \varepsilon > 0$,有

$$\lim_{n \to +\infty} P\left(\left|\frac{Y_A}{n} - p\right| < \varepsilon\right) = 1 \quad \text{或} \quad \lim_{n \to +\infty} P\left(\left|\frac{Y_A}{n} - p\right| \geqslant \varepsilon\right) = 0 \quad (1.7.4)$$

也就是事件发生的频率依概率收敛于事件的概率。伯努利大数定律说明,当试验次数 n 很大时,事件 A 发生的频率与概率有较大差别的可能性很小,这就以严格的数学形式证明了频率的稳定性。它本质上是离散情形下的辛钦大数定律。

伯努利大数定律是历史上最早的大数定律,是伯努利在 1713 年建立的。概率论的研究到伯努利时代约有 300 多年的历史,最终以事件的频率稳定值来定义其概率,解决了概率论学科这一悬而未决的根本性问题,为概率论的公理化体系奠定了理论基础。之所以被称为"定律",是这一规律表述了一种全人类多年的集体经验,因此对以后的类似定理统称为大数"定律"。

伯努利大数定律建立了在大量重复独立试验中事件出现频率的稳定性。正因为这种稳定性,概率概念才有客观意义,伯努利大数定律还提供了通过试验来确定事件概率的方法。由于频率 Y_A/n 与概率 p 有较大偏差的可能性很小,因此可以通过做试验确定某事件发生的频率并把它作为相应的概率估计,这种方法即是在第 7 章将要介绍的参数估计法,参数估计的重要理论基础之一就是大数定律。

2. 泊松大数定律

在一个独立试验序列中,如果事件 A 在第 i 次试验中发生的概率为 p_i,用 μ_n 表示前 n 次试验中事件 A 出现的次数,那么对于任意正数 $\varepsilon > 0$ 有

$$\lim_{n \to +\infty} P\left(\left|\frac{\mu_n}{n} - \frac{1}{n}\sum_{i=1}^{n} p_i\right| \geqslant \varepsilon\right) = 0 \quad \text{或} \quad \lim_{n \to +\infty} P\left(\left|\frac{\mu_n}{n} - \frac{1}{n}\sum_{i=1}^{n} p_i\right| < \varepsilon\right) = 1 \quad (1.7.5)$$

3. 切比雪夫大数定律

该定理由俄国数学家切比雪夫于 1866 年证明,是关于大数定律的普遍结果,许多大数定律的结果都是它的特例。设随机变量 $X_1, X_2, \cdots, X_n$ 互不相关,其数学期望和方差分别为 $E[X_i]$ 和 $D[X_i]$,并且方差是一致有上界的,即存在某常数 K,$D[X_i] < K (i=1,2,\cdots,n)$,则 $\forall \varepsilon > 0$,有

$$\lim_{n \to +\infty} P\left(\left|\frac{1}{n}\sum_{i=1}^{n} X_i - \frac{1}{n}\sum_{i=1}^{n} E[X_i]\right| < \varepsilon\right) = 1 \quad (1.7.6)$$

即 $\frac{1}{n}\sum_{i=1}^{n} X_i$ 以概率收敛到 $\frac{1}{n}\sum_{i=1}^{n} E[X_i]$。

推论 1 若 $X_1, X_2, \cdots$ 具有相同的数学期望和方差,$E[X_i]=\mu$,$D[X_i]=\sigma^2 (i=1,2,\cdots)$,

则式(1.7.6)成为

$$\lim_{n \to +\infty} P\left(\left| \frac{1}{n} \sum_{i=1}^{n} X_i - \mu \right| < \varepsilon \right) = 1 \tag{1.7.7}$$

或者简写成

$$\lim_{n \to +\infty} P\left(\left| \overline{X} - \mu \right| < \varepsilon \right) = 1 \tag{1.7.8}$$

切比雪夫大数定律指出：n 个相互独立且具有有限的相同数学期望与方差的随机变量，当 n 很大时，它们的算术平均依很大的概率接近它们的数学期望。

该定律使关于算术平均值的法则有了理论上的依据。如要测量某段距离，在相同条件下重复进行 n 次，得 n 个测量值 $X_1, X_2, \cdots, X_n$。它们可以看成是 n 个相互独立的随机变量，具有相同的分布、数学期望 μ 和方差 σ^2。由推论1的大数定律可知，只要 n 充分大，以接近于1的概率保证 $\mu \approx \dfrac{1}{n} \sum_{i=1}^{n} X_i$，就是在 n 较大情况下反映出的客观规律，故称为"大数"定律。

4. 马尔可夫大数定律

设 $X_1, X_2, \cdots, X_n$ 是随机变量序列，如果满足 $\lim\limits_{n \to +\infty} \dfrac{1}{n^2} D\left[\sum\limits_{i=1}^{n} X_i \right] = 0$，那么 $\forall \varepsilon > 0$，有

$$\lim_{n \to +\infty} P\left(\left| \frac{1}{n} \sum_{i=1}^{n} X_i - \frac{1}{n} \sum_{i=1}^{n} E[X_i] \right| < \varepsilon \right) = 1 \tag{1.7.9}$$

马尔可夫大数定律不要求随机变量互不相关。显然，切比雪夫大数定律可以由马尔可夫大数定律推出。

5. 辛钦大数定律

前面通过切比雪夫不等式建立起多种大数定律，它们一般都假定随机变量的方差存在。针对此限制，1929 年辛钦提出更一般的大数定律。设随机变量 $X_1, X_2, \cdots, X_n$ 相互独立，服从同一分布(任意分布)，且具有相同的数学期望 $E[X_i] = \mu (i = 1, 2, \cdots, n)$，则 $\forall \varepsilon > 0$，有下式成立(不要求方差存在)

$$\lim_{n \to +\infty} P\left(\left| \frac{1}{n} \sum_{i=1}^{n} X_i - \mu \right| < \varepsilon \right) = 1 \tag{1.7.10}$$

对于大数定律，因为

$$\lim_{n \to +\infty} P\left(\left| \frac{1}{n} \sum_{i=1}^{n} X_i - \frac{1}{n} \sum_{i=1}^{n} E[X_i] \right| < \varepsilon \right) = 1 \tag{1.7.11}$$

所以，对充分大的 n，可以得到

$$P\left(\left| \frac{1}{n} \sum_{i=1}^{n} X_i - \frac{1}{n} \sum_{i=1}^{n} E[X_i] \right| < \varepsilon \right) \approx 1 \tag{1.7.12}$$

或

$$P\left(\left| \frac{1}{n} \sum_{i=1}^{n} X_i - \frac{1}{n} \sum_{i=1}^{n} E[X_i] \right| \geqslant \varepsilon \right) \approx 0 \tag{1.7.13}$$

伯努利通过对这种所谓"非随机事件"的研究，以严谨的极限形式揭示了这种接近于1(或0)事件的规律，由此解决了概率论与数理统计的一系列问题。这对我们来讲是一个很大的启发。而辛钦大数定律为寻找随机变量的期望值提供了一条实际可行的途径。

大数定律提供了算术平均代替加权平均的理论根据,适应于事件发生的平均值依概率收敛情形。如果已知 $E[X]$、$D[X]$ 都存在,则使用切比雪夫大数定律;如果仅知道 $E[X]$ 存在,而未知 $D[X]$ 是否存在,则使用辛钦大数定律;如果是伯努利试验,则使用伯努利大数定律。从上面的分析可以看出各个大数定律之间的关系:① 伯努利大数定律是切比雪夫大数定律的特例;② 切比雪夫大数定律是马尔可夫大数定律的特例;③ 伯努利大数定律是辛钦大数定律的特例。

1.7.3　强大数定律

1. 博雷尔强大数定律

设 μ_n 是事件 A 在 n 次独立试验中出现的次数,在每次试验中 A 出现的概率为 p,那么当 $N \to +\infty$ 时有以下结论

$$P\left(\frac{\mu_n}{n} \to p\right) = 1 \quad 或 \quad P\left(\lim_{n \to +\infty} \frac{\mu_n}{n} = p\right) = 1 \tag{1.7.14}$$

2. 柯尔莫哥罗夫强大数定律

设 X_i 为独立变量序列,每个变量的期望有界,$E[X_i] < +\infty$,$\sum\limits_{i=1}^{+\infty} \frac{D[X_i]}{n^2} < +\infty$,则

$$P\left(\lim_{n \to +\infty} \frac{1}{n} \sum_{i=1}^{n} X_i - E[X_i] = 0\right) = 1 \tag{1.7.15}$$

则称独立变量序列 X_i 满足强大数定律。对于独立同分布的随机变量 X_i,则存在如下大数律

$$\frac{1}{n}(X_1 + X_2 + \cdots + X_n) \xrightarrow{a.s.} a \tag{1.7.16}$$

成立的充要条件为 $E[X_i]$ 存在且等于 a。

1.7.4　中心极限定理

有许多随机变量,它们是由大量的相互独立的随机变量的综合影响所形成的,而其中每个因素作用都很小,这种随机变量往往服从或近似服从正态分布,或者说它的极限分布是正态分布。中心极限定理正是从数学上论证了这一现象,最早的中心极限定理是讨论 n 重伯努利试验中,事件 A 出现的次数渐近于正态分布的问题。1716 年前后,棣莫弗对 n 重伯努利试验中每次试验事件 A 出现的概率为 $p = 1/2$ 的情况进行了讨论,他在 1733 年发表的论文中使用正态分布去估计大量抛掷硬币出现正面次数的分布(二项分布)。这个超越时代的成果险些被历史遗忘,所幸法国著名数学家拉普拉斯在 1812 年发表的巨著《概率分析》中拯救了这个默默无名的理论,拉普拉斯把棣莫弗的理论扩展到任意的 p,他首次引入特征函数这个强大的工具对中心极限定理进行证明,指出二项分布可用正态分布逼近。但同棣莫弗一样,拉普拉斯的发现在当时并未引起很大反响,直到 19 世纪末中心极限定理的重要性才被世人所知,但其相关的结果证明并不完整。严格证明是从俄国数学家切比雪夫开始,经历了马尔可夫以及李雅普诺夫才最终完成,其中切比雪夫和马尔可夫是基于矩方法进行分析证明,而李雅普诺夫则借助拉普拉斯特征函数的概念研究了更普通的随机变量中心极限定理,并在数学上进行了精确的证明。两种方法的证明殊途同归,此后 1919 ~ 1925 年列维系统地建立了特征函数理论,中心极

限定理的研究得到了更快更完善的发展,先后产生了普遍极限定理和局部极限定理等。在此之后,很多数学家开始研究中心极限定理成立的各种条件以及这个条件是否充分必要,并且进一步探究序列和在该条件下以什么样的速度收敛到正态分布。1922 年林德伯格基于一个比较宽泛容易满足的条件,对中心极限定理给出了一个容易理解的初等证明。基于林德伯格的工作,费勒和列维都于 1935 年独立地得到了中心极限定理成立的充分必要条件。

从 18 世纪初到 20 世纪初长达两个世纪的时期内,棣莫弗、拉普拉斯、高斯和列维等一批影响极高的数学家对极限定理进行了研究,奠定了高斯分布作为第一分布的理论基础,成为概率论研究的中心课题,因此又被称为中心极限定理。中心极限定理成为现代概率论中首屈一指的定理,事实上它在现代概率论里已经不仅是指一个定理,而是指一系列相关的定理。统计学家们也基于该定理不断地完善拉普拉斯提出的误差理论,并据此解释为何世界上正态分布如此常见。而中心极限定理同时成为现代统计学中大样本理论的基础。

1. 棣莫弗－拉普拉斯定理

设一次伯努利试验中事件成功的概率为 p,令 S_n 表示 n 重伯努利试验中成功的次数,那么,概率 $P(S_n = k) = B(k, n, p)$。在实际问题中,人们常常对成功次数介于两整数 α 和 β 之间 $(\alpha < \beta)$ 的概率感兴趣,即要计算 $P(\alpha \leqslant S_n \leqslant \beta) = \sum_{\alpha \leqslant k \leqslant \beta} B(k, n, p)$,这一和式往往涉及很多项,直接计算相当困难。然而棣莫弗和拉普拉斯发现,当 $n \to +\infty$ 时可以用正态分布函数作为二项分布的渐近分布。设随机变量 $X_n(n = 1, 2, \cdots)$ 服从参数为 n、p 的二项分布,则 $\forall x$,随机变量 $\eta_n = \sum_{k=1}^{n} X_k$ 的标准化量为

$$\lim_{n \to +\infty} P\left(\frac{\eta_n - np}{\sqrt{np(1-p)}} \leqslant x\right) = \int_{-\infty}^{x} \frac{1}{\sqrt{2\pi}} e^{-\frac{t^2}{2}} dt = \Phi(x) \tag{1.7.17}$$

式(1.7.17)左边是 S_n 标准化后的分布函数的极限,因此这个定理表示二项分布的标准化变量依分布收敛于标准正态分布,简单地说成二项分布渐近正态分布。定理的直接应用是:当 n 很大,p 的大小适中时,式(1.7.17)可用正态分布近似计算,具体为

$$P(\alpha \leqslant S_n \leqslant \beta) = P\left(\frac{\alpha - np}{\sqrt{np(1-p)}} \leqslant \frac{S_n - np}{\sqrt{np(1-p)}} \leqslant \frac{\beta - np}{\sqrt{np(1-p)}}\right)$$

$$= \Phi\left(\frac{\beta - np}{\sqrt{np(1-p)}}\right) - \Phi\left(\frac{\alpha - np}{\sqrt{np(1-p)}}\right) \tag{1.7.18}$$

2. 列维－林德伯格中心极限定理

设 $X_1, X_2, \cdots, X_n, \cdots$ 相互独立,服从同一分布(任意分布),且具有数学期望和方差 $E[X_k] = \mu$,$D[X_k] = \sigma^2 \neq 0 (k = 1, 2, \cdots)$,则随机变量 $\sum_{k=1}^{n} X_k$ 的标准化量 Y_n 为

$$Y_n = \frac{\sum_{k=1}^{n} X_k - E\left[\sum_{k=1}^{n} X_k\right]}{\sqrt{D\left[\sum_{k=1}^{n} X_k\right]}} = \frac{\sum_{k=1}^{n} X_k - n\mu}{\sqrt{n}\sigma} \tag{1.7.19}$$

它的分布函数 $F_n(x)$ 满足

$$\lim_{n \to +\infty} F_n(x) = \lim_{n \to +\infty} P\left(\frac{\sum\limits_{k=1}^{n} X_k - n\mu}{\sqrt{n}\,\sigma} \leqslant x\right) = \int_{-\infty}^{x} \frac{1}{\sqrt{2\pi}} e^{-\frac{t^2}{2}} \mathrm{d}t = \Phi(x) \qquad (1.7.20)$$

简写为 $\sum\limits_{k=1}^{n} X_k \sim N(n\mu, n\sigma^2)$，$n \to +\infty$，进行归一化处理可得 $Y_n = \dfrac{\overline{X} - \mu}{\sigma / \sqrt{n}} \to N(0,1)$。

此定理也称为独立同分布的中心极限定理。可以看出棣莫弗－拉普拉斯定理是列维－林德伯格中心极限定理的特例。

3. 李雅普诺夫中心极限定理

设 $X_1, X_2, \cdots, X_n, \cdots$ 相互独立，且具有数学期望和方差 $E[X_k] = \mu_k, D[X_k] = \sigma_k^2 > 0 (k = 1, 2, \cdots)$，则随机变量 $\sum\limits_{k=1}^{n} X_k$ 的标准化量 Y_n 表示为

$$Y_n = \frac{\sum\limits_{k=1}^{n} X_k - E\left[\sum\limits_{k=1}^{n} X_k\right]}{\sqrt{D\left[\sum\limits_{k=1}^{n} X_k\right]}} = \frac{\sum\limits_{k=1}^{n} X_k - \sum\limits_{k=1}^{n} \mu_k}{\sqrt{D\left[\sum\limits_{k=1}^{n} X_k\right]}} \qquad (1.7.21)$$

它的分布函数 $F_n(x)$ 满足

$$\lim_{n \to +\infty} F_n(x) = \lim_{n \to +\infty} P\left(\frac{\sum\limits_{k=1}^{n} X_k - \sum\limits_{k=1}^{n} \mu_k}{\sqrt{D\left[\sum\limits_{k=1}^{n} X_k\right]}} \leqslant x\right) = \int_{-\infty}^{x} \frac{1}{\sqrt{2\pi}} e^{-\frac{t^2}{2}} \mathrm{d}t = \Phi(x) \qquad (1.7.22)$$

简写为 $\sum\limits_{k=1}^{n} X_k \sim N(n\mu, n\sigma^2)$，$n \to +\infty$，进行归一化处理可得 $Y_n = \dfrac{\overline{X} - \mu}{\sigma / \sqrt{n}} \to N(0,1)$，李雅普诺夫中心极限定理是条件最宽松的中心极限定理，它要求随机变量独立但可以不同分布。

中心极限定理提供了任何备选事件发生的标准化量依概率收敛于标准高斯分布 $N(0,1)$ 的理论根据。当 $E[X]$、$D[X]$ 都存在，且 $D[X] \neq 0$ 时，如果是伯努利试验，则使用棣莫弗－拉普拉斯中心极限定理，一般情况下使用列维－林德伯格中心极限定理或者李雅普诺夫中心极限定理。

4. 二项定理和泊松定理

除了上面介绍的三种主要的中心极限定理，还有其他一些科学家提出了其他不同的极限定理，分别介绍如下。

① 二项定理。假设 X 服从超几何分布，即 N 个产品中含有 M 个次品，其中恰好有 k 件次品的概率为 $P(X = k) = \dfrac{C_M^k C_{N-M}^{n-k}}{C_N^n}$，若当 $N \to +\infty$ 时，$\dfrac{M}{N} \to p (n \text{、} k \text{ 不变})$，则

$$\frac{C_M^k C_{N-M}^{n-k}}{C_N^n} \to C_n^k p^k (1-p)^{n-k} \qquad (1.7.23)$$

可见，超几何分布的极限分布为二项分布。

② 泊松定理。若 $\lim\limits_{n \to +\infty} np = \lambda$，则

$$C_n^k p^k (1-p)^{n-k} \to \frac{\lambda^k}{k!} e^{-\lambda} \qquad (1.7.24)$$

其中,$k=0,1,2,\cdots,n,\cdots$。例如某人进行射击,设每次射击的命中率为 0.001,若独立地射击 5 000 次,试求射中的次数不少于两次的概率,可以用泊松分布来近似计算。需要说明的是,泊松定理与棣莫弗－拉普拉斯定理是不矛盾的。因为泊松定理要求 $\lim\limits_{n \to +\infty} np = \lambda$ 是常数,而棣莫弗－拉普拉斯定理中 p 是固定的。实际应用中,当 n 很大时,若 p 大小适中,用正态分布去逼近二项分布概率,精度达到 $O(n^{-1/2})$;如果 p 接近 0(或 1),且 np 较小(或较大),那么二项分布的图形偏斜度太大,用正态分布去逼近效果不好,此时用泊松分布去估计精度会更高。

1.8　Matlab 实现和仿真

在仿真的环境下,所有的随机过程必须用随机变量序列来表示。许多适用于仿真程序开发的程序设计语言,如 Matlab 仿真程序,都将随机数发生器包含在其"内置"的函数库中。了解这些随机数发生器的原理,并合理适用于给定的应用,将有助于深入理解整个应用仿真程序。

1.8.1　多种随机数生成语句

1. rand 语句

rand 语句是 Matlab 中最常用的随机数生成方法,该语句可以在(0,1)区间生成均匀分布的随机数序列。rand 语句使用方法如下:

Y＝rand(n):返回一个 $n \times n$ 的随机矩阵。如果 n 不是数,则返回错误信息;

Y＝rand(m,n) 或 Y＝rand([m n]):返回一个 $m \times n$ 的随机矩阵;

Y＝rand(m,n,p,...) 或 Y＝rand([m n p...]):产生多维随机数组;

Y＝rand(size(A)):返回一个和 **A** 有相同尺寸的随机矩阵。

例 1.20　产生 6 个在(0,1)区间服从均匀分布的随机数。

＞＞Y＝rand(1,6)

Y＝ 0.8147　　0.9058　　0.1270　　0.9134　　0.6324　　0.0975

＞＞Y＝rand(1,6)

Y＝0.7922　　0.9595　　0.6557　　0.0357　　0.8491　　0.9340

例 1.20 中,直接在 Matlab 软件的命令行窗口中产生题目所需结果,可发现每次产生的随机数都是不同的。可以通过随机数的种子数"seed"来控制 rand 语句产生的随机数。如果在产生随机数之前,人为地固定了"seed"的赋值,那么每次运行 rand 语句产生的随机数将是相同的,这样对于调试程序很有帮助。

＞＞rand($'$seed$'$,1)

＞＞Y1＝rand(1,6)

Y1＝0.5129　　0.4605　　0.3504　　0.0950　　0.4337　　0.70923

＞＞rand($'$seed$'$,1)

＞＞Y2＝rand(1,6)

Y2＝0.5129　　0.4605　　0.3504　　0.0950　　0.4337　　0.70923

观察上面程序,在每次产生随机数前固定种子数 seed＝1,那么产生的 Y1 和 Y2 的随机数是相同的。

例 1.21 产生 10 个在 (−1,1) 区间服从均匀分布的随机数。

$$\gg Y = 2 * \text{rand}(1,10) - 1$$

$Y = 0.6258 \quad -0.3592 \quad -0.9965 \quad 0.5706 \quad 0.5794$

$\quad\quad -0.6672 \quad 0.3158 \quad 0.2579 \quad -0.4106 \quad -0.5682$

如果需要产生随机数值不是介于 [0,1] 区间，可以采用一些变形将随机数值从 (0,1) 区间转换到其他区间。例如所需区间为 (a,b)，a 为下限值，b 为上限值，则使用 rand 的变形算式为 $Y = (b-a) \times \text{rand} + a$。

例 1.22 试说明下列语句的仿真结果。

(1) $Y = \text{rand}(4) * 4$

(2) $Y = 1 + \text{fix}(360 * \text{rand}(1,50))$

(3) $Y = \text{round}(\text{rand}(1,50))$

说明：

(1) rand(4) 产生一个 4×4 的随机矩阵（数值范围为 (0,1)），然后每个数值乘以 4。

(2) 该语句将随机产生 50 个 1～360 的正数。

(3) 随机产生 50 个 0 或者 1。

fix 和 round 语句都是数量取整函数，可以将语句后面的数按照一定的规则进行取整。Matlab 软件中具有取整功能的语句有 fix、floor、ceil 和 round。

(1) fix：朝零方向取整。

如：fix(−1.2)=−1

　　fix(1.2)=1

(2) floor：朝负无穷方向取整，所以是取比它小的最大整数。

如：floor(−1.2)=−2

　　floor(1.2)=1

　　floor(−1.7)=−2

　　floor(1.7)=1

(3) ceil：朝正无穷方向取整，与 floor 相反，是取比它大的最小整数。

如：ceil(−1.2)=−1

　　ceil(1.2)=2

　　ceil(−1.7)=−1

　　ceil(1.7)=2

(4) round：四舍五入到最近的整数。

如：round(−1.2)=−1

　　round(−1.7)=−2

　　round(1.2)=1

　　round(1.7)=2

其他类似函数还有 randn、randperm,、sprand、sprandn 等语句，例如 randn 是一种产生标准正态分布的随机数或矩阵的函数，将返回一个 $n \times n$ 的矩阵。如果 n 不是数量，将返回错误信息。randn 语句的使用方法和 rand 类似。

例 1.23　产生均值为 0.5,方差为 0.1 的一个 3×3 的随机数。

＞＞Y＝0.5 ＋ sqrt(0.1) ＊ randn(3)

Y＝

0.9475	0.5694	0.4813
0.2454	0.2085	0.1804
0.6672	−0.1864	0.6943

2. random 语句

random 语句将产生制定分布的随机数。使用格式参考如下:

Y＝random('分布的英文',a,b,c,m,n),

上式表示生成 m 行 n 列的 $m \times n$ 个参数为(a, b, c)的制定分布的随机数。例如:

Y＝random('Normal',0,1,3,5):生成期望为 0,标准差为 1 的 3×5 个正态随机数;

Y＝random('Poisson',1:5,1,5):依次生成参数为 1 到 5 的(1 行 5 列)5 个服从 Poisson 分布的随机数;

Y＝random('unif',a,b,m,n):在(a,b)区间内产生服从均匀分布的 $m \times n$ 矩阵;

Y＝random('bino',N,P,m,n):N 为每次的试验次数,P 为事件出现的概率,产生服从二项式分布的 $m \times n$ 矩阵。

例 1.24　尝试在 Matlab 中完成下列语句的仿真,观察仿真结果。

(1)Y＝random('bino',1,0.5,1,10)

(2)Y＝random('bino',10,0.5,1,10)

(3)Y＝random('unif',1,2,1,10)

3. 针对特殊分布的语句

(1)normrnd 语句生成服从正态分布的随机数。使用方法如下:

Y＝normrnd(a, b):生成均值为 a,标准差为 b 的正态随机数;

Y＝normrnd(a, b, m):生成均值为 a,标准差为 b 的 m 个正态随机数;

Y＝normrnd(a, b, m, n):生成均值为 a,标准差为 b 的 $m \times n$ 个正态随机数。

(2)lognrnd 语句生成服从对数正态分布的随机数。使用方法如下:

Y＝lognrnd(a, b):生成均值为 a,标准差为 b 的对数正态分布随机数;

Y＝lognrnd(a, b, m):生成均值为 a,标准差为 b 的 m 个对数正态分布随机数;

Y＝lognrnd(a, b, m, n):生成均值为 a,标准差为 b 的 $m \times n$ 个对数正态分布随机数。

(3)unifrnd 语句生成服从均匀分布的随机数。使用方法如下:

Y＝unifrnd(a, b):生成在(a,b)区间均匀分布的随机数;

Y＝unifrnd(a, b, m):生成在(a,b)区间均匀分布的 m 个随机数;

Y＝unifrnd(a, b, m, n):生成在(a,b)区间均匀分布的 $m \times n$ 个随机数。

(4)binornd 语句生成服从伯努利二项分布的随机数。使用方法如下:

Y＝binornd(n, p, M, N):产生服从伯努利二项分布的随机数,二项分布的参数为 n 和 p,输出 $M \times N$ 阶矩阵。如果只写 M,则生成 $M \times M$ 矩阵。

(5)poissrnd 语句生成服从 Poisson 分布的随机数。

Y＝poissrnd(lambda):生成服从 Poisson 分布的随机数;

Y=poissrnd(lambda，m)：生成服从 Poisson 分布的 m 个随机数；

Y=poissrnd(lambda，m，n)：生成服从 Poisson 分布的 $m \times n$ 个随机数。

(6)raylrnd 语句生成服从瑞利分布的随机数。

Y=raylrnd(B)：生成服从 B 为参数的瑞利分布的随机数，分布均值为 $B \times \sqrt{\pi/2}$；

Y=raylrnd(B，m)：生成 m 个服从 B 为参数的瑞利分布的随机数；

Y=raylrnd(B，m，n)：生成 $m \times n$ 个服从 B 为参数的瑞利分布的随机数。

(7)其他生成特殊分布随机数的语句。

betarnd 语句：生成服从贝塔分布的随机数；

chi2rnd 语句：生成服从卡方分布的随机数；

exprnd 语句：生成服从指数分布的随机数；

frnd 语句：生成服从 f 分布的随机数；

gamrnd 语句：生成服从伽马分布的随机数；

geornd 语句：生成服从几何分布的随机数；

hygernd 语句：生成服从超几何分布的随机数；

nbinrnd 语句：生成服从负二项分布的随机数；

ncfrnd 语句：生成服从非中心 f 分布的随机数；

nctrnd 语句：生成服从非中心 t 分布的随机数；

ncx2rnd 语句：生成服从非中心卡方分布的随机数；

unidrnd 语句：生成服从离散均匀分布的随机数；

weibrnd 语句：生成服从威布尔分布的随机数；

1.8.2　多种随机分布的实现和仿真

例 1.25　产生 20 个 0 或者 1 的随机数，其中 $P(X=0)=0.3, P(X=1)=0.7$。

Matlab 仿真代码如下：

```
clc;clear
Y=rand(5,4);
for i=1:20
    if Y(i) < 0.3
        Y(i)=0;
    else
        Y(i)=1;
    end
end
Y
```

仿真结果如下：

```
Y =   1    0    0    1
      1    0    1    1
      1    1    1    1
      1    1    0    1
      0    1    1    1
```

此题是最简单分布情况的随机数,其样本空间只包含 0 和 1 两个样本点。例如关于性别的统计、硬币的正反面,以及产品检验的合格与否等情况,都可以用这种类似的两点分布随机变量来描述。

通过 rand(4,5)产生的 20 个在(0,1)区间内均匀分布的随机数,形成 4×5 的随机数组。因为产生的随机数是均匀分布的,所以对产生的每个随机数进行循环判断,当小于 0.3 时赋值为 0,相当于产生数字 0 的概率为 0.3;其余的赋值为 1,相当于产生数字 1 的概率为 0.7。

例 1.26　产生 100 000 个服从 $B(15,0.4)$伯努利二项式分布的随机数。

Matlab 仿真代码如下:

```
clc;clear;
n=0:15;
Y=binornd(15,0.4,1,100000);
hist(Y, n)
xlabel('k');ylabel('次数');
grid on
```

仿真结果如图 1.8.1 所示。

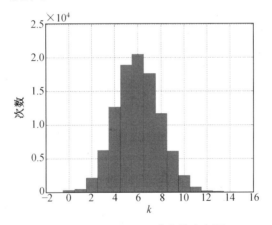

图 1.8.1　$B(15,0.4)$分布的直方图

通过式(1.2.11)可知,服从 $B(15,0.4)$伯努利二项式分布的随机数相当于每次事件发生的概率是 0.4,试验次数为 15 次。直方图可以显示 $0,1,2,\cdots,15$ 次数的规律。可以发现出现 6 的次数最大,也就是概率最大。试验结果与理论符合得很好,$B(15,0.4)$分布理论上的期望值是 6,出现 6 次的概率最大。

直方图可以显示数据的分布情况,在观察大量数据的统计规律时非常有用。可以使用 hist 语句对数据进行统计。hist 语句使用方法如下:

Hist(Y):没有输出变量时,输出一个条形直方图;

n=hist(Y):将向量 Y 中的元素分到 10 个等间隔的范围内,并返回每个范围内元素的个数作为一行向量。

n=hist(Y, x):x 是一个向量,返回以 x 中元素指定的位置为中心的条形中 Y 的分布情况。

n=hist(Y,nbins):nbins 是一个标量,用于指定条形的数目。

所以可以利用直方图对数据进行统计和比较。例如比较不同试验次数下的伯努利二项式分布随机数的情况。

```
clc;clear;
n1=0:15;
n2=0:25;
n3=0:50;
Y1＝binornd(15,0.4,1,100000);
Y2＝binornd(25,0.4,1,100000);
Y3＝binornd(50,0.4,1,100000);
subplot(3,1,1);hist(Y1, n1);xlabel('k');ylabel('次数');
subplot(3,1,2);hist(Y2, n2);xlabel('k');ylabel('次数');
subplot(3,1,3);hist(Y3, n3);xlabel('k');ylabel('次数');
grid on;
```

仿真结果如图 1.8.2 所示。

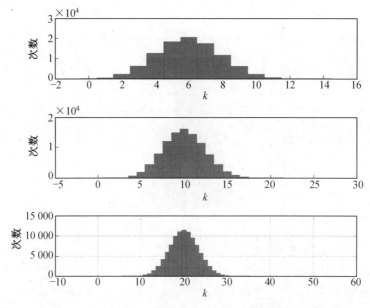

图 1.8.2　$B(15,0.4)$、$B(25,0.4)$ 和 $B(50,0.4)$ 分布的直方图

从图 1.8.2 可以看出,伯努利二项式分布 $B(n,p)$ 中的 n 越大,它的概率分布越对称;n 越小,概率分布越不对称,这和理论分析是一致的。那么随着 n 的增大,读者可以思考,伯努利二项式分布是否可能趋于某种极限分布呢? 这个问题可以参考式(1.2.13)。

例 1.27　用 Matlab 仿真试验法研究式(1.2.12)中参数 λ 取不同数值时对泊松分布随机数的影响。

Matlab 仿真代码如下:

```
clc; clear;
n1=0:10;n2=0:15;n3=0:30;
r1＝poissrnd(0.8,1,100000);
```

```
r2＝poissrnd(4,1,100000);
r3＝poissrnd(16,1,100000);
a1＝hist(r1,n1);a2＝hist(r2,n2);a3＝hist(r3,n3);
subplot(3,1,1),stem(n1,a1);
xlabel('k');ylabel('p(X＝k)');title('\lambda＝0.8');grid on;
subplot(3,1,2),stem(n2,a2);
xlabel('k');ylabel('p(X＝k)');title('\lambda＝4');grid on;
subplot(3,1,3),stem(n3,a3);
xlabel('k');ylabel('p(X＝k)');title('\lambda＝16');
grid on;
```

仿真结果如图 1.8.3 所示。

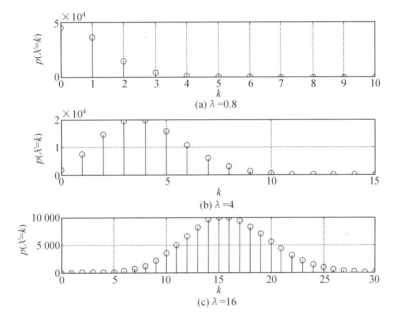

图 1.8.3　不同参数 λ 值时泊松分布的示意图

由图 1.8.3 可见,泊松分布中 λ 值越小,概率分布越不对称;λ 值越大,概率分布越对称。随着 λ 值的增大,概率的分布越来越接近正态分布。

上面程序代码中的 stem 语句和 hist 语句的功能类似,stem 语句会将数据序列 Y 在数据横轴 X 的一定区间内按照针状形式画出。如果 Y 是一个矩阵,则将其每一列按照分隔方式画出。stem 语句使用方法如下:

stem(X,Y):在 X 的指定点处画出数据序列 Y;

stem(X,Y,'filled'):以实心的方式画出针状图;

stem(X,Y,'LINESPEC'):按指定的线型画出针状图。

例 1.28　生成 400 点均匀分布于 (4,10) 内的随机信号。

Matlab 仿真代码如下:

```
rand('seed',1);
Y1＝4＋6 * rand(1,400);
```

```
rand('seed',1);
Y2 = unifrnd(4,10,1,400);
subplot(2,1,1);plot(Y1,'. —','markersize',15);
xlabel('n');ylabel('x(n)');title('rand 语句产生的 400 个随机数');
subplot(2,1,2);plot(Y2,'. —','markersize',15);
xlabel('n');ylabel('x(n)');title('unifrnd 语句产生的 400 个随机数');
grid on;
```

仿真结果如图 1.8.4 所示。

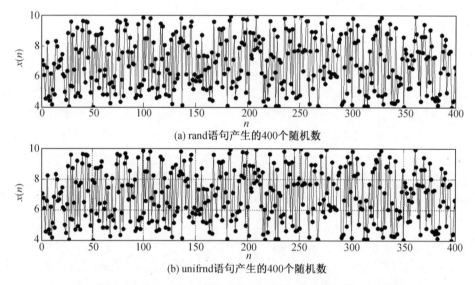

图 1.8.4 rand 和 unifrnd 语句分别产生均匀分布随机数的示意图

服从均匀分布的随机数可以使用 1.8.1 节中介绍的 rand 语句产生。另外,在 Matlab 软件的统计工具箱中还有 unifrnd 函数可以用来产生服从均匀分布的随机数。通过对 unifrnd 源代码的观察可知,unifrnd 函数是通过 rand 函数产生的,是对 rand 函数的封装。所以正如图 1.8.4 所示的仿真结果显示的一样,当随机数的种子数 seed 一样时,unifrnd 和 rand 函数产生的随机数是相同的。

例 1.29 生成 100 个服从正态分布的随机数,其中正态分布的均值为 5,标准差为 2。

Matlab 仿真代码如下:

```
randn('seed',1);
Y1=5+2 * randn(1,100);
randn('seed',1);
Y2 = normrnd(5,2,1,100);
subplot(2,1,1);plot(Y1,'. —','markersize',15);
xlabel('n');ylabel('x(n)');title('randn 语句产生的 100 个随机数');
subplot(2,1,2);plot(Y2,'. —','markersize',15);
xlabel('n');ylabel('x(n)');title('normrnd 语句产生的 100 个随机数');
grid on;
```

仿真结果如图 1.8.5 所示。

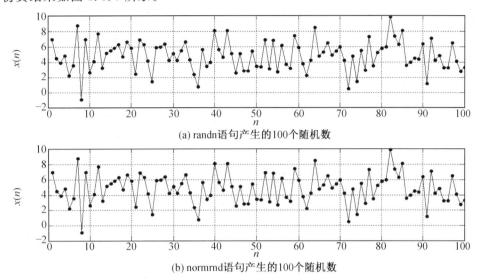

(a) randn语句产生的100个随机数

(b) normrnd语句产生的100个随机数

图 1.8.5　randn 和 normrnd 语句分别产生均匀分布随机数的示意图

服从均匀分布的随机数可以使用 1.8.1 节中介绍的 randn 和 normrnd 语句产生。normrnd 函数是通过 randn 函数产生的，是对 randn 函数的封装。所以正如图 1.8.5 所示的仿真结果，当随机数的种子数 seed 一样时，randn 和 normrnd 函数产生的随机数是相同的。

1.8.3　全概率公式与贝叶斯公式

全概率公式和贝叶斯公式是两个非常重要的概率公式，两个公式互为“逆”过程。在现实中，随着时间的推移，引起事件的原因通常会发生变化，由观察结果可以推断各种原因变化的强弱。由事件 A 发生反过来推导导致 A 发生的各种原因的概率称为后验概率，有了后验概率，就可以对各种原因的变化情况有进一步的了解。贝叶斯公式的精髓在于帮助我们理解，如何在获取了新证据的前提下，修正我们对原先某一事件发生概率的估计。

例 1.3 中给出了在通信系统中全概率公式和贝叶斯公式最典型的一种应用，可以用来计算信号经过信道导致的错误概率和通信系统的正确传输概率。下面通过 Matlab 软件对例 1.3 进行仿真，观察仿真结果和理论推导结果是否一致。

Matlab 仿真代码如下：

```
clc; clear;
CountRightn=0;                          %初始化各种计数器
Count_11=0;Count_00=0;Count_01=0;Count_10=0;
Tr1=0; Tr0=0;
Tr_Number=10000000;                     %发送符号总数
for  i= 1:Tr_Number
    a=rand;
    if a>0.4                            %发送符号1
        Tr1=Tr1+1;                      %发送为符号1计数器加1
        b=rand;
```

```
        if b>0.05                              %接收符号 1
            Count_11= Count_11+1;             %发送为 1 时接收为 1 计数器加 1
            CountRightn=CountRightn+1;        %正确接收计数器加 1
        else
            Count_10= Count_10+1;             %发送为 1 时接收为 0 计数器加 1
        end
    else                                       %发送符号 0
        Tr0=Tr0+1;                            %发送为符号 0 计数器加 1
        c=rand;
        if c>0.05                              %接收符号 0
            Count_00= Count_00+1;             %发送为 0 时接收为 0 计数器加 1
            CountRightn=CountRightn+1;        %正确接收计数器加 1
        else
            Count_01=Count_01+1;              %发送为 0 时接收为 1 计数器加 1
        end
    end
end
p_A1=Tr1/Tr_Number                            %接收为 1 时的概率
p_A2=1−p_A1                                    %接收为 0 时的概率
p_B1A1=Count_11/(Count_11+ Count_01)          %接收为 1 时发送为 1 的后验概率
p_B2A2=Count_00/(Count_10+ Count_00)          %接收为 0 时发送为 0 的后验概率
P=CountRightn/Tr_Number                        %接收的正确概率
```

仿真结果如下：

    p_A1=0.5999

    p_A2 =0.4001

    p_B1A1=0.9660

    p_B2A2=0.9268

    P= 0.9499

从运行结果可以看出，试验得到的概率结果与例 1.3 中的理论推导结果非常接近。

习　　题

1—1　设二维随机变量(X,Y)的联合概率密度为

$$f_{XY}(x,y)=\frac{1}{\pi}\exp[-\frac{1}{2}(x^2+2xy+5y^2)]$$

试求：(1)边缘概率密度 $f_X(x)$、$f_Y(y)$；

(2)条件概率密度 $f_{X|Y}(x|y)$、$f_{Y|X}(y|x)$。

1—2　设 X、Y 是互相独立的高斯变量，数学期望为零，方差 $\sigma_X^2=\sigma_Y^2=\sigma^2$，$A$ 和 Φ 为随机变量，且

$$\begin{cases} X = A\cos \Phi \\ Y = A\sin \Phi \end{cases} \quad (A > 0, 0 \leqslant \Phi \leqslant 2\pi)$$

求 $f_{A\Phi}(a, \varphi)$、$f_A(a)$、$f_\Phi(\varphi)$。

1－3　设随机变量 X 的概率密度为

$$f_X(x) = \begin{cases} \dfrac{2}{\pi(x^2 + 1)} & (x > 0) \\ 0 & (x \leqslant 0) \end{cases}$$

求随机变量 $Y = \ln X$ 的概率密度。

1－4　从甲、乙两家工厂购得"相同的"元件。从甲厂购得元件的失效时间用指数随机变量 X 表示，即有

$$f_X(x) = \begin{cases} a\mathrm{e}^{-ax} & (x \geqslant 0) \\ 0 & (x < 0) \end{cases}$$

从乙厂购得元件的失效时间用指数随机变量 Y 表示，即有

$$f_Y(y) = \begin{cases} \dfrac{a}{3}\mathrm{e}^{-ay/3} & (y \geqslant 0) \\ 0 & (y < 0) \end{cases}$$

显而易见，乙厂的元件是比较"可靠的"，但价格要贵两倍。假设 (X, Y) 的二维概率密度为

$$f_{XY}(x, y) = f_X(x)f_Y(y)$$

（1）求乙厂的元件的寿命比甲厂的至少多两倍的概率；

（2）假设检验两家工厂的元件，计算以下概率：

① 到时刻 t_0 两种元件都失败；

② 到时候 t_0 两种元件皆未失效；

③ 在时刻 t_0 至少一种元件还在工作。

1－5　设随机变量 X_1 与 X_2 统计独立，它们的概率密度分别为

$$f_{X_1}(x_1) = \begin{cases} \dfrac{1}{2}\mathrm{e}^{-x_1/2} & (x_1 \geqslant 0) \\ 0 & (x_1 < 0) \end{cases}, \quad f_{X_2}(x_2) = \begin{cases} \dfrac{1}{3}\mathrm{e}^{-x_2/3} & (x_2 \geqslant 0) \\ 0 & (x_2 < 0) \end{cases}$$

求随机变量 $Y = X_1 + X_2$ 的概率密度。

1－6　设随机变量 X 的概率密度为

$$f_X(x) = \frac{1}{\sqrt{2\pi}\,\sigma_X}\mathrm{e}^{-x^2/(2\sigma_X^2)}$$

求随机变量 $Y = \dfrac{1}{4}X^2$ 的概率密度。

1－7　已知两个相互独立的正态随机变量 X_1、X_2，它们的概率密度分别为

$$f_{X_1}(x_1) = \frac{1}{\sqrt{2\pi}\,\sigma_{X_1}}\mathrm{e}^{-x_1^2/(2\sigma_{X_1}^2)}, \quad f_{X_2}(x_2) = \frac{1}{\sqrt{2\pi}\,\sigma_{X_2}}\mathrm{e}^{-x_2^2/(2\sigma_{X_2}^2)}$$

求：（1）随机变量 $Y_1 = \dfrac{X_1}{X_2}$ 的概率密度 $f_{Y_1}(y_1)$；

（2）当 $\sigma_{X_1}^2 = \sigma_{X_2}^2 = 1$ 时，随机变量 $Y_2 = X_2 - X_1$ 的概率密度 $f_{Y_2}(y_2)$。

1－8　设二维随机变量 (X, Y) 的联合概率密度为

$$f_{XY}(x,y)=\begin{cases} \dfrac{xy}{9} & (0<x<2,0<y<3) \\ 0 & (\text{其他}) \end{cases}$$

试问 X 与 Y 是否正交、不相关、统计独立？为什么？

1—9　设随机变量 X 和 Y 的均值皆为零,且它们有相同的方差。现定义新的随机变量 $U=X+Y,V=X-Y$。证明 U 和 V 是不相关的。

第 2 章

随机过程的基本概念和理论

第 1 章介绍了随机变量,随机变量是一个与时间无关的量,随机变量的某个结果是一个确定的数值。例如,骰子的 6 面,点数总是 $1 \sim 6$,假设 A 面点数为 1,那么无论你何时投掷成 A 面,它的点数都是 1,不会出现其他的结果,即结果具有同一性。但生活中,许多变量是随时间变化的,如测量接收机的噪声,它是一个随时间变化的曲线。又如频率源的输出频率,它随温度变化,所以有频率稳定度范围的概念(即偏离标称频率的最大范围)。这些随时间变化的随机变量就称为随机过程,对于通信和电子系统而言,又被称为随机信号。显然,随机过程是由随机变量构成,又与时间相关,可以说是动态的随机变量。通过本章的学习,掌握随机过程的概念和定义、统计特征、随机过程的积分和微分定义、平稳随机过程、非平稳随机过程、各态历经过程、随机过程的联合分布和互相关函数;了解实际通信中常用的高斯随机过程,并能够结合实际通信信号和噪声对这些概念和理论进行实际应用。其知识点总结如下:

序号	内　　容	要　　求
1	随机过程的定义: 随机过程是时间和试验结果的两个量的函数,t 固定是随机变量,试验结果固定是确定的时间函数; 四种情况(时间函数,随机变量,确定值,随机过程)	熟练掌握
2	数字特征: 期望,均方值,方差,标准差 $\sigma_X^2(t) = \psi_X^2(t) - m_X^2(t)$,自相关函数,自协方差函数	熟练掌握
3	均方连续的定义 $$\underset{\Delta t \to 0}{l \cdot i \cdot m}\, X(t + \Delta t) = X(t)$$ $$\lim_{\Delta t \to 0} E\left[(X(t + \Delta t) - X(t))^2\right] = 0$$	理解
4	均方意义下导数和积分的性质	理解
5	严平稳、宽平稳的定义,能够证明某一过程是平稳过程	熟练掌握
6	平稳随机过程自相关函数的 5 条性质	熟练掌握
7	相关系数和相关时间	熟练掌握

序号	内　　容	要　　求
8	时间平均 = 统计均值(辛钦证明) 严遍历、宽遍历定义	熟练掌握
9	均值具有遍历性,依概率 1 收敛 $$A\langle X(t)\rangle = \overline{X(t)} = \lim_{T\to+\infty}\frac{1}{2T}\int_{-T}^{T}X(t)\mathrm{d}t$$ $$A\langle X(t)\rangle = \overline{X(t)} = E[X(t)] = m_X$$ 自相关函数具有遍历性,依概率 1 收敛 $$\overline{X(t)X(t+\tau)} = \lim_{T\to+\infty}\frac{1}{2T}\int_{-T}^{T}X(t)X(t+\tau)\mathrm{d}t$$ $$\overline{X(t)X(t+\tau)} = E[X(t)X(t+\tau)] = R_X(\tau)$$	熟练掌握
10	一般随机过程、平稳随机过程和各态历经不同情况下统计均值和自相关函数、时间均值和时间自相关函数的比较	掌握
11	联合宽平稳的互相关函数的性质	理解
12	两个随机过程的关系: 独立:$f_{XY}(x_1,\cdots,x_n;y_1,\cdots,y_m;t_1,\cdots,t_n;t'_1,\cdots,t'_m) =$ 　　　$f_X(x_1,\cdots,x_n;t_1,\cdots,t_n)f_Y(y_1,\cdots,y_m;t'_1,\cdots,t'_m)$ 不相关:$K_{XY}(t_1,t_2) = 0$ 正交:$R_{XY}(t_1,t_2) = 0$	熟练掌握
13	高斯随机过程 一维: $$f_X(x) = \frac{1}{\sigma\sqrt{2\pi}}\exp\left[-\frac{(x-m)^2}{2\sigma^2}\right]$$ 归一化: $$f_Y(y) = \frac{1}{\sqrt{2\pi}}\mathrm{e}^{-y^2/2}$$ 二维: $$f_{X_1X_2}(x_1,x_2) = \frac{1}{2\pi\mid\boldsymbol{K}\mid^{1/2}}\exp\left[-\frac{\boldsymbol{Z}^{\mathrm{T}}\boldsymbol{K}^{-1}\boldsymbol{Z}}{2}\right]$$ $$\boldsymbol{Z} = [X_1-m_1,X_2-m_2]^{\mathrm{T}}$$ $$\boldsymbol{K} = \begin{bmatrix}\sigma_1^2 & r_{12}\\ r_{21} & \sigma_2^2\end{bmatrix}$$	熟练掌握
14	高斯随机过程性质: 由一二阶矩所确定;严平稳和宽平稳等价;不相关和独立等价	熟练掌握

2.1　随机过程的基本概念及时域统计特性

2.1.1　随机过程的定义

以通信系统中噪声为例来论述随机过程的概念,同一接收机在不同时间输出的电压波形可能是图 2.1.1 中波形 $x_1(t)$，也可能得到波形 $x_2(t)$、$x_3(t)$。每个时间具体出现哪个电压波形，事先无法预知，但肯定为所有可能的波形中的一个。而这些所有可能的波形集合 $x_1(t)$，$x_2(t)$，$x_3(t)$，$\cdots$，$x_n(t)$，$\cdots$，就构成了随机过程 $X(t)$。当然，也可以从另外一个角度考虑。如果对多个通信接收机在同一时刻开始工作，其输出的噪声电压波形也是上述波形集合。

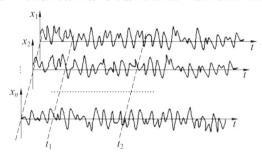

图 2.1.1　噪声的不同波形

根据上述描述，可以看出随机过程包括两个要素，第一个是样本函数 $x_1(t)$，$x_2(t)$，$\cdots$，$x_n(t)$，$\cdots$，它们都是时间的函数，样本函数的全体称为样本函数空间。第二个是随机性，也就是说一次试验，随机过程必取样本空间中的一个样本函数，但所取的样本函数不一定是哪个样本，具有随机性。因此，随机过程不仅是时间 t 的函数，还可能是试验结果 ξ 的函数，记为 $X(t, \xi)$，简写成 $X(t)$。因此，根据随机过程的特点从两个方面给出随机过程的两个定义。

定义 1　设随机试验的样本空间是 S，若对于每个元素 $\xi \in S$，总有一个确定的时间函数 $X = X(t, \xi)$ 与它相对应。这样对于所有的 $\xi \in S$，就可以得到一族时间 t 的函数，称其为随机过程。

该定理把随机过程看成诸多样本函数组成的集合。在实际生活或工程实现时大多采用该定义。在随机过程满足遍历性时可以通过随机过程的一个样本得到整个随机过程的某种统计特性。

定义 2　对于每个特定的时间 $t_i (i = 1, 2, \cdots)$，$X = X(t_i, \xi)$ 都是随机变量，则称 $X = X(t, \xi)$ 是随机过程。

该定义以时间为基础，把随机过程看成随时间变化的一族随机变量，这样可以把随机过程看成为 n 维随机变量，n 越大，采样时间越小，所得到的统计特性越准确，这是进行理论研究时经常采用的定义。

因此，可从以下四个方面对随机过程的定义进行理解：

当 t、ξ 都是可变量时，$X = X(t, \xi)$ 是时间函数族；

当 t 是可变量，ξ 固定时，$X = X(t, \xi)$ 是一个确定的时间样本函数；

当 t 固定，ξ 是可变量时，$X = X(t, \xi)$ 是一个随机变量；

当 t 固定，ξ 固定时，$X = X(t, \xi)$ 是一个确定值。

为了方便，后续章节均用 $X(t)$ 代替 $X(t, \xi)$。

2.1.2　随机过程的分类

按照不同的分类标准，随机过程有多种分类方法，有按是否连续来分类、按样本函数的形式来分类和按概率分布的特性来分类。

1. 按随机过程的时间和状态来分类

（1）连续型随机过程。对随机过程任一时刻 t_1 的取值 $X(t_1)$ 都是连续型随机变量。如图 2.1.2 所示。

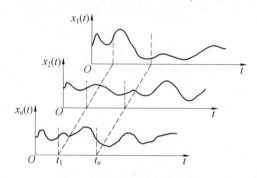

图 2.1.2　连续型随机过程

（2）离散型随机过程。对随机过程任一时刻 t_1 的取值 $X(t_1)$ 都是离散型随机变量，也就是说幅度取离散值，而时间变量取连续值的随机过程。例如随机脉冲信号，其取值只有高低两个电平，但高低电平的选取却是随机的。如图 2.1.3 所示。

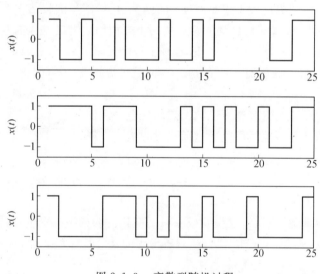

图 2.1.3　离散型随机过程

（3）离散时间随机过程。随机过程的时间 t 只能取某些时刻，如 $\Delta t, 2\Delta t, \cdots, n\Delta t$，且这时得到的随机变量 $X(n\Delta t)$ 是连续型随机变量，即时间是离散的，幅度是连续的。可以从连续型随机过程的采样得到，简称为随机序列，如图 2.1.4 所示。

（4）离散随机序列。随机过程的时间 t 只能取某些时刻，如 $\Delta t, 2\Delta t, \cdots, n\Delta t$，且这时得到的随机变量 $X(n\Delta t)$ 是离散型随机变量，即时间和状态都离散。可以通过对连续随机过程采样后再量化得到，简称离散随机序列，如图 2.1.5 所示。

2. 按样本函数的形式来分类

（1）不确定的随机过程。随机过程的任意样本函数的值不能被预测。例如接收机噪声电压波形。

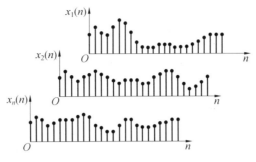

图 2.1.4　离散时间随机过程

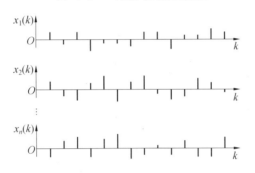

图 2.1.5　离散随机序列

（2）确定的随机过程。随机过程的样本函数的值能被预测。例如,样本函数为相位随机的正弦信号 $X(t) = A\cos(\omega t + \Phi)$。

3. 按概率分布的特性来分类

这是一种更为本质的分类方法,可分为高斯随机过程、马尔可夫过程、独立增量过程、独立随机过程和瑞利随机过程等。

在工程技术中,常常按照随机过程的平稳性和遍历性分类,分别为平稳随机过程和非平稳随机过程、遍历随机过程和非遍历随机过程。有时候还可按照随机过程的功率谱特性,分为宽带随机过程和窄带随机过程等。相关的定义和理论在后续内容中会详细介绍。

根据随机过程的定义以及通信系统的构成,可以推断出通信中常用的随机过程包括热噪声、信源发出的信息以及调制后的随机正弦信号等。

2.1.3　随机过程的概率分布函数

随机过程是随时间变化的随机变量,不能表示为确定的时间函数,所以只能采用统计特性进行描述。根据概率论知识可知统计特征由分布函数或者概率结构决定,对于离散型随机变量用概率分布函数描述,对于连续型随机变量用概率密度函数描述。前面说过,用定义 2 对随机过程进行理论分析较为方便。也就是说,把随机过程 $X(t)$ 看成 n 维随机变量 $X(t_1), X(t_2), \cdots,$ $X(t_n)$ 的集合（n 趋向无穷,且 $\Delta t = t_i - t_{i-1}$ 相当小）,这样,就能用研究多维随机变量的方法和原理研究随机过程,并且这样的近似足够精细。因此,首先介绍随机过程的概率分布和概率密度函数。

1. 一维概率分布

设随机过程 $X(t)$ 在任一特定时刻 t_1 的取值 $X(t_1)$ 是一维随机变量,其对应的一维分布函

数定义为

$$F_X(x;t_1)=P(X(t_1)\leqslant x) \tag{2.1.1}$$

由于 t_1 是任一时刻,因此,常把 $F_X(x;t_1)$ 简写成 $F_X(x;t)$。如果 $F_X(x;t)$ 的偏导数存在,则随机过程 $X(t)$ 的一维概率密度函数为

$$f_X(x;t)=\frac{\partial F_X(x;t)}{\partial x} \tag{2.1.2}$$

在此定义中,首先固定时间 t,这样就得到了 t 时刻的随机变量 $X(t)$,其中 t 可以是任意时刻。这种分析方法后面经常用到。

显然,随机过程的一维概率密度是时间 t 的函数,其性质与一维随机变量的性质一样。

2. 二维概率分布

设随机过程 $X(t)$ 在任意两个时刻 t_1、t_2 的取值 $X(t_1)$ 和 $X(t_2)$ 构成二维随机变量,它们的联合概率 $P(X(t_1)\leqslant x_1,X(t_2)\leqslant x_2)$ 是取值 x_1、x_2 和时刻 t_1、t_2 的函数,则随机过程 $X(t)$ 的二维分布函数定义为

$$F_X(x_1,x_2;t_1,t_2)=P(X(t_1)\leqslant x_1,X(t_2)\leqslant x_2) \tag{2.1.3}$$

如果 $F_X(x_1,x_2;t_1,t_2)$ 对于 x_1、x_2 的二阶混合偏导数存在,那么随机过程 $X(t)$ 的二维概率密度可以表示为

$$f_X(x_1,x_2;t_1,t_2)=\frac{\partial^2 F_X(x_1,x_2;t_1,t_2)}{\partial x_1\partial x_2} \tag{2.1.4}$$

随机过程的二维概率分布反映了随机过程 $X(t)$ 任意两个时刻状态之间的联系。通过求边缘分布可以分别求出两个一维边缘分布 $f_X(x_1;t_1)$ 和 $f_X(x_2;t_2)$。

3. 有限维概率分布

毫无疑问,在一般情况下用一维或二维分布函数去描述随机过程的完整统计特性是极不充分的,通常需要在足够多的时间上考虑随机过程的多维分布函数去描述随机过程不同时刻之间的关系。利用有限维随机变量的统计特性基本能够得到需要的随机过程特征参数。

设随机过程 $X(t)$ 在任意 n 个时刻 $t_1,t_2,\cdots,t_n$ 的取值 $X(t_1),X(t_2),\cdots,X(t_n)$ 构成多维随机变量,它们的联合概率 $P(X(t_1)\leqslant x_1,X(t_2)\leqslant x_2,\cdots,X(t_n)\leqslant x_n)$ 是取值 $x_1,x_2,\cdots,x_n$ 和时刻 $t_1,t_2,\cdots,t_n$ 的函数,则随机过程 $X(t)$ 的多维分布函数表示为

$$F_X(x_1,x_2,\cdots,x_n;t_1,t_2,\cdots,t_n)=P(X(t_1)\leqslant x_1,X(t_2)\leqslant x_2,\cdots,X(t_n)\leqslant x_n) \tag{2.1.5}$$

如果 $F_X(x_1,x_2,\cdots,x_n;t_1,t_2,\cdots,t_n)$ 对于 $x_1,x_2,\cdots,x_n$ 的 n 阶混合偏导数存在,则对应的随机过程 $X(t)$ 的多维概率密度表示为

$$f_X(x_1,x_2,\cdots,x_n;t_1,t_2,\cdots,t_n)=\frac{\partial^n F_X(x_1,x_2,\cdots,x_n;t_1,t_2,\cdots,t_n)}{\partial x_1\partial x_2\cdots\partial x_n} \tag{2.1.6}$$

同理,它具有多维随机变量概率密度函数的性质。

性质 1 $f_X(x_1,x_2,\cdots,x_n;t_1,t_2,\cdots,t_n)\geqslant 0$

性质 2 $\underset{n\text{重}}{\iint\cdots\int}f_X(x_1,x_2,\cdots,x_n;t_1,t_2,\cdots,t_n)\mathrm{d}x_1\mathrm{d}x_2\cdots\mathrm{d}x_n=1$

性质 3 $\underset{(n-m)\text{重}}{\iint\cdots\int}f_X(x_1,x_2,\cdots,x_n;t_1,t_2,\cdots,t_n)\mathrm{d}x_m\mathrm{d}x_{m+1}\cdots\mathrm{d}x_n=f_X(x_1,x_2,\cdots,x_{m-1};t_1,$

$$t_2,\cdots,t_{m-1})$$

性质 4　　如果 $X(t_1),X(t_1),\cdots,X(t_n)$ 统计独立,则有

$$f_X(x_1,x_2,\cdots,x_n;t_1,t_2,\cdots,t_n)=f_X(x_1;t_1)f_X(x_2;t_2)\cdots f_X(x_n;t_n)$$

可见,概率分布函数和概率密度函数是对随机过程的特征的全面描述,显然,n 取得越大,随机过程的 n 维分布律描述随机过程的特性也越趋完善,但实际中 n 不可能取无限多,只要根据要求取到能够描述相关的特性即可。

2.1.4　随机过程的时域统计特征

通过上节的内容可知,如果能够得到随机过程的有限维分布函数便可以知道这一随机过程中任意有限个随机变量的联合分布,也就可以确定它们之间的相互关系。可见,随机过程的有限维分布函数族能够完整地描述随机过程的统计特征。但是在实际问题中,要知道随机过程的有限维分布函数族是非常困难的,有时甚至是不可能的。因此,人们想到了用随机过程的某些数字统计特征来刻画随机过程。随机过程的数字统计特征包括时域统计特征和频域统计特征。

时域统计特征就是通常所说的数字特征,根据概率论的知识,随机变量的数字特征通常是确定值。对于随机过程而言,由于它是时间和试验结果的函数,因此随机过程的数字特征通常是确定性的时间函数。因此,对于随机过程的数字特征,可以先把时间 t 固定,此时随机过程就是随机变量,可以采用各种随机变量的处理方法对随机过程进行分析和处理。对于随机过程而言,经常用到的时域统计特性包括期望、方差和自相关函数等。相比于随机变量,随机过程的数字特征增加了自相关函数,它是随机过程时域分析和处理最为重要的工具。

1. 数学期望

对于任意时刻的随机过程 $X(t)$,它是一随机变量,因此可以计算数学期望。其期望定义为

$$m_X(t)=E[X(t)]=\int_{-\infty}^{+\infty}xf_X(x;t)\mathrm{d}x \tag{2.1.7}$$

称为随机过程 $X(t)$ 的数学期望,它是时间 t 的确定函数。

根据定义可知数学期望是随机过程各个时刻的平均函数,随机过程的所有样本均在它的周边变化,如图 2.1.6 所示,图中细线表示样本函数,粗线表示这些样本函数的数学期望。

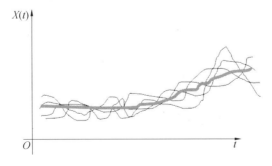

图 2.1.6　随机过程 $X(t)$ 的数学期望

对于通信系统而言,如果随机过程 $X(t)$ 表示接收机的输出信号或噪声,那么它的数学期望就是输出信号或噪声的瞬时统计平均值。

2. 均方值和方差

随机过程 $X(t)$ 在任一时刻 t 的取值是一个随机变量 $X(t)$。把 $X(t)$ 二阶原点矩称为随机过程的均方值，把二阶中心矩记作随机过程的方差。它们分别定义为

$$\Psi_X^2(t) = E[X^2(t)] = \int_{-\infty}^{+\infty} x^2 f(x\,;t)\mathrm{d}x \tag{2.1.8}$$

$$\sigma_X^2(t) = D[X(t)] = E[(X(t) - m_X(t))^2] = \int_{-\infty}^{+\infty} (x - m_X(t))^2 f(x\,;t)\mathrm{d}x \tag{2.1.9}$$

根据定义，可以看出 $E[X^2(t)]$ 和 $D[X(t)]$ 都是确定性时间函数，方差 $D[X(t)]$ 描述了随机过程诸样本函数偏离其数学期望 $m_X(t)$ 的程度，也可以认为是随机过程的分散程度。若期望为零，则二者相等。图 2.1.7 表示两个不同方差的随机过程。根据方差与均方值的定义，可以推导出二者的关系，推导过程如下

$$\sigma_X^2(t) = D[X(t)] = E[(X(t) - m_X(t))^2] = E[X^2(t)] - m_X^2(t) \tag{2.1.10}$$

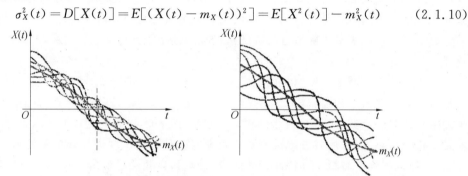

图 2.1.7 不同方差的两个随机过程

对于通信系统，如果 $X(t)$ 表示噪声或信号，则均方值 $E[X^2(t)]$ 和方差 $D[X(t)]$ 分别表示消耗在单位电阻上的瞬时功率统计平均值（包括直流功率和交流功率）和瞬时交流功率统计平均值。在方差定义的基础上，给出标准差或均方差的定义，即

$$\sigma_X(t) = \sqrt{D[X(t)]} \tag{2.1.11}$$

3. 自相关函数

以上数字特征仅描述了随机过程在各个时刻的统计平均特性，并不能反映随机过程不同时刻的内在联系。例如：具有相同数学期望和方差的随机过程可能具有完全不同的内部结构。图 2.1.8 给出了具有相同数学期望和方差的两个不同的随机过程。

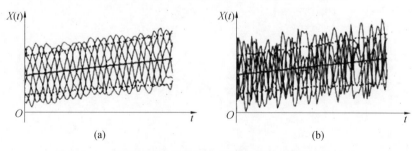

(a)   (b)

图 2.1.8 具有相同数学期望和方差的两个不同的随机过程

从图 2.1.8 中可以明显看出，随机过程 $X(t)$ 随时间变化缓慢，此过程在任意两个时刻的取值有较强的相关性，而 $Y(t)$ 的变化要急剧得多，其任意两个时刻的状态之间的相关性要弱

得多。因此，对于随机过程，除了期望和方差之外，又引入了自相关函数来刻画随机过程任意两个时刻的内在关联程度。其定义如下

$$R_X(t_1,t_2)=E[X(t_1)X(t_2)]=\int_{-\infty}^{+\infty}\int_{-\infty}^{+\infty}x_1x_2f_X(x_1,x_2;t_1,t_2)\mathrm{d}x_1\mathrm{d}x_2 \quad (2.1.12)$$

自相关函数反映了 $X(t)$ 任意两个时间 t_1、t_2 内在联系的重要特征。特殊地，如果 $t_1=t_2=t$，那么

$$R_X(t_1,t_2)=R_X(t,t)=E[X^2(t)] \quad (2.1.13)$$

此时自相关函数就是均方值。

4. 自协方差函数

若用随机过程的两个不同时刻之间的二阶混合中心矩来定义相关函数，称之为自协方差函数，用 $K_X(t_1,t_2)$ 表示，它反映了随机过程任意两个时刻的起伏值之间的相关程度，其定义为

$$K_X(t_1,t_2)=E[(X(t_1)-m_X(t_1))(X(t_2)-m_X(t_2))]$$
$$=\int_{-\infty}^{+\infty}\int_{-\infty}^{+\infty}[X(t_1)-m_X(t_1)][X(t_2)-m_X(t_2)]f_X(x_1,x_2;t_1,t_2)\mathrm{d}x_1\mathrm{d}x_2$$

$$(2.1.14)$$

特殊地，如果 $t_1=t_2=t$，那么

$$K_X(t_1,t_2)=K_X(t,t)=E[(X(t)-m_X(t))^2]=\sigma_X^2(t) \quad (2.1.15)$$

此时自协方差退化为方差。根据自相关函数和自协方差函数的定义，可以推导出二者的关系，推导过程如下

$$K_X(t_1,t_2)=E[(X(t_1)-m_X(t_1))(X(t_2)-m_X(t_2))]$$
$$=E[X(t_1)X(t_2)]-m_X(t_1)E[X(t_2)]-m_X(t_2)E[X(t_1)]+m_X(t_1)m_X(t_2)$$
$$=R_X(t_1,t_2)-m_X(t_1)m_X(t_2) \quad (2.1.16)$$

通过上述各种分析，可以看出随机过程的均值和方差是自相关函数和自协方差函数的特例。

例 2.1　判断 $X(t)=a\cos(\omega t+\Phi)$、$X(t)=A\cos(\omega t+\varphi)$、$X(t)=a\cos(\Omega t+\varphi)$、$X(t)=A\cos(\Omega t+\varphi)$ 是否为随机过程，其中 A、Ω、Φ 为随机变量，a、ω、φ 为常数。

解　由于四种表达式中都包含有随机变量和时间，也就是说它们既是时间的函数，又是试验结果的函数，符合随机过程的定义，因此它们都是随机过程（图 2.1.9）。

例 2.2　已知平稳随机过程 $X(t)$，其均值为 1，方差为 2，定义另一随机过程 $Z(t)=X(t)-X(t-a)$，求 $Z(t)$ 的均值、方差和自相关函数。

解　根据均值的定义可以得到

$$E[Z(t)]=E[X(t)-X(t-a)]=E[X(t)]-E[X(t-a)]=0 \quad (例2.2.1)$$

方差为

$$D[Z(t)]=E[(Z(t)-E[Z(t)])^2]=E[Z^2(t)] \quad (例2.2.2)$$

把 $Z(t)=X(t)-X(t-a)$ 代入上式可得

$$D[Z(t)]=E[(X(t)-X(t-a))^2]=E[X^2(t)-2X(t)X(t-a)+X^2(t-a)]$$
$$=E[X^2(t)]-2E[X(t)X(t-a)]+E[X^2(t-a)]=6-2R_X(t,t-a)$$

$$(例2.2.3)$$

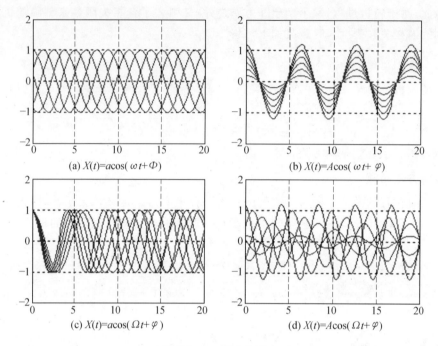

(a) $X(t)=a\cos(\omega t+\Phi)$

(b) $X(t)=A\cos(\omega t+\varphi)$

(c) $X(t)=a\cos(\Omega t+\varphi)$

(d) $X(t)=A\cos(\Omega t+\varphi)$

图 2.1.9 例 2.1 图

自相关函数表示为

$$
\begin{aligned}
E[Z(t)Z(t+\tau)] &= E[(X(t)-X(t-a))(X(t+\tau)-X(t+\tau-a))] \\
&= E[X(t)X(t+\tau)]-E[X(t)X(t+\tau-a)]- \\
&\quad E[X(t-a)X(t+\tau)]+E[X(t-a)X(t+\tau-a)] \\
&= R_X(t,t+\tau)-R_X(t,t+\tau-a)- \\
&\quad R_X(t-a,t+\tau)+R_X(t-a,t+\tau-a) \quad (\text{例 } 2.2.4)
\end{aligned}
$$

例 2.3 设随机过程 $X(t)=A+Bt$,其中 A 与 B 是相互独立的随机变量,均服从标准高斯分布。求随机过程 $X(t)$ 的均值、方差、自相关函数以及一维和二维概率分布。

解 因为对任意固定的 $t\in T$,$X(t)$ 是高斯随机变量,所以

$$E[X(t)]=E(A)+E(B)t=0, \quad D[X(t)]=D(A)+D(B)t^2=1+t^2 \quad (\text{例 } 2.3.1)$$

所以,$X(t)$ 服从高斯分布 $N(0,1+t^2)$,从而也是随机过程 $X(t)$ 的一维分布。

其次,对任意固定的 $t_1,t_2\in T$,$X(t_1)=A+Bt_1$,$X(t_2)=A+Bt_2$,则依 n 维正态随机向量的性质,$(X(t_1),X(t_2))$ 服从二维高斯分布,且

$$E[X(t_1)]=0, \quad E[X(t_2)]=0, \quad D[X(t_1)]=1+t_1^2, \quad D[X(t_2)]=1+t_2^2$$

$$Cov[X(t_1),X(t_2)]=E[X(t_1)X(t_2)]=1+t_1t_2 \quad (\text{例 } 2.3.2)$$

所以,随机过程的二维分布是数学期望向量为 $(0,0)$、协方差矩阵为 $\begin{bmatrix} 1+t_1^2 & 1+t_1t_2 \\ 1+t_1t_2 & 1+t_2^2 \end{bmatrix}$ 的二维高斯分布。

例 2.4 设随机过程 $X(t)=X\cos\omega t$,其中 ω 为常数,X 是服从标准高斯分布的随机变量。求 $X(t)$ 的均值、方差、协方差函数以及一维和二维分布函数。

解 首先计算随机过程的期望和方差

$$E[X(t)] = E[X]\cos \omega t = 0, \quad D[X(t)] = D[X](\cos \omega t)^2 = (\cos \omega t)^2$$

(例 2.4.1)

故 $X(t)$ 的一维分布函数为 $N(0,(\cos \omega t)^2)$。

协方差函数是随机过程 $X(t)$ 在任意两个时刻 t_1 和 t_2 的状态 $X(t_1)$ 和 $X(t_2)$ 的二阶中心混合矩

$$C_X(t_1,t_2) = E[(X(t_1) - \mu_X(t_1))(X(t_2) - \mu_X(t_2))]$$

(例 2.4.2)

其中 $\mu_X(t) = E[X(t)] = 0$，故

$$C_X(t_1,t_2) = E[(X\cos \omega t_1)(X\cos \omega t_2)] = E[X^2]\cos \omega t_1 \cos \omega t_2 = \cos \omega t_1 \cos \omega t_2$$

(例 2.4.3)

其中 $E[X^2] = D[X] - E^2[X] = 1$。

其次，对任意固定的两个时刻 t_1,t_2，则依 n 维高斯随机向量的性质，$(X(t_1),X(t_2))$ 服从二维高斯分布。首先求出两个时刻的均值和方差分别为

$$E[X(t_1)] = 0, \quad D[X(t_1)] = (\cos \omega t_1)^2, \quad E[X(t_2)] = 0, \quad D[X(t_2)] = (\cos \omega t_2)^2$$

(例 2.4.4)

对应的协方差矩阵为

$$\begin{bmatrix} (\cos \omega t_1)^2 & \cos \omega t_1 \cos \omega t_2 \\ \cos \omega t_1 \cos \omega t_2 & (\cos \omega t_2)^2 \end{bmatrix}$$

(例 2.4.5)

根据上述结果可以写出二维高斯随机变量的概率密度函数。

2.1.5　随机过程的特征函数

在概率论方面，俄国数学家李雅普诺夫引入了特征函数这一有力工具，从一个全新的角度去考察中心极限定理，在相当宽的条件下证明了中心极限定理。特征函数的引入实现了随机过程研究方法上的革命。随机变量的特征函数是与概率密度函数相对应的统计描述方法，与分布函数一一对应。根据随机变量和随机过程之间的关系，可以把随机变量特征函数的定义推广到随机过程的情形，也即通过随机过程的有穷维特征函数族来描述随机过程的概率特性。

1. 随机过程的一维特征函数

随机过程 $X(t)$ 在任一特定时刻 t 的取值 $X(t)$ 是一维随机变量，其特征函数定义为

$$C_X(u;t) = E[e^{juX}] = \int_{-\infty}^{+\infty} e^{jux} f(x;t)\mathrm{d}x \tag{2.1.17}$$

由特征函数的定义可知特征函数和概率密度函数互为傅里叶变换和反变换，因此，特征函数对应的反变换为

$$f_X(x;t) = \frac{1}{2\pi} \int_{-\infty}^{+\infty} e^{-jux} C_X(u;t)\mathrm{d}u \tag{2.1.18}$$

这里，$f_X(x;t)$ 为随机过程 $X(t)$ 的一维概率密度。特征函数 $C_X(u;t)$ 的两边对变量 u 求 k 阶偏导数，得到随机过程的 k 阶原点矩 $E[X^k(t)]$，其表达式为

$$\frac{\partial^k C_X(u;t)}{\partial u^k} = j^k \int_{-\infty}^{+\infty} x^k e^{jux} f_X(x;t)\mathrm{d}x \tag{2.1.19}$$

根据随机过程原点矩的定义

$$E[X^n(t)] = \int_{-\infty}^{+\infty} x^k f_X(x;t)\,\mathrm{d}x = (-\mathrm{j})^n \frac{\mathrm{d}^n C_X(u;t)}{(\mathrm{d}u)^n}\bigg|_{u=0} \qquad (2.1.20)$$

2. 随机过程的二维特征函数

随机过程 $X(t)$ 在任意两个时刻 t_1、t_2 的取值构成二维随机变量 $(X(t_1),X(t_2))$，它的特征函数为

$$C_X(u_1,u_2;t_1,t_2) = E[\mathrm{e}^{\mathrm{j}u_1 X(t_1)}\mathrm{e}^{\mathrm{j}u_2 X(t_2)}] = \int_{-\infty}^{+\infty}\int_{-\infty}^{+\infty} \mathrm{e}^{\mathrm{j}u_1 x_1}\mathrm{e}^{\mathrm{j}u_2 x_2} f_X(x_1,x_2;t_1,t_2)\,\mathrm{d}x_1\,\mathrm{d}x_2$$

$$(2.1.21)$$

$f_X(x_1,x_2;t_1,t_2)$ 与 $C_X(u_1,u_2;t_1,t_2)$ 是对应的傅里叶变换与傅里叶反变换。因此，能够得到其对应的表达式为

$$f_X(x_1,x_2;t_1,t_2) = \frac{1}{(2\pi)^2}\int_{-\infty}^{+\infty}\int_{-\infty}^{+\infty} \mathrm{e}^{-\mathrm{j}(u_1 x_1 + u_2 x_2)} C_X(u_1,u_2;t_1,t_2)\,\mathrm{d}u_1\,\mathrm{d}u_2 \qquad (2.1.22)$$

如果将特征函数等号两边对 u_1、u_2 取偏导，得到

$$\frac{\partial^2 C_X(u_1,u_2;t_1,t_2)}{\partial u_1 \partial u_2} = \mathrm{j}^2\int_{-\infty}^{+\infty}\int_{-\infty}^{+\infty} x_1 x_2 \mathrm{e}^{\mathrm{j}u_1 x_1}\mathrm{e}^{\mathrm{j}u_2 x_2} f_X(x_1,x_2;t_1,t_2)\,\mathrm{d}x_1\,\mathrm{d}x_2 \qquad (2.1.23)$$

根据自相关函数的定义

$$R_X(t_1,t_2) = \int_{-\infty}^{+\infty}\int_{-\infty}^{+\infty} x_1 x_2 f_X(x_1,x_2;t_1,t_2)\,\mathrm{d}x_1\,\mathrm{d}x_2 = -\frac{\partial^2 C_X(u_1,u_2;t_1,t_2)}{\partial u_1 \partial u_2}\bigg|_{\substack{u_1=0\\u_2=0}}$$

$$(2.1.24)$$

因此可以通过特征函数求解自相关函数。

3. 随机过程的 n 维特征函数

$$C_X(u_1,\cdots,u_n;t_1,\cdots,t_n) = E[\mathrm{e}^{\mathrm{j}u_1 X(t_1)}\cdots\mathrm{e}^{\mathrm{j}u_n X(t_n)}]$$
$$= \int_{-\infty}^{+\infty}\cdots\int_{-\infty}^{+\infty} \mathrm{e}^{\mathrm{j}u_1 x_1}\mathrm{e}^{\mathrm{j}u_2 x_2} f_X(x_1,\cdots,x_n;t_1,\cdots,t_n)\,\mathrm{d}x_1\cdots\mathrm{d}x_n \qquad (2.1.25)$$

根据傅里叶变换关系，其对应的 n 维概率密度函数为

$$f_X(x_1,\cdots,x_n;t_1,\cdots,t_n) = \frac{1}{(2\pi)^n}\int_{-\infty}^{+\infty}\cdots\int_{-\infty}^{+\infty} \mathrm{e}^{-\mathrm{j}(u_1 x_1 + \cdots + u_n x_n)} C_X(u_1,\cdots,u_n;t_1,\cdots,t_n)\,\mathrm{d}u_1\cdots\mathrm{d}u_n$$

$$(2.1.26)$$

例 2.5 随机相位正弦波 $X(t) = a\cos(\omega_0 t + \Phi)(-\infty < t < \infty)$，其中 a、ω_0 是正常数，Φ 是在 $(-\pi,\pi)$ 内均匀分布的随机变量。利用特征函数法求 $X(t)$ 的概率密度函数、均值函数、自相关函数和方差。

解 因为 Φ 的概率密度函数为

$$f_\Phi(\varphi) = \begin{cases} \dfrac{1}{2\pi} & (\varphi \in (-\pi,\pi)) \\ 0 & (\text{其他}) \end{cases} \qquad (\text{例 } 2.5.1)$$

所以依特征函数的定义有

$$\varphi_X(u;t) = E[\mathrm{e}^{\mathrm{j}uX(t)}] = \int_{-\infty}^{+\infty} \mathrm{e}^{\mathrm{j}ux} f_X(x;t)\,\mathrm{d}x \qquad (\text{例 } 2.5.2)$$

故

$$\varphi_X(u;t) = E\left[e^{jua\cos(\omega t + \Phi)}\right] = \int_{-\infty}^{+\infty} e^{jua\cos(\omega t + \Phi)} f_\Phi(\varphi) d\varphi = \frac{1}{2\pi}\int_{-\pi}^{\pi} e^{jua\cos(\omega t + \Phi)} d\varphi = \frac{1}{2\pi}\int_{-\pi+\omega t}^{\pi+\omega t} e^{jua\cos y} dy$$

（例 2.5.3）

由积分的性质，若 $\varphi_X(u;t)$ 是周期为 T 的周期函数，则

$$\frac{1}{2\pi}\int_{-\frac{T}{2}+a}^{\frac{T}{2}+a} \varphi_X(u;t) du = \frac{1}{2\pi}\int_{-\frac{T}{2}}^{\frac{T}{2}} \varphi_X(u;t) du \qquad \text{（例 2.5.4）}$$

故

$$\varphi_X(u;t) = \frac{1}{2\pi}\int_{-\pi}^{\pi} e^{jua\cos y} dy = \int_{-a}^{a} \frac{e^{jux} dx}{\pi\sqrt{a^2 - x^2}} \qquad \text{（例 2.5.5）}$$

比较（例 2.5.2）和（例 2.5.5）得，$X(t)$ 的概率密度函数为

$$f_X(x;t) = \begin{cases} \dfrac{1}{\pi\sqrt{a^2 - x^2}} & (|x| < a) \\ 0 & \text{（其他）} \end{cases} \qquad \text{（例 2.5.6）}$$

由期望定义得

$$\mu_X(t) = E[a\cos(\omega t + \Phi)] = \int_{-\pi}^{\pi} a\cos(\omega t + \Phi)\frac{1}{2\pi} d\varphi = 0 \qquad \text{（例 2.5.7）}$$

由自相关函数的定义得到

$$\begin{aligned} R_X(t_1, t_2) &= a^2 E[\cos(\omega t_1 + \Phi)\cos(\omega t_2 + \Phi)] \\ &= a^2 \int_{-\pi}^{\pi} \frac{1}{2\pi}\cos(\omega t_1 + \Phi)\cos(\omega t_2 + \Phi) d\varphi \\ &= \frac{a^2}{2}\cos\omega(t_2 - t_1) \end{aligned} \qquad \text{（例 2.5.8）}$$

为了求方差，令 $t_1 = t_2 = t$，则 $R_X(t,t) = \dfrac{a^2}{2}$，得

$$\begin{aligned} \sigma_X^2(t) &= D[X(t)] = E[(X(t) - \mu_X(t))^2] \\ &= E[X^2(t)] - \mu_X(t) = R_X^2(t,t) - 0 = \frac{a^2}{2} \end{aligned} \qquad \text{（例 2.5.9）}$$

2.2　连续随机过程微积分

随机过程的微分和积分运算类似于一般确定函数的微积分运算，但由于涉及极限和收敛问题，因而略有不同。随机过程微积分是日本数学家伊藤清在 1930 年前后提出的，它的提出完善了随机过程理论，使随机过程理论研究获得了新的研究方法和更大的发展，为随机过程理论的最终建立奠定了基础。本节首先介绍随机过程的连续性，它是随机过程微积分的基础。

2.2.1　随机过程的连续性

首先回忆一下确定性函数 $f(x)$ 的连续性的定义。若该函数在点 x_0 的某一邻域内有定义，如果当自变量的增量 $\Delta x = x - x_0$ 趋于零时，对应的函数的增量 $\Delta y = f(x_0 + \Delta x) - f(x_0)$ 也趋于零，那么函数 $f(x)$ 在点 x_0 连续，用公式表示为

$$\lim_{\Delta x \to 0}[f(x_0 + \Delta x) - f(x)] \to 0 \qquad (2.2.1)$$

如果把函数 $f(t)$ 换成随机过程 $X(t)$，可得到随机过程连续性的定义

$$\lim_{\Delta t \to 0} X(t + \Delta t) = X(t) \tag{2.2.2}$$

对于该公式很难知道其左边的极限是否存在。即使存在，那么公式左右两边的两个随机变量在什么条件成立等相关问题也需要证明。也就是说，不能简单地把确定性信号连续性的相关概念直接引入随机过程 $X(t)$。因此，在借鉴确定信号处理的基础上，结合随机过程的知识，介绍随机过程 $X(t)$ 的连续性。由于随机过程是时间和试验结果的函数，因此对于随机过程的连续性分为处处连续和均方连续两种。首先介绍处处连续。

随机过程 $X(t)$ 的每一个样本函数 $X(t, \xi_i)$ 是一个关于时间 t 的普通函数。如果对于每一个样本函数 $X(t, \xi_i)$ 在区域 $t \in T$ 上连续，则称随机过程 $X(t)$ 在区域 T 上处处连续。用公式表示为

$$\lim_{\Delta t \to 0} X(t + \Delta t, \xi_i) = X(t, \xi_i) \tag{2.2.3}$$

由于处处连续的条件过于苛刻，另外一般情况下很难用它判断一个随机过程是否连续，因此借鉴随机序列均方收敛的定义，来研究随机过程均方连续。其定义为：如果随机过程 $X(t)$ 的一阶矩和二阶矩都存在，并且 t 时刻满足

$$\lim_{\Delta t \to 0} E\left[(X(t + \Delta t) - X(t))^2\right] = 0 \tag{2.2.4}$$

则称随机过程 $X(t)$ 于 t 时刻在均方意义下连续，简称 $X(t)$ 为均方连续（Mean Square 连续），可以表示为

$$\mathrm{l \cdot i \cdot m}_{\Delta t \to 0} X(t + \Delta t) = X(t) \tag{2.2.5}$$

均方连续是指整体意义上的连续，而处处连续则是要求每个样本的每个时刻都连续。根据上述连续的定义，对于随机过程有如下三个推论。

推论 1 随机过程 $X(t)$ 的自相关函数连续，则 $X(t)$ 均方连续。

证明 根据自相关函数的定义，可得到自相关函数 $R_X(t_1, t_2)$ 和 $E\left[(X(t + \Delta t) - X(t))^2\right]$ 的关系为

$$E\left[(X(t + \Delta t) - X(t))^2\right] = R_X(t + \Delta t, t + \Delta t) - R_X(t, t + \Delta t) - R_X(t + \Delta t, t) + R_X(t, t)$$
$$\tag{2.2.6}$$

如果 t_1、t_2 时刻，函数 $R_X(t_1, t_2)$ 在点 $t_1 = t_2 = t$ 上连续，根据确定性函数连续的定义，当 Δt 趋于零时，式(2.2.6)右端也趋于零，即随机过程 $X(t)$ 在 t 上连续。同理，如果 $R_X(t_1, t_2)$ 沿直线 $t_1 = t_2$ 处处连续，则随机过程对每个时刻都连续。

推论 2 随机过程 $X(t)$ 均方连续，则其自相关函数连续。

证明

$$R_X(t + \Delta t_1, t + \Delta t_2) - R_X(t, t)$$
$$= E\left[X(t + \Delta t_1)X(t + \Delta t_2)\right] - E\left[X(t)X(t)\right]$$
$$= E\left[(X(t + \Delta t_1) - X(t))X(t + \Delta t_2)\right] - E\left[X(t)(X(t + \Delta t_2) - X(t))\right] \tag{2.2.7}$$

根据概率空间的柯西－施瓦茨不等式 $|E[XY]| \leqslant \sqrt{E[X^2]}\sqrt{E[Y^2]}$ 得到

$$\left|E\left[(X(t + \Delta t_1) - X(t))X(t + \Delta t_2)\right]\right| \leqslant \sqrt{E\left[(X(t + \Delta t_1) - X(t))^2\right]}\sqrt{E\left[X^2(t + \Delta t_2)\right]}$$
$$\tag{2.2.8}$$

$$\left|E\left[X(t)(X(t + \Delta t_2) - X(t))\right]\right| \leqslant \sqrt{E\left[X^2(t)\right]}\sqrt{E\left[(X(t + \Delta t_2) - X(t))^2\right]}$$
$$\tag{2.2.9}$$

因为 $\lim\limits_{\Delta t_1 \to \infty} E\left[(X(t+\Delta t_1)-X(t))^2\right]=0$，所以

$$\lim\limits_{\Delta t_1 \to \infty} \left| E\left[(X(t+\Delta t_1)-X(t))X(t+\Delta t_2)\right] \right|$$
$$\leqslant \lim\limits_{\Delta t_1 \to \infty} \sqrt{E\left[(X(t+\Delta t_1)-X(t))^2\right]} \sqrt{E\left[X^2(t+\Delta t_2)\right]}=0 \tag{2.2.10}$$

又因为绝对值大于等于 0，所以

$$E\left[(X(t+\Delta t_1)-X(t))X(t+\Delta t_2)\right]=0$$

同理

$$\lim\limits_{\Delta t_2 \to \infty} E\left[X(t)(X(t+\Delta t_2)-X(t))\right]=0$$

所以

$$\lim\limits_{\substack{\Delta t_1 \to \infty \\ \Delta t_2 \to \infty}} (R_X(t+\Delta t_1,t+\Delta t_2)-R_X(t,t))=0 \tag{2.2.11}$$

可得自相关函数连续，有

$$\lim\limits_{\substack{\Delta t_1 \to \infty \\ \Delta t_2 \to \infty}} R_X(t+\Delta t_1,t+\Delta t_2)=R_X(t,t)$$

推论 3　随机过程 $X(t)$ 均方连续，则其数学期望连续。

证明　令随机变量 $Y=X(t+\Delta t)-X(t)$，根据方差的定义可知

$$\sigma_Y^2=E[Y^2]-E^2[Y] \tag{2.2.12}$$

此式可以改写为

$$E[Y^2]=E^2[Y]+\sigma_Y^2 \tag{2.2.13}$$

因为方差不可能小于零，所以

$$E[Y^2]=E^2[Y]+\sigma_Y^2 \geqslant E^2[Y] \tag{2.2.14}$$

把 $Y=X(t+\Delta t)-X(t)$ 代入不等式，得到

$$E\left[(X(t+\Delta t)-X(t))^2\right] \geqslant E^2\left[X(t+\Delta t)-X(t)\right] \tag{2.2.15}$$

由均方连续的定义，$\Delta t \to 0$，则不等式左端趋于 0，因为均值的平方不可能小于 0，所以不等式的右端也必趋于 0，即：$E[X(t+\Delta t)-X(t)]=E[X(t+\Delta t)]-E[X(t)] \to 0$。因为随机过程的数学期望 $E[X(t)]$ 为确定性函数，所以 $E[X(t)]$ 连续。用公式表示为

$$\lim\limits_{\Delta t \to 0} E\left[X(t+\Delta t)-X(t)\right]=0 \tag{2.2.16}$$

整理可得

$$\lim\limits_{\Delta t \to 0} E\left[X(t+\Delta t)\right]=\lim\limits_{\Delta t \to 0} E\left[X(t)\right]=E\left[X(t)\right] \tag{2.2.17}$$

由于随机过程均方连续，可以得到

$$\lim\limits_{\Delta t \to 0} E\left[X(t+\Delta t)\right]=E\left[X(t)\right]=E\left[\lim\limits_{\Delta t \to 0} X(t+\Delta t)\right] \tag{2.2.18}$$

此式表明，极限和数学期望的次序可以进行交换而不影响计算结果。注意公式应该表达为 $\lim\limits_{\Delta t \to 0} E[X(t+\Delta t)]=E[\operatorname*{l \cdot i \cdot m}\limits_{\Delta t \to 0} X(t+\Delta t)]$，因为 $\operatorname*{l \cdot i \cdot m}\limits_{\Delta t \to 0} X(t+\Delta t)=X(t)$ 是一个整体，表示均方连续，不能单独写为 $\operatorname*{l \cdot i \cdot m}\limits_{\Delta t \to 0} X(t+\Delta t)$，而 $\lim\limits_{\Delta t \to 0}$ 才是表示求极限。

2.2.2　随机过程的导数

在给出随机过程连续定义的基础上，介绍随机过程导数的有关概念。和随机过程连续性分析相同的思路，首先给出一般确定性函数可导的定义，即如果函数 $f(t)$ 一阶可导，则导数定

义为

$$f'(t) = \lim_{\Delta t \to 0} \frac{f(t + \Delta t) - f(t)}{\Delta t} \qquad (2.2.19)$$

导数存在的前提是极限 $\lim_{\Delta t \to 0} \dfrac{f(t + \Delta t) - f(t)}{\Delta t}$ 存在。借鉴确定性信号导数的定义,随机过程 $X(t)$ 可导的定义为

$$X'(t) = \frac{\mathrm{d}X(t)}{\mathrm{d}t} = 1 \cdot \mathrm{i} \cdot \mathrm{m}_{\Delta t \to 0} \frac{X(t + \Delta t) - X(t)}{\Delta t} \qquad (2.2.20)$$

其成立的条件为 $\lim_{\Delta t \to 0} E\left[\left(\dfrac{X(t + \Delta t) - X(t)}{\Delta t} - X'(t)\right)^2\right] = 0$,因此,随机过程可导是指均方意义的可导。由于上面的 $X'(t)$ 是未知的,判断一个随机过程是否均方可导的方法是采用柯西准则。即式(2.2.20)成立,则随机过程均方可导。下面给出详细说明。令

$$X'(t) = \frac{X(t_2 + \Delta t_2) - X(t_2)}{\Delta t_2}$$

则

$$\lim_{\Delta t_1, \Delta t_2 \to 0} E\left[\left(\frac{X(t_1 + \Delta t_1) - X(t_1)}{\Delta t_1} - \frac{X(t_2 + \Delta t_2) - X(t_2)}{\Delta t_2}\right)^2\right] = 0 \qquad (2.2.21)$$

证明

$$E\left[\left(\frac{X(t_1 + \Delta t_1) - X(t_1)}{\Delta t_1} - \frac{X(t_2 + \Delta t_2) - X(t_2)}{\Delta t_2}\right)^2\right]$$

$$= \frac{1}{\Delta t_1^2}\left[R_X(t_1 + \Delta t_1, t_1 + \Delta t_1) + R_X(t_1, t_1) - R_X(t_1 + \Delta t_1, t_1) - R_X(t_1, t_1 + \Delta t_1)\right] +$$

$$\frac{1}{\Delta t_2^2}\left[R_X(t_2 + \Delta t_2, t_2 + \Delta t_2) + R_X(t_2, t_2) - R_X(t_2 + \Delta t_2, t_2) - R_X(t_2, t_2 + \Delta t_2)\right] -$$

$$\frac{1}{\Delta t_1 \Delta t_2}\left[R_X(t_1 + \Delta t_1, t_2 + \Delta t_2) + R_X(t_1, t_2) - R_X(t_1 + \Delta t_1, t_2) - R_X(t_1, t_2 + \Delta t_2)\right]$$

$$(2.2.22)$$

根据二阶混合偏导的定义

$$\frac{\partial^2 x(s, t)}{\partial s \partial t} = \lim_{\substack{\Delta s \to 0 \\ \Delta t \to 0}} \left| \frac{x(s + \Delta s, t + \Delta t) - x(s + \Delta s, t) - x(s, t + \Delta t) + x(s, t)}{\Delta s \Delta t} \right| \quad (2.2.23)$$

分析发现式(2.2.22)右端已经不含有随机变量,由确定性函数可导定义,如果偏导数 $\dfrac{\partial R_X(t_1, t_2)}{\partial t_1}$、$\dfrac{\partial R_X(t_1, t_2)}{\partial t_2}$、$\dfrac{\partial^2 R_X(t_1, t_2)}{\partial t_1 \partial t_2}$ 都存在,则式(2.2.22)可以表示为

$$\lim_{\Delta t_1, \Delta t_2 \to 0} E\left[\left(\frac{X(t_1 + \Delta t_1) - X(t_1)}{\Delta t_1} - \frac{X(t_2 + \Delta t_2) - X(t_2)}{\Delta t_2}\right)^2\right]$$

$$= \left[\frac{\partial^2 R_X(t_1, t_2)}{\partial t_1 \partial t_1} + \frac{\partial^2 R_X(t_1, t_2)}{\partial t_2 \partial t_2} - 2\frac{\partial^2 R_X(t_1, t_2)}{\partial t_1 \partial t_2}\right]_{t_1 = t_2} = 0 \qquad (2.2.24)$$

由此可见,随机过程 $X(t)$ 均方可导的充要条件为:相关函数在它的自变量相等时存在二阶导数,即 $\dfrac{\partial^2 R_X(t_1, t_2)}{\partial t_1 \partial t_2}\bigg|_{t_1 = t_2}$ 存在。

下面分析随机过程微分后的数字特征,主要包括数学期望和相关函数。

(1)随机过程导数的数学期望等于其数学期望的导数,即

$$E\left[\frac{\mathrm{d}X(t)}{\mathrm{d}t}\right]=\frac{\mathrm{d}}{\mathrm{d}t}E[X(t)] \tag{2.2.25}$$

证明

$$E\left[\frac{\mathrm{d}X(t)}{\mathrm{d}t}\right]=E\left[\lim_{\Delta t\to 0}\frac{X(t+\Delta t)-X(t)}{\Delta t}\right] \tag{2.2.26}$$

交换极限和数学期望顺序,得

$$\lim_{\Delta t\to 0}E\left[\frac{X(t+\Delta t)-X(t)}{\Delta t}\right]=\lim_{\Delta t\to 0}\frac{m_X(t+\Delta t)-m_X(t)}{\Delta t} \tag{2.2.27}$$

由确定性函数可导定义得

$$m'_X(t)=\frac{\mathrm{d}m_X(t)}{\mathrm{d}t} \tag{2.2.28}$$

(2)随机过程导数的相关函数等于可微随机过程的相关函数的混合偏导数,即

$$E[X'(t_1)X'(t_2)]=\frac{\partial^2 R_X(t_1,t_2)}{\partial t_1\partial t_2} \tag{2.2.29}$$

证明　主要根据确定性函数的二阶导数定义证明。

$$
\begin{aligned}
E[X'(t_1)X'(t_2)] &= E\left[\lim_{\substack{\Delta t_1\to 0\\\Delta t_2\to 0}}\frac{X(t_1+\Delta t_1)-X(t_1)}{\Delta t_1}\cdot\frac{X(t_2+\Delta t_2)-X(t_2)}{\Delta t_2}\right]\\
&=\lim_{\substack{\Delta t_1\to 0\\\Delta t_2\to 0}}E\left[\frac{X(t_1+\Delta t_1)-X(t_1)}{\Delta t_1}\cdot\frac{X(t_2+\Delta t_2)-X(t_2)}{\Delta t_2}\right]\\
&=\lim_{\substack{\Delta t_1\to 0\\\Delta t_2\to 0}}\frac{R_X(t_1+\Delta t_1,t_2+\Delta t_2)-R_X(t_1,t_2+\Delta t_2)-R_X(t_1+\Delta t_1,t_2)+R_X(t_1,t_2)}{\Delta t_1\Delta t_2}\\
&=\frac{\partial^2 R_X(t_1,t_2)}{\partial t_1\partial t_2}
\end{aligned} \tag{2.2.30}
$$

2.2.3　随机过程的积分

首先回顾确定性函数的积分定义。对于确定性函数 $f(x)$,其定积分的表达式为

$$\int_a^b f(x)\mathrm{d}x=\lim_{\lambda\to 0}\sum_{i=1}^n f(\delta_i)\Delta x_i \tag{2.2.31}$$

其中,$\Delta x_i=x_i-x_{i-1}$;$\delta_i\in[x_{i-1},x_i]$;$\lambda=\max\{\Delta x_i\}(i=1,2,\cdots,n)$,当 $\lambda\to 0$ 时,$n\to+\infty$。

以确定性信号积分的定义为参考,借鉴均方导数的概念,可以给出随机过程 $X(t)$ 积分的定义,即均方意义下的积分。

对于随机过程 $X(t)$,假设存在随机变量 $Y=\int_a^b X(t)\mathrm{d}t$,若 $\lim_{\Delta t\to 0}E[(Y-\sum_{i=1}^n X(t_i)\Delta t_i)^2]=0$ 成立,则定义随机过程 $X(t)$ 在区间 $[a,b]$ 上的均方意义下的积分表示为

$$Y=\int_a^b X(t)\mathrm{d}t=1\cdot\mathrm{i}\cdot\mathrm{m}\lim_{\Delta t\to 0}\sum_{i=1}^n X(t_i)\Delta t_i \tag{2.2.32}$$

根据随机过程的定义可知,随机过程包含很多样本函数,每个试验结果对应一个样本函数,对于每一个样本函数在某个区间积分存在,因此对于不同的试验结果对应不同样本函数的积分结果,所以随机过程的积分是随机变量。

① 随机过程积分的数学期望等于随机过程数学期望的积分。

随机过程积分的数学期望

$$E[Y] = E\left[\int_a^b X(t)\,dt\right] \tag{2.2.33}$$

将式(2.2.33)右端采用和的形式,即

$$E[Y] = E\left[l \cdot i \cdot m_{\Delta t_i \to 0} \sum_{i=1}^n X(t_i)\Delta t_i\right] = \lim_{\Delta t_i \to 0} \sum_{i=1}^n E[X(t_i)]\Delta t_i = \int_a^b E[X(t)]\,dt = \int_a^b m_X(t)\,dt \tag{2.2.34}$$

② 随机过程积分的均方值等于随机过程自相关函数的二重积分,其方差为随机过程协方差的二重积分。

随机过程的积分的平方可以写成二重定积分的形式,即

$$Y^2 = \int_a^b X(t_1)\,dt_1 \int_a^b X(t_2)\,dt_2 = \int_a^b\int_a^b X(t_1)X(t_2)\,dt_1\,dt_2 \tag{2.2.35}$$

根据均方值的定义,可知

$$E[Y^2] = \int_a^b\int_a^b E[X(t_1)X(t_2)]\,dt_1\,dt_2 = \int_a^b\int_a^b R_X(t_1,t_2)\,dt_1\,dt_2 \tag{2.2.36}$$

由此可进一步求得积分的方差为

$$\sigma_Y^2 = E[Y^2] - E^2[Y] = \int_a^b\int_a^b R_X(t_1,t_2)\,dt_1\,dt_2 - \int_a^b m_X(t_1)\,dt_1\int_a^b m_X(t_2)\,dt_2$$

$$= \int_a^b\int_a^b [R_X(t_1,t_2) - m_X(t_1)m_X(t_2)]\,dt_1\,dt_2$$

$$= \int_a^b\int_a^b K_X(t_1,t_2)\,dt_1\,dt_2 \tag{2.2.37}$$

③ 随机过程积分的相关函数等于对随机过程的相关函数做两次变上限积分(先对t_1,后对t_2积分)。

定义随机过程积分的自相关函数为

$$R_Y(t_1,t_2) = E[Y(t_1)Y(t_2)] \tag{2.2.38}$$

其中$Y(t) = \int_0^t X(\lambda)\,d\lambda$,需要说明的是此处定义的积分是变上限的,与前面的不同,因此$Y(t_1)$、$Y(t_2)$是随机过程。把$Y(t_1)$、$Y(t_2)$代入式(2.2.38)可得

$$R_Y(t_1,t_2) = E\left[\int_0^{t_1} X(\lambda)\,d\lambda \int_0^{t_2} X(\sigma)\,d\sigma\right]$$

$$= E\left[\int_0^{t_1}\int_0^{t_2} X(\lambda)X(\sigma)\,d\lambda\,d\sigma\right]$$

$$= \int_0^{t_1}\int_0^{t_2} E[X(\lambda)X(\sigma)]\,d\lambda\,d\sigma$$

$$= \int_0^{t_1}\int_0^{t_2} R_X(\lambda,\sigma)\,d\lambda\,d\sigma \tag{2.2.39}$$

例 2.6 如果随机过程$X(t)$的均值为3,自相关函数为$R_X(\tau) = 9 + 2e^{-|\tau|}$,判断$Y = \int_0^2 X(t)\,dt$是随机变量还是随机过程,并求它的均值和方差。

解 根据积分的含义,积分后$Y = \int_0^2 X(t)\,dt$与时间无关,所以$Y = \int_0^2 X(t)\,dt$是随机变量。

根据期望的定义

$$E[Y] = E\left[\int_0^2 X(t)\mathrm{d}t\right] = \int_0^2 E[X(t)]\mathrm{d}t = 6 \qquad (例\ 2.6.1)$$

方差为

$$D[Y] = E[Y^2] - (E[Y])^2 = E[Y^2] - 36 \qquad (例\ 2.6.2)$$

现在求均方值,具体为

$$E[Y^2] = E\left[\int_0^2 X(t)\mathrm{d}t \int_0^2 X(u)\mathrm{d}u\right] = \int_0^2 \int_0^2 E[X(t)X(u)]\mathrm{d}t\mathrm{d}u$$

$$= \int_0^2 \int_0^2 R_X(t-u)\mathrm{d}t\mathrm{d}u = \int_0^2 \int_0^2 (9 + 2\mathrm{e}^{-|t-u|})\mathrm{d}t\mathrm{d}u$$

$$= 40 + 4\mathrm{e}^{-2} \qquad (例\ 2.6.3)$$

所以方差为

$$D[Y] = E[Y^2] - (E[Y])^2 = 4 + 4\mathrm{e}^{-2} \qquad (例\ 2.6.4)$$

例 2.7 已知随机过程 $X(t) = A\cos(\omega t + \varphi)$,其中 A 为随机变量,符合标准高斯分布,试求随机过程导数的数学期望、方差、自相关函数和协方差函数。

解 首先可以得到随机过程 $X(t)$ 的导数为

$$\dot{X}(t) = A\omega\sin(\omega t + \varphi) \qquad (例\ 2.7.1)$$

通过观察可以发现,它是时间和试验结果的函数,所以仍然为随机过程。其数学期望为

$$E[\dot{X}(t)] = E[A]\omega\sin(\omega t + \varphi) = 0 \qquad (例\ 2.7.2)$$

方差为

$$D[\dot{X}(t)] = E[\dot{X}^2(t)] - E^2[\dot{X}(t)] = E[\dot{X}^2(t)] = E[A^2]\omega^2\sin^2(\omega t + \varphi) = \omega^2\sin^2(\omega t + \varphi)$$
$$(例\ 2.7.3)$$

其自相关函数为

$$R_{\dot{X}}(t, t+\tau) = E[\dot{X}(t)\dot{X}(t+\tau)] = E[A\omega\sin(\omega t + \varphi)A\omega\sin(\omega t + \omega\tau + \varphi)]$$

$$= E[A^2]\omega^2\sin(\omega t + \varphi)\sin(\omega t + \omega\tau + \varphi)$$

$$= \omega^2\sin(\omega t + \varphi)\sin(\omega t + \omega\tau + \varphi) \qquad (例\ 2.7.4)$$

因为 $\dot{X}(t)$ 的期望为零,所以协方差函数与自相关函数相等,即

$$K_{\dot{X}}(t, t+\tau) = R_{\dot{X}}(t, t+\tau) \qquad (例\ 2.7.5)$$

2.3 随机过程的平稳性

由于随机过程的随机性,按照前几节的理论和方法,其各种统计特性都是时间的函数,这给实际的信号处理带来很多困难甚至难以处理。为了能够进行处理和分析随机过程,必须对它的某些条件做一些理想的假设,也就是本节将要介绍的随机过程的平稳性。在随机过程处理和分析中,常常把稳定状态下的随机过程当作平稳随机过程来处理,这样任何时候测量这个随机过程,都会得到相同的统计特性,也就是说其统计特性不随时间而发生变化,从而大大简化了随机过程的分析和处理。对一些非平稳的随机过程,在较短的时间内,也常常可以把它作为平稳随机过程来处理。

平稳随机过程在通信、信号处理等诸多领域中占有重要地位。其重要性来自两个方面：在实际应用中，特别在通信中所遇到的过程大多属于或很接近平稳随机过程；第二就是平稳随机过程可以用它的一维、二维统计特征很好地描述。比如，经常遇到的四种正弦随机过程 $X(t)=a\cos(\omega t+\Phi)$，$X(t)=A\cos(\omega t+\varphi)$，$X(t)=a\cos(\Omega t+\varphi)$，$X(t)=A\cos(\Omega t+\varphi)$。虽然随机过程的所有样本函数均是正弦曲线，但若以统计的观点看每个随机过程，它们的统计特性都有着各自的特点。比如，当 $X(t)=a\cos(\omega t+\Phi)$ 中的相位 Φ 服从某种分布时，它们的数学期望和方差不随时间而变化，这便引出了平稳随机过程的概念。当 $X(t)=a\cos(\omega t+\Phi)$ 中的 Φ 服从 $[0,2\pi]$ 上的均匀分布时，用其中的任何一个样本函数都可以代表这个随机过程，这就是在随机过程中非常重要的各态历经过程的概念。

平稳随机过程可以分为严平稳随机过程和宽平稳随机过程。首先介绍严平稳随机过程的概念。

2.3.1　严平稳随机过程

（1）随机过程的严平稳性。

设有随机过程 $X(t)$，若它的 n 维概率密度函数（或 n 维概率分布函数）$f_X(x_1,x_2,\cdots,x_n;t_1,t_2,\cdots,t_n)$ 不随时间起点选择不同而改变，即对任何 n 和 ε，随机过程 $X(t)$ 的概率密度函数满足

$$f_X(x_1,x_2,\cdots,x_n;t_1,t_2,\cdots,t_n)=f_X(x_1,x_2,\cdots,x_n;t_1+\varepsilon,t_2+\varepsilon,\cdots,t_n+\varepsilon) \quad (2.3.1)$$

则称随机过程 $X(t)$ 为严平稳随机过程或狭义平稳随机过程。平稳随机过程的 n 维概率密度函数不随时间平移而变化的特性，反映在其一、二维概率密度函数及数字特征上可以推导出两个结论，第一就是严平稳随机过程 $X(t)$ 的一维概率密度函数与时间无关；第二就是严平稳随机过程 $X(t)$ 的二维概率密度函数只与 t_1、t_2 的时间间隔 $\tau=t_2-t_1$ 有关，与时间起点无关。

证明　当 $n=1$ 时，对任何 ε，有

$$f_X(x_1;t_1)=f_X(x_1;t_1+\varepsilon) \quad (2.3.2)$$

取 $\varepsilon=-t_1$，则有

$$f_X(x_1;t_1)=f_X(x_1;t_1+\varepsilon)=f_X(x_1;t_1-t_1)=f_X(x_1;0)=f_X(x_1) \quad (2.3.3)$$

所以与随机过程一维分布有关的数字特征均为常数。

当 $n=2$ 时，对任何 ε，有

$$f_X(x_1,x_2;t_1,t_2)=f_X(x_1,x_2;t_1+\varepsilon,t_2+\varepsilon) \quad (2.3.4)$$

取 $\varepsilon=-t_1$，$\tau=t_2-t_1$，则

$$f_X(x_1,x_2;t_1,t_2)=f_X(x_1,x_2;0,t_2-t_1)=f_X(x_1,x_2;\tau) \quad (2.3.5)$$

所以与随机过程二维分布有关的数字特征仅是时间差 τ 的函数，而与时间 t_1、t_2 本身取值无关。

（2）严平稳随机过程的数字特征。

若 $X(t)$ 是严平稳过程，则它的均值、均方值和方差皆为与时间无关的常数。

证明

$$m_X(t)=E[X(t)]=\int_{-\infty}^{+\infty}xf_X(x,t)\mathrm{d}x=\int_{-\infty}^{+\infty}xf_X(x)\mathrm{d}x=m_X \quad (2.3.6)$$

$$E[X^2(t)]=\int_{-\infty}^{+\infty}x^2f_X(x,t)\mathrm{d}x=\int_{-\infty}^{+\infty}x^2f_X(x)\mathrm{d}x=\alpha_X^2 \quad (2.3.7)$$

$$D[X(t)] = \int_{-\infty}^{+\infty} (x - m_X)^2 f_X(x) \mathrm{d}x = \sigma_X^2 \tag{2.3.8}$$

（3）若 $X(t)$ 是严平稳过程，则它的自相关函数 $R_X(t_1, t_2)$ 只是时间间隔 $\tau = t_2 - t_1$ 的单变量的函数。

证明

$$R_X(t_1, t_2) = E[X(t_1)X(t_2)] = \int_{-\infty}^{+\infty} \int_{-\infty}^{+\infty} x_1 x_2 f_X(x_1, x_2; t_1, t_2) \mathrm{d}x_1 \mathrm{d}x_2$$

$$= \int_{-\infty}^{+\infty} \int_{-\infty}^{+\infty} x_1 x_2 f_X(x_1, x_2; \tau) \mathrm{d}x_1 \mathrm{d}x_2 = R_X(\tau) \tag{2.3.9}$$

其对应的协方差函数为

$$K_X(\tau) = R_X(\tau) - m_X^2 \tag{2.3.10}$$

当 $\tau = 0$ 时，可以得到

$$K_X(0) = R_X(0) - m_X^2 = \sigma_X^2 \tag{2.3.11}$$

（4）随机过程严平稳性的判断。

按照严平稳的定义，判断一个随机过程是否为严平稳，需要知道其任意 n 维概率密度函数，但对于大多数随机过程而言，很难求出 n 维概率密度函数的表达式。但可以采用反证法，如果随机过程的平稳性质有一个不成立，就可以判断某随机过程不是严平稳随机过程。

2.3.2　宽平稳随机过程

要确定一个随机过程的概率密度函数，并进而判定严平稳性的条件式对一切 n 都成立是十分困难的。但在理论研究和实际应用中，大多数时候只关心信号或噪声的平均值和功率等参数，这些参数仅仅涉及随机过程的期望、方差、自相关函数和功率谱密度等随机过程的一、二阶统计特征。所以，随机过程平稳性的要求可适当放宽。因此如果随机过程 $X(t)$ 满足数学期望为常数、自相关函数 $R_X(t_1, t_2)$ 只与时间间隔 $\tau = t_2 - t_1$ 有关，且均方值有限（功率有限）3 个条件，则称 $X(t)$ 为宽平稳随机过程或广义平稳随机过程。3 个条件用公式表示为

$$E[X(t)] = m_X \tag{2.3.12}$$

$$R_X(t_1, t_2) = E[X(t_1)X(t_2)] = R_X(\tau) \tag{2.3.13}$$

$$E[X^2(t)] < +\infty \tag{2.3.14}$$

可以看出，严平稳是通过概率密度函数定义的，而宽平稳则是通过时域数字特征定义的。根据随机过程严平稳与宽平稳的定义，可以很容易推断出二者的关系。严平稳随机过程不一定是宽平稳随机过程，宽平稳随机过程也不一定是严平稳随机过程，但如果严平稳随机过程的均方值有限，则此随机过程为宽平稳随机过程。

例 2.8　设随机过程 $X(t) = A\cos(\omega_0 t + \Phi)$，$A$ 与 ω_0 为常数，Φ 为在 $[0, 2\pi]$ 上均匀分布的随机变量，证明 $X(t)$ 和 $Y(t) = X^2(t)$ 是平稳过程。

证明　根据随机过程宽平稳的定义，首先计算 $X(t)$ 的均值

$$m_X(t) = E[X(t)] = E[A\cos(\omega_0 t + \Phi)] = \int_0^{2\pi} A\cos(\omega_0 t + \varphi) f_\Phi(\varphi) \mathrm{d}\varphi$$

$$= \int_0^{2\pi} A\cos(\omega_0 t + \varphi) \frac{1}{2\pi} \mathrm{d}\varphi = 0 \tag{例 2.8.1}$$

然后计算其对应的自相关函数，具体为

$$R_X(t_1,t_2)=R_X(t,t+\tau)=E[X(t)X(t+\tau)]$$
$$=\int_0^{2\pi}A\cos(\omega_0 t+\varphi)A\cos(\omega_0(t+\tau)+\varphi)\frac{1}{2\pi}\mathrm{d}\varphi$$
$$=\frac{A^2}{2}\left[\cos(\omega_0\tau)+\frac{1}{2\pi}\int_0^{2\pi}\cos(2\omega_0 t+\omega_0\tau+2\varphi)\mathrm{d}\varphi\right]$$
$$=\frac{A^2}{2}\cos(\omega_0\tau)=R_X(\tau) \tag{例 2.8.2}$$

最后求其对应的均方值，公式为

$$E[X^2(t)]=R_X(t,t)=\frac{A^2}{2}\cos(\omega_0\cdot 0)=\frac{A^2}{2}<+\infty \tag{例 2.8.3}$$

通过上述计算，发现该随机过程的期望为 0，自相关函数只和时间差有关，均方值是有限值。因此，按照随机过程宽平稳的定义，可以判断 $X(t)$ 是宽平稳过程。

下面分析 $Y(t)=X^2(t)$ 的平稳性。先求它的期望

$$E[Y(t)]=E[X^2(t)]=R_X(0)=A^2/2 \tag{例 2.8.4}$$

再求自相关函数

$$R_Y(t,t+\tau)=E[Y(t)Y(t+\tau)]=E[X^2(t)X^2(t+\tau)]$$
$$=E[A^2\cos^2(\omega_0 t+\Phi)A^2\cos^2(\omega_0(t+\tau)+\Phi)]$$
$$=(A^4/4)E[(1+\cos(2\omega_0 t+2\Phi))(1+\cos(\omega_0 2(t+\tau)+2\Phi))]$$
$$=(A^4/4)E[1+\cos(2\omega_0 t+2\Phi)+\cos(\omega_0 2(t+\tau)+2\Phi)+$$
$$\cos(2\omega_0 t+2\Phi)\cos(\omega_0 2(t+\tau)+2\Phi)]$$
$$=(A^4/4)E[1+(1/2)\cos(4\omega_0 t+2\omega_0\tau+4\Phi)+(1/2)\cos(\omega_0 2\tau)]$$
$$=A^4/4+(A^4/8)\cos(\omega_0 2\tau)=R_Y(\tau) \tag{例 2.8.5}$$

进一步，可以计算均方值为

$$R_Y(t,t)=A^4/4+(A^4/8)\cos 0=3A^4/8<+\infty \tag{例 2.8.6}$$

通过上述计算，可以看出期望为常数，自相关只与时间差有关，而均方值有界，符合宽平稳的定义，所以 $Y(t)=X^2(t)$ 为平稳随机过程。

例 2.9 设随机过程 $X(t)=\cos 2\pi At$，A 是在 $[0,1]$ 上均匀分布的随机变量，t 只能取整数，证明 $X(t)$ 是平稳随机过程。

证明 根据随机过程期望的定义可得

$$m_X(t)=E[X(t)]=E[\cos 2\pi At]=\int_0^1(\cos 2\pi at)f_A(a)\mathrm{d}a$$
$$=\int_0^1\cos 2\pi at\,\mathrm{d}a=0 \tag{例 2.9.1}$$

根据随机过程自相关函数的定义可得

$$R_X(t_1,t_2)=R_X(t,t+\tau)=E[X(t)X(t+\tau)]$$
$$=\int_0^1\cos 2\pi at\cos 2\pi a(t+\tau)\mathrm{d}a$$
$$=\frac{1}{2}\int_0^1[\cos 2\pi a\tau+\cos 2\pi a(2t+\tau)]\mathrm{d}a$$
$$=\frac{1}{2}\left[\frac{\sin 2\pi\tau}{2\pi\tau}+\frac{\sin 2\pi(2t+\tau)}{2\pi(2t+\tau)}\right] \tag{例 2.9.2}$$

其均方值为

$$E[X^2(t)] = E[\cos^2(2\pi At)] \qquad (例\ 2.9.3)$$

对于 $\cos^2(2\pi At) \leqslant 1$，因此 $E[X^2(t)] \leqslant 1$，即均方值有界。

综合上述 3 个结果，可知 $X(t)$ 不是平稳随机过程。

例 2.10　对于随机过程 $X(t) = A\cos \omega t + B\sin \omega t$，其中 ω 为常数，A 和 B 是具有不同概率密度函数，但方差相同、零均值不相关的随机变量，证明 $X(t)$ 是宽平稳而不是严平稳随机过程。

解　先证明是宽平稳。$X(t)$ 的期望是

$$E[X(t)] = E[A\cos \omega t + B\sin \omega t] = E[A]\cos \omega t + E[B]\sin \omega t = 0\ (例\ 2.10.1)$$

$X(t)$ 的自相关函数为

$$
\begin{aligned}
R_X(t, t+\tau) &= E[X(t)X(t+\tau)] \\
&= E[(A\cos \omega t + B\sin \omega t)(A\cos(\omega t + \omega\tau) + B\sin(\omega t + \omega\tau))] \\
&= E[A^2]\cos \omega t\cos(\omega t + \omega\tau) + E[AB][\sin \omega t\cos(\omega t + \omega\tau) + \\
&\quad \cos \omega t\sin(\omega t + \omega\tau)] + E[B^2]\sin \omega t\sin(\omega t + \omega\tau) \\
&= E[A^2]\cos \omega t\cos(\omega t + \omega\tau) + E[B^2]\sin \omega t\sin(\omega t + \omega\tau) \\
&= \sigma^2\cos \omega\tau \qquad (例\ 2.10.2)
\end{aligned}
$$

并且，可以求得 $R_X(t,t) = \sigma^2\cos 0 = \sigma^2 < +\infty$，因此 $X(t)$ 为宽平稳随机过程。对于不是严平稳可以用反证法，求其三阶矩 $E[X^3(t)]$ 与时间有关即可。

2.3.3　平稳随机过程的性质

性质 1　随机过程的均方值等于时间差为 0 的自相关函数，用公式表示为 $R_X(0) = E[X^2(t)] = \Psi_X^2 \geqslant 0$。根据功率的定义，均方值就是平稳随机过程的平均功率。

性质 2　平稳过程的自相关函数和协方差函数为偶函数，用公式表示为

$$R_X(\tau) = R_X(-\tau) \qquad (2.3.15)$$

$$K_X(\tau) = K_X(-\tau) \qquad (2.3.16)$$

证明　按照二者的定义，证明过程如下

$$R_X(\tau) = E[X(t)X(t+\tau)] = E[X(t+\tau)X(t)] = R_X(-\tau) \qquad (2.3.17)$$

$$K_X(\tau) = E[(X(t) - m_X)(X(t+\tau) - m_X)] = E[(X(t+\tau) - m_X)(X(t) - m_X)] = K_X(-\tau)$$
$$(2.3.18)$$

性质 3　$R_X(0) \geqslant |R_X(\tau)|$，即自相关函数在 $\tau = 0$ 时具有最大值。同样 $K_X(0) \geqslant |K_X(\tau)|$，即自协方差也在 $\tau = 0$ 时具有最大值。

证明　任何正函数的数学期望恒为非负值，即

$$E[(X(t) \pm X(t+\tau))^2] \geqslant 0 \qquad (2.3.19)$$

把上式展开为

$$
\begin{aligned}
&E[(X(t) \pm X(t+\tau))(X(t) \pm X(t+\tau))] \\
&= E[X(t)X(t) + X(t+\tau)X(t+\tau) \pm 2X(t)X(t+\tau)] \\
&= E[(X(t)X(t))] + E[X(t+\tau)X(t+\tau)] \pm 2E[X(t)X(t+\tau)] \geqslant 0 \qquad (2.3.20)
\end{aligned}
$$

因为 $X(t)$ 为平稳随机过程，则

$$E[X(t)X(t)] = E[X(t+\tau)X(t+\tau)] = R_X(0) \qquad (2.3.21)$$

代入式(2.3.20)可得

$$2R_X(0) \pm 2R_X(\tau) \geqslant 0 \tag{2.3.22}$$

即 $R_X(0) \geqslant \pm R_X(\tau)$。所以 $R_X(0) \geqslant |R_X(\tau)|$,命题得证。同理:$K_X(0) \geqslant |K_X(\tau)|$。

性质4 若平稳随机过程 $X(t)$ 不含有任何周期分量,则

$$\lim_{|\tau| \to +\infty} R_X(\tau) = R_X(+\infty) = m_X^2 \tag{2.3.23}$$

$$\lim_{|\tau| \to +\infty} K_X(\tau) = K_X(+\infty) = 0 \tag{2.3.24}$$

证明 从物理意义上讲,当 $|\tau|$ 增大时,$X(t)$ 与 $X(t+\tau)$ 的相关性会减弱,当 $|\tau| \to +\infty$ 时,$X(t)$ 与 $X(t+\tau)$ 相互独立,

$$\lim_{|\tau| \to +\infty} R_X(\tau) = \lim_{|\tau| \to +\infty} E[X(t)X(t+\tau)] = \lim_{|\tau| \to +\infty} E[X(t)]E[X(t+\tau)] = m_X^2 \tag{2.3.25}$$

同理可得

$$\lim_{|\tau| \to +\infty} K_X(\tau) = K_X(+\infty) = 0 \tag{2.3.26}$$

性质5 若平稳随机过程含有的均值为 m_X,则其自相关函数与均值的关系为

$$R_X(\tau) = K_X(\tau) + m_X^2 \tag{2.3.27}$$

若 $X(t)$ 是非周期的,则

$$\sigma_X^2 = R_X(0) - R_X(+\infty) \tag{2.3.28}$$

证明 由自协方差函数的定义可得

$$K_X(\tau) = E[(X(t) - m_X)(X(t+\tau) - m_X)] = R_X(\tau) - m_X^2 \tag{2.3.29}$$

所以

$$R_X(\tau) = K_X(\tau) + m_X^2 \tag{2.3.30}$$

对于非周期平稳过程可得 $R_X(+\infty) = m_X^2$,且在 $\tau = 0$ 时,可得到

$$\sigma_X^2 = K_X(0) = R_X(0) - R_X(+\infty) \tag{2.3.31}$$

2.3.4 平稳过程的自相关系数和相关时间

自协方差函数表示同一个平稳随机过程不同时刻之间的关系,但这种表示只是不同时刻随机变量相互关系的绝对值,会随着随机过程能量的变化而发生变化,也就是说相同相互关系的两个时刻,可能由于随机过程本身能量的不同而得到不同的自协方差函数。因此需要重新定义一个参数来表示不随随机过程能量发生变化的相互关系,即平稳随机过程的自相关系数,其定义为

$$r_X(\tau) = \frac{K_X(\tau)}{K_X(0)} = \frac{R_X(\tau) - m_X^2}{\sigma_X^2} \tag{2.3.32}$$

根据自协方差函数的性质 $K_X(0) \geqslant |K_X(\tau)|$,$r_X(\tau)$ 的取值在 $[-1,1]$。$r_X(\tau) = 0$ 表示不相关,$r_X(\tau) = 1$ 表示完全相关。$r_X(\tau) > 0$ 表示正相关,表明两个不同时刻起伏值(随机变量一均值)之间符号相同的可能性大。在自相关系数的基础上引入了相关时间,其定义为当自相关系数中的时间间隔 τ 大于某个值,可以认为两个不同时刻的值不相关,这个时间就称为相关时间。通常把自相关系数的绝对值小于 0.05 的时间间隔 τ_0 记作相关时间,即 $|r_X(\tau_0)| \leqslant 0.05$ 时的时间间隔 τ_0 为相关时间。根据定义可以看出相关时间 τ_0 越小,自相关系数 $r_X(\tau)$ 随着 τ 增加其下降得越快,这说明随机过程随时间变化越剧烈。反之,相关时间 τ_0 越大表明随机过程随时间变化越缓慢。图 2.3.1 给出了不同相关性的两个随机过程。

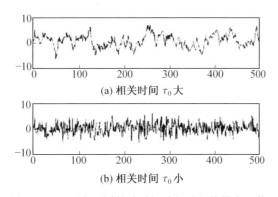

(a) 相关时间 τ_0 大

(b) 相关时间 τ_0 小

图 2.3.1　两个不同相关时间随机过程的样本函数

为了简化相关时间的求解,可以采用另外一种矩形等效的方法求解相关时间,也就是矩形的宽度就是相关时间,如图 2.3.2 所示。等效的原则包括两个:第一个是矩形高度为相关系数的最大值 1;第二个是矩形的面积等于自相关系数下面的面积的一半,$\tau_0 \times 1 = \dfrac{1}{2}\int_{-\infty}^{+\infty} r_X(\tau)\mathrm{d}\tau$。根据自相关系数的定义可知,由于 $R_X(\tau)$ 为偶函数且关于纵轴对称,因此自相关系数为对称函数。因此,相关时间可以采用如下关系求得

$$\tau_0 = \int_0^{+\infty} r_X(\tau)\mathrm{d}\tau \tag{2.3.33}$$

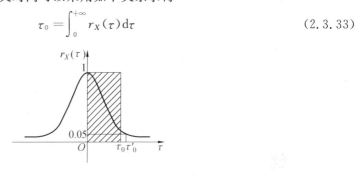

图 2.3.2　随机过程的相关时间

例 2.11　已知平稳过程 $X(t)$ 的自相关函数为 $R_X(\tau) = 10\mathrm{e}^{-5|\tau|} + 64$,求:$X(t)$ 的均值、均方值和方差。

解　根据均值和自相关函数的关系可以得到

$$m_X^2 = R_X(+\infty) = 64 \tag{例 2.11.1}$$

因此

$$m_X = \pm\sqrt{R_X(+\infty)} = \pm 8 \tag{例 2.11.2}$$

所以,有

$$E[X^2(t)] = R_X(0) = 74 \tag{例 2.11.3}$$

$$\sigma_X^2 = R_X(0) - m_X^2 = 10 \tag{例 2.11.4}$$

即:$X(t)$ 的均值为 ± 8、均方值为 74 和方差为 10。

例 2.12　判断下列函数能否作为平稳随机过程的自相关函数,如果不能作为自相关函数说明原因,如果能作为自相关函数则求其对应的均值、方差、均方值以及自协方差函数。

(1) $R_X(\tau) = 5\sin 6\tau$;

$$(2)R_X(\tau)=\begin{cases}10+20\left[1-\dfrac{|\tau|}{5}\right] & (|\tau|\leqslant 5)\\ 10 & (|\tau|>5)\end{cases}。$$

解 （1）不是偶函数不能作为自相关函数。（2）是自相关函数。

根据自相关函数和数学期望的关系得到

$$m_X^2=R_X(+\infty)=10 \qquad\qquad (例\ 2.12.1)$$

所以得到数学期望为

$$m_X=\pm\sqrt{R_X(+\infty)}=\pm\sqrt{10} \qquad\qquad (例\ 2.12.2)$$

根据均方值和自相关函数的关系得到

$$E\left[X^2(t)\right]=R_X(0)=30 \qquad\qquad (例\ 2.12.3)$$

所以可以得到自协方差函数为

$$K_X(\tau)=R_X(\tau)-m_X^2=\begin{cases}20\left[1-\dfrac{|\tau|}{5}\right] & (|\tau|\leqslant 5)\\ 0 & (|\tau|>5)\end{cases} \qquad (例\ 2.12.4)$$

例 2.13 平稳过程 $X(t)$ 和 $Y(t)$ 的自协方差函数为 $K_X(\tau)=\dfrac{1}{2}\mathrm{e}^{-2a|\tau|}$，$K_Y(\tau)=\dfrac{\sin a\tau}{a\tau}$，比较两个随机过程的起伏速度。

解 首先计算随机过程 X 的相关时间。步骤如下：计算随机过程方差 $\sigma_X^2=K_X(0)=\dfrac{1}{2}$，结合题中条件代入相关系数计算公式可得

$$r_X(\tau)=\frac{K_X(\tau)}{K_X(0)}=\mathrm{e}^{-2a|\tau|} \qquad\qquad (例\ 2.13.1)$$

代入相关时间计算公式可得

$$\tau_X=\int_0^{+\infty}r_X(\tau)\mathrm{d}\tau=\int_0^{+\infty}\mathrm{e}^{-2a|\tau|}\mathrm{d}\tau=\frac{1}{2a} \qquad (例\ 2.13.2)$$

与随机过程 $X(t)$ 采用相同的步骤计算随机过程 $Y(t)$ 的相关时间。其方差为 $\sigma_Y^2=K_Y(0)=1$，自相关系数为

$$r_Y(\tau)=\frac{K_Y(\tau)}{K_Y(0)}=\frac{\sin a\tau}{a\tau} \qquad\qquad (例\ 2.13.3)$$

所以可以得到相关时间为

$$\tau_Y=\int_0^{+\infty}r_Y(\tau)\mathrm{d}\tau=\int_0^{+\infty}\frac{\sin a\tau}{a\tau}\mathrm{d}\tau=\frac{\pi}{2a} \qquad (例\ 2.13.4)$$

因为 $\tau_X<\tau_Y$，所以平稳过程 $X(t)$ 比 $Y(t)$ 起伏速度快。

2.3.5 随机过程其他平稳的概念

前面分别定义了随机过程严格平稳和宽平稳（狭义平稳和广义平稳），但随着信号处理技术的发展和人们对客观规律认识的提高，有些时候需要处理和分析的信号不满足上述平稳的定义，也就是所谓的非平稳随机过程。但如果信号完全随机，则又不能对其处理。因此，在平稳的基础上对非平稳随机过程进行理想化建模，相继提出了渐进平稳和循环平稳等概念，更深刻地揭示了信号的本质属性。首先介绍渐进平稳的定义。存在一个常数 C，当 $C\to+\infty$ 时，$X(t+C)$ 的任意 n 维概率密度函数与 C 无关，即 $\lim\limits_{C\to+\infty}f_X(x_1,x_2,\cdots,x_n;t_1+C,t_2+C,\cdots,t_N+$

C) 存在，且与 C 无关，则称 $X(t)$ 是渐进平稳。所谓的循环平稳是指随机过程 $X(t)$ 的分布函数满足

$$F_X(x_1,x_2,\cdots,x_n;t_1+MT,t_2+MT,\cdots,t_n+MT)=F_X(x_1,x_2,\cdots,x_n;t_1,t_2,\cdots,t_n)$$

其中 M 为整数，T 为常数，则称 $X(t)$ 为严格循环平稳。如果随机过程 $X(t)$ 的期望和方差满足 $m_X(t+MT)=m_X(t)$，$R_X(t+MT+\tau,t+MT)=R_X(t+\tau,t)$，则称随机过程 $X(t)$ 广义循环平稳。关于循环平稳的详细内容将在第 7 章中介绍。

2.4　随机过程的遍历性

　　根据随机过程定义，随机过程是一族样本函数的集合。因此，要得到随机过程的统计特性，就需要对大量的样本函数进行平均，这种方法称为统计平均或集合平均。但在实际的工程和科学研究中很难得到随机过程的所有样本函数（有时候是不可能），这样随机过程理论将没有任何的实际应用价值。考虑到实际情况，可以得到随机过程的一个样本，能否用随机过程的一个样本的时间平均代替平稳随机过程的统计特性成为大家关心的问题。对此问题，苏联数学家辛钦给出了严格的数学证明。辛钦证明：在具备一定的补充条件下，对平稳随机过程的一个样本函数取时间平均（观察时间够长），就从概率意义上趋近于此随机过程的统计均值。这样的随机过程称为遍历过程或各态历经随机过程。这样，由随机过程的任一样本函数就可以得到整个随机过程的统计特性。可以看出遍历过程一定是平稳随机过程，但反之不一定成立。

2.4.1　遍历性定义及其物理意义

　　为了介绍遍历性的定义，首先阐述各种平均的概念。对于随机过程，它的各种数字特征，如期望、方差等都是在 t 固定时对所有样本用统计方法求平均得到，称之为统计平均或集合平均。如果是平稳随机过程，由于各个时刻的概率密度函数不变，因此均值是常数。根据随机过程的定义，对于固定的试验结果，$X(t)$ 为确定的时间函数，也就是一个样本函数 $x(t)$，此时如果假设时间 t 发生变化，变化范围为 $[-T,T]$。以 $\Delta t=\dfrac{2T}{N}$ 为时间间隔，等间距地抽取 N 个点 $t_i=(i-1)\Delta t(i=1,2,\cdots,N)$，得 $x(t_1),x(t_2),\cdots,x(t_N)$，其平均值为 $\dfrac{1}{N}\sum\limits_{i=1}^{N}x(t_i)$，用时间表示为 $\dfrac{1}{2T}\sum\limits_{i=1}^{N}x(t_i)\Delta t$；当 $N\rightarrow+\infty$ 时，$\dfrac{1}{2T}\sum\limits_{i=1}^{N}x(t_i)\Delta t$ 可以表示为积分的形式 $\dfrac{1}{2T}\int_{-T}^{T}x(t)\mathrm{d}t$，它是随机过程一个样本函数的时间平均，为一个确定的值。因此，对于随机过程的所有样本函数，其时间平均可以用公式表示为

$$\overline{X(t)}=\lim_{T\rightarrow+\infty}\frac{1}{2T}\int_{-T}^{T}X(t)\mathrm{d}t \tag{2.4.1}$$

　　对于一般的平稳随机过程，$\overline{X(t)}$ 通过对时间积分消去了时间因素，只是试验结果的函数，所以它是随机变量。在此基础上可以定义随机过程时间自相关函数，具体表示为

$$\overline{X(t)X(t+\tau)}=\lim_{T\rightarrow+\infty}\frac{1}{2T}\int_{-T}^{T}X(t)X(t+\tau)\mathrm{d}t \tag{2.4.2}$$

$\overline{X(t)X(t+\tau)}$ 虽然由于时间平均积分消去了时间变量，但由于自相关函数涉及随机过程

的不同时刻,因此它不仅是试验结果的函数,还是时间差的函数,所以它仍然是随机过程。结合上述定义,给出随机过程严遍历性的定义,即如果一个平稳随机过程 $X(t)$,它的各种时间平均依概率 1 收敛于相应的集合平均(统计平均),则称随机过程 $X(t)$ 具有严格遍历性,并称此随机过程 $X(t)$ 为严格遍历性随机过程,简称严遍历随机过程。从遍历性的定义可以看出随机过程的遍历性和平稳性的关系,即遍历随机过程必须是平稳随机过程,而平稳随机过程不一定是遍历随机过程。图 2.4.1 给出了一个遍历性过程和非遍历性过程的例子。

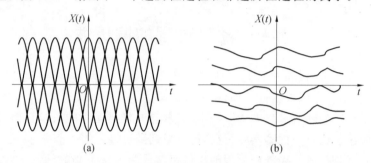

图 2.4.1　遍历性过程和非遍历性过程示意图

当然,和随机过程严平稳性的判断一样,很难判断一个随机过程是否具有严遍历性。为了实际应用方便,定义了随机过程的宽遍历性,即设 $X(t)$ 是平稳随机过程,如果随机过程 $X(t)$ 的时间均值和时间自相关函数都具有遍历性,则称 $X(t)$ 是宽遍历随机过程。

根据遍历性的定义可以得到时间均值和时间自相关函数具有遍历性的定义,具体表示如下。

① $\overline{X(t)} = E[X(t)] = m_X$ 以概率 1 成立,则称 $X(t)$ 的均值具有遍历性。

② $\overline{X(t)X(t+\tau)} = E[X(t)X(t+\tau)] = R_X(\tau)$ 以概率 1 成立,则称 $X(t)$ 的自相关函数具有遍历性。

很明显,可以看出当 $\tau = 0$ 时,自相关函数变为均方值,因此它也具有遍历性,表示为 $\overline{X(t)X(t)} = E[X(t)X(t)] = R_X(0)$ 以概率 1 成立。

在实际应用中,很难根据遍历性的定义来判断随机过程是否具有遍历性。对大多数的平稳随机过程而言,它们都具有遍历性,因此在实际分析一个平稳随机过程的时候,不管它是否具有遍历性,都按遍历性随机过程处理。因为如果不这样假设,将难以对随机过程进行数值分析。

对于平稳随机过程,其统计均值为常数,自相关函数为时间差的函数,都与试验结果无关。根据平稳随机过程的遍历性定义可知,遍历过程的时间均值等于统计均值,因此也为常数,时间自相关等于统计自相关函数,因此也仅仅是时间差的函数,变成了确定性的时间函数。可以看出遍历性过程的各种时间平均和试验结果无关,也就是说随机过程中的任一样本都经历了随机过程的所有可能状态,这也是很多其他教材把遍历性称为各态历经性的原因。所以采用任何一个样本函数得到的各种时间平均和整个随机过程的统计平均是相同的,也即是可用任一样本函数的时间平均代替整个随机过程的时间平均,进而代替随机过程的统计平均。用公式表示为

$$\overline{X(t)} = \lim_{T \to +\infty} \frac{1}{2T} \int_{-T}^{T} x(t)\mathrm{d}t = E[X(t)] = m_X \qquad (2.4.3)$$

$$\overline{X(t)X(t+\tau)} = \lim_{T\to+\infty} \frac{1}{2T}\int_{-T}^{T} x(t)x(t+\tau)\mathrm{d}t = E[X(t)X(t+\tau)] = R_X(\tau) \quad (2.4.4)$$

这两个公式是处理随机过程的常用公式,可以说随机过程的遍历性使随机过程的实际工程应用和理论研究大大简化,并提供了随机过程分析处理实际随机过程的理论基础。对于通信随机过程而言,若具有遍历性,则其均值就是它的直流分量。令 $\tau=0$,则有

$$R_X(0) = \lim_{T\to+\infty} \frac{1}{2T}\int_{-T}^{T} x^2(t)\mathrm{d}t$$

显然,$R_X(0)$ 代表随机信号在单位阻抗上的总平均功率。而 $\sigma_X^2 = \lim_{T\to+\infty} \frac{1}{2T}\int_{-T}^{T}[x(t)-m_X]^2\mathrm{d}t$ 代表信号在单位阻抗上的交流平均功率,标准差 σ_X 代表随机过程的有效值。

2.4.2　遍历过程的两个判别定理

定理 1　均值遍历判别定理

设平稳过程 $X(t)$ 均方连续,则它的均值具备遍历性的充要条件是

$$\lim_{T\to+\infty} \frac{1}{T}\int_{0}^{2T}(1-\frac{\tau}{2T})[R_X(\tau)-m_X^2]\mathrm{d}\tau = 0 \quad (2.4.5)$$

证明　对一般平稳随机过程(不一定遍历)来说,时间平均 $\overline{X(t)}$ 是一个随机变量,它有均值和方差,表示为

$$E[\overline{X(t)}] = E\left[\lim_{T\to+\infty} \frac{1}{2T}\int_{-T}^{T} X(t)\mathrm{d}t\right] = \lim_{T\to+\infty} \frac{1}{2T}\int_{-T}^{T} E[X(t)]\mathrm{d}t = m_X \quad (2.4.6)$$

$$D[\overline{X(t)}] = E[(\overline{X(t)}-m_X)^2] = E[(\overline{X(t)})^2] - m_X^2$$

$$= \lim_{T\to+\infty} E\left[\frac{1}{2T}\int_{-T}^{T} X(t_1)\mathrm{d}t_1 \frac{1}{2T}\int_{-T}^{T} X(t_2)\mathrm{d}t_2\right] - m_X^2 \quad (2.4.7)$$

交换积分和数学期望顺序

$$D[\overline{X(t)}] = \lim_{T\to+\infty} \frac{1}{4T^2}\int_{-T}^{T}\int_{-T}^{T}\{E[X(t_1)X(t_2)]-m_X^2\}\mathrm{d}t_1\mathrm{d}t_2$$

$$= \lim_{T\to+\infty} \frac{1}{4T^2}\int_{-T}^{T}\int_{-T}^{T} K_X(t_2-t_1)\mathrm{d}t_1\mathrm{d}t_2 \quad (2.4.8)$$

设 $\tau=t_2-t_1$,$u=t_2+t_1$,则 $t_2=\frac{\tau+u}{2}$,$t_1=\frac{u-\tau}{2}$,通过上述变换,积分区域由正方形变为菱形,如图 2.4.2 所示。

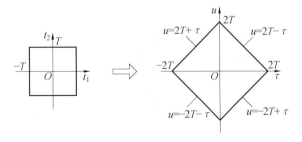

图 2.4.2　积分区域变换

所以可得对应的雅可比行列式为 $J = \dfrac{\partial(t_1, t_2)}{\partial(\tau, u)} = \begin{vmatrix} \dfrac{1}{2} & \dfrac{1}{2} \\ -\dfrac{1}{2} & \dfrac{1}{2} \end{vmatrix} = \dfrac{1}{2}$，则可得到

$$D[\overline{X(t)}] = \lim_{T \to +\infty} \left(\frac{1}{4T^2} \int_{-2T}^{2T} \mathrm{d}\tau \int_{-2T+|\tau|}^{2T-|\tau|} \frac{1}{2} K_X(\tau) \mathrm{d}u \right)$$

$$= \lim_{T \to +\infty} \frac{1}{4T^2} \int_{-2T}^{2T} (2T - |\tau|) K_X(\tau) \mathrm{d}\tau$$

$$= \lim_{T \to +\infty} \frac{1}{2T} \int_{-2T}^{2T} (1 - \frac{|\tau|}{2T})(R_X(\tau) - m_X^2) \mathrm{d}\tau$$

$$= \lim_{T \to +\infty} \frac{1}{T} \int_{0}^{2T} (1 - \frac{\tau}{2T})(R_X(\tau) - m_X^2) \mathrm{d}\tau \qquad (2.4.9)$$

首先分析必要性。

如果均值具有遍历性，那么其时间均值以概率 1 等于统计均值，对于平稳随机过程而言，其统计平均（期望）为常数，则时间均值的方差为零，即

$$D[\overline{X(t)}] = \lim_{T \to +\infty} \frac{1}{T} \int_{0}^{2T} (1 - \frac{\tau}{2T})(R_X(\tau) - m_X^2) \mathrm{d}\tau = 0$$

下面分析充分性。

如果随机过程满足 $D[\overline{X(t)}] = \lim\limits_{T \to +\infty} \dfrac{1}{T} \int_{0}^{2T} (1 - \dfrac{\tau}{2T})(R_X(\tau) - m_X^2) \mathrm{d}\tau = 0$，说明时间平均是个常数，又因为其时间均值的期望为 $E[\overline{X(t)}] = m_X$，可以得出时间均值以概率 1 等于统计均值。当然，也可以采用切比雪夫不等式证明。具体如下。

根据切比雪夫不等式可知

$$P(|\overline{X(t)} - E[\overline{X(t)}]| < \varepsilon) \geqslant 1 - \frac{D[\overline{X(t)}]}{\varepsilon^2} \qquad (2.4.10)$$

由于方差为零，则可以得到

$$P(|\overline{X(t)} - E[\overline{X(t)}]| < \varepsilon) = 1 \qquad (2.4.11)$$

又因为 $E[\overline{X(t)}] = E[X(t)]$，所以可以得到

$$P(|\overline{X(t)} - E[X(t)]| < \varepsilon) = 1$$

命题即可证明。

定理 2 自相关函数遍历判别定理

设平稳随机过程 $X(t)$ 均方连续，则它的自相关函数 $R_X(\tau)$ 具有遍历性的充要条件是

$$\lim_{T \to +\infty} \frac{1}{T} \int_{0}^{2T} (1 - \frac{\tau_1}{2T})[B(\tau_1) - R_X^2(\tau)] \mathrm{d}\tau = 0 \qquad (2.4.12)$$

式中

$$B(\tau_1) = E[X(t + \tau_1 + \tau) X(t + \tau_1) X(t + \tau) X(t)] \qquad (2.4.13)$$

若令 $\tau = 0$ 则得到均方值具有遍历性的充要条件。

证明 令 $Y(t) = X(t) X(t + \tau)$，如果 τ 固定，则 $Y(t)$ 为均方连续的平稳随机过程，其对应的期望为

$$E[Y(t)] = E[X(t) X(t + \tau)] = R_X(\tau) \qquad (2.4.14)$$

所以 $R_X(\tau)$ 的遍历性相当于 $E[Y(t)]$ 的遍历性。因为

$$R_Y(\tau_1) = E[Y(t)Y(t+\tau_1)]$$
$$= E[X(t)X(t+\tau)X(t+\tau_1)X(t+\tau+\tau_1)]$$
$$= B(\tau_1) \tag{2.4.15}$$

根据均值遍历性的条件,定理得证。

注意:判断一个平稳随机过程是否遍历根据其宽遍历的定义进行即可(即时间平均以概率1等于统计平均),一般不用两个判别定理。

根据前面章节的内容,对不同情况下的随机过程的二阶矩的特性进行归纳总结,见表2.4.1。

表 2.4.1 随机过程特性总结

	一般随机过程	平稳随机过程	各态遍历过程
统计均值	时间函数	常数	常数
自相关函数	二维时间函数	时间差一维函数	时间差一维函数
时间均值	随机变量	随机变量	常数
时间自相关函数	随机过程	随机过程	时间差一维函数

例 2.14 设随机过程 $X(t)=A\cos(\omega_0 t+\Phi)$,其中 A、ω_0 均为常数,Φ 为 $[0,2\pi]$ 区间上均匀分布的随机变量。试判断此随机过程的遍历性。

解 计算其均值和自相关函数,结果为

$$E[X(t)]=[A\cos(\omega_0 t+\Phi)]=0 \tag{例 2.14.1}$$

$$R_X(\tau)=\frac{A^2}{2}\cos\omega_0\tau \tag{例 2.14.2}$$

其对应的时间平均为

$$\overline{X(t)}=\lim_{T\to+\infty}\frac{1}{2T}\int_{-T}^{T}A\cos(\omega_0 t+\Phi)\mathrm{d}t=\lim_{T\to+\infty}\frac{A\cos\Phi\sin(\omega_0 T)}{\omega_0 T}=0 \tag{例 2.14.3}$$

$$\overline{X(t)X(t+\tau)}=\lim_{T\to+\infty}\frac{1}{2T}\int_{-T}^{T}X(t)X(t+\tau)\mathrm{d}t$$

$$=\lim_{T\to+\infty}\frac{1}{2T}\int_{-T}^{T}A\cos(\omega_0 t+\Phi)A\cos[\omega_0(t+\tau)+\Phi]\mathrm{d}t$$

$$=\frac{A^2}{2}\cos\omega_0\tau \tag{例 2.14.4}$$

通过比较,可以明显看出 $\overline{X(t)}=E[X(t)]$,$\overline{X(t)X(t+\tau)}=E[X(t)X(t+\tau)]$。所以,$X(t)$ 具有遍历性。

例 2.15 判断随机过程 $X(t)=a\cos(\omega t+\Phi)$、$X(t)=A\cos(\omega t+\varphi)$、$X(t)=a\cos(\Omega t+\varphi)$、$X(t)=A\cos(\Omega t+\varphi)$ 是否为遍历随机过程,其中 A、Ω、Φ 为独立随机变量,Φ 在区间 $[0,2\pi]$ 符合均匀分布,a、ω、φ 为常数。

解 首先分析 $X(t)=a\cos(\omega t+\Phi)$,其时间均值为

$$\overline{X(t)}=\lim_{T\to+\infty}\frac{1}{2T}\int_{-T}^{T}a\cos(\omega t+\Phi)\mathrm{d}t=0 \tag{例 2.15.1}$$

统计均值(数学期望)为

$$E[X(t)]=E[a\cos(\omega t+\Phi)]=0 \tag{例 2.15.2}$$

时间自相关函数为

$$\overline{X(t)X(t+\tau)} = \lim_{T\to+\infty}\frac{1}{2T}\int_{-T}^{T}a\cos(\omega t+\varPhi)a\cos(\omega t+\omega\tau+\varPhi)\mathrm{d}t = (a^2/2)\cos\omega\tau$$

(例 2.15.3)

其自相关函数为

$$E[X(t)X(t+\tau)] = E[a\cos(\omega t+\varPhi)a\cos(\omega t+\omega\tau+\varPhi)] = (a^2/2)\cos\omega\tau$$

(例 2.15.4)

根据遍历随机过程定义可知 $X(t)=a\cos(\omega t+\varPhi)$ 为遍历性随机过程。同理可以判断其他三个随机过程的遍历性。

例 2.16 已知遍历随机过程 $X(t)$ 的数学期望为 1，平均功率为 3，判断 $x_1(t)=1+\cos 2\omega t$ 和 $x_2(t)=3+\cos(2\omega t+\pi/2)$ 两个函数是否为随机过程的样本函数。

解 根据两个函数的时间均值、时间自相关函数是否与随机过程的数学期望和统计自相关函数相等来判断。

$x_1(t)=1+\cos 2\omega t$ 的时间均值为

$$\overline{X(t)} = \lim_{T\to+\infty}\frac{1}{2T}\int_{-T}^{T}(1+\cos 2\omega t)\mathrm{d}t = 1 \qquad (例 2.16.1)$$

与数学期望相等。$x_2(t)=3+\cos(2\omega t+\pi/2)$ 的时间均值为

$$\overline{X(t)} = \lim_{T\to+\infty}\frac{1}{2T}\int_{-T}^{T}(3+\cos(2\omega t+\pi/2))\mathrm{d}t = 3 \qquad (例 2.16.2)$$

与数学期望不等，所以 $x_2(t)=3+\cos(2\omega t+\pi/2)$ 不可能是遍历随机过程的样本函数。下面分析时间自相关函数

$$\overline{x_1(t)x_1(t+\tau)} = \lim_{T\to+\infty}\frac{1}{2T}\int_{-T}^{T}(1+\cos 2\omega t)(1+\cos(2\omega t+2\omega\tau))\mathrm{d}t = 1+(1/2)\cos 2\omega\tau$$

(例 2.16.3)

按照遍历随机过程定义，统计自相关函数和时间自相关函数在 $\tau=0$ 时应该相等，即

$$\overline{x_1(t)x_1(t)} = 1+(1/2)\cos 0 = 3/2 \qquad (例 2.16.4)$$

根据功率和自相关函数的关系可知 $R_x(0)=3$，所以 $x_1(t)=1+\cos 2\omega t$ 也不是遍历过程的样本函数。可以考虑如果随机过程的功率为 $3/2$，$x_1(t)=1+\cos 2\omega t$ 一定是遍历随机过程的样本吗？（答案是不一定，因为只有 $\tau=0$ 相等）

2.5 联合平稳随机过程

前面介绍了单个随机过程的统计特性。在实际工作中，常常需要讨论两个或两个以上随机过程的情况，例如通信接收机接收的信号实际上是发射信号和噪声的合成信号。因此，多个随机过程的联合处理和分析对理论研究和实际应用具有重要的意义。

2.5.1 联合分布函数和概率密度函数

设两个随机过程 $X(t)$ 和 $Y(t)$，它们的概率密度分别为 $f_X(x_1,x_2,\cdots,x_n;t_1,t_2,\cdots,t_n)$ 和 $f_Y(y_1,y_2,\cdots,y_m;t'_1,t'_2,\cdots,t'_m)$。定义这两个过程的 $n+m$ 维联合分布函数为

$$F_{XY}(x_1,x_2,\cdots,x_n,y_1,y_2,\cdots,y_m;t_1,t_2,\cdots,t_n,t'_1,t'_2,\cdots,t'_m)$$
$$= P(X(t_1)\leqslant x_1,X(t_2)\leqslant x_2,\cdots,X(t_n)\leqslant x_n,Y(t'_1)\leqslant y_1,Y(t'_2)\leqslant y_2,\cdots,Y(t'_m)\leqslant y_m)$$

(2.5.1)

这两个过程的 $n+m$ 维联合概率密度为

$$f_{XY}(x_1,x_2,\cdots,x_n,y_1,y_2,\cdots,y_m;t_1,t_2,\cdots,t_n,t'_1,t'_2,\cdots,t'_m)$$

$$=\frac{\partial^{n+m}F_{XY}(x_1,x_2,\cdots,x_n,y_1,y_2,\cdots,y_m;t_1,t_2,\cdots,t_n,t'_1,t'_2,\cdots,t'_m)}{\partial x_1\cdots\partial x_n\partial y_1\cdots\partial y_m} \quad (2.5.2)$$

2.5.2　数字特征

两个随机过程 $X(t)$ 和 $Y(t)$，在任意两个时刻 t_1、t_2 的取值为随机变量 $X(t_1)$ 和 $Y(t_2)$，则它们的互相关函数定义为

$$R_{XY}(t_1,t_2)=E[X(t_1)Y(t_2)]=\int_{-\infty}^{+\infty}\int_{-\infty}^{+\infty}xyf_{XY}(x,y;t_1,t_2)\mathrm{d}x\mathrm{d}y \quad (2.5.3)$$

随机过程 $X(t)$ 和 $Y(t)$ 的中心化的互相关函数（互协方差函数）定义为

$$K_{XY}(t_1,t_2)=E[(X(t_1)-m_X(t_1))(Y(t_2)-m_Y(t_2))]$$

$$=\int_{-\infty}^{+\infty}\int_{-\infty}^{+\infty}(x-m_X(t_1))(y-m_Y(t_2))f_{XY}(x,y;t_1,t_2)\mathrm{d}x\mathrm{d}y \quad (2.5.4)$$

或

$$K_{XY}(t_1,t_2)=R_{XY}(t_1,t_2)-m_X(t_1)m_Y(t_2) \quad (2.5.5)$$

注意两个随机过程的顺序不能互换。

2.5.3　两个随机过程之间的关系

和两个随机变量的关系一样，两个随机过程 $X(t)$ 和 $Y(t)$ 存在独立、正交和相关等关系。下面分别阐述。

1. 相互独立

若对于任意的 $t_1,t_2,\cdots,t_n;t'_1,t'_2,\cdots,t'_m$，有

$$f_{XY}(x_1,x_2,\cdots,x_n,y_1,y_2,\cdots,y_m;t_1,t_2,\cdots,t_n,t'_1,t'_2,\cdots,t'_m)$$

$$=f_X(x_1,x_2,\cdots,x_n;t_1,t_2,\cdots,t_n)f_Y(y_1,y_2,\cdots,y_m;t'_1,t'_2,\cdots,t'_m) \quad (2.5.6)$$

成立，则称 $X(t)$ 和 $Y(t)$ 之间是统计独立的。

2. 互不相关

若对于任意的两个时刻 t_1 和 t_2，有 $K_{XY}(t_1,t_2)=R_{XY}(t_1,t_2)-m_X(t_1)m_Y(t_2)=0$ 或 $R_{XY}(t_1,t_2)=m_X(t_1)m_Y(t_2)$，则称随机过程 $X(t)$ 和 $Y(t)$ 互不相关。

需要说明的是，此处的不相关是指线性不相关，而对于多个随机过程而言，除了线性关系外，可能还存在非线性关系。根据上述定义可以得出如下推论：如果两个随机过程相互独立，且它们的二阶矩都存在，则它们必互不相关，反之不一定成立。

可见，由于两个随机过程 $X(t)$ 和 $Y(t)$ 相互独立的充要条件就是它们的联合分布等于各自分布的乘积，而两个随机过程 $X(t)$ 和 $Y(t)$ 相关指的是在这两随机过程间存在线性关系（也就是式 $Y(t)=aX(t)+b$ 成立），换句话说，相关性描述的是两个随机过程之间是否存在线性关系，而独立性考察的则是两个随机过程间是否存在某种关系，包括线性和非线性的关系，因此独立的条件要比不相关严格。如果两个随机过程独立，就是说它们之间不存在任何关系，自然也就不会有线性关系，所以相互独立的随机过程一定不相关。反过来说，如果两个随机过程不相关，仅是说二者之间不存在线性关系，但二者之间不一定不存在非线性关系，所以不相关的

随机过程不一定相互独立。例如,随机变量 $X(t)$ 和 $X^2(t)$ 之间不存在线性关系,即不相关,但显然不独立。不过,如果两个随机过程相关,也就是说它们之间存在线性关系,那么二者之间一定不独立。

3. 正交

对于任意的两个时刻,若 $R_{XY}(t_1,t_2)=0$ 或 $K_{XY}(t_1,t_2)=-m_X(t_1)m_Y(t_2)$,则称随机过程 $X(t)$ 和 $Y(t)$ 互为正交。正交和不相关没有因果关系,但如果随机过程的均值为零,那么正交和互不相关是等价的。

需要说明的是,对于向量、随机变量和随机过程正交的定义是不一样的。对于常数向量(元素为常量的向量)的正交其定义为 $\langle \boldsymbol{x}, \boldsymbol{y} \rangle = \boldsymbol{x}^H \boldsymbol{y} = 0$,根据向量之间夹角的定义 $\cos \theta = \dfrac{\langle \boldsymbol{x}, \boldsymbol{y} \rangle}{\sqrt{\langle \boldsymbol{x}, \boldsymbol{x} \rangle} \sqrt{\langle \boldsymbol{y}, \boldsymbol{y} \rangle}} = \dfrac{\boldsymbol{x}^H \boldsymbol{y}}{\| \boldsymbol{x} \| \cdot \| \boldsymbol{y} \|}$,也即是二者之间的夹角为 $90°$。对于常数向量正交则意味着线性无关(相关详细内容可以参考线性代数知识,设 $\boldsymbol{\alpha}_1, \boldsymbol{\alpha}_2, \cdots, \boldsymbol{\alpha}_s$ 都是 n 维向量,若有 $k_1 \boldsymbol{\alpha}_1 + k_2 \boldsymbol{\alpha}_2 + \cdots + k_s \boldsymbol{\alpha}_s = \boldsymbol{0}$,则 $k_1, k_2, \cdots, k_s$ 必全为零。成立时称向量组 $\boldsymbol{\alpha}_1, \boldsymbol{\alpha}_2, \cdots, \boldsymbol{\alpha}_s$ 线性无关。)但反过来不一定成立。对于函数向量而言,其正交的定义为 $\langle \boldsymbol{x}, \boldsymbol{y} \rangle = \int_a^b \boldsymbol{x}^H(t) \boldsymbol{y}(t) \mathrm{d}t = 0$,其夹角的定义为 $\cos \theta = \dfrac{\langle \boldsymbol{x}, \boldsymbol{y} \rangle}{\sqrt{\langle \boldsymbol{x}, \boldsymbol{x} \rangle} \sqrt{\langle \boldsymbol{y}, \boldsymbol{y} \rangle}} = \dfrac{\int_a^b \boldsymbol{x}^H(t) \boldsymbol{y}(t) \mathrm{d}t}{\sqrt{\int_a^b \| \boldsymbol{x}(t) \|^2 \mathrm{d}t} \sqrt{\int_a^b \| \boldsymbol{y}(t) \|^2 \mathrm{d}t}}$,说明两函数向量夹角为 $90°$。而对于两个随机变量 X、Y 的正交,则只能采用统计的观点进行定义,即 $E[X^*Y]=0$,它们之间的夹角为

$$\cos \theta = \frac{\langle X, Y \rangle}{\sqrt{\langle X, X \rangle} \sqrt{\langle Y, Y \rangle}} = \frac{E[X^*Y]}{\sqrt{E[|X|^2]} \sqrt{E[|Y|^2]}} \tag{2.5.7}$$

若它们正交,则二者的夹角为 $90°$。更进一步,对于两个随机向量 $\boldsymbol{X} = [X_1, X_2, \cdots, X_m]^T$,$\boldsymbol{Y} = [Y_1, Y_2, \cdots, Y_m]^T$,正交就是两个向量中的任何两个随机变量之间正交,用公式表示为

$$R_{XY} = E[\boldsymbol{X} \boldsymbol{Y}^H] = \boldsymbol{0}_{m \times n} \tag{2.5.8}$$

如果两个向量正交,则任何一个向量到另外一个向量的投影为零,也就是说两个向量互不干扰。这是通信中多址通信的理论基础,如频分多址(FDMA)、时分多址(TDMA)、码分多址(CDMA)和 OFDM 技术。正交性是研究通信信号处理的一个基本理论工具。

2.5.4 联合宽平稳

若两个随机过程 $X(t)$ 和 $Y(t)$ 均为宽平稳,且它们的互相关函数是时间差 τ 的单变量函数,即

$$R_{XY}(t_1,t_2)=E[X(t_1)Y(t_2)]=E[X(t_1)Y(t_1+\tau)]=R_{XY}(\tau), \quad \tau=t_2-t_1 \tag{2.5.9}$$

则称随机过程 $X(t)$ 和 $Y(t)$ 为联合宽平稳或平稳相依。对应地,如果两个随机过程的联合概率分布不随时间平移而变化,仅与时间差有关,那么称这两个随机过程是(严)联合平稳的,或(严)平稳相依的。

一般情况下,研究最多的还是联合宽平稳的两个随机过程,它们具有如下性质。

性质 1 $R_{XY}(\tau)=R_{YX}(-\tau)$,$K_{XY}(\tau)=K_{YX}(-\tau)$,$R_{XY}(0)=R_{YX}(0)$,$K_{XY}(0)=K_{YX}(0)$。

证明 按定义即可证明,说明互相关函数既不是偶函数,也不是奇函数。图 2.5.1 给出

了 $R_{XY}(\tau)$ 和 $R_{YX}(\tau)$ 之间关系的示意图。

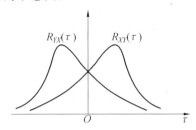

图 2.5.1　互相关函数的关系

性质 2　$|R_{XY}(\tau)|^2 \leqslant R_X(0)R_Y(0)$，$|K_{XY}(\tau)|^2 \leqslant K_X(0)K_Y(0) = \sigma_X^2 \sigma_Y^2$。

证明　由于 $E[(Y(t+\tau) + \lambda X(t))^2] \geqslant 0$，$\lambda$ 为任意实数。展开得

$$R_X(0)\lambda^2 + 2R_{XY}(\tau)\lambda + R_Y(0) \geqslant 0 \tag{2.5.10}$$

这是关于 λ 的二阶方程，注意 $R_X(0) \geqslant 0$，要使上式恒成立，即方程无解或只有同根，则方程的系数应该满足 $B^2 - 4AC \leqslant 0$，所以有

$$(2R_{XY}(\tau))^2 - 4R_X(0)R_Y(0) \leqslant 0 \tag{2.5.11}$$

所以 $|R_{XY}(\tau)|^2 \leqslant R_X(0)R_Y(0)$，同理，$|K_{XY}(\tau)|^2 \leqslant K_X(0)K_Y(0)$。

性质 3　$|R_{XY}(\tau)| \leqslant \dfrac{1}{2}[R_X(0) + R_Y(0)]$，$|K_{XY}(\tau)| \leqslant \dfrac{1}{2}[K_X(0) + K_Y(0)] = \dfrac{1}{2}[\sigma_X^2 + \sigma_Y^2]$。

证明　由性质 2，得 $|R_{XY}(\tau)|^2 \leqslant R_X(0)R_Y(0)$。

又因为 $R_X(0) \geqslant 0$，$R_Y(0) \geqslant 0$，根据任何正数的几何平均小于算术平均可得

$$|R_{XY}(\tau)| \leqslant \sqrt{R_X(0)R_Y(0)} \leqslant \dfrac{1}{2}[R_X(0) + R_Y(0)] \tag{2.5.12}$$

性质 4　互相关系数的表达式为

$$r_{XY}(\tau) = \dfrac{K_{XY}(\tau)}{\sqrt{K_X(0)K_Y(0)}} = \dfrac{R_{XY}(\tau) - m_X m_Y}{\sigma_X \sigma_Y} \tag{2.5.13}$$

在一些教材中，互相关系数又被称为归一化互相关函数或标准互协方差函数，显然，$|r_{XY}(\tau)| \leqslant 1$。当 $r_{XY}(\tau) = 0$ 时，两个平稳随机过程 $X(t)$ 和 $Y(t)$ 互不相关。

性质 5　（遍历性）当两个随机过程 $X(t)$ 和 $Y(t)$ 联合平稳时，它们的时间互相关函数为

$$\Re_{XY}(\tau) = \overline{X(t)Y(t+\tau)} = \lim_{T \to +\infty} \dfrac{1}{2T}\int_{-T}^{T} X(t)Y(t+\tau)\mathrm{d}t \tag{2.5.14}$$

若它依概率 1 收敛于集合互相关函数 $R_{XY}(\tau)$，即

$$\Re_{XY}(\tau) = \overline{X(t)Y(t+\tau)} = E[X(t)Y(t+\tau)] = R_{XY}(\tau) \tag{2.5.15}$$

则称随机过程 $X(t)$ 和 $Y(t)$ 具有联合宽遍历性。

性质 6　（线性）若两个随机过程 $X(t)$ 和 $Y(t)$ 线性相关，即

$$X(t) = bY(t) + c \tag{2.5.16}$$

式中，b、c 皆为常数。则有

$$m_X(t) = E[X(t)] = bm_Y(t) + c \tag{2.5.17}$$

$$\sigma_X^2(t) = D[X(t)] = b^2\sigma_Y^2(t) \tag{2.5.18}$$

$$K_{XY}(t,t) = b\sigma_Y^2(t) = \sigma_X(t)\sigma_Y(t) \tag{2.5.19}$$

例 2.17　已知两个平稳随机过程 $X(t) = a\cos(\omega t + \Phi)$ 和 $Y(t) = b\cos(\omega t + \Phi + \pi/2)$，其

中 Φ 是在 $[0,2\pi]$ 上均匀分布的随机变量。判断 $X(t)$ 和 $Y(t)$ 是否联合平稳和联合遍历以及它们之间的关系。

解 过程 $X(t)$ 和 $Y(t)$ 的互相关函数为

$$R_{XY}(t,t+\tau) = E[X(t)Y(t+\tau)] = E[a\cos(\omega t + \Phi)b\cos(\omega t + \omega\tau + \Phi + \pi/2)]$$
$$= (ab/2)E[\cos(2\omega t + 2\Phi + \pi/2) + \cos(-\pi/2 + \omega\tau)] = (ab/2)\sin \omega\tau$$

（例 2.17.1）

只与时间差有关，因此二者联合平稳。

分析自相关函数可知只有 $\tau = n\pi$ 时 $R_{XY}(t,t+\tau) = (ab/2)\sin \omega\tau = 0$，此时 $X(t)$ 和 $Y(t)$ 正交，其他情况则不正交。

现在计算协方差函数 $K_{XY}(t,t+\tau) = R_{XY}(t,t+\tau) - m_X(t)m_Y(t+\tau)$，因为

$$m_X(t) = E[a\cos(\omega t + \Phi)] = 0, \quad m_Y(t+\tau) = E[b\cos(\omega t + \omega\tau + \Phi + \pi/2)] = 0$$

（例 2.17.2）

可以得到

$$K_{XY}(t,t+\tau) = R_{XY}(t,t+\tau)$$

（例 2.17.3）

因此只有 $\tau = n\pi$ 时 $K_{XY}(t,t+\tau) = (ab/2)\sin \omega\tau = 0$，此时 $X(t)$ 和 $Y(t)$ 互不相关，其他情况则相关。

2.6　高斯随机过程

上述章节介绍了一般随机过程的基本概念和相关理论，但在实际中不同学科应用不同的随机过程来解决实际问题。一般来说，电信类各专业经常用到的随机过程包括独立增量过程、马尔可夫过程和高斯随机过程。

中心极限定理表明：大量独立的、微小的随机变量的和近似服从高斯分布（也称为正态随机过程）。通信信道中的热噪声和干扰多服从高斯分布。另外，通信中广泛应用滤波器来滤出有用信号带外的噪声，而一个宽带信号通过一个窄带滤波器后服从高斯分布，因此高斯分布的随机过程是通信信号处理和分析中的重要数学模型，研究高斯随机过程十分必要。对于其他的随机过程本书不做详细介绍，感兴趣的读者可以参考其他书籍。

2.6.1　高斯随机变量

首先回顾一下高斯随机变量的有关概念。设 X 是服从高斯分布的随机变量，则其概率密度函数为

$$f_X(x) = \frac{1}{\sigma\sqrt{2\pi}}\exp\left[-\frac{(x-\mu)^2}{2\sigma^2}\right]$$

（2.6.1）

其形状如图 2.6.1 所示。

由式（2.6.1）和图 2.6.1 容易看出高斯随机变量的一维概率密度函数 $f_X(x)$ 具有如下性质。

性质 1 $f_X(x)$ 对称于直线 $x = \mu$，即有

$$f_X(\mu + x) = f_X(\mu - x)$$

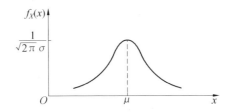

图 2.6.1 高斯分布的概率密度函数

性质 2 $f_X(x)$ 在 $(-\infty,\mu)$ 内单调上升,在 $(\mu,+\infty)$ 内单调下降,在点 μ 处达到极大值 $\dfrac{1}{\sqrt{2\pi}\,\sigma}$。且当 $x\to\pm\infty$ 时 $f(x)\to 0$。

性质 3 $\displaystyle\int_{-\infty}^{+\infty}f_X(x)\mathrm{d}x=1$,$\displaystyle\int_{-\infty}^{\mu}f_X(x)\mathrm{d}x=\int_{\mu}^{+\infty}f_X(x)\mathrm{d}x=1/2$。

性质 4 期望 μ 表示分布中心,方差 σ 表示集中的程度。对不同的 μ,表现为 $f_X(x)$ 的图形左右平移;对不同的 σ,$f_X(x)$ 的图形将随 σ 的减小而变高和变窄。

性质 5 当 $u=0$、$\sigma=1$ 时,相应的高斯分布称为标准高斯分布,其对应的概率密度函数为

$$f_X(x)=\frac{1}{\sqrt{2\pi}}\exp\left[-\frac{x^2}{2}\right] \tag{2.6.2}$$

现在再来看高斯分布的概率分布函数 $F_X(x)$。概率分布函数 $F_X(x)$ 用来表示随机变量 x 的概率分布情况。按照定义,它是概率密度函数 $f_X(x)$ 的积分,即

$$F_X(x)=\int_{-\infty}^{x}f_X(z)\mathrm{d}z \tag{2.6.3}$$

将概率密度函数代入式(2.6.3)得概率分布函数 $F_X(x)$ 为

$$F_X(x)=\int_{-\infty}^{x}f_X(z)\mathrm{d}z=\int_{-\infty}^{x}\frac{1}{\sqrt{2\pi}\,\sigma}\exp\left[-\frac{(z-\mu)^2}{2\sigma^2}\right]\mathrm{d}z=\frac{1}{\sqrt{2\pi}\,\sigma}\int_{-\infty}^{x}\exp\left[-\frac{(z-\mu)^2}{2\sigma^2}\right]\mathrm{d}z \tag{2.6.4}$$

这个积分不易计算,常引入误差函数(error function or Gauss error function)来表述。误差函数的定义式为

$$\mathrm{erf}(x)=\frac{2}{\sqrt{\pi}}\int_{0}^{x}\mathrm{e}^{-z^2}\mathrm{d}z \tag{2.6.5}$$

并称 $1-\mathrm{erf}(x)$ 为互补误差函数,记为 $\mathrm{erfc}(x)$,即

$$\mathrm{erfc}(x)=1-\mathrm{erf}(x)=\frac{2}{\sqrt{\pi}}\int_{x}^{+\infty}\mathrm{e}^{-z^2}\mathrm{d}z \tag{2.6.6}$$

可以证明,利用误差函数的概念,高斯分布函数可表示为

$$F_X(x)=\begin{cases}\dfrac{1}{2}+\dfrac{1}{2}\mathrm{erf}\left(\dfrac{x-\mu}{\sqrt{2}\,\sigma}\right) & (x\geqslant\mu)\\[3mm] 1-\dfrac{1}{2}\mathrm{erfc}\left(\dfrac{x-\mu}{\sqrt{2}\,\sigma}\right) & (x<\mu)\end{cases} \tag{2.6.7}$$

借助于一般数学手册所提供的误差函数表,可方便查出不同 x 值时误差函数的近似值,避免了式(2.6.5)的复杂积分运算。此外,误差函数的简明特性特别有助于通信系统的抗噪性能分析,在后续的相关课程中将会看到,式(2.6.6)和式(2.6.7)在讨论通信系统抗噪声性能

时非常有用。

上述部分介绍了一维高斯随机变量，可以把它扩展到二维高斯随机变量。令 $\boldsymbol{X} = [X_1, X_2]^T$ 是二维高斯随机变量，对其进行中心化处理可得 $\boldsymbol{Z} = [X_1 - \mu_1, X_2 - \mu_2]^T$。采用二次型表示的二维高斯联合概率密度函数为

$$f_{X_1 X_2}(x_1, x_2) = \frac{1}{2\pi |\boldsymbol{K}|^{1/2}} \exp\left[-\frac{\boldsymbol{Z}^T \boldsymbol{K}^{-1} \boldsymbol{Z}}{2}\right] \tag{2.6.8}$$

其中，$\mu_1 = E[X_1]$ 和 $\mu_2 = E[X_2]$ 为随机变量的期望；$\sigma_1^2 = E[(X_1 - \mu_1)^2]$ 和 $\sigma_2^2 = E[(X_2 - \mu_2)^2]$ 为随机变量的方差；$Cov(X_1, X_2) = E[(X_1 - \mu_1)(X_2 - \mu_2)]$ 为随机变量的互相关函数；$\boldsymbol{K} = \begin{bmatrix} \sigma_1^2 & Cov(X_1, X_2) \\ Cov(X_2, X_1) & \sigma_2^2 \end{bmatrix}$。其中 $\boldsymbol{Z}^T \boldsymbol{K}^{-1} \boldsymbol{Z}$ 可以看作线性代数中的多项式的二次型表示，其协方差矩阵为二次型矩阵。根据相关系数和协方差函数的关系 $r_{X_1 X_2} = \dfrac{Cov(X_1, X_2)}{\sigma_{X_1} \sigma_{X_2}}$，对于二维高斯随机变量的概率密度函数可以表示为

$$f_{X_1 X_2}(x_1, x_2) = \frac{1}{2\pi \sigma_{X_1} \sigma_{X_2} \sqrt{1 - r_{X_1 X_2}^2}} \exp\left[-\frac{1}{2(1 - r_{X_1 X_2}^2)} \cdot \right.$$
$$\left. \left(\frac{(x_1 - m_{X_1})^2}{\sigma_{X_1}^2} - \frac{2 r_{X_1 X_2}(x_1 - m_X)(x_2 - m_X)}{\sigma_{X_1} \sigma_{X_2}} + \frac{(x_2 - m_{X_2})^2}{\sigma_{X_2}^2}\right)\right] \tag{2.6.9}$$

如果两个随机变量独立，则其概率密度函数简化为

$$f_{X_1 X_2}(x_1, x_2) = \frac{1}{2\pi \sigma_{X_1} \sigma_{X_2}} \exp\left[-\frac{1}{2}\left(\frac{(x_1 - m_{X_1})^2}{\sigma_{X_1}^2} + \frac{(x_2 - m_{X_2})^2}{\sigma_{X_2}^2}\right)\right] \tag{2.6.10}$$

很显然，可以从二维随机变量推广到多维随机变量，令 $[X_1, X_2, \cdots, X_n]^T$ 为 n 维随机变量，它的概率密度函数为

$$f_{X_1 \cdots X_n}(x_1, \cdots, x_n) = \frac{1}{(2\pi)^{n/2} |\boldsymbol{K}|^{1/2}} \exp\left[-\frac{\boldsymbol{Z}^T \boldsymbol{K}^{-1} \boldsymbol{Z}}{2}\right] \tag{2.6.11}$$

其中

$$\begin{cases} \boldsymbol{K} = \begin{bmatrix} E[(X_1 - \mu_1)^2] & \cdots & E[(X_1 - \mu_1)(X_n - \mu_n)] \\ \vdots & & \vdots \\ E[(X_n - \mu_n)(X_1 - \mu_1)] & \cdots & E[(X_n - \mu_n)^2] \end{bmatrix} \\ \boldsymbol{Z} = [X_1 - \mu_1, \cdots, X_n - \mu_n]^T \end{cases} \tag{2.6.12}$$

当然，n 维概率密度函数也可以转化为相关系数的函数，如果 n 维随机变量独立，则相应的相关系数为 0，概率密度函数可以被简化。

2.6.2　高斯随机变量函数的分布

由于通信中的噪声是高斯过程，因此对于通信信号的处理和分析都是以高斯随机过程为基础和前提的，如果对平稳随机过程在不同时刻取得的随机变量为独立的高斯随机变量，也即是采样时间间隔大于相关时间，对于每个时刻的采样值符合 $X(t_i) \sim N(m_X, \sigma_X^2)$，那么 n 个时刻的采样值对应的 n 维随机变量符合独立同分布。

首先介绍多维随机变量平方和的分布，即中心 χ^2 分布。其定义为：若 n 个互相独立的高斯变量 $X_1, X_2, \cdots, X_n$ 的数学期望都为零，方差为 1，则它们的平方和 $Y = \sum\limits_{i=1}^{n} X_i^2$ 的分布是具有

n 个自由度的 χ^2 分布。一般情况下,可以先求出 Y 的特征函数为 $\varphi_Y(\omega)=\dfrac{1}{(1-\mathrm{j}2\omega)^{n/2}}$,然后求反变换得到对应的概率密度函数为

$$f_Y(y)=\frac{1}{2^{n/2}\Gamma\left(\dfrac{n}{2}\right)}y^{\frac{n}{2}-1}\mathrm{e}^{-\frac{y}{2}}\quad(y\geqslant 0)\tag{2.6.13}$$

其中 $\Gamma(x)=\displaystyle\int_0^{+\infty}t^{x-1}\mathrm{e}^{-t}\mathrm{d}t$,当互相独立的高斯变量 X_i 的方差等于 σ^2 时,$Y=\displaystyle\sum_{i=1}^n X_i^2$ 对应的特征函数为 $\varphi_Y(\omega)=\dfrac{1}{(1-\mathrm{j}2\omega\sigma^2)^{n/2}}$,通过反变换,其概率密度为

$$f_Y(y)=\frac{1}{(2\sigma^2)^{n/2}\Gamma\left(\dfrac{n}{2}\right)}y^{\frac{n}{2}-1}\mathrm{e}^{-\frac{y}{2\sigma^2}}\quad(y\geqslant 0)\tag{2.6.14}$$

此概率密度函数也被称为伽马分布。它对应的分布函数为

$$F_Y(y)=\int_0^y\frac{1}{(2\sigma^2)^{n/2}\Gamma\left(\dfrac{n}{2}\right)}u^{\frac{n}{2}-1}\mathrm{e}^{-\frac{u}{2\sigma^2}}\mathrm{d}u\quad(y\geqslant 0)\tag{2.6.15}$$

通过定义可以求出 Y 的期望为 $E[Y]=n\sigma^2$,$E[Y^2]=2n\sigma^4+n^2\sigma^4$,$D[Y]=2n\sigma^4$。为了更好地应用 χ^2 分布,下面不加证明地给出 χ^2 分布的两个性质。

性质 1　两个互相独立的具有 χ^2 分布的随机变量之和仍为 χ^2 分布,若它们的自由度分别为 n_1 和 n_2,其和的自由度为 $n=n_1+n_2$。

性质 2　指数分布是 $n=2$ 的中心 χ^2 分布。

若互相独立的高斯变量 $X_i(i=1,2,\cdots,n)$ 的方差为 σ^2,数学期望为 m_i,则 $Y=\displaystyle\sum_{i=1}^n X_i^2$ 为 n 个自由度的非中心 χ^2 分布,和中心分布的方法相同,先求其特征函数,然后对其求反变换,得到的概率密度函数为

$$f_Y(y)=\frac{1}{2\sigma^2}\left(\frac{y}{\lambda}\right)^{\frac{n-2}{4}}\mathrm{e}^{-\frac{y+\lambda}{2\sigma^2}}\mathrm{I}_{\frac{n}{2}-1}\left(\frac{\sqrt{\lambda y}}{\sigma^2}\right)\quad(y\geqslant 0)\tag{2.6.16}$$

其中,$\lambda=\displaystyle\sum_{i=1}^n m_i^2$ 称为非中心分布参量;$\mathrm{I}_n(x)$ 为第一类修正贝塞尔函数,可以用无穷级数表示为 $\mathrm{I}_n(x)=\displaystyle\sum_{m=0}^{+\infty}\frac{\left(\dfrac{x}{2}\right)^{n+2m}}{m!\ \Gamma(n+m+1)}$。此式也称为非中心的伽马分布。非中心的 χ^2 分布的期望为 $E[Y]=n\sigma^2+\lambda$,$E[Y^2]=2n\sigma^4+4\lambda\sigma^2+(n\sigma^2+\lambda)^2$,$D[Y]=2n\sigma^4+4\sigma^2\lambda$。现在给出它的累积分布函数

$$F_Y(y)=\int_0^y\frac{1}{2\sigma^2}\left(\frac{u}{\lambda}\right)^{\frac{n-2}{4}}\mathrm{e}^{-\frac{u+\lambda}{2\sigma^2}}\mathrm{I}_{\frac{n}{2}-1}\left(\frac{\sqrt{\lambda u}}{\sigma^2}\right)\mathrm{d}u\quad(y\geqslant 0)\tag{2.6.17}$$

该积分没有闭合表达式。然而,当 n 为偶数时,它可以通过广义 Q 函数表示为

$$F_Y(y)=1-Q_m\left(\frac{\sqrt{\lambda}}{\sigma},\frac{\sqrt{y}}{\sigma}\right)\quad(y\geqslant 0)\tag{2.6.18}$$

非中心 χ^2 分布其中比较重要的一个性质为:两个相互独立的非中心 χ^2 分布的随机变量之和仍为非中心 χ^2 分布,若它们的自由度为 n_1 和 n_2,非中心分布参量分别为 λ_1 和 λ_2,其和的

自由度为 $n = n_1 + n_2$，非中心分布参量为 $\lambda_1 + \lambda_2$。

需要说明的是，很多教材只把符合标准高斯分布的随机变量平方和的分布称为 χ^2，而把方差不为 1 的平方和的分布称为伽马分布。在此教材中，统一称为 χ^2 分布。

下面介绍来源于 χ^2 分布的瑞利分布和莱斯分布，它们常常用来对无线信道进行统计建模。对于两个自由度的 χ^2 分布，即 $Y = X_1^2 + X_2^2$，$X_i (i = 1, 2)$ 是数学期望为零、方差为 σ^2 且相互独立的高斯变量，则 $R = \sqrt{Y} = \sqrt{X_1^2 + X_2^2}$ 为瑞利分布，其概率密度为

$$f_R(r) = \frac{r}{\sigma^2} \mathrm{e}^{-\frac{r^2}{2\sigma^2}} \quad (r \geqslant 0) \tag{2.6.19}$$

对应的累积分布函数为

$$F_R(r) = \int_0^r \frac{u}{\sigma^2} \mathrm{e}^{-\frac{u^2}{2\sigma^2}} \mathrm{d}u = 1 - \mathrm{e}^{-\frac{r^2}{2\sigma^2}} \quad (r \geqslant 0) \tag{2.6.20}$$

通过计算可以得到它的 k 阶矩为

$$E[R^k] = (2\sigma^2)^{k/2} \Gamma\left(1 + \frac{1}{2}k\right) \tag{2.6.21}$$

方差为

$$\sigma_r^2 = \left(2 - \frac{1}{2}\pi\right)\sigma^2 \tag{2.6.22}$$

下面将二维瑞利分布推广到 n 维，即对 n 个自由度的 χ^2 分布，若令 $R = \sqrt{Y} = \sqrt{\sum_{i=1}^{n} X_i^2}$，则其概率密度函数为

$$f_R(r) = \frac{r^{n-1}}{2^{(n-2)/2} \sigma^n \Gamma\left(\dfrac{n}{2}\right)} \mathrm{e}^{-\frac{r^2}{2\sigma^2}} \quad (r \geqslant 0) \tag{2.6.23}$$

由于中心 χ^2 分布与瑞利分布之间的函数关系，二者的累积分布函数都可以用不完全的伽马函数表示，但当 n 为偶数时，累积分布函数可以表示为闭合的形式

$$F_R(r) = 1 - \mathrm{e}^{-\frac{r^2}{2\sigma^2}} \sum_{k=0}^{n/2-1} \frac{1}{k!} \left(\frac{r^2}{2\sigma^2}\right)^k \quad (r \geqslant 0) \tag{2.6.24}$$

通过计算可以得到它的 k 阶矩，表示为

$$E[R^k] = (2\sigma^2)^{k/2} \frac{\Gamma\left(\dfrac{1}{2}(k+n)\right)}{\Gamma\left(\dfrac{1}{2}n\right)} \quad (k \geqslant 0) \tag{2.6.25}$$

当高斯变量 $X_i (i = 1, 2, \cdots, n)$ 的数学期望为 m_i 不为零时，$Y = \sum_{i=1}^{n} X_i^2$ 是非中心 χ^2 分布，当 $n = 2$ 时，$R = \sqrt{Y}$ 则符合莱斯分布，其概率密度函数为

$$f_R(r) = \frac{r}{\sigma^2} \mathrm{e}^{-\frac{r^2+\lambda}{2\sigma^2}} \mathrm{I}_0\left(\frac{r\sqrt{\lambda}}{\sigma^2}\right) \quad (r \geqslant 0) \tag{2.6.26}$$

和广义瑞利分布一样，可以把二维的情况推广 n 维情况，其概率密度函数为

$$f_R(r) = \frac{r^{n/2}}{\sigma^2 \lambda^{n-2}} \mathrm{e}^{-\frac{r^2+\lambda}{2\sigma^2}} \mathrm{I}_{\frac{n}{2}-1}\left(\frac{r\sqrt{\lambda}}{\sigma^2}\right) \quad (r \geqslant 0) \tag{2.6.27}$$

现在分析它的累积分布函数，由于 $F_R(r) = P(R \leqslant r) = P(\sqrt{Y} \leqslant r) = F_Y(r^2)$，代入

$$F_Y(y) = \int_0^y \frac{1}{2\sigma^2} \left(\frac{u}{\lambda}\right)^{\frac{n-2}{4}} \mathrm{e}^{-\frac{u+\lambda}{2\sigma^2}} \mathrm{I}_{\frac{n}{2}-1}\left(\frac{\sqrt{\lambda u}}{\sigma^2}\right) \mathrm{d}u \quad (y \geqslant 0) \qquad (2.6.28)$$

即可得到相应的累积分布函数,该积分没有闭合表达式。然而,当 n 为偶数时,它可以通过广义 Q 函数表示

$$F_R(r) = 1 - Q_m\left(\frac{\sqrt{\lambda}}{\sigma}, \frac{r}{\sigma}\right) \quad (y \geqslant 0) \qquad (2.6.29)$$

例 2.18　设 X、Y 是两个相互独立的随机变量,且 $X \sim N(0,1)$,$Y \sim \chi^2(n)$。可以证明函数 $T = \dfrac{X}{\sqrt{Y/n}}$ 的概率密度为

$$f_T(t) = \frac{\Gamma\left(\dfrac{n+1}{2}\right)}{\sqrt{n\pi}\,\Gamma\left(\dfrac{n}{2}\right)} \left(1 + \frac{t^2}{n}\right)^{-\frac{n+1}{2}} \quad (-\infty < t < +\infty) \qquad (\text{例 }2.18.1)$$

称随机变量 T 服从自由度为 n 的 t 分布,记为 $T \sim t(n)$。它的均值和方差分别为

$$E[T] = 0, \quad D[T] = \frac{n}{n-2} \quad (n > 2) \qquad (\text{例 }2.18.2)$$

例 2.19　设 $X \sim \chi^2(n_1)$,$Y \sim \chi^2(n_2)$,且 X 与 Y 独立,可以证明 $F = \dfrac{X/n_1}{Y/n_2}$ 的概率密度函数为

$$f(y) = \begin{cases} \dfrac{\Gamma\left(\dfrac{n_1+n_2}{2}\right)}{\Gamma\left(\dfrac{n_1}{2}\right)\Gamma\left(\dfrac{n_2}{2}\right)} \left(\dfrac{n_1}{n_2}\right)^{\frac{n_1}{2}} y^{\frac{n_1}{2}-1} \left(1 + \dfrac{n_1}{n_2}y\right)^{-\frac{n_1+n_2}{2}} & (y \geqslant 0) \\ 0 & (y < 0) \end{cases} \qquad (\text{例 }2.19.1)$$

称随机变量 F 服从第一个自由度为 n_1、第二个自由度为 n_2 的 F 分布,记为 $F \sim f(n_1, n_2)$。

根据上述高斯随机变量函数的分布,把通信信号处理中经常用到的高斯随机变量函数的相关统计特性总结见表 2.6.1。

表 2.6.1　高斯随机变量函数的统计特性

	非中心 χ^2 分布	中心 χ^2 分布	指数分布	莱斯分布	瑞利分布	广义瑞利分布
高斯随机变量的函数	$Y = \sum\limits_{n=1}^{N} X_n^2$	$Y = \sum\limits_{n=1}^{N} X_n^2$	$Y = \sum\limits_{n=1}^{2} X_n^2$	$Y = \sqrt{\sum\limits_{n=1}^{2} X_n^2}$	$Y = \sqrt{\sum\limits_{n=1}^{2} X_n^2}$	$Y = \sqrt{\sum\limits_{n=1}^{N} X_n^2}$
均值	$N\sigma^2 + S^2$	$N\sigma^2$	$2\sigma^2$	注释 1	$2\sqrt{2}\sigma/3$	注释 2
方差	$2N\sigma^4 + 4\sigma^2 S^2$	$2N\sigma^4$	$4\sigma^4$	注释 1	$(2-0.5\pi)\sigma^2$	注释 2

其中 $S^2 = \sum\limits_{i=1}^{N} m_i^2$。为了给出更一般的结论,对莱斯分布和广义瑞利分布给出它们的 k 阶矩的表达式,分别为注释 1 和注释 2。读者可自行推导它们的均值和方差。

注释 1: $E[Y^K] = (2\sigma^2)^{k/2} \mathrm{e}^{-s^2/(2\sigma^2)} \dfrac{\Gamma((2+k)/2)}{\Gamma(1)}\, {}_1F_1\left(\dfrac{2+k}{2}, 1; \dfrac{s^2}{2\sigma^2}\right)$

注释 2: $E[Y^K] = (2\sigma^2)^{k/2} \mathrm{e}^{-s^2/(2\sigma^2)}$

2.6.3 高斯随机过程定义及其概率密度函数

随机过程可以看成诸多样本函数的集合,也可看成不同时间随机变量的集合,这些随机变量可记为 $X(t_1),X(t_2),\cdots,X(t_n),\cdots$,任取其中的 n 维随机变量,其对应的 n 维概率分布都是高斯分布,则称它为高斯随机过程。根据多维高斯随机变量的概念,高斯随机过程的概率密度函数可以利用 n 维随机变量的联合概率密度函数表示,具体为

$$f_X(x_1,x_2,\cdots,x_n;t_1,t_2,\cdots,t_n)=\frac{1}{(2\pi)^{n/2}\,|\boldsymbol{K}|^{1/2}}\exp\left[-\frac{\boldsymbol{Z}^{\mathrm{T}}\boldsymbol{K}^{-1}\boldsymbol{Z}}{2}\right] \qquad (2.6.30)$$

其中,$m_X(t_n)=E[X(t_n)]$;$\boldsymbol{Z}=[X(t_1)-m_X(t_1),X(t_2)-m_X(t_2),\cdots,X(t_n)-m_X(t_n)]^{\mathrm{T}}$ 为 n 维随机变量组成的列向量;矩阵 $\boldsymbol{K}$ 为 n 维随机向量组成的协方差矩阵,表示为

$$\boldsymbol{K}=\begin{bmatrix} E[(X(t_1)-m_X(t_1))(X(t_1)-m_X(t_1))] & \cdots & E[(X(t_1)-m_X(t_1))(X(t_n)-m_X(t_n))] \\ E[(X(t_2)-m_X(t_2))(X(t_1)-m_X(t_1))] & \cdots & E[(X(t_2)-m_X(t_2))(X(t_n)-m_X(t_n))] \\ \cdots & & \cdots \\ E[(X(t_n)-m_X(t_n))(X(t_1)-m_X(t_1))] & \cdots & E[(X(t_n)-m_X(t_n))(X(t_n)-m_X(t_n))] \end{bmatrix}$$

$$(2.6.31)$$

其中,$\boldsymbol{K}$ 为 n 维矩阵,其中的元素表示为 $K_X(t_i,t_j)=E[(X(t_i)-m_X(t_i))(X(t_j)-m_X(t_j))]$,$|\boldsymbol{K}|$ 表示矩阵的行列式,$\boldsymbol{K}^{-1}$ 表示 $\boldsymbol{K}$ 的逆矩阵。

结合平稳随机过程的概念,给出平稳高斯随机过程的定义。若高斯随机过程 $X(t)$ 的期望与时间 t 无关,自相关函数只取决于时间差值 τ,即 $m_X(t_i)=E[X(t_i)]=m_X$,$R_X(t_i,t_i+\tau)=R_X(\tau)$,这时称高斯随机过程是宽平稳的。若高斯随机过程为平稳随机过程,则概率密度函数中的参数矩阵中元素 $K_X(t_i,t_j)$ 的计算会变得简单。需要说明的是,对于高斯随机过程而言,如果满足随机过程平稳性定义的前两个条件,则其均方值有界的条件自动满足。因为高斯随机过程的均值和方差均为常数,则其均方值 $E[X^2(t)]=\sigma_X^2+m_X^2$ 有限,满足平稳随机过程定义的三个条件,即均值为常数,自相关函数只与时间差有关,均方值有界。

根据前面论述,高斯随机过程的 n 维概率密度由它的一、二阶矩完全确定。对于平稳高斯随机过程,因为其 $E[X(t_1)]=E[X(t_2)]=\cdots=E[X(t_n)]=m_X$ 为常数,且 $K_X(t_i,t_j)=E[(X(t_i)-m_X)(X(t_j)-m_X)]=K_X(\tau_{ij})$ 只与时间差 $\tau_{ij}=t_j-t_i$ 有关,所以概率密度函数表达式可以进一步简化,具体表示为

$$f_X(x_1,x_2,\cdots,x_n;t_1,t_2,\cdots,t_n)=\frac{1}{(2\pi)^{n/2}\,|\boldsymbol{K}|^{1/2}}\exp\left[-\frac{\boldsymbol{Z}^{\mathrm{T}}\boldsymbol{K}^{-1}\boldsymbol{Z}}{2}\right] \qquad (2.6.32)$$

其中

$$\boldsymbol{Z}=[X(t_1)-m_X,X(t_2)-m_X,\cdots,X(t_n)-m_X]^{\mathrm{T}}$$

$$\boldsymbol{K}=\begin{bmatrix} \sigma_X^2 & K_X(\tau_{12}) & \cdots & K_X(\tau_{1n}) \\ K_X(-\tau_{12}) & \sigma_X^2 & \cdots & K_X(\tau_{2n}) \\ \vdots & \vdots & & \vdots \\ K_X(-\tau_{1n}) & K_X(-\tau_{2n}) & \cdots & \sigma_X^2 \end{bmatrix}$$

假设任何两个时间的间隔相等,则 $\tau_1=\tau_{12}=\tau_{23}=\tau_{34}=\cdots$,$\tau_2=\tau_{13}=\tau_{24}=\tau_{35}=\cdots$,所有的时间差变为 $\tau_1,\cdots,\tau_{n-1}$。如果此时采用自相关系数表示概率密度函数,具体表达式为

$$f_X(x_1,\cdots,x_n;\tau_1,\cdots,\tau_{n-1}) = \frac{1}{\sigma_X^n \sqrt{(2\pi)^n |\boldsymbol{R}|}} \exp\left[-\frac{1}{2R\sigma_X^2}\sum_{i=1}^{n}\sum_{k=1}^{n}R_{ik}(x_i-m_X)(x_k-m_X)\right]$$

$$(2.6.33)$$

其中, $\boldsymbol{R}$ 是自相关系数矩阵。

进一步,如果各个时刻的随机变量互不相关,则

$$\boldsymbol{K} = \begin{bmatrix} \sigma_X^2 & 0 & \cdots & 0 \\ 0 & \sigma_X^2 & \cdots & 0 \\ \vdots & \vdots & & \vdots \\ 0 & 0 & \cdots & \sigma_X^2 \end{bmatrix}, \quad |\boldsymbol{K}|^{1/2} = \prod_{i=1}^{n}\sigma_{X_i} = (\sigma_X^2)^{n/2} \tag{2.6.34}$$

此时对应的概率密度函数可以表示为

$$f_X(x_1,\cdots,x_n;\tau_1,\cdots,\tau_{n-1}) = \prod_{i=1}^{n}\frac{1}{\sigma_X\sqrt{2\pi}}\exp\left[-\frac{(x_i-m_X)^2}{2\sigma_X^2}\right] \tag{2.6.35}$$

具体到平稳高斯随机过程,一、二维概率密度表达式分别如下

$$f_X(x) = \frac{1}{\sigma_X\sqrt{2\pi}}\exp\left[-\frac{(x-m_X)^2}{2\sigma_X^2}\right] \tag{2.6.36}$$

$$f_X(x_1,x_2;\tau)$$
$$= \frac{1}{2\pi\sigma_X^2\sqrt{1-r^2(\tau)}}\exp\left[-\frac{(x_1-m_X)^2-2r(\tau)(x_1-m_X)(x_2-m_X)+(x_2-m_X)^2}{2\sigma_X^2[1-r^2(\tau)]}\right]$$

$$(2.6.37)$$

其中 $r(\tau)$ 表示自相关系数。

如果两个时刻的随机变量互不相关,则二维概率密度函数为

$$f_X(x_1,x_2;\tau) = \frac{1}{2\pi\sigma_X^2}\exp\left[-\frac{(x_1-m_X)^2+(x_2-m_X)^2}{2\sigma_X^2}\right] \tag{2.6.38}$$

通过以上分析可以看出,对于随机过程的 n 维概率密度函数,协方差函数是各个时间差函数,而对于 n 维随机变量,则没有时间差的概念,其协方差函数仅仅与随机变量相关。

2.6.4　高斯随机过程的性质

不同于一般的随机过程,高斯随机过程有很多好的性质,这些好的性质能够大大简化实际的工程应用和理论研究,为之带来方便。

性质 1　高斯随机过程的概率密度函数由它的一、二阶矩完全决定(由均值、方差和相关系数或协方差完全决定)。这个结论也可以从式(2.6.35)看出。

性质 2　高斯随机过程的严平稳与宽平稳等价。

证明　因为严平稳高斯随机过程的均值和方差均有界,所以其均方值 $E[X^2(t)] = \sigma_X^2 + m_X^2$ 有界,满足宽平稳的 3 个条件,所以严平稳高斯随机过程一定是宽平稳的。

现在证明宽平稳高斯随机过程也是严平稳的。如果高斯随机过程 $X(t)$ 是宽平稳的,应该满足 $m_X(t_i) = E[X(t_i)] = m_X$，$R_X(t_i,t_i+\tau) = R_X(\tau)$，$\sigma_X^2 = R_X(0)-m_X^2$，这三个参数均与时间无关。那么其一维概率密度 $f_X(x) = \frac{1}{\sigma\sqrt{2\pi}}\exp\left[-\frac{(x-m)^2}{2\sigma^2}\right]$ 也与时间无关。对二维概率密度函数

$$f_X(x_1,x_2;t,t+\tau)$$

$$=\frac{1}{2\pi\sigma_X^2\sqrt{1-r_X^2(\tau)}}\exp\left[-\frac{(x_1-m_X)^2-2r_X(\tau)(x_1-m_X)(x_2-m_X)+(x_2-m_X)^2}{2\sigma_X^2[1-r_X^2(\tau)]}\right]$$

$$(2.6.39)$$

与时间起点无关,只与时间差有关,其中 $r_X(\tau)=\dfrac{K_X(\tau)}{K_X(0)}$。现在看 n 维概率密度函数,即

$$f_X(x_1,\cdots,x_n;\tau_1,\cdots,\tau_{n-1})=\frac{1}{\sigma_X^n\sqrt{(2\pi)^n R}}\exp\left[-\frac{1}{2R\sigma_X^2}\sum_{i=1}^{n}\sum_{k=1}^{n}R_{ik}(x_i-m_X)(x_k-m_X)\right]$$

$$(2.6.40)$$

它由均值、方差和相关系数唯一确定,而均值和方差是常数,相关系数 $r_{ik}=\dfrac{K_{ik}(\tau)}{\sigma_i\sigma_k}=\dfrac{R_{ik}(\tau)-m_X^2}{\sigma^2}$ 只与时间差有关,因此 n 维概率密度函数与时间起点无关。由严平稳定义,可知宽平稳高斯随机过程是严平稳的。

因此,高斯随机过程的严平稳与宽平稳等价。

性质 3　如果多维联合随机变量符合高斯分布,则高斯随机过程的不相关与相互独立等价,即如果高斯随机过程 $X(t)$ 在 n 个不同时刻 $t_1,t_2,\cdots,t_n$ 采样,所得一组随机变量 X_1, $X_2,\cdots,X_n$ 为两两互不相关,即:$K_{ik}=K_X(t_i,t_k)=E[(X_i-m_i)(X_k-m_k)]=0(i\neq k)$ 时,则这些随机变量也是相互独立的。

证明　(1) 如果 $X_i(i=1,2,\cdots,n)$ 两两之间相互独立,则

$$K_X(t_i,t_k)=E[(X_i-m_i)(X_k-m_k)]=E[(X_i-m_i)]E[(X_k-m_k)]=0 \quad (i\neq k)$$

$$(2.6.41)$$

所以,两两互不相关。

(2) 如果 $X_i(i=1,2,\cdots,n)$ 两两之间互不相关,由式(2.6.41)可知

$$K_X(t_i,t_k)=E[(X_i-m_i)(X_k-m_k)] \tag{2.6.42}$$

所以,$\boldsymbol{K}=\begin{bmatrix}\sigma_1^2 & \cdots & 0\\ \vdots & & \vdots\\ 0 & \cdots & \sigma_n^2\end{bmatrix}$ 则 $\boldsymbol{K}^{-1}=\begin{bmatrix}\sigma_1^{-2} & \cdots & 0\\ \vdots & & \vdots\\ 0 & \cdots & \sigma_n^{-2}\end{bmatrix}$,$|K|=\sigma_1^2\sigma_2^2\cdots\sigma_n^2$,代入式(2.6.40)得

$$f_X(x_1,\cdots,x_n;t_1,\cdots,t_n)=\frac{1}{(2\pi)^{n/2}\sigma_1\sigma_2\cdots\sigma_n}\exp\left[-\frac{1}{2}\sum_{i=1}^{n}\frac{(x_i-m_i)^2}{\sigma_i^2}\right]$$

$$=\prod_{i=1}^{n}\frac{1}{(2\pi)^{1/2}\sigma_i}\exp\left[-\frac{(x_i-m_i)^2}{2\sigma_i^2}\right]$$

$$=f_X(x_1,t_1)f_X(x_2,t_2)\cdots f_X(x_n,t_n) \tag{2.6.43}$$

即两两相互独立。

性质 4　平稳高斯随机过程与确定信号之和仍为高斯随机过程,但不一定平稳。

证明　设 $X(t)$ 为平稳高斯随机过程,$s(t)$ 为确定性信号,$Y(t)=X(t)+s(t)$,那么,对于任意时刻 t,$Y(t)=X(t)+s(t)$ 为随机变量,这时,$s(t)$ 具有确定值,由随机变量函数的概率密度函数求法,$Y(t)$ 的一维概率密度函数为

$$f_Y(y,t)=f_X(y-s(t),t)\frac{\mathrm{d}x}{\mathrm{d}y}=f_X(y-s(t),t) \tag{2.6.44}$$

即对 $f_X(x,t)$ 的表达式进行变量变换即可（当时间固定 $s(t)$ 可以理解为确定值），因为 $f_X(x,t)$ 为高斯分布，所以 $f_Y(y,t)$ 显然是高斯分布。

对于随机变量 $Y(t_1)$、$Y(t_2)$ 二维概率密度函数，用二维随机变量函数的概率密度函数求法，因为雅可比行列式的值为 1，所以 $f_Y(y_1,y_2;t_1,t_2)=f_X(y_1-s(t_1),y_2-s(t_2),t_1,t_2)$ 为高斯随机过程。

同理，可证明合成信号的 n 维概率密度函数也是高斯分布概率密度函数。

而 $E[Y(t)]=E[X(t)+s(t)]=m_X+s(t)$ 与时间有关，不是常数，所以不是平稳的。

性质 5　一个高斯随机过程经过任意线性变换后仍然为高斯随机过程，但其数字特征发生变化。线性变换常用的包括线性相加减、线性放大、微分、积分和傅里叶变换。

如若高斯随机 $X(t)(t \in T)$ 在 T 上是均方可微和可积的，则其导数和积分也是高斯随机过程。

$$\begin{cases} Y(t)=\int_a^t X(\lambda)\mathrm{d}\lambda & (a,t \in T) \\ Y(t)=\int_a^b X(\lambda)h(\lambda,t)\mathrm{d}\lambda & (a,t \in T) \end{cases} \tag{2.6.45}$$

$Y(t)$ 也是高斯随机过程。

证明略。

推论　高斯随机过程的线性变换仍为高斯随机过程。比如由于傅里叶变换是线性变换，因此高斯随机过程傅里叶变换后仍然为高斯随机过程，但其各种统计特性将发生变化。

性质 6　对于高斯平稳过程，若数学期望为零，自相关函数 $R_X(\tau)$ 连续，此随机过程具备遍历性的一个充要条件是：$\int_0^{+\infty} |R_X(\tau)| \mathrm{d}\tau < +\infty$。

例 2.20　设高斯随机过程 $X(t)$ 的均值为零、协方差函数为 $K_X(t_i,t_k)=\mathrm{e}^{-|t_k-t_i|}$，在时刻 $t=0,1,2,3$ 对过程 $X(t)$ 采样得到 4 个随机变量，求其对应的四维概率密度函数。

解　可得

$$f_X(x)=\frac{1}{(2\pi)^{n/2} |K|^{1/2}}\exp\left(-\frac{x^{\mathrm{T}}K^{-1}x}{2}\right) \tag{例 2.20.1}$$

故解本题的关键是求协方差矩阵 K。而 K 阵的元素已知为 $K_{ik}=K_X(t_i,t_k)=\mathrm{e}^{-|t_k-t_i|}$，把具体时刻逐一代入，便可得到协方差矩阵

$$K=\begin{vmatrix} K_{00} & K_{01} & K_{02} & K_{03} \\ K_{10} & K_{11} & K_{12} & K_{13} \\ K_{20} & K_{21} & K_{22} & K_{23} \\ K_{30} & K_{31} & K_{32} & K_{33} \end{vmatrix}=\begin{vmatrix} 1 & \mathrm{e}^{-1} & \mathrm{e}^{-2} & \mathrm{e}^{-3} \\ \mathrm{e}^{-1} & 1 & \mathrm{e}^{-1} & \mathrm{e}^{-2} \\ \mathrm{e}^{-2} & \mathrm{e}^{-1} & 1 & \mathrm{e}^{-1} \\ \mathrm{e}^{-3} & \mathrm{e}^{-2} & \mathrm{e}^{-1} & 1 \end{vmatrix} \tag{例 2.20.2}$$

由式（例 2.20.2）可求得 K^{-1} 及 $|K|$，再将它们代入式（例 2.20.1），就能得到高斯随机过程 $X(t)$ 的四维概率密度函数。

例 2.21　设有随机过程 $X(t)=A\cos \omega_0 t+B\sin \omega_0 t$。其中 A 与 B 是两个独立的高斯随机变量，且有：$E[A]=E[B]=0$，$E[A^2]=E[B^2]=\sigma^2$，且 ω_0 为常数。求此过程 $X(t)$ 的一、二维概率密度函数。

解　首先，求 $X(t)$ 的均值为

$$E[X(t)]=E[A\cos \omega_0 t+B\sin \omega_0 t]$$

$$= E[A]\cos \omega_0 t + E[B]\sin \omega_0 t = 0 = m_X \qquad (\text{例 } 2.21.1)$$

然后，求 $X(t)$ 的自相关函数为

$$R_X(t, t+\tau) = E[X(t)X(t+\tau)]$$

$$= E[(A\cos \omega_0 t + B\sin \omega_0 t)(A\cos \omega_0(t+\tau) + B\sin \omega_0(t+\tau))]$$

$$= E[A^2]\cos \omega_0 t\cos \omega_0(t+\tau) + E[B^2]\sin \omega_0 t\sin \omega_0(t+\tau) +$$

$$E[AB]\cos \omega_0 t\sin \omega_0(t+\tau) + E[AB]\sin \omega_0 t\cos \omega_0(t+\tau) \quad (\text{例 } 2.21.2)$$

因随机变量 A 与 B 统计独立，必有

$$E[AB] = E[A] \cdot E[B] = 0 \qquad (\text{例 } 2.21.3)$$

则

$$R_X(t, t+\tau) = E[A^2]\cos \omega_0 t\cos \omega_0(t+\tau) + E[B^2]\sin \omega_0 t\sin \omega_0(t+\tau)$$

$$= \sigma^2 \cos \omega_0 \tau = R_X(\tau) \qquad (\text{例 } 2.21.4)$$

这样，便可求得 $X(t)$ 的均方值、方差为

$$\Psi_X^2 = R_X(0) = \sigma^2 < \infty, \quad \sigma_X^2 = R_X(0) - m_X^2 = \sigma^2 \qquad (\text{例 } 2.21.5)$$

所以，由均值、自相关函数和均方值可知，高斯过程 $X(t)$ 还是平稳的，其均值为零，方差为 σ^2，它的一维概率密度函数与 t 无关，即

$$f_X(x) = \frac{1}{\sqrt{2\pi}\,\sigma} e^{\frac{-x^2}{2\sigma^2}} \qquad (\text{例 } 2.21.6)$$

为了确定平稳高斯过程 $X(t)$ 的二维概率密度函数，只需求出随机变量 $X(t_1)$ 与 $X(t_2)$（这里 $t_1 = t, t_2 = t+\tau$）的自相关系数 $r_X(\tau)$，很易求得

$$r_X(\tau) = \frac{K_X(\tau)}{\sigma_X^2} = \frac{R_X(\tau) - m_X^2}{\sigma_X^2} = \frac{R_X(\tau)}{\sigma^2} = \cos \omega_0 \tau \qquad (\text{例 } 2.21.7)$$

过程的二维概率密度函数仅取决于时间差 $\tau = t_2 - t_1$，即

$$f_X(x_1, x_2; \tau) = \frac{1}{2\pi\sigma^2 \sqrt{1 - \cos^2 \omega_0 \tau}} \exp\left(-\frac{x_1^2 - 2x_1 x_2 \cos \omega_0 \tau + x_2^2}{2\sigma^2(1 - \cos^2 \omega_0 \tau)}\right)$$

$$= \frac{1}{2\pi\sigma^2 \sin \omega_0 \pi} \exp\left(-\frac{x_1^2 - 2x_1 x_2 \cos \omega_0 \tau + x_2^2}{2\sigma^2 \sin^2 \omega_0 \tau}\right) \qquad (\text{例 } 2.21.8)$$

2.7 马尔可夫过程

马尔可夫过程是一类重要的随机过程，现实生活的很多现象都可以建模为马尔可夫过程。目前，马尔可夫过程已经普遍应用于电子、通信、计算机和控制等很多学科。更为重要的是，马尔可夫过程也是人工智能领域重要的理论基础，比如机器学习中的朴素贝叶斯，隐马尔可夫过程、马尔可夫链蒙特卡洛采样以及强化学习中的马尔可夫决策过程等。马尔可夫过程因安德烈·马尔可夫得名，而将马尔可夫过程一般化到可数无限状态空间则是柯尔莫哥罗夫的功劳。

2.7.1 马尔可夫过程基本概念

马尔可夫过程是满足马尔可夫性质的一类随机过程。所谓马尔可夫性质就是当已知随机过程在时刻 t_i 所处的状态，随机过程在时刻 $t_n(t_n > t_i)$ 所处的状态与过程在时刻 t_i 之前的状

态无关,而仅仅与随机过程在时刻 t_i 所处的状态有关,则称该随机过程具有马尔可夫性质。马尔可夫过程概念里的状态就是指某个时刻随机过程所对应的随机变量的取值,每个取值对应一个状态,所有状态组成的集合称为状态空间。为了严谨,采用公式描述马尔可夫过程的定义。

马尔可夫过程定义:设 $X(t)$ 为随机过程,S 是其状态空间,且 $x_1,\cdots,x_{n+1} \in S$。若对任意正整数 n 以及时刻 $t_1 < t_2 < \cdots < t_n < t_{n+1}$,满足

$$P(X(t_{n+1}) \leqslant x_{n+1} \mid X(t_n)=x_n,\cdots,X(t_1)=x_1)=P(X(t_{n+1}) \leqslant x_{n+1} \mid X(t_n)=x_n)$$

即分布函数 $F_X(x_{n+1},t_{n+1} \mid x_n,\cdots,x_1,t_n,\cdots,t_1)=F_X(x_{n+1},t_{n+1} \mid x_n,t_n)$,则称 $X(t)$ 具有马尔可夫性或无后效性,该随机过程称为马尔可夫随机过程。

根据马尔可夫过程的定义可以看出,马尔可夫过程将来的状态只和现在的状态有关,而与过去的状态无关。也就是说,马尔可夫性质是对随机过程不同时刻状态相关性的一种表述。现实生活中的蜜蜂采蜜可以看作一个马尔可夫过程,由于蜜蜂没有记忆,所以蜜蜂仅仅根据目前所处的花朵跳到下一个花朵采蜜,而与之前的花朵无关。另外,青蛙的跳动、天气预报以及物理中的布朗运动等都是典型的马尔可夫过程。在金融领域,利用马尔可夫过程可以进行股指建模、时间序列分析等,比如著名的期权定价就用到了马尔可夫过程。

马尔可夫过程根据时间和状态的取值可分为以下四种:时间为连续变量,状态为连续随机变量的随机过程称为连续马尔可夫过程;时间为连续变量,状态为离散随机变量的随机过程称为可列马尔可夫过程(离散马尔可夫过程);时间为离散变量,状态为连续随机变量的随机过程称为马尔可夫序列;时间为离散变量,状态为离散随机变量的随机过程称为马尔可夫链。根据概率理论,如果状态是连续随机变量则用概率密度函数对马尔可夫过程进行描述,而如果状态是离散随机变量则采用概率分布描述。

2.7.2　马尔可夫链

接下来重点介绍状态和时间均为离散的马尔可夫过程,也就是马尔可夫链。在此给出具体定义。

马尔可夫链定义:设 $\{X_n,n \in T\}$ 为随机过程,S 是离散的状态空间,且 $S = \{x_1,x_2,x_3,\cdots\}$。若对任意正整数 n,满足 $P(X_{n+1}=x_{n+1} \mid X_n=x_n,\cdots,X_1=x_1) = P(X_{n+1}=x_{n+1} \mid X_n=x_n)$,则称 X_n 为马尔可夫链。典型的马尔可夫链包括随机游走模型和二元通信信道模型。

对于马尔可夫链,某一时刻对应一个随机变量,随机变量中的每个状态对应的概率 $p_i(n)=P(X_n=x_i)$ 称为状态概率。因此,某一个时刻的马尔可夫链对应一个概率分布 $p(n)=(p_1(n)\ p_2(n)\ p_3(n)\cdots)$,且 $\sum_i p_i(n)=1$。对于随机过程,一般来说采用联合概率分布分析它的各种统计特性,马尔可夫链也不例外。因此,我们分析马尔可夫链的联合概率分布,具体表示为

$$P(X_{n+1}=x_{n+1},X_n=x_n,\cdots,X_1=x_1)$$
$$=P(X_{n+1}=x_{n+1} \mid X_n=x_n,\cdots,X_1=x_1)P(X_n=x_n,\cdots,X_1=x_1)$$
$$=P(X_{n+1}=x_{n+1} \mid X_n=x_n)P(X_n=x_n,\cdots,X_1=x_1)$$
$$=P(X_{n+1}=x_{n+1} \mid X_n=x_n)P(X_n=x_n \mid X_{n-1}=x_{n-1},\cdots,X_1=x_1)\cdot$$

$$P(X_{n-1} = x_{n-1}, \cdots, X_1 = x_1)$$

$$= P(X_{n+1} = x_{n+1} \mid X_n = x_n) P(X_n = x_n \mid X_{n-1} = x_{n-1}) P(X_{n-1} = x_{n-1}, \cdots, X_1 = x_1)$$

$$= P(X_{n+1} = x_{n+1} \mid X_n = x_n) P(X_n = x_n \mid X_{n-1} = x_{n-1}) \cdots P(X_2 = x_2 \mid X_1 = x_1) P(X_1 = x_1)$$

$$(2.7.1)$$

从式(2.7.1)可以看出马尔可夫链的联合概率分布完全由条件概率 $P(X_n = x_n \mid X_{n-1} = x_{n-1})$ 和初始分布 $P(X_1 = x_1)$ 确定,也就是其统计特性也是由条件概率 $P(X_{n+1} = x_{n+1} \mid X_n = x_n)$ 和初始分布 $P(X_1 = x_1)$ 确定。在此,条件概率称为转移概率。因此,转移概率成为研究马尔可夫链的重要研究内容。

转移概率定义:假设 $x_n = x_i$, $x_{n+1} = x_j$,则条件概率 $P(X_{n+1} = x_j \mid X_n = x_i) = p_{ij}(n)$ 称为一步转移概率,简称为转移概率。此时所有的一步转移概率组成转移概率矩阵,具体表示为

$$\boldsymbol{P} = \begin{bmatrix} p_{11}(n) & p_{12}(n) & \cdots & p_{1n}(n) & \cdots \\ p_{21}(n) & p_{22}(n) & \cdots & p_{2n}(n) & \cdots \\ \vdots & \vdots & & \vdots & \\ p_{m1}(n) & p_{m2}(n) & \cdots & p_{mn}(n) & \cdots \\ \vdots & \vdots & & \vdots & \end{bmatrix} \qquad (2.7.2)$$

根据概率定义,对于任意的状态 $x_i, x_j \in S$ 可以得到转移概率的如下两个性质:

(1) $p_{ij}(n) \geqslant 0$;

(2) $\sum_{j \in S} p_{ij}(n) = 1$。

此时转移矩阵 $\boldsymbol{P}$ 为随机矩阵。在一步转移概率的基础上,给出 k 步转移概率的定义。

k 步转移概率定义: $P(X_{n+k} = x_j \mid X_n = x_i) = p_{ij}(n, n+k)$,它表示从时刻 n 开始经过 k 步到达 $n+k$ 时刻,状态从 x_i 转移到状态 x_j 的概率。并称 $\boldsymbol{P}(n, n+k) = (p_{ij}(n, n+k))$ 为马尔可夫链的 k 步转移概率矩阵。对于任意的状态 $x_i, x_j \in S$ 则满足以下三个性质:

(1) $p_{ij}(n, n+k) \geqslant 0$;

(2) $\sum_{j \in S} p_{ij}(n, n+k) = 1$;

(3) $\sum_{i \in S} p_{ij}(n, n+k) p_i(n) = p_j(n+k)$。

因此, $\boldsymbol{P}(n, n+k) = (p_{ij}(n, n+k))$ 也是随机矩阵。需要说明的是,为了数学处理便利,一般规定 $P(X_n = x_j \mid X_n = x_i) = \begin{cases} 1 & (i = j) \\ 0 & (i \neq j) \end{cases}$。

当 k 步转移概率只与状态 x_i、x_j 和时间间距 k 有关,而与时间起点无关时,即 $p_{ij}(n, n+k) = p_{ij}(k)$,转移概率矩阵 $\boldsymbol{P}(n, n+k) = \boldsymbol{P}(k) = (p_{ij}(n, n+k))$,称马尔可夫链为齐次马尔可夫链。下面分析齐次马尔可夫链转移概率的性质,其核心就是切普曼－柯尔莫哥罗夫方程(简称 C－K 方程)。方程的具体内容描述如下。

C－K 方程:设 $\{X_n, n \in \boldsymbol{T}\}$ 为齐次马尔可夫链, $\boldsymbol{S}$ 是元素离散的状态空间,且 $\boldsymbol{S} = \{x_1, x_2, x_3, \cdots\}$。若时刻 s 所处的状态为 x_i,经过两个任意的时刻 u、v 状态转移到 x_j,且 $s, u, v \in \boldsymbol{T}$。则转移概率满足 $p_{ij}(u+v) = \sum_{m=1}^{\infty} p_{im}(u) p_{mj}(v) (i, j = 1, 2, \cdots)$。

证明:根据假设条件可知, s 时刻的状态 x_i 经过时长 u 首先转移到 x_m,然后再经过时长 v

转移到状态 x_j。用公式表示为 $X_s = x_i, X_{s+u} = x_m, X_{s+u+v} = x_j$，可以用图 2.7.1 形象表示。

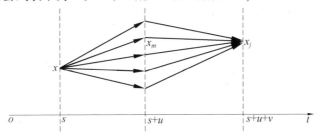

图 2.7.1　状态转移示意图

由条件概率定义和乘法定理可知

$$P(X_{s+v+v} = x_j, X_{s+u} = x_m \mid X_s = x_i)$$
$$= P(X_{s+v+v} = x_j \mid X_{s+u} = x_m, X_s = x_i) P(X_{s+u} = x_m \mid X_s = x_i) \tag{2.7.3}$$

根据假设，随机过程具有马尔可夫性质和齐次性，所以

$$P(X_{s+v+v} = x_j, X_{s+u} = x_m \mid X_s = x_i) = p_{im}(u) p_{mj}(v) \tag{2.7.4}$$

又因为事件组 $X_{s+u} = x_m (m = 1, 2, \cdots)$ 构成一个划分，故有

$$p_{ij}(u+v) = P(X_{s+v+v} = x_j \mid X_s = x_i)$$
$$= \sum_{m=1}^{\infty} P(X_{s+v+v} = x_j, X_{s+u} = x_m \mid X_s = x_i)$$
$$= \sum_{m=1}^{\infty} p_{im}(u) p_{mj}(v) \quad (i, j = 1, 2, \cdots) \tag{2.7.5}$$

C－K 方程也可以写成矩阵形式：

$$\boldsymbol{P}(u+v) = \boldsymbol{P}(u) \boldsymbol{P}(v) \tag{2.7.6}$$

令 $u = 1, v = k - 1$，可以得到

$$\boldsymbol{P}(k) = \boldsymbol{P}(1) \boldsymbol{P}(k-1) = \boldsymbol{PP}(k-1) \tag{2.7.7}$$

经过进一步处理可得转移概率矩阵的递推关系

$$\boldsymbol{P}(k) = \boldsymbol{PP}(k-1) = \boldsymbol{P}^2 \boldsymbol{P}(k-2) = \boldsymbol{P}^k \tag{2.7.8}$$

可以看出，马尔可夫链的 k 步转移概率是一步转移概率的 k 次方，这个结论意味着马尔可夫链的有限维分布由初始分布和一步转移概率完全确定。需要说明的是，即使马尔可夫链不是齐次马尔可夫链也满足 C－K 方程，只是方程中转移概率和时间起点有关。

2.7.3　马尔可夫过程的遍历性和平稳性

马尔可夫链的平稳性以及遍历性和一般随机过程有很大不同，希望能够正确理解二者的不同。接下来介绍马尔可夫链的遍历性和平稳性。

马尔可夫链遍历性定义：设齐次马尔可夫链 $\{X_n, n \in T\}$，其对应的状态空间为 $S = \{x_1, x_2, x_3, \cdots\}$，若对于任意的 $x_i, x_j \in S$，存在不依赖于状态 x_i 的极限，即

$$\lim_{k \to \infty} p_{ij}(k) = \pi(j) = P(X_j = x_j) \tag{2.7.9}$$

则称马尔可夫链具有遍历性，并称 $\pi(j)$ 为状态 x_j 的稳态概率。在此情况下，对于所有的状态满足 $\sum_{j \in S} \pi(j) = 1$，所有的状态概率构成一个分布律 $\pi = (\pi(1), \pi(2), \cdots)$，这个分布律称为马尔可夫链的极限分布。此时转移概率矩阵变为

$$\lim_{k \to \infty} \boldsymbol{P}(k) = \lim_{k \to \infty} \boldsymbol{P}^k = \begin{bmatrix} \pi(1) & \pi(2) & \cdots & \pi(j) & \cdots \\ \pi(1) & \pi(2) & \cdots & \pi(j) & \cdots \\ \vdots & \vdots & & \vdots & \\ \pi(1) & \pi(2) & \cdots & \pi(j) & \cdots \\ \vdots & \vdots & & \vdots & \end{bmatrix} \qquad (2.7.10)$$

通过马尔可夫链遍历性的定义可以看出,无论从哪个状态出发,当转移步数充分大,到达状态 x_j 的概率都趋于 $\pi(j)$。即当转移步数 k 足够大时,可以用 $\pi(j)$ 作为 $p_{ij}(k)$ 的近似值。

上面给出了马尔可夫链遍历性的定义,在现实情况下很难根据定义判断一个马尔可夫链是否具有遍历性。下面给出一个马尔可夫链遍历性判断的一个定理。

遍历性判定定理:设齐次马尔可夫链 $\{X_n, n \in T\}$,其有限状态空间为 $S = \{x_1, x_2, x_3, \cdots, x_N\}$,$\boldsymbol{P}$ 是它的一步转移概率矩阵,如果存在正整数 k,对于任意的 $x_i, x_j \in S$,都有 $p_{ij}(k) > 0 (i, j = 1, 2, \cdots, N)$,则此马尔可夫链具有遍历性,且有极限分布 $\pi = (\pi(1), \pi(2), \cdots, \pi(N))$,它是方程组 $\pi = \pi \boldsymbol{P}$ 的满足条件 $\sum_{j \in S} \pi(j) = 1, \pi(j) > 0$ 的唯一解。

这里方程组 $\pi = \pi \boldsymbol{P}$ 展开就是 $\pi(j) = \sum_{i=1}^{N} \pi(i) p_{ij}(1) (j = 1, 2, \cdots, N)$。此定理证明涉及的理论和方法超出了本书的范围,因此不提供详细的证明过程。大量的事实和经验表明:一个有限状态的马尔可夫链,当满足遍历性条件 $p_{ij}(k) > 0 (i, j = 1, 2, \cdots, N)$,经过一段时间后,马尔可夫链将达到平稳状态,此后马尔可夫链的状态概率分布不再随时间变化。因此,给出马尔可夫链平稳分布的定义。

马尔可夫链平稳分布定义:对于一个概率分布 $(p_1, p_2, \cdots, p_N)$,如果满足

$$P(X_n = x_j) = p_j(n) = \sum_{n=1}^{N} p_i p_{ij}(n) = p_j \quad (j \in S) \qquad (2.7.11)$$

则称 $(p_1, p_2, \cdots, p_N)$ 是马尔可夫链的平稳分布。当马尔可夫链的分布到达平稳分布后,状态的概率分布不再随时间发生变化,称这样的马尔可夫链具有平稳性。

根据马尔可夫链遍历性和平稳性的定义,可以看出具有遍历性的马尔可夫链一定具有平稳性,反之不成立。也就是说,不具有遍历性的马尔可夫链也可以具有平稳性。目前已有文献证明,对于一个非周期的、不可约的马尔可夫链,极限分布 $\pi = (\pi(1), \pi(2), \cdots, \pi(N))$ 就是平稳分布 $(p_1, p_2, \cdots, p_N)$。后续都用 $\pi = (\pi(1), \pi(2), \cdots, \pi(N))$ 来表示极限分布和平稳分布。

为了更好地理解马尔可夫链的遍历性和平稳分布的概念,以股市为例进行说明。按照常规,股市共有三种状态:牛市、熊市和横盘,此时可以利用马尔可夫链对股市进行建模。假设马尔可夫链模型的状态转移矩阵为

$$\boldsymbol{P} = \begin{bmatrix} 0.9 & 0.075 & 0.025 \\ 0.15 & 0.8 & 0.05 \\ 0.25 & 0.25 & 0.5 \end{bmatrix} \qquad (2.7.12)$$

同时假设当前股市三种状态的概率分布为 $[0.3, 0.4, 0.3]$,即 30% 概率的牛市、40% 概率的熊市与 30% 的横盘。通过计算可以发现,从第 60 轮开始,股市状态的概率分布不再变化,一直保持在 $[0.625, 0.313, 0.063]$,即 62.5% 的牛市、31.25% 的熊市与 6.25% 的横盘。现在用 $[0.7, 0.1, 0.2]$ 作为初始概率分布,通过和上个初始概率分布相同的计算过程,可以发现

6 轮以后,概率分布也不再变化,也是 $[0.625, 0.313, 0.063]$。这个例子表明:尽管采用不同初始概率分布,最终状态的概率分布趋于同一个稳定的概率分布,也就是说马尔可夫链模型的状态转移矩阵收敛到的稳定概率分布与初始状态概率分布无关。

例 2.22　数字通信系统的传输可以建模为马尔可夫链,假设信源产生的信息 0 和 1 经过每级传输不产生错误的概率为 p,产生错误的概率为 q,且 $p + q = 1$,假定传输过程中经过的级数为 2,且信源产生 0 和 1 的概率相等,均为 0.5。(1)求转移概率矩阵。(2)假设 $p = 0.95$,求 2 级传输后的误码率。(3)求输出是 1 时原来发送也是 1 的概率。

解　(1)根据题意,可以给出如图 2.7.2 所示的状态转移示意图。则很容易得到一步转移概率矩阵为

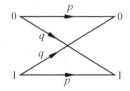

图 2.7.2　二元信道状态转移示意图

$$\boldsymbol{P}(1) = \begin{bmatrix} p & q \\ q & p \end{bmatrix}$$

根据切普曼－柯尔莫哥罗夫方程可求得 2 步转移概率矩阵为

$$\boldsymbol{P}(2) = \boldsymbol{P}(1)\,\boldsymbol{P}(1) = \begin{bmatrix} p & q \\ q & p \end{bmatrix}\begin{bmatrix} p & q \\ q & p \end{bmatrix} = \begin{bmatrix} p^2 + q^2 & 2pq \\ 2pq & p^2 + q^2 \end{bmatrix}$$

(2)2 级传输后的 0 变成 1 的概率即为误码率: $2pq = 2 \times 0.95 \times 0.05 = 0.095$。同理可以计算 1 变成 0 的概率也是误码率: $2pq = 2 \times 0.95 \times 0.05 = 0.095$。

(3)根据贝叶斯公式,当系统经过 2 级传输后输出为 1,原来发送也是 1 的概率为

$$P(X_0 = 1 \mid X_2 = 1) = \frac{P(X_2 = 1 \mid X_0 = 1)\,P(X_0 = 1)}{P(X_2 = 1)}$$

$$= \frac{0.5 \times (p^2 + q^2)}{0.5 \times (p^2 + q^2) + 0.5 \times 2pq}$$

$$= p^2 + q^2 = 0.905$$

2.8　独立增量过程

独立增量过程是一种特殊的马尔可夫过程。而独立过程、泊松过程和维纳过程都是独立增量过程的特例。

2.8.1　独立随机过程和独立增量过程基本概念

1. 独立过程和独立增量过程定义

首先介绍最简单的独立过程,它是独立增量过程的特例。

独立过程定义:随机过程 $\{X(t), t \geqslant 0\}$,如果对于任意的正整数 n 以及任意的 $0 \leqslant t_0 < t_1 < \cdots < t_n$,随机变量 $X(t_0), X(t_1), \cdots, X(t_n)$ 相互独立,则称随机过程 $\{X(t), t \geqslant 0\}$ 为独

立过程。最为典型的独立过程就是伯努利过程和通信中经常遇到的白噪声过程。对于独立过程,其联合分布函数可以表示为

$$F_X(x_1,x_2,\cdots,x_n;t_1,t_2,\cdots,t_n)=\prod_i^n F_X(x_i;t_i) \tag{2.8.1}$$

即独立过程的任意有限维分布由其一维分布所确定。

独立增量过程定义:随机过程$\{X(t),t\geqslant 0\}$,如果对于任意的正整数$n\geqslant 2$以及任意的$0\leqslant t_0<t_1<\cdots<t_n$,随机过程的增量$X(t_1)-X(t_0),X(t_2)-X(t_1),\cdots,X(t_n)-X(t_{n-1})$相互独立,则称随机过程$\{X(t),t\geqslant 0\}$为独立增量过程。如果对于任意的时间$0\leqslant s\leqslant t$和$0\leqslant s+h,0\leqslant t+h,X(t+h)-X(s+h)$与$X(t)-X(s)$具有相同的分布,则称随机过程为平稳独立增量过程,或称独立增量过程为齐次的或时齐的。

2. 独立增量过程的性质

性质1 如果随机过程$\{X(t),t\geqslant 0\}$为独立增量过程,$X(0)=0$,则有限维分布由一维增量分布确定。

证明 令$Y_k=X(t_k)-X(t_{k-1})(k=1,2,\cdots,n;t_0=0)$。由条件可知增量的分布,则增量相互独立,因此$Y_1,Y_2,\cdots,Y_n$的联合分布即可确定。而$X(t_1)=Y_1,X(t_2)=Y_1+Y_2,\cdots,X(t_n)=Y_1+Y_2+\cdots+Y_n$,即$X(t_k)$是$Y_1,Y_2,\cdots,Y_n$的线性函数,也就是说$Y_1,Y_2,\cdots,Y_n$的联合分布确定了随机过程$\{X(t),t\geqslant 0\}$的有限维分布函数。

性质2 随机过程$\{X(t),t\geqslant 0\}$为平稳独立增量过程,$X(0)=0$,则

(1) 随机过程的均值为$m_X(t)=E[X(t)]=ct,c$是常数;

(2) 随机过程方差$D_X(t)=D[X(t)]=\sigma^2 t,\sigma$是常数;

(3) 当$X(0)=0$时,自协方差函数$K_X(t_1,t_2)=D[X(\min(t_1,t_2))]=\sigma^2\min(t_1,t_2)$。

期望和方差按照定义展开即可证明,相对比较容易。在此仅仅给出自协方差函数的证明过程。

自协方差函数证明:令$Y(t)=X(t)-m_X(t)$,由于$X(t)$是独立增量过程,根据定义很容易得出$Y(t)$也是独立增量过程。且$Y(0)=0,E[Y(t)]=0$,其对应的方差为

$$D_Y(t)=E[(Y(t)-E[Y(t)])^2]=E[Y^2(t)]=D_X(t) \tag{2.8.2}$$

当$0\leqslant t_1<t_2$时,随机过程$X(t)$的自协方差函数为

$$\begin{aligned}
K_X(t_1,t_2)&=E[(X(t_1)-m_X(t_1))(X(t_2)-m_X(t_2))]\\
&=E[Y(t_1)Y(t_2)]=E[(Y(t_1)-Y(0))(Y(t_2)-Y(t_1)+Y(t_1))]\\
&=E[(Y(t_1)-Y(0))(Y(t_2)-Y(t_1))]+E[Y^2(t_1)]\\
&=E[(Y(t_2)-Y(t_1))]E[(Y(t_2)-Y(t_1))]+D_X(t_1)\\
&=D_X(t_1)=\sigma^2 t_1
\end{aligned} \tag{2.8.3}$$

同理,当$0\leqslant t_2<t_1$时,$K_X(t_1,t_2)=D_X(t_2)=\sigma^2 t_2$。因此,可以得出

$$K_X(t_1,t_2)=D[X(\min(t_1,t_2))]=\sigma^2\min(t_1,t_2) \tag{2.8.4}$$

3. 伯努利过程

伯努利过程是典型的独立过程。

伯努利过程定义:伯努利过程为一串相互独立的伯努利随机变量序列$X_1,X_2,\cdots,X_n$,且对于任意的k,满足$P(X_k=1)=p$和$P(X_k=0)=1-p$。

伯努利过程的性质：

(1) 在 n 次试验中，成功 k 次的概率服从参数为 n 和 p 的二项分布；

(2) 首次成功所需的时间服从参数为 p 的几何分布；

(3) 独立性；

(4) 两次事件成功的时间间隔服从几何分布，且所有的时间间隔为独立同分布的随机变量，构成新的独立过程。

下面对性质(3)和性质(4)进行说明。从任意一个时刻开始，未来可以用相同的伯努利过程来描述，而且与过去相互独立。即任意给定的时间 n，随机过程将来的随机变量 $X_{n+1}, X_{n+2}, \cdots$ 也是伯努利随机过程，而且与随机过程的过去 $X_1, X_2, \cdots, X_n$ 相互独立。因此伯努利过程具有性质(3)。与伯努利过程相关的一个重要的随机变量是事件第 k 次成功的时间，记为 Y_k。与之相关的随机变量是第 k 次和 $k-1$ 次事件成功的时间间隔，记为 $T_k = Y_k - Y_{k-1}$。则所有的时间间隔 $T_1, T_2, \cdots, T_n$ 组成新的随机过程。由于伯努利过程的独立性，在第一次事件成功之后，后续的过程仍然是一个新的伯努利过程，因此时间间隔 T_2 也服从和 T_1 相同的几何分布，且与 T_1 相互独立，也就是说 $T_1, T_2, \cdots, T_n$ 为独立同分布的随机变量组成的独立过程。也就是性质(4)的内容。

4. 泊松过程

在实际生产生活中，我们比较关心一些计数，比如，一个基站在一定时间内收到的接入用户数，一个购物网站一天内的顾客访问量等，这就涉及一些计数过程。

计数过程定义：

如果随机过程 $\{X(t), t \geqslant 0\}$ 满足：

(1) $X(t) \geqslant 0$；

(2) $X(t)$ 为正整数；

(3) 对于任意的 $s < t$ 满足 $X(s) \leqslant X(t)$；

(4) 对于任意的 $s < t$，$X(t) - X(s)$ 表示事件发生的次数。

则称随机过程 $\{X(t), t \geqslant 0\}$ 为计数过程。比如到达商场的顾客数，某放射性物质放射出的粒子数，某地段出现的交通事故次数。在计数过程的基础上，给出两个等价的泊松过程的定义。

泊松过程定义 1：

如果一个计数过程满足：

(1) $X(0) = 0$；

(2) $X(t)$ 为独立增量过程；

(3) 对于任意的 $0 \leqslant s < t$，$X(t) - X(s)$ 服从泊松分布，$P(X(t) - X(s) = k) = \dfrac{(\lambda(t-s))^k}{k!} e^{-\lambda(t-s)}$ $(k = 0, 1, 2, \cdots)$。

则称随机过程 $X(t)$ 为参数为 λ（或平均率，强度）的齐次泊松过程。

泊松过程定义 2：

如果一个计数过程满足：

(1) $X(0) = 0$；

(2) $X(t)$ 为独立增量过程；

(3) $P(X(h) = 1) = \lambda h + o(h)$；

(4)$P(X(h) \geqslant 2) = o(h)$。

则称随机过程 $X(t)$ 为泊松过程。在泊松过程定义 2 中,条件(3)表明在充分小的时间间隔 h 内事件发生一次的概率与时间间隔 h 的长度成正比,条件(4)表明在很小的时间间隔 h 内事件发生次数大于等于 2 次的概率非常小,是时间间隔的高阶无穷小。实际现象中的很多情况和这个模型较为吻合。

关于定义 1 和定义 2 等价性的证明在此不再详细叙述。下面介绍和泊松过程有关的几个定理。假设 $\{X(t), t \geqslant 0\}$ 为泊松过程,$X(t)$ 表示 t 时刻事件发生的个数,$t_1, t_2, \cdots$ 分别表示第 1 个,第 2 个 …… 事件发生的时间,T_n 表示从第 $n-1$ 次事件发生到第 n 次事件发生的时间间隔。通常称 t_n 为第 n 次事件发生的等待时间,T_n 为第 n 个时间间隔,它们都是随机变量。

定理 1   设 $\{X(t), t \geqslant 0\}$ 是具有参数为 λ 的泊松过程,$\{T_n(n \geqslant 1, 2, \cdots)\}$ 是对应的等待时间序列,则随机变量序列 $T_n(n \geqslant 1, 2, \cdots)$ 为独立的且均服从参数为 λ 的指数分布。

定理 2   设 $\{X(t), t \geqslant 0\}$ 是具有参数为 λ 的泊松过程,$\{t_n(n \geqslant 1, 2, \cdots)\}$ 是对应的时间间隔序列,则随机变量 $t_n(n \geqslant 1, 2, \cdots)$ 服从参数为 n 与 λ 的 Γ 分布。

定理 3   如果相继出现的事件的时间间隔相互独立,且服从同一指数分布,则事件发生的次数构成了强度为 λ 的泊松过程。

5. 泊松过程的统计特性

泊松过程的均值为

$$m_X(t) = E[X(t)] = \lambda t \tag{2.8.5}$$

整理可得 $\lambda = \dfrac{E[X(t)]}{t}$,表示单位时间内事件发生的平均个数。

泊松过程的方差为

$$D_X(t) = D[X(t)] = \lambda t \tag{2.8.6}$$

泊松过程的均方值函数为

$$\Psi_X^2(t) = E[X^2(t)] = D_X(t) + m_X^2(t) = \lambda t + (\lambda t)^2 \tag{2.8.7}$$

泊松过程的自相关函数为

$$R_X(t_1, t_2) = E[X(t_1)X(t_2)] = \lambda \min(t_1, t_2) + \lambda^2 t_1 t_2 \tag{2.8.8}$$

泊松过程的自协方差函数为

$$K_X(t_1, t_2) = E[(X(t_1) - m_X(t_1))(X(t_2) - m_X(t_2))] = \lambda \min(t_1, t_2) \tag{2.8.9}$$

根据伯努利过程和泊松过程的定义,可以看出伯努利过程是泊松过程的离散化。二者的区别和联系见表 2.8.1。

表 2.8.1   伯努利过程和泊松过程的区别和联系

随机过程	伯努利过程	泊松过程
时间	离散	连续
事件成功次数	二项分布	泊松分布
事件成功的时间间隔	几何分布	指数分布
到达率	λ	p

例 2.23   设 $\{X(t), t \geqslant 0\}$ 服从强度为 λ 的泊松过程。求:

(1) $P(X(5)=4)$;

(2) $P(X(5)=4,X(7.5)=6,X(12)=9)$;

(3) $P(X(12)=9 \mid X(5)=4)$;

(4) $P(X(5)=4 \mid X(12)=9)$ 。

解　由于 $\{X(t),t \geqslant 0\}$ 是泊松过程,意味着 $X(0)=0$ 。所以可以得到:

(1) 的解为

$$P(X(5)=4)=P(X(5)-X(0)=4)=\frac{(5\lambda)^4}{4!}\mathrm{e}^{-5\lambda}$$

(2) 的解为

$$P(X(5)=4,X(7.5)=6,X(12)=9)$$
$$=P(X(5)-X(0)=4,X(7.5)-X(5)=2,X(12)-X(7.5)=3)$$
$$=\frac{(5\lambda)^4}{4!}\mathrm{e}^{-5\lambda}\,\frac{(2.5\lambda)^2}{2!}\mathrm{e}^{-2.5\lambda}\,\frac{(4.5\lambda)^4}{3!}\mathrm{e}^{-4.5\lambda}$$

(3) 的解为

$$P(X(12)=9 \mid X(5)=4)=P(X(12)-X(5)=5 \mid X(5)-X(0)=4)$$
$$=P(X(12)-X(5)=5)=\frac{(7\lambda)^5}{5!}\mathrm{e}^{-7\lambda}$$

(4) 的解为

$$P(X(5)=4 \mid X(12)=9)=\frac{P(X(5)=4,X(12)=9)}{P(X(12)=9)}$$
$$=\frac{P(X(5)-X(0)=4,X(12)-X(5)=5)}{P(X(12)-X(0)=9)}$$
$$=\frac{\dfrac{(5\lambda)^4}{4!}\mathrm{e}^{-5\lambda}\,\dfrac{(7\lambda)^5}{5!}\mathrm{e}^{-7\lambda}}{\dfrac{(12\lambda)^9}{9!}\mathrm{e}^{-12\lambda}}$$

例 2.24　设粒子按平均率为每分钟 4 个的泊松过程到达某计数器,$\{X(t),t \geqslant 0\}$ 表示 $[0,t)$ 内到达计数器的粒子个数,试求:(1) 随机过程 $\{X(t),t \geqslant 0\}$ 的均值、方差、自相关函数与自协方差函数;(2) 在第 3 分钟到 5 分钟之间到达计数器的粒子个数的概率分布;(3) 在 2 分钟内至少有 6 个粒子到达计数器的概率。

解　(1) 根据题意,$\{X(t),t \geqslant 0\}$ 为泊松过程,固定时间 t,$\{X(t),t \geqslant 0\}$ 服从参数为 λ 的泊松分布,并且平均每分钟到达 4 个粒子,可知 $\lambda=4$ 。则均值为 $m_X(t)=D_X(t)=4t$,自相关函数为 $R_X(t,s)=4\min(t,s)+16st$,自协方差函数为 $K_X(t,s)=4\min(t,s)$ 。其中 $\min(t,s)$ 表示 t、s 的最小值。

(2) 第 3 分钟到第 5 分钟之间到达计数器的粒子个数的分布律为

$$P(X(5)-X(3)=k)=\frac{(2 \times 4)^k}{k!}\mathrm{e}^{-(2 \times 4)} \qquad (k=0,1,2,\cdots)$$

(3) 根据题意,待求解的概率可以表示为

$$P(X(2) \geqslant 6)=\sum_{k=6}^{\infty}\frac{(2 \times 4)^k}{k!}\mathrm{e}^{-(2 \times 4)}=1-\sum_{k=0}^{5}\frac{(2 \times 4)^k}{k!}\mathrm{e}^{-(2 \times 4)}$$
$$=1-\mathrm{e}^{-8}\left[1+8+\frac{8^2}{2!}+\frac{8^3}{3!}+\frac{8^4}{4!}+\frac{8^5}{5!}\right]=0.8088$$

6. 维纳过程

维纳过程是时间和状态均连续的独立增量过程,是悬浮粒子布朗运动的数学模型,因此有时也称为布朗运动过程,其实随机过程的研究就发端于布朗运动的研究。布朗运动是指微小粒子受到碰撞表现出的不规则运动。1905 年,爱因斯坦研究表明,微粒之所以具有这种特性,主要是因为在每一个瞬间,粒子都会受到其他粒子对它的碰撞,而每次碰撞微粒所受到的瞬时冲力的大小和方向都不相同,而且粒子的碰撞是永不停息的,故微粒在某个时间段上的位移可以看作多个小位移的总和,根据中心极限定理,位移符合高斯分布。又由于微粒的运动是不规则的,那么在不重叠的时间段内,粒子碰撞受到的冲力的方向和大小都可以认为是相互独立的,说明位移具有独立的增量。并且某一时间段上位移的分布仅仅与时间段的大小有关,因此可以说位移具有平稳增量。因此,布朗运动中微粒的位移可以看作独立增量过程。从这段介绍我们得到启发,数学模型对于很多学科的研究具有至关重要的意义。在现实生活中,股票价格也可以用维纳过程进行建模。因此,维纳过程在实际生活中有广泛的用途。

维纳过程定义:

设随机过程 $\{X(t),t \geqslant 0\}$ 满足对于任意的时刻 t ,$E[X^2(t)]$ 存在,且满足:

(1)$X(0)=0$;

(2)$X(t)$ 是独立增量过程;

(3) 对于任意的 $0 \leqslant s < t$,$X(t) - X(s)$ 服从高斯分布, 即 $X(t) - X(s) \sim N(0,\sigma^2(t-s))$ 。

则称随机过程 $\{X(t),t \geqslant 0\}$ 为维纳过程。假设任意的时刻 $t_0 < t_1 < t_2 < \cdots < t_n$,且满足 $t_0 = 0$,则任意时刻的维纳过程可以表示为 $X(t_k) = \sum_{i=1}^{k}(X(t_i) - X(t_{i-1}))$ 。根据维纳过程定义不同时刻对应的 $X(t_i) - X(t_{i-1})$ 相互独立,因此,维纳过程可以看作独立高斯分布的线性组合。由高斯过程的性质可知 $(X(t_1),X(t_2),\cdots,X(t_n))$ 为 n 维高斯随机变量,也就是说,$X(t)$ 是高斯随机过程。下面分析维纳过程的统计特性。根据定义 $t > 0$ 时,$X(t) - X(0) \sim N(0,\sigma^2 t)$,则维纳过程的均值函数为

$$m_X(t) = E[X(t)] = E[X(t) - X(0)] = 0 \tag{2.8.10}$$

方差函数为

$$D_X(t) = D[X(t)] = D[X(t) - X(0)] = \sigma^2 t \tag{2.8.11}$$

自协方差函数为

$$K_X(s,t) = D_X[X(\min(s,t))] = \sigma^2 \min(s,t) \tag{2.8.12}$$

自相关函数为

$$R_X(s,t) = K_X(s,t) = \sigma^2 \min(s,t) \tag{2.8.13}$$

2.9 Matlab 实现和仿真

本节将对随机过程的数字特征求解和随机过程的平稳性判断进行 Matlab 实现和仿真。

2.9.1　数字特征的仿真方法

1. 数学期望

除了可以采用随机过程数学期望的定义式(2.1.7)直接求数学期望外,Matlab 还提供了 mean 函数对随机数求数学期望。mean 函数使用方法如下:

mean(M):以矩阵 M 的每一列为对象,对每一列的数据分别求期望。

mean(M,2):以矩阵 M 的每一行为对象,对每一行的数据分别求期望。

mean(M(:)):以矩阵 M 所有数据为对象求期望。

例 2.25　求矩阵 $M = \begin{bmatrix} 1 & 2 & 5 \\ 7 & 8 & 4 \\ 0 & 1 & 5 \end{bmatrix}$ 每行、每列和所有元素的数学期望。

Matlab 仿真代码如下:

```
>> M=[1,2,5;7,8,4;0,1,5];
>> mean(M)
ans = 2.6667    3.6667    4.6667
>> mean(M,1)
ans = 2.6667    3.6667    4.6667
>> mean(M,2)
ans =
    2.6667
    6.3333
    2.0000
>> mean(M(:))
ans = 3.6667
>> mean(mean(M))
ans = 3.6667
```

仿真中给出了多种求期望的方法。通过仿真结果,可以发现 mean 语句是按照均匀分布的情况来求数学期望,也就是所有元素和除以元素个数。如果不知道随机过程的具体分布而求期望,则只有用式(2.1.7)的数学期望的定义来求。

2. 标准差

在 Matlab 中,实现标准差的函数是 std。std 函数使用方法如下:

std(A,a):$a=0$ 时为无偏估计,分母为 $n-1$;$a=1$ 时为有偏估计,分母为 n。默认形式: std(A,1)。关于参数估计的无偏性请参考本书的 6.7.1 节。

std(A,a,b):增加的形参 b 是维数,若 A 是二维矩阵,则 $b=1$ 表示按行分,$b=2$ 表示按列分;若为三维以上,$b=i$ 就是增多的一维维数。

例 2.26　求矩阵 $M = \begin{bmatrix} 1 & 2 & 5 \\ 7 & 8 & 4 \\ 0 & 1 & 5 \end{bmatrix}$ 每行、每列和所有元素的标准差。

Matlab 仿真代码如下：

```
>> M = [1,2,5;7,8,4;0,1,5];
>> std(M)
ans = 3.7859    3.7859    0.5774
>> std(M,0)
ans = 3.7859    3.7859    0.5774
>> std(M,1)
ans = 3.0912    3.0912    0.4714
>> std(M,0,1)
ans = 3.7859    3.7859    0.5774
>> std(M,0,2)
ans =
    2.0817
    2.0817
    2.6458
```

3. 方差

在 Matlab 中，实现方差的函数是 var。但需要注意的是，var 函数中采用的公式是无偏估计，分母是 $n-1$，而不是 n。var 函数使用方法与 std 函数相似。

例 2.27 求矩阵 $\boldsymbol{M} = \begin{bmatrix} 1 & 2 & 5 \\ 7 & 8 & 4 \\ 0 & 1 & 5 \end{bmatrix}$ 每行、每列和所有元素的方差。

Matlab 仿真代码如下：

```
>> M = [1,2,5;7,8,4;0,1,5];
>> var(M)
ans = 14.3333    14.3333    0.3333
>> std(M,0).^2
ans = 14.3333    14.3333    0.3333
>> var(M,1,2)
ans =
    2.8889
    2.8889
    4.6667
>> std(M,1,2).^2
ans =
    2.8889
    2.8889
    4.6667
```

从例 2.27 的仿真结果求方差时可以通过 std 函数先求解标准差，然后再平方就可得方差。

4. 相关

在 Matlab 中,实现相关的函数是 xcorr。xcorr 函数使用方法如下:

R＝xcorr(x,y):返回两个离散时间序列的互相关。互相关测量向量 x 和移位(滞后)向量 y 之间的相似性。如果 x 和 y 的长度不同,函数会在较短向量的末尾添加零,使其长度与另一个向量相同。

R＝xcorr(x):返回 x 的自相关序列。如果 x 是矩阵,则 R 也是矩阵,其中包含 x 的所有列组合的自相关和互相关序列。

R＝xcorr(___, maxlag):将上述任一语法中的滞后范围限制为从 $-$ maxlag 到 maxlag。

R＝xcorr(___,$'$option$'$):返回互相关或自相关指定选项。

其中 option 选项为:

① $'$biased$'$:随机序列的有偏估计;

② $'$unbiased$'$:随机序列的无偏估计;

③ $'$coeff$'$:随机序列的自相关函数对零点的相关值做归一化处理;

④ $'$none$'$:不做归一化处理,等价于 xcorr(x)。

[R,lags]＝xcorr(___):返回用于计算相关性的滞后。

例 2.28　求矩阵 $A=[1\ 2\ 3]$ 和 $B=[2\ 3\ 4]$ 的自相关函数和互相关函数。

Matlab 仿真代码如下:

```
>> A=[1,2,3];B=[2,3,4];
>> xcorr(A)
ans=3.0000    8.0000    14.0000    8.0000    3.0000
>> xcorr(A,B)
ans=4.0000    11.0000    20.0000    13.0000    6.0000
```

自相关函数是信号移位(滞后)的函数,移位有正负间隔,所以 n 个长度的信号,有 $2n-1$ 个自相关函数值,分别描述的是不同信号移位的相似程度。矩阵 A 的长度为 3,所以矩阵 A 的自相关函数的长度为 $2×3-1=5$。

观察矩阵 A 的 5 个自相关函数值,其中第三个是矩阵 A 自己和自己相乘,最后相加的结果,值最大 $1×1+2×2+3×3=14$。而第二个和第四个 A 分别是移位正负 1 的结果,也就是 $1×2+2×3=8,2×1+3×2=8$。第一个和第五个 A 分别是移位正负 2,也就是 $1×3=3$,$3×1=3$。矩阵 A 和 B 的互相关函数的求法和矩阵 A 的自相关函数求法相似。

例 2.29　求向量 $A=0.5^n$ 与向量 B 的互相关函数、归一化互相关函数及向量 A 的自相关函数,其中向量 B 是 A 右移 4 个元素的结果。

Matlab 仿真代码如下:

```
clear;clc;
n=0:10;
A=0.5.^n;                          % 生成向量 A
B=circshift(A,[0,4]);              % 生成向量 B
[Rab1,lags_Rab1]=xcorr(A,B);      % 向量 A 与 B 的互相关函数
subplot(3,1,1);stem(lags_Rab1,Rab1);
```

title('互相关函数');grid on;
[Raa,lags_Raa]=xcorr(A);   % 向量 **A** 的自相关函数
subplot(3,1,2);stem(lags_Raa,Raa);
title('自相关函数');grid on;
[Rab2,lags_Rab2]=xcorr(A,B,10,'coeff');   % 向量 **A** 与 **B** 的归一化互相关函数
subplot(3,1,3);stem(lags_Rab2,Rab2);
title('归一化互相关函数');grid on;
仿真结果如图 2.9.1 所示。

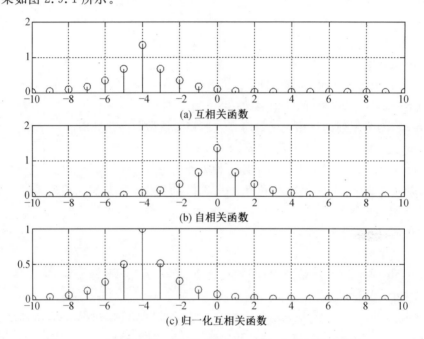

(a) 互相关函数

(b) 自相关函数

(c) 归一化互相关函数

图 2.9.1   自相关函数、互相关函数和归一化互相关函数示意图

由图 2.9.1 可见,向量 **B** 是 **A** 右移 4 个元素的结果,所以两者的互相关函数在位移 -4 处出现最大值。而向量 **A** 的自相关函数的最大值在 0 处出现。

2.9.2   随机过程的平稳性

例 2.30   对例 2.8 的第一问进行 Matlab 仿真验证。

例 2.8 中给出一个随机过程 $X(t) = A\cos(\omega_0 t + \Phi)$,其中 A 与 ω_0 为常数,Φ 为在 $(0, 2\pi)$ 上均匀分布的随机变量。可以通过理论推导计算该随机过程是否平稳的三个条件,即均值、自相关函数和均方值,结果如下:

$$m_X(t) = E[X(t)] = 0$$

$$R_X(t, t+\tau) = E[X(t)X(t+\tau)]$$

$$= \int_0^{2\pi} A\cos(\omega_0 t + \varphi) A\cos(\omega_0 (t+\tau) + \varphi) \frac{1}{2\pi} \mathrm{d}\varphi$$

$$= \frac{A^2}{2} \cos(\omega_0 \tau) = R_X(\tau) \tag{例 2.30.1}$$

$$E[X^2(t)] = R_X(t,t) = \frac{A^2}{2}\cos(\omega_0 \cdot 0) = \frac{A^2}{2} < \infty$$

所以,综合上述结论可得,$X(t)$ 为宽平稳过程。

可以通过 Matlab 软件对随机相位正弦信号的均值和自相关函数进行仿真验证。仿真中取大量的样本进行统计平均,取 $A=1,\omega_0=\pi/2$。

Matlab 仿真代码如下:

```
clc;clear;
t = 0:0.01:20;
N1 = 1000;                                 % 选取不同样本个数
N2 = 10000;
N3 = 100000;
w = pi/2;
y1 = zeros(1,2001);y2 = zeros(1,2001);y3 = zeros(1,2001);
for ii = 1:N1                              % 选取 1 000 个样本
    x1 = cos(w * t + 2 * pi * rand * ones(1,2001)); % 计算每个样本的值
    y1 = y1 + x1;
end
y_mean1 = y1/N1;                           % 对 1 000 个样本做平均
for ii = 1:N2                              % 选取 10 000 个样本
    x2 = cos(w * t + 2 * pi * rand * ones(1,2001)); % 计算每个样本的值
    y2 = y2 + x2;
end
y_mean2 = y2/N2;                           % 对 10 000 个样本做平均
for ii = 1:N3                              % 选取 100 000 个样本
    x3 = cos(w * t + 2 * pi * rand * ones(1,2001)); % 计算每个样本的值
    y3 = y3 + x3;
end
y_mean3 = y3/N3;                           % 对 100 000 个样本做平均
plot(t,y_mean1,'-',t,y_mean2,':',t,y_mean3,'-.');
xlabel('t');ylabel('E[X(t)]');
legend('N = 10000','N = 50000','N = 100000')
grid on;
```

仿真结果如图 2.9.2 所示。

随机信号不同样本数量时的数学期望仿真结果如图 2.9.2 所示,可见取不同的样本数量进行统计平均后,只是初始相位和振幅发生了改变,并且随着样本数量的增加随机相位正弦信号均值的幅度减小,当样本数趋于无穷时,可以想象得到这时均值趋于零,由此验证了式(例 2.30.1)中理论推导结果。

验证完均值后,下面将验证自相关函数 $R_x(t,t+\tau)$ 与时间 t 是否无关,只与时间间隔 τ 有关,即 $R_x(t,t+\tau)$ 是关于 τ 的正弦函数。所以,仿真中将任取多个不同的时刻 t 来计算大量的 $R_x(t,\tau)$,再对所有的 $R_x(t,\tau)$ 做平均。如果对于不同的时刻 t 所得到的自相关函数 $R_x(t,\tau)$ 都

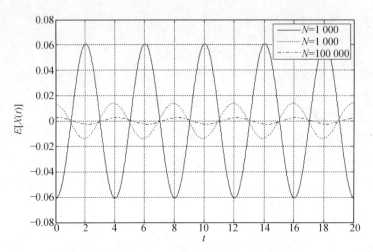

图 2.9.2　随机信号不同样本数量时的数学期望

相等,则说明此随机过程的自相关函数与 t 无关。

Matlab 代码如下:

```
clc;clear;
tao=-5:0.01:5;                          % 设置时间间隔 τ 的取值范围
t1=1;t2=3;t3=5;                         % 设置不同的时间 t
w=pi/2;                                 % 初始化各参数
y1=0;y2=0; y3=0;
N=100000;
for ii=1:N
    fai=rand;
    x1=cos(w*t1+w*fai).* cos(w*t1+w*tao+w*fai);
    y1=y1+x1;                           % 自相关值累加
    x2=cos(w*t2+w*fai).* cos(w*t2+w*tao+w*fai);
    y2=y2+x2;
    x3=cos(w*t3+w*fai).* cos(w*t3+w*tao+w*fai);
    y3=y3+x3;
end
y_mean1=y1/N;                           % 自相关值的平均值
y_mean2=y2/N;
y_mean3=y3/N;
subplot(3,1,1);plot(tao, y_mean1);
axis([-5, 5, -0.6, 0.6]);xlabel('tao t=1'), ylabel('Rx(tao)');grid on;
subplot(3,1,2);plot(tao, y_mean2);
axis([-5, 5, -0.6, 0.6]);xlabel('tao t=2'), ylabel('Rx(tao)');grid on;
subplot(3,1,3);plot(tao, y_mean3);
axis([-5, 5, -0.6, 0.6]);xlabel('tao t=3'), ylabel('Rx(tao)');grid on;
```

仿真结果如图 2.9.3 所示。

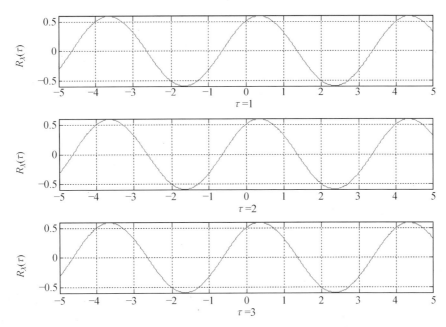

图 2.9.3　随机信号不同起始时刻的自相关函数示意图

由图 2.9.3 可见,时间 t 取值不同时,不影响自相关函数的取值,即此随机过程的自相关函数的取值只与时间间隔 τ 有关,与时间 t 无关,由此验证了式(例 2.30.1)中理论推导结果。

习　　题

2—1　设正弦波随机过程为 $X(t)=A\cos\omega_c t$,其中 ω_c 为常数;A 为均匀分布在$(0,1)$ 内的随机变量,即 $f_A(a)=\begin{cases}1 & (0\leqslant a\leqslant 1)\\0 & (其他)\end{cases}$

(1)画出过程 $X(t)$ 的几个样本函数的波形;

(2)试求 $t=0,\dfrac{\pi}{4\omega_0},\dfrac{3\pi}{4\omega_0},\dfrac{\pi}{\omega_0}$ 时,$X(t)$ 的一维概率密度,并画出它们的曲线;

(3)试求 $t=\dfrac{\pi}{2\omega_0}$ 时,$X(t)$ 的一维概率密度。

2—2　设随机相位信号 $X(t)=a\cos(\omega_c t+\Phi)$,式中 a、ω_c 皆为常数,Φ 为均匀分布在$(0,2\pi)$ 上的随机变量。求该随机信号的均值、方差、相关函数和协方差函数。

2—3　设随机过程 $X(t)=At+Bt^2$,式中 A,B 为两个互不相关的随机变量,有:$E[A]=4,E[B]=7,D[A]=0.1,D[B]=2$。求过程的均值、方差、相关函数和协方差函数。

2—4　已知随机信号 $X(t)=V\mathrm{e}^{3t}\cos 2t$,其中 V 是均值为 4、方差为 1 的随机变量。设新的随机变量 $Y(t)=X'(t)$。求 $Y(t)$ 的均值、方差、相关函数和协方差函数。

2—5　已知随机过程 $X(t)=V\cos 2t$,其中 V 是均值为 5、方差为 6 的随机变量,试求新的随机变量 $Y(t)=\int_0^t X(\lambda)\mathrm{d}\lambda$。求 $Y(t)$ 的均值、方差、相关函数和协方差函数。

2—6　有 3 个样本函数 $x_1(t)=2,x_2(t)=2\cos t,x_3(t)=3\sin t$ 组成的随机过程 $X(t)$,每个样本函数发生的概率相同,是否满足严平稳或宽平稳的条件?

2 — 7　设 $X(t)$、$Y(t)$ 是两个相互独立的平稳随机过程。试证由它们的乘积构成的随机过程 $Z(t) = X(t)Y(t)$ 也是平稳的。

2 — 8　已知随机过程 $X(t) = A\cos(\omega_c t + \Phi)$，其中 ω_c 为常数；A、Φ 为相互独立的两个随机变量，它们的概率密度分别为

$$f_A(a) = \begin{cases} \dfrac{a}{\sigma^2} e^{-a^2/(2\sigma^2)} & (a > 0) \\ 0 & (其他) \end{cases}$$

$$f_\Phi(\varphi) = \frac{1}{2\pi} \quad (0 < \theta < 2\pi)$$

试问 $X(t)$ 是否为广义平稳随机过程？是否具有遍历性？证明之。

2 — 9　设随机过程 $Y(t) = X(t)\cos(\omega_0 t + \Phi)$，其中 $X(t)$ 为广义平稳过程，它是幅度调制的，角度 ω_0 为常数；随机相位 Φ 与 $X(t)$ 无关，且均匀分布在 $(-\pi, \pi)$ 上。(1) 求过程 $Y(t)$ 的均值和自相关函数；(2) 过程 $Y(t)$ 广义平稳吗？

2 — 10　设 $X(t)$ 是雷达的发射信号，遇目标后返回接收机的微弱信号是 $aX(t - \tau_1)$，$a \ll 1$，τ_1 是信号返回时间，由于接收到的信号总是伴有噪声的，记噪声为 $N(t)$，故接收机收到的全信号为

$$Y(t) = aX(t - \tau_1) + N(t)$$

(1) 若 $X(t)$、$N(t)$ 单独平稳且联合平稳，求互相关函数 $R_{XY}(t_1, t_2)$；

(2) 在(1)的条件下，假设 $N(t)$ 的均值为零，且与 $X(t)$ 是互相独立的，求 $R_{XY}(t_1, t_2)$（这是利用互相关函数从全信号中检测小信号的相关接收法）。

2 — 11　两个单独且联合平稳的随机过程为 $X(t) = a\cos(\omega_c t + \Phi)$，$Y(t) = b\sin(\omega_c t + \Phi)$，其中 a、b、ω_c 皆为常数，Φ 是在 $(0, 2\pi)$ 上均匀分布的随机变量。试求互相关函数 $R_{XY}(\tau)$、$R_{YX}(\tau)$，并说明互相关函数在 $\tau = 0$ 时的值具有什么意义。

2 — 12　令 $X(n)$ 和 $Y(n)$ 为不相关的随机信号，试证，如果 $Z(n) = X(n) + Y(n)$，则 $m_Z = m_X + m_Y$ 及 $\sigma_Z^2 = \sigma_X^2 + \sigma_Y^2$。

2 — 13　若正态随机过程 $X(t)$ 有自相关函数

(1) $R_X(\tau) = 6e^{-|\tau|/2}$；

(2) $R_X(\tau) = 6\dfrac{\sin \pi\tau}{\pi\tau}$。

试确定随机变量 $X(t)$、$X(t+1)$、$X(t+2)$、$X(t+3)$ 的协方差矩阵。

2 — 14　假设 $X(t)$ 为严平稳随机过程，试证明其对应的期望、方差、均方值为常数，自相关函数为时间差函数。

2 — 15　设随机过程 $\{X(t) = A\cos(\omega t + \theta), t \in (-\infty, +\infty)\}$，其中 A、ω、θ 为互相独立的实随机变量，其中 A 的均值为 2，方差为 4，且 $\theta \sim U(-\pi, \pi)$，$\omega \sim U(-5, 5)$，试问 $X(t)$ 是否为平稳过程，并讨论 $X(t)$ 均值的遍历性。

2 — 16　请用公式说明两个随机变量之间的独立、互不相关、正交的含义，然后用公式说明两个随机过程之间的独立、互不相关、正交的含义。并说明随机变量和随机过程的独立、互不相关和独立之间的区别。

2 — 17　设随机程 $Z(t) = X(t) + Y$，其中 $X(t)$ 是平稳随机过程，Y 是与 $X(t)$ 无关的随机变量。试说明 $Z(t)$ 的平稳性和遍历性。

第 3 章

平稳随机过程的功率谱

第 2 章介绍了随机过程的基本概念和相关的时域特征。除此之外，还需要了解随机过程的频域特性。通过本章的学习，能够熟练掌握功率谱的定义，理解功率谱的性质，推导功率谱和自相关函数之间的关系。了解通信中的各种噪声，特别掌握白噪声、限带白噪声以及高斯白噪声的各种性质。本章的知识点总结如下。

序号	内 容	要 求
1	帕塞瓦尔定理 $\int_{-\infty}^{+\infty} x^2(t)\mathrm{d}t = \frac{1}{2\pi}\int_{-\infty}^{+\infty} \mid X(\omega)\mid^2 \mathrm{d}\omega$	能够证明
2	随机过程平均功率和功率谱密度： $$Q = \lim_{T\to+\infty}\frac{1}{2T}\int_{-T}^{T} E[X^2(t)]\mathrm{d}t = \frac{1}{2\pi}\int_{-\infty}^{+\infty} S_X(\omega)\mathrm{d}\omega$$ $$E[X^2(t)] = R_X(0)$$ $$S_X(\omega) = \lim_{T\to+\infty}\frac{E[\mid X_X(\omega,T)\mid^2]}{2T}$$	熟练掌握
3	随机过程功率谱密度的性质： (1) 功率谱密度为非负函数； (2) 功率谱密度为 ω 的实函数； (3) 实平稳随机过程的功率谱密度为 ω 的偶函数； (4) 平稳随机过程的功率谱函数可积，也即是 $\int_{-\infty}^{+\infty} S_X(\omega)\mathrm{d}\omega < +\infty$	能够证明
4	维纳 — 辛钦定理(功率谱密度函数和自相关函数的关系)： $$S_X(\omega) = \int_{-\infty}^{+\infty} R_X(\tau)\mathrm{e}^{-\mathrm{j}\omega\tau}\mathrm{d}\tau \ , R_X(\tau) = \frac{1}{2\pi}\int_{-\infty}^{+\infty} S_X(\omega)\mathrm{e}^{\mathrm{j}\omega\tau}\mathrm{d}\omega$$ $$\begin{cases} S_X(\omega) = 2\int_{0}^{+\infty} R_X(\tau)\cos\omega\tau\,\mathrm{d}\tau \\ R_X(\tau) = \frac{1}{\pi}\int_{0}^{+\infty} S_X(\omega)\cos\omega\tau\,\mathrm{d}\omega \end{cases}$$	能够证明

序号	内　容	要　求
5	白噪声的定义和性质： 定义：若 $N(t)$ 为一个具有零均值的平稳随机过程，其功率谱密度均匀分布在 $(-\infty, +\infty)$ 的整个频率区间，即 $S_N(\omega) = N_0/2$，其中 N_0 为一正实常数，则称 $N(t)$ 为白噪声过程或简称为白噪声。 白噪声的自相关函数： $R_N(\tau) = \dfrac{1}{2} N_0 \delta(\tau)$ 白噪声的自相关系数： $r_N(\tau) = \dfrac{R_N(\tau)}{R_N(0)} = \begin{cases} 1 & (\tau = 0) \\ 0 & (\tau \neq 0) \end{cases}$	理解
6	高斯白噪声常温下的功率谱密度为 $-174\ \text{dBm/Hz}$	理解

3.1　随机过程的谱分析

3.1.1　确定信号的频域分析

对于一个确定性时间信号 $x(t)$，设 $x(t)$ 是时间的非周期实函数，其傅里叶变换存在的充分条件是：

① $x(t)$ 在 $(-\infty, +\infty)$ 的任何有限区间上存在有限个极值点。

② $x(t)$ 在 $(-\infty, +\infty)$ 的任何有限区间上连续或具有有限个间断点，并且间断点处函数值为有限值。

③ $x(t)$ 绝对可积，即：$\displaystyle\int_{-\infty}^{+\infty} |x(t)|\,\mathrm{d}t < +\infty$。

这 3 个条件为傅里叶变换存在的狄利克雷条件，相比于周期信号傅里叶级数存在的条件为一个周期内满足狄利克雷条件，傅里叶变换的狄利克雷条件的作用范围变为 $(-\infty, +\infty)$ 的任何有限区间。满足上述条件时 $x(t)$ 的傅里叶变换定义为

$$X(\omega) = \int_{-\infty}^{+\infty} x(t) \mathrm{e}^{-\mathrm{j}\omega t}\,\mathrm{d}t \tag{3.1.1}$$

一般来说，信号的傅里叶变换为复函数，可以表示为幅度谱和相位谱。另外，作为变换对，傅里叶变换对应的反变换为

$$x(t) = \frac{1}{2\pi} \int_{-\infty}^{+\infty} X(\omega) \mathrm{e}^{\mathrm{j}\omega t}\,\mathrm{d}\omega \tag{3.1.2}$$

对于能量信号 $x(t)$，如果它的总能量有限，用公式表示为 $\displaystyle\int_{-\infty}^{+\infty} |x(t)|^2\,\mathrm{d}t < +\infty$，此时傅里叶变换一般情况下都存在。但很多功率信号，如周期信号、阶跃信号、符号函数等则不满足能量有限的条件，为了使这些信号的傅里叶变换存在引入了冲激函数，扩大了傅里叶变换的适用范围。

利用确定性非周期信号的傅里叶变换可以得到帕塞瓦尔（Parseval）定理

$$\int_{-\infty}^{+\infty}|x(t)|^2\mathrm{d}t=\frac{1}{2\pi}\int_{-\infty}^{+\infty}|X(\omega)|^2\mathrm{d}\omega \tag{3.1.3}$$

其物理意义是信号时域上的总能量和频域的总能量相等。（信号的平方是信号的能量原因：假设电路的电阻为单位电阻，根据电路原理，信号一般用电压 U 表示，则 U^2/R 表示功率，对于 $1\ \Omega$ 电阻的功率为 U^2，对功率进行积分就是能量。）从频域角度来看，总能量可以通过积分 $\int_{-\infty}^{+\infty}|X(\omega)|^2\mathrm{d}\omega$ 得到，因此 $|X(\omega)|^2$ 可认为是单位频带内的能量，称 $|X(\omega)|^2$ 为能谱密度。

现在证明帕塞瓦尔定理。首先，把能量公式中的一个信号 $x(t)$ 利用傅里叶反变换对其进行表示，用公式表示为

$$\int_{-\infty}^{+\infty}|x(t)|^2\mathrm{d}t=\int_{-\infty}^{+\infty}x(t)x^*(t)\mathrm{d}t=\int_{-\infty}^{+\infty}x(t)\left\{\frac{1}{2\pi}\int_{-\infty}^{+\infty}X(\omega)\mathrm{e}^{\mathrm{j}\omega t}\mathrm{d}\omega\right\}^*\mathrm{d}t \tag{3.1.4}$$

对上式进行整理得到

$$\int_{-\infty}^{+\infty}|x(t)|^2\mathrm{d}t=\frac{1}{2\pi}\int_{-\infty}^{+\infty}X^*(\omega)\int_{-\infty}^{+\infty}x(t)\mathrm{e}^{-\mathrm{j}\omega t}\mathrm{d}t\mathrm{d}\omega \tag{3.1.5}$$

根据傅里叶变换的定义可知

$$\int_{-\infty}^{+\infty}x(t)\mathrm{e}^{-\mathrm{j}\omega t}\mathrm{d}t=X(\omega) \tag{3.1.6}$$

$X^*(\omega)$ 为 $X(\omega)$ 的共轭。所以能量公式能够表示为

$$\int_{-\infty}^{+\infty}|x(t)|^2\mathrm{d}t=\frac{1}{2\pi}\int_{-\infty}^{+\infty}X(\omega)X^*(\omega)\mathrm{d}\omega \tag{3.1.7}$$

进一步整理可以得到

$$\int_{-\infty}^{+\infty}|x(t)|^2\mathrm{d}t=\frac{1}{2\pi}\int_{-\infty}^{+\infty}|X(\omega)|^2\mathrm{d}\omega \tag{3.1.8}$$

此式即为帕塞瓦尔定理表达式。

在上述内容中，假设信号 $x(t)$ 的总能量 $\int_{-\infty}^{+\infty}|x(t)|^2\mathrm{d}t<+\infty$ 有限。在实际应用中，大多数信号的总能量都是无限的，因而不能满足傅里叶变换条件。但如果对信号能量取时间平均就是功率，信号能量无限但其功率却是有限的。因此通常研究信号 $x(t)$ 在 $-\infty<t<+\infty$ 上的功率和它的频谱密度函数。信号功率定义为

$$P=\lim_{T\to+\infty}\frac{1}{2T}\int_{-T}^{T}x^2(t)\mathrm{d}t \tag{3.1.9}$$

现在分析确定性信号的功率谱密度函数。首先对信号 $x(t)$ 进行截断得到

$$x_T(t)=\begin{cases}x(t) & (t_1\leqslant t\leqslant t_2)\\ 0 & (其他)\end{cases} \tag{3.1.10}$$

截取后的信号如图 3.1.1 两个虚线部分所示。一般情况下，取 $t_1=-T,t_2=T$。

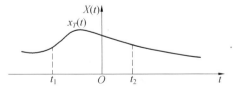

图 3.1.1　截取信号

那么 $x_T(t)$ 满足傅里叶变换条件,于是有

$$F_x(\omega, T) = \int_{-\infty}^{+\infty} x_T(t) e^{-j\omega t} dt = \int_{-T}^{T} x(t) e^{-j\omega t} dt \qquad (3.1.11)$$

由帕塞瓦尔定理可知

$$\int_{-\infty}^{+\infty} x_T^2(t) dt = \frac{1}{2\pi} \int_{-\infty}^{+\infty} |F_x(\omega, T)|^2 d\omega \qquad (3.1.12)$$

两边同除以 $2T$,得信号 $x(t)$ 在 $-T < t < T$ 上的功率

$$P = \frac{1}{2T} \int_{-\infty}^{+\infty} x_T^2(t) dt = \frac{1}{2T} \int_{-T}^{T} x^2(t) dt = \frac{1}{4\pi T} \int_{-\infty}^{+\infty} |F_x(\omega, T)|^2 d\omega \qquad (3.1.13)$$

令 $T \to +\infty$,由于积分与极限运算可以交换顺序,因此

$$\lim_{T \to +\infty} \frac{1}{2T} \int_{-T}^{T} x^2(t) dt = \lim_{T \to +\infty} \frac{1}{4\pi T} \int_{-\infty}^{+\infty} |F_x(\omega, T)|^2 d\omega$$

$$= \frac{1}{2\pi} \int_{-\infty}^{+\infty} \lim_{T \to +\infty} \frac{1}{2T} |F_x(\omega, T)|^2 d\omega \qquad (3.1.14)$$

令

$$S(\omega) = \lim_{T \to +\infty} \frac{1}{2T} |F_x(\omega, T)|^2 \qquad (3.1.15)$$

由于式(3.1.14)左边为信号功率,因此称 $S(\omega)$ 为信号 $x(t)$ 的功率谱密度。则式(3.1.14)可以表示为

$$\lim_{T \to +\infty} \frac{1}{2T} \int_{-T}^{T} x^2(t) dt = \frac{1}{2\pi} \int_{-\infty}^{+\infty} S(\omega) d\omega \qquad (3.1.16)$$

式(3.1.16)中 $\frac{1}{2\pi} \int_{-\infty}^{+\infty} S(\omega) d\omega$ 为信号 $x(t)$ 的功率谱表示。

3.1.2 随机过程的功率谱密度

由于随机过程持续时间无限长,对于非零的样本函数,它的能量一般是无限的。因此,不满足傅里叶变换绝对可积的条件,所以其傅里叶变换不存在。但如果随机过程的功率有限,无论是否为平稳随机过程,仍然可以利用傅里叶变换对其进行分析和处理得到功率谱,只是不能直接对随机过程进行傅里叶变换,而是要对其进行某种处理后再进行傅里叶变换。一般情况下,可以有 3 种办法定义随机过程的谱密度来克服上述困难。

① 用有限时间随机过程的傅里叶变换来定义谱密度。

② 用自相关函数的傅里叶变换来定义谱密度。

③ 用平稳随机过程的谱分解来定义谱密度。

3 种定义方式对应不同的用处。首先分析第一种方式。虽然一个平稳随机过程在无限时间上不能进行傅里叶变换,但是对于有限时间区间内的随机过程,傅里叶变换总是存在的,可以先进行有限时间区间上的变换,再对时间区间取极限,这个定义方式就是采用快速傅里叶变换(FFT)估计功率谱密度的依据。对于第二种方式,前提是平稳随机过程不包含周期分量并且均值为零,这样才能保证自相关函数在时间趋向于无穷时衰减到零,也就是要求自相关函数满足傅里叶变换的条件。第三种方式是根据维纳的广义谐和分析理论,利用傅里叶 — 斯蒂吉斯积分,对均方连续的零均值平稳随机过程进行重构,再依靠正交性进行处理。这种方式对通信信号处理很多时候很难用上,在本书就不做详细阐述。

在本节采用第一种思路分析随机过程的功率谱密度。设 $X(t)$ 是均方连续随机过程,直接对随机过程进行截尾处理得到

$$X_T(t) = \begin{cases} X(t) & (t_1 \leqslant t \leqslant t_2) \\ 0 & (其他) \end{cases} \tag{3.1.17}$$

称 $X_T(t)$ 为截尾随机过程,如图 3.1.2 所示。不失一般性,$t_1 = -T$,$t_2 = T$。

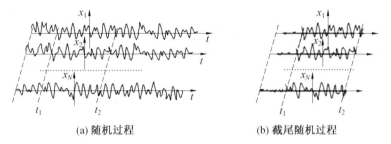

(a) 随机过程　　　　　　　　　　　　(b) 截尾随机过程

图 3.1.2　随机过程及其对应的截尾随机过程

因为 $X_T(t)$ 均方可积,故其傅里叶变换存在,于是可得

$$F_X(\omega, T) = \int_{-\infty}^{+\infty} X_T(t) e^{-j\omega t} dt = \int_{-T}^{T} X(t) e^{-j\omega t} dt \tag{3.1.18}$$

利用帕塞瓦尔定理可得

$$\int_{-\infty}^{+\infty} X_T^2(t) dt = \int_{-T}^{T} X^2(t) dt = \frac{1}{2\pi} \int_{-\infty}^{+\infty} |F_X(\omega, T)|^2 d\omega \tag{3.1.19}$$

因为 $X(t)$ 是随机过程,式(3.1.19)两边是试验结果的函数,故上式两边都是随机变量(从随机过程积分的定义也可知积分结果是随机变量)。因此,计算功率时不仅要对时间区间 $[-T, T]$ 取平均,还需求统计平均 $E[F_X(\omega, T)]$。另外,为了对整个随机过程进行处理,时间 T 可以趋于无穷然后取极限。则统计平均和极限操作用公式表示为

$$\lim_{T \to +\infty} E\left[\frac{1}{2T} \int_{-T}^{T} X^2(t) dt\right] = \lim_{T \to +\infty} \frac{1}{2\pi} \int_{-\infty}^{+\infty} E\left[\frac{1}{2T} |F_X(\omega, T)|^2\right] d\omega$$

$$= \frac{1}{2\pi} \int_{-\infty}^{+\infty} \lim_{T \to +\infty} \frac{1}{2T} E\left[|F_X(\omega, T)|^2\right] d\omega \tag{3.1.20}$$

式(3.1.20)等号左边表示的正是随机过程消耗在单位电阻上的功率(包含时间平均和统计平均),简称为随机过程的功率。又因为 $|F_X(\omega, T)|^2$ 非负,所以极限 $\lim\limits_{T \to +\infty} \frac{1}{2T} E[|F_X(\omega, T)|^2]$ 必定存在,令

$$S_X(\omega) = \lim_{T \to +\infty} \frac{1}{2T} E\left[|F_X(\omega, T)|^2\right] \tag{3.1.21}$$

则式(3.1.20)可以重新表示为

$$\lim_{T \to +\infty} \frac{1}{2T} \int_{-T}^{T} E[X^2(t)] dt = \frac{1}{2\pi} \int_{-\infty}^{+\infty} S_X(\omega) d\omega \tag{3.1.22}$$

因为式(3.1.22)左边为随机过程功率,则称 $S_X(\omega)$ 为随机过程 $X(t)$ 的功率谱密度。它是从频域描述随机过程很重要的数字特征,描述了随机过程 $X(t)$ 的功率在各个频率分量上的分布,表示单位频带内信号的频率分量消耗在单位电阻上的功率的统计平均值。因为功率谱密度的计算过程引入了平方共轭运算,所以功率谱密度丢掉了相位信息,仅仅保留了频谱的幅度信息。由于已经对 $|F_X(\omega, T)|^2$ 求了数学期望,因此 $S_X(\omega)$ 不再具有随机性。

通过整理式(3.1.20)可以得到

$$\lim_{T \to \infty} E\left[\frac{1}{2T}\int_{-T}^{T} X^2(t)\,\mathrm{d}t\right] = \lim_{T \to \infty}\frac{1}{2T}\int_{-T}^{T} E\left[X^2(t)\right]\mathrm{d}t$$

也即是随机过程的功率可以通过对其均方值求时间平均来得到。即对于一般的随机过程求功率，需要时间平均和统计平均两种处理。若随机过程为平稳随机过程，其均方值与时间无关，则求功率只需要求统计平均即可，用公式表示为

$$Q_X = \lim_{T \to \infty}\frac{1}{2T}\int_{-T}^{T} E\left[X^2(t)\right]\mathrm{d}t = E\left[X^2(t)\right] = R_X(0) = \frac{1}{2\pi}\int_{-\infty}^{+\infty} S_X(\omega)\,\mathrm{d}\omega \quad (3.1.23)$$

因此，对于平稳随机过程，其均方值就是其功率，是功率谱密度在整个频域的积分，也就是说，功率谱密度是从频率角度描述 $X(t)$ 的统计规律。

如果随机过程为遍历性过程，可以省略期望运算直接用一个样本计算功率谱密度，具体表示为

$$S_X(\omega) = \lim_{T \to +\infty}\frac{1}{2T}\mid F_X(\omega,T)\mid^2 \quad (3.1.24)$$

这也是进行功率谱估计的基础。为了拓宽思路，给出另外一种功率谱密度公式的推导过程。为了将傅里叶变换方法应用于随机过程，必须对随机过程的样本函数做某些限制，最简单的一种方法是应用截取函数。对其中的某个样本函数 $x(t)$ 进行截取得到函数 $x_T(t)$，其表示为

$$x_T(t) = \begin{cases} x(t) & (t_1 \leqslant t \leqslant t_2) \\ 0 & (其他) \end{cases} \quad (3.1.25)$$

T 为截取的信号时间长度，如图 3.1.3 所示。不失一般性，$t_1 = -T$，$t_2 = T$。

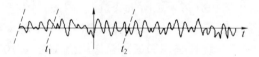

(a) 随机过程的一个样本

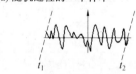

(b) 一个样本的截取信号

图 3.1.3　样本及其截取函数

当 $x(t)$ 为有限值时，截取函数 $x_T(t)$ 满足傅里叶变换的条件。因此，$x_T(t)$ 的傅里叶变换存在，即

$$x_T(\omega) = \int_{-\infty}^{+\infty} x_T(t)\mathrm{e}^{-\mathrm{j}\omega t}\,\mathrm{d}t = \int_{-T}^{T} x(t)\mathrm{e}^{-\mathrm{j}\omega t}\,\mathrm{d}t \quad (3.1.26)$$

根据随机过程定义可知，对于某个样本函数，其试验结果是固定的。因此，对于样本的截取信号 $x_T(t)$ 仅仅是确定性时间函数。同样地，$x_T(\omega)$ 也是确定性时间函数。

很明显，$x_T(t)$ 也应满足帕塞瓦尔等式。所以，截取信号的能量表示为

$$\int_{-\infty}^{+\infty} \mid x_T(t)\mid^2\mathrm{d}t = \int_{-T}^{T} \mid x(t)\mid^2\mathrm{d}t = \frac{1}{2\pi}\int_{-\infty}^{+\infty} \mid F_x(\omega,T)\mid^2\mathrm{d}\omega \quad (3.1.27)$$

用 $2T$ 除上式等号的两端，可以得到截取函数的功率，具体表示为

$$Q_{x_T} = \frac{1}{2T} \int_{-T}^{T} |x(t)|^2 dt = \frac{1}{4\pi T} \int_{-\infty}^{+\infty} |F_x(\omega, T)|^2 d\omega \tag{3.1.28}$$

令 $T \to +\infty$，再取极限，即可从一段截取的函数得到一个样本的功率

$$Q_x = \lim_{T \to +\infty} \frac{1}{2T} \int_{-T}^{T} x^2(t) dt = \frac{1}{2\pi} \int_{-\infty}^{+\infty} \lim_{T \to +\infty} \frac{|F_x(\omega, T)|^2}{2T} d\omega \tag{3.1.29}$$

根据随机过程的定义，每个样本函数是对应试验结果的函数。因此，任意某个样本函数的功率谱为随机变量。所以，不能把某一个样本的功率谱密度作为整个随机过程的功率谱密度，而是应该对所有样本函数的功率谱求统计平均得到随机过程的功率谱密度函数。把式(3.1.29)中样本函数的符号改为随机过程的符号，表示为

$$Q_X(\xi) = \lim_{T \to +\infty} \frac{1}{2T} \int_{-T}^{T} X^2(t) dt = \frac{1}{2\pi} \int_{-\infty}^{+\infty} \lim_{T \to +\infty} \frac{|F_X(\omega, T)|^2}{2T} d\omega \tag{3.1.30}$$

对式(3.1.30)等号两边取统计平均，并交换积分和期望的顺序可以得到随机过程的功率，表示为

$$Q_X = E[Q_X(\xi)] = \lim_{T \to +\infty} \frac{1}{2T} \int_{-T}^{T} E[X^2(t)] dt = \frac{1}{2\pi} \int_{-\infty}^{+\infty} \lim_{T \to +\infty} \frac{E[|F_X(\omega, T)|^2]}{2T} d\omega \tag{3.1.31}$$

式(3.1.31)就是随机过程 $X(t)$ 的功率和功率谱密度关系的表示式，和前一种推导方法的结果相同。这两种推导从数学上来说就是时间趋于无穷求极限和统计平均的求解顺序问题。根据随机过程的性质，极限和统计平均可以互换，因此两种方法得出的结论肯定是一样的。

3.1.3　功率谱密度的性质

为了更深刻地理解功率谱密度的含义，下面对功率谱密度的性质进行介绍。

性质 1　功率谱密度为非负函数，即：$S_X(\omega) \geqslant 0$。

证明　由功率谱的定义式(3.1.24)可知 $S_X(\omega) = \lim_{T \to +\infty} \dfrac{E[|F_X(\omega, T)|^2]}{2T}$。因为 $|F_X(\omega, T)|^2 \geqslant 0$，所以 $S_X(\omega) \geqslant 0$。

性质 2　功率谱密度为 ω 的实函数。

证明　由功率谱的定义式(3.1.24)可知 $S_X(\omega) = \lim_{T \to +\infty} \dfrac{E[|F_X(\omega, T)|^2]}{2T}$。因为 $|X_T(\omega)|^2$ 进行了取模运算，所以 $S_X(\omega)$ 也是 ω 的实函数，且为确定性实函数。另外，也是因为取模运算随机过程功率谱丢失了相位信息。

性质 3　实平稳随机过程的功率谱密度为 ω 的偶函数，即 $S_X(\omega) = S_X(-\omega)$。

证明　样本函数截取函数 $x_T(t)$ 为时间的实函数时，其对应的傅里叶变换为

$$F_x(\omega, T) = \int_{-\infty}^{+\infty} x_T(t) e^{-j\omega t} dt = \int_{-T}^{T} x(t) e^{-j\omega t} dt \tag{3.1.32}$$

根据傅里叶变换的性质可知

$$F_x^*(\omega, T) = F_x(-\omega, T)$$

其中，* 表示取复共轭。根据复共轭的性质，$|F_x(\omega, T)|^2$ 可以表示为

$$|F_x(\omega, T)|^2 = F_x(\omega, T) F_x^*(\omega, T) = F_x(-\omega, T) F_x^*(-\omega, T) = |F_x(-\omega, T)|^2 \tag{3.1.33}$$

同理,对于整个随机过程可以得到

$$|F_X(\omega,T)|^2 = |F_X(-\omega,T)|^2 \qquad (3.1.34)$$

根据功率谱定义 $S_X(\omega) = \lim\limits_{T \to +\infty} \dfrac{E[|F_X(\omega,T)|^2]}{2T}$,可知

$$S_X(\omega) = S_X(-\omega) \qquad (3.1.35)$$

结合性质 1 和 3,图 3.1.4 给出一个典型的功率谱密度的示意图。

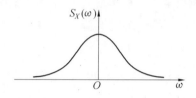

图 3.1.4　功率谱密度示意图

性质 4　平稳随机过程的功率谱函数可积,即 $\int_{-\infty}^{+\infty} S_X(\omega)\mathrm{d}\omega < +\infty$。

证明　对于平稳随机过程,有 $E[X^2(t)] = \dfrac{1}{2\pi}\int_{-\infty}^{+\infty} S_X(\omega)\mathrm{d}\omega$。可以看出对功率谱在频域的积分等于随机过程的均方值,即功率谱密度函数曲线下的总面积(随机过程的全部功率)。根据随机过程平稳性的定义,其均方值有限,因此功率谱函数可积。

例 3.1　设随机过程 $X(t) = a\cos(\omega_0 t + \Phi)$,其中 a 和 ω_0 皆是实常数,Φ 是均匀分布在 $[0, \dfrac{\pi}{2}]$ 区间上的随机变量。试求随机过程 $X(t)$ 的功率。

解　随机过程 $X(t)$ 的均方值为

$$E[X^2(t)] = E[a^2\cos^2(\omega_0 t + \Phi)] = E\left[\frac{a^2}{2} + \frac{a^2}{2}\cos(2\omega_0 t + 2\Phi)\right]$$

$$= \frac{a^2}{2} + \frac{a^2}{2}\int_0^{\frac{\pi}{2}} \frac{2}{\pi}\cos(2\omega_0 t + 2\Phi)\mathrm{d}\Phi = \frac{a^2}{2} - \frac{a^2}{\pi}\sin 2\omega_0 t \qquad (\text{例 }3.1.1)$$

可以看出均方值是时间 t 的函数。根据式(3.1.37),可以求得随机过程 $X(t)$ 的功率为

$$Q = A\langle E[X^2(t)]\rangle = \lim_{T\to+\infty} \frac{1}{2T}\int_{-T}^{T}\left(\frac{a^2}{2} - \frac{a^2}{\pi}\sin 2\omega_0 t\right)\mathrm{d}t = \frac{a^2}{2} \qquad (\text{例 }3.1.2)$$

另外一种求功率的方法是先求功率谱密度函数,然后对其积分求功率。根据功率和功率谱密度的关系可得

$$Q = \frac{1}{2\pi}\int_{-\infty}^{+\infty} S_X(\omega)\mathrm{d}\omega = \frac{1}{2\pi}\int_{-\infty}^{+\infty} \lim_{T\to+\infty} \frac{E[|X_T(\omega)|^2]}{2T}\mathrm{d}\omega \qquad (\text{例 }3.1.3)$$

现在计算 $X_T(\omega)$,其表达式为

$$X_T(\omega) = \int_{-T}^{T} X(t)\mathrm{e}^{-\mathrm{j}\omega t}\mathrm{d}t = \int_{-T}^{T} a\cos(\omega_0 t + \Phi)\mathrm{e}^{-\mathrm{j}\omega t}\mathrm{d}t$$

$$= \frac{a}{2}\mathrm{e}^{\mathrm{j}\Phi}\int_{-T}^{T}\mathrm{e}^{-\mathrm{j}(\omega-\omega_0)t}\mathrm{d}t + \frac{a}{2}\mathrm{e}^{-\mathrm{j}\Phi}\int_{-T}^{T}\mathrm{e}^{-\mathrm{j}(\omega+\omega_0)t}\mathrm{d}t$$

$$= aT\mathrm{e}^{\mathrm{j}\Phi}Sa[(\omega-\omega_0)T] + aT\mathrm{e}^{-\mathrm{j}\Phi}Sa[(\omega+\omega_0)T] \qquad (\text{例 }3.1.4)$$

其中 $Sa(x) = \dfrac{\sin x}{x}$。

其对应的均方值为

$$E\big[\,|\,X_T(\omega)\,|^{\,2}\big]=E\big[X_T(\omega)X_T^*(\omega)\big]$$
$$=E\big[a^2T^2\{Sa^2\big[(\omega-\omega_0)T\big]+Sa^2\big[(\omega+\omega_0)T\big]+$$
$$(e^{-j2\Phi}+e^{j2\Phi})Sa\big[(\omega+\omega_0)T\big]Sa\big[(\omega-\omega_0)T\big]\}\big]$$
$$=a^2T^2\{Sa^2\big[(\omega-\omega_0)T\big]+Sa^2\big[(\omega+\omega_0)T\big]+$$
$$Sa\big[(\omega+\omega_0)T\big]Sa\big[(\omega-\omega_0)T\big]\int_0^{\frac{\pi}{2}}(2/\pi)2\cos 2\Phi d\Phi\} \tag{例 3.1.5}$$

根据功率谱的定义可知

$$S_X(\omega)=\lim_{T\to+\infty}\frac{E\big[\,|\,X_T(\omega)\,|^{\,2}\big]}{2T}=\frac{a^2\pi}{2}\big[\delta(\omega-\omega_0)+\delta(\omega+\omega_0)\big] \tag{例 3.1.6}$$

根据功率谱密度和功率之间的关系得到

$$Q=\frac{1}{2\pi}\int_{-\infty}^{+\infty}S_X(\omega)d\omega=a^2/2 \tag{例 3.1.7}$$

可以看出,两种方法得到的结果相同。

3.2　功率谱密度与自相关函数之间的关系

上节是从截断样本函数或截断随机过程的角度分析随机过程的功率谱。众所周知,对于确定性信号,通过傅里叶变换和对应的反变换得到时域和频域的对应关系。经过证明,随机过程也满足相似的关系。本节将分析平稳随机过程的自相关函数和功率谱密度的关系,也就是平稳随机过程的维纳－辛钦定理。

若随机过程 $X(t)$ 是平稳的,自相关函数绝对可积,且 $\int_{-\infty}^{+\infty}|R(\tau)|d\tau<+\infty$(物理含义:能量无限的信号一般功率有限),则自相关函数与功率谱密度构成一对傅里叶变换,即:平稳随机过程的自相关函数与功率谱密度之间构成傅里叶变换对。设 $S_X(\omega)$ 是功率谱密度,$R_X(\tau)$ 是自相关函数,则有

$$\begin{cases}S_X(\omega)=\displaystyle\int_{-\infty}^{+\infty}R_X(\tau)e^{-j\omega\tau}d\tau\\[2mm] R_X(\tau)=\dfrac{1}{2\pi}\displaystyle\int_{-\infty}^{+\infty}S_X(\omega)e^{j\omega\tau}d\omega\end{cases} \tag{3.2.1}$$

这一关系就是著名的维纳－辛钦定理,或称为维纳－辛钦公式。它揭示了从时间角度描述平稳过程 $X(t)$ 的统计规律和从频率角度描述 $X(t)$ 的统计规律之间的联系。据此,人们可以根据实际情形选择时域方法或等价的频域方法去解决实际问题。下面给出该表达式的证明过程。

证明　根据随机过程功率谱的定义

$$S_X(\omega)=\lim_{T\to+\infty}\frac{E\big[\,|\,F_X(\omega,T)\,|^{\,2}\big]}{2T} \tag{3.2.2}$$

它可以表示为另外一种形式

$$S_X(\omega)=\lim_{T\to+\infty}E\left[\frac{F_X^*(\omega,T)F_X(\omega,T)}{2T}\right] \tag{3.2.3}$$

根据傅里叶反变换可以得到

$$S_X(\omega) = \lim_{T \to \infty} E\left[\frac{1}{2T}\int_{-T}^{T} X(t_1) e^{j\omega t_1} dt_1 \int_{-T}^{T} X(t_2) e^{-j\omega t_2} dt_2\right] \qquad (3.2.4)$$

交换积分和期望的顺序

$$S_X(\omega) = \lim_{T \to +\infty} \frac{1}{2T}\int_{-T}^{T}\int_{-T}^{T} E[X(t_1)X(t_2)] e^{-j\omega(t_2-t_1)} dt_1 dt_2$$

$$= \lim_{T \to +\infty} \frac{1}{2T}\int_{-T}^{T}\int_{-T}^{T} R_X(t_1, t_2) e^{-j\omega(t_2-t_1)} dt_1 dt_2 \qquad (3.2.5)$$

其对应的雅可比行列式为

$$J = \frac{\partial(t_1, t_2)}{\partial(t, \tau)} = \begin{vmatrix} 1 & 0 \\ 1 & 1 \end{vmatrix} = 1 \qquad (3.2.6)$$

令 $t = t_1$，$\tau = t_2 - t_1$，变换前后变量的情况为图 3.2.1 所示。则 $dt = dt_1$，$dt_2 = d\tau$，所以式 (3.2.5) 表示为

$$S_X(\omega) = \lim_{T \to +\infty} \frac{1}{2T}\int_{-T-t}^{T-t}\left\{\int_{-T}^{T} R_X(t, t+\tau) dt\right\} e^{-j\omega\tau} d\tau \qquad (3.2.7)$$

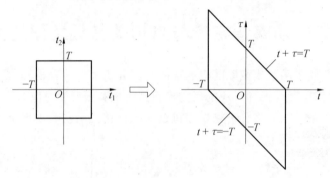

图 3.2.1　积分变换示意图

交换第一个积分和求极限的顺序得到

$$S_X(\omega) = \int_{-\infty}^{+\infty}\left\{\lim_{T \to +\infty} \frac{1}{2T}\int_{-T}^{T} R_X(t, t+\tau) dt\right\} e^{-j\omega\tau} d\tau \qquad (3.2.8)$$

可以看出 $A\langle R_X(t, t+\tau)\rangle = \left\{\lim_{T \to +\infty} \frac{1}{2T}\int_{-T}^{T} R_X(t, t+\tau) dt\right\}$ 为统计自相关函数的时间平均，而不是时间自相关函数 $\overline{X(t)X(t+\tau)}$。因为 $R_X(t, t+\tau) = E[X(t)X(t+\tau)]$，所以 $A\langle R_X(t, t+\tau)\rangle$ 既包含了统计平均又包含了时间平均。因此式 (3.2.8) 可以重新写为

$$S_X(\omega) = \int_{-\infty}^{+\infty} A\langle R_X(t, t+\tau)\rangle e^{-j\omega\tau} d\tau \qquad (3.2.9)$$

若随机过程为平稳随机过程，则 $R_X(t, t+\tau) = R_X(\tau)$。进一步计算可得

$$S_X(\omega) = \int_{-\infty}^{+\infty}\left\{\lim_{T \to +\infty} \frac{1}{2T} \cdot R_X(\tau) \cdot 2T\right\} e^{-j\omega\tau} d\tau \qquad (3.2.10)$$

对上式进行整理得到式 (3.2.1)，即

$$S_X(\omega) = \int_{-\infty}^{+\infty} R_X(\tau) e^{-j\omega\tau} d\tau$$

$S_X(\omega)$ 与 $R_X(\tau)$ 的相互关系反映了随机过程时域特性与频域特性之间的联系，它是分析随机过程的一个非常重要的公式，该式使求解功率谱密度的计算大大简化。并且，因为自相关函数反映了信号之间的相关性，根据自相关函数和功率谱密度的关系可以看出相关性越弱，功

率谱越宽平;相关性越强,功率谱越陡窄。若随机过程均值非零,则功率谱在原点有一个 δ 函数;若含有周期分量,则在相应的频率处有 δ 函数。

利用自相关函数和功率谱密度皆为偶函数的性质,又可将维纳－辛钦定理表示为

$$\begin{cases} S_X(\omega) = 2\int_0^{+\infty} R_X(\tau)\cos \omega\tau \,\mathrm{d}\tau \\ R_X(\tau) = \dfrac{1}{\pi}\int_0^{+\infty} S_X(\omega)\cos \omega\tau \,\mathrm{d}\omega \end{cases} \tag{3.2.11}$$

对所有 τ,平稳随机过程的自相关函数满足 $\int_{-\infty}^{+\infty} R_X(\tau)\mathrm{e}^{-\mathrm{j}\omega\tau}\,\mathrm{d}\tau \geqslant 0$。自相关函数的傅里叶变换非负,这要求相关函数连续,这一条件限制了自相关函数曲线图形不能为任意形状,不能出现平顶、垂直边或在幅度上的任何不连续。自相关函数和自协方差函数的典型曲线如图 3.2.2 所示。

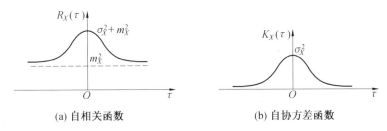

(a) 自相关函数   (b) 自协方差函数

图 3.2.2　典型的相关函数示意图

由于实平稳随机过程 $X(t)$ 的自相关函数 $R_X(\tau)$ 是实偶函数,功率谱密度也一定是实偶函数,也就是正负频率所包含的功率是相等的。因此,经常利用只有正频率所包含的单边功率谱,其定义为

$$G_X(\omega) = \begin{cases} 2S_X(\omega) & (\omega \geqslant 0) \\ 0 & (\omega < 0) \end{cases} \tag{3.2.12}$$

对于遍历性随机过程,其统计平均等于时间平均,所以功率谱密度的定义可以表示为

$$R_X(\tau) = E[X(t)X(t+\tau)] = \overline{X(t)X(t+\tau)} = \lim_{T\to+\infty} \frac{1}{2T}\int_{-T}^{T} x(t)x(t+\tau)\,\mathrm{d}t \tag{3.2.13}$$

此时功率谱和自相关函数的关系为

$$S_X(\omega) = \int_{-\infty}^{+\infty} \left\{ \lim_{T\to+\infty} \frac{1}{2T}\int_{-T}^{T} x(t)x(t+\tau)\,\mathrm{d}t \right\} \mathrm{e}^{-\mathrm{j}\omega\tau}\,\mathrm{d}\tau \tag{3.2.14}$$

在对随机过程进行分析和处理时,人们有时会遇到两个随机过程相加或者随机过程通过某个系统时输入和输出的随机过程联合处理的情况。仿照确定性信号的处理方法,二维随机过程的功率谱可由单个随机过程的功率谱密度的概念以及相应的分析方法推广而来。在此直接给出对于两个实随机过程 $X(t)$、$Y(t)$ 的互功率谱的结果,即

$$S_{XY}(\omega) = \lim_{T\to+\infty} \frac{1}{2T}E\left[F_X^*(\omega, T)F_Y(\omega, T) \right] \tag{3.2.15}$$

对应的互功率为

$$Q_{XY} = \frac{1}{2\pi}\left\{ \int_{-\infty}^{+\infty} \lim_{T\to+\infty} \frac{1}{2T}E\left[F_X^*(\omega, T)F_Y(\omega, T) \right]\mathrm{d}\omega \right\} \tag{3.2.16}$$

其互谱密度 $S_{XY}(\omega)$ 与互相关函数 $R_{XY}(t, t+\tau)$ 之间的关系为

$$S_{XY}(\omega) = \int_{-\infty}^{+\infty} A\langle R_{XY}(t,\tau)\rangle \mathrm{e}^{-\mathrm{j}\omega\tau}\,\mathrm{d}\tau \qquad (3.2.17)$$

即 $S_{XY}(\omega)$ 和 $A\langle R_{XY}(t,\tau)\rangle$ 互为傅里叶变换和反变换。式中，$A\langle\cdot\rangle$ 表示取时间平均。若 $X(t)$、$Y(t)$ 各自平稳且联合平稳，则有 $A\langle R_{XY}(t,\tau)\rangle = R_{XY}(\tau)$，互相关函数与功率谱密度的关系简化为

$$\begin{cases} S_{XY}(\omega) = \int_{-\infty}^{+\infty} R_{XY}(\tau)\mathrm{e}^{-\mathrm{j}\omega\tau}\,\mathrm{d}\tau \\ R_{XY}(\tau) = \dfrac{1}{2\pi}\int_{-\infty}^{+\infty} S_{XY}(\omega)\mathrm{e}^{\mathrm{j}\omega\tau}\,\mathrm{d}\omega \end{cases} \qquad (3.2.18)$$

其相关的证明参见自相关函数和功率谱密度关系的证明。因此可得如下结论：对于两个联合平稳（至少是广义联合平稳）的实随机过程，它们的互谱密度与其互相关函数互为傅里叶变换与反变换。

例 3.2 设 $X(t)$ 为随机过程 $X(t) = A\cos(\omega_0 t + \theta)$，其中 A、ω_0 为实常数；θ 为随机相位，在 $[0,2\pi]$ 均匀分布。利用自相关函数和功率谱密度的关系求功率谱密度。并和例 3.1 中的结果进行比较。

解 注意此时 $\int_{-\infty}^{+\infty}|R_X(\tau)|\,\mathrm{d}\tau$ 不是有限值，即不可积，因此 $R_X(\tau)$ 的傅里叶变换不存在，需要引入冲激函数 δ。根据自相关函数和功率谱密度之间的关系可得

$$S_X(\omega) = \int_{-\infty}^{+\infty} R_X(\tau)\mathrm{e}^{-\mathrm{j}\omega\tau}\,\mathrm{d}\tau = \int_{-\infty}^{+\infty}\frac{A^2}{2}\cos(\omega_0\tau)\mathrm{e}^{-\mathrm{j}\omega\tau}\,\mathrm{d}\tau$$

因为 $\cos(\omega_0\tau) = \dfrac{\mathrm{e}^{\mathrm{j}\omega_0\tau} + \mathrm{e}^{-\mathrm{j}\omega_0\tau}}{2}$，所以

$$S_X(\omega) = \frac{A^2}{4}\int_{-\infty}^{+\infty}(\mathrm{e}^{\mathrm{j}\omega_0\tau} + \mathrm{e}^{-\mathrm{j}\omega_0\tau})\mathrm{e}^{-\mathrm{j}\omega\tau}\,\mathrm{d}\tau$$

又因为 $\mathrm{e}^{\mathrm{j}\omega_0\tau}$ 的傅里叶变换为 $2\pi\delta(\omega - \omega_0)$，所以

$$S_X(\omega) = \frac{\pi A^2}{2}[\delta(\omega - \omega_0) + \delta(\omega + \omega_0)]$$

其最终结果与例 3.1 得到的结果相同。

例 3.3 设随机过程 $Y(t) = aX(t)\sin\omega_0 t$，其中 a、ω_0 皆为常数，$X(t)$ 为具有功率谱密度 $S_X(\omega)$ 的平稳过程。求随机过程 $Y(t)$ 的功率谱密度。

解 首先，可求得随机过程的自相关函数

$$R_Y(t,t+\tau) = E[Y(t)Y(t+\tau)] = E[aX(t)\sin\omega_0 t \cdot aX(t+\tau)\sin\omega_0(t+\tau)]$$

$$= \frac{a^2}{2}R_X(\tau)(\cos\omega_0\tau - \cos(2\omega_0 t + \omega_0\tau)) \qquad (\text{例 } 3.3.1)$$

显然，它与时间 t 有关，所以 $Y(t)$ 为非平稳随机过程，其功率谱密度表示为

$$S_Y(\omega) = \int_{-\infty}^{+\infty} A\langle R_Y(t,t+\tau)\rangle \mathrm{e}^{-\mathrm{j}\omega\tau}\,\mathrm{d}\tau \qquad (\text{例 } 3.3.2)$$

而

$$A\langle R_Y(t,t+\tau)\rangle = \frac{a^2}{2}R_X(\tau)\cos\omega_0\tau \qquad (\text{例 } 3.3.3)$$

最后得到过程 $Y(t)$ 的功率谱密度为

$$S_Y(\omega) = \frac{a^2}{4}[S_X(\omega - \omega_0) + S_X(\omega + \omega_0)] \qquad (\text{例 } 3.3.4)$$

在此,一定要注意一般随机过程与平稳随机过程的功率和功率谱密度的求法区别。对于通信而言,例 3.3 可以看作对信号的调制过程,调制前后的功率谱如图 3.2.3 所示。可以看出,调制使得随机过程的频谱平移到 $\pm \omega_0$。

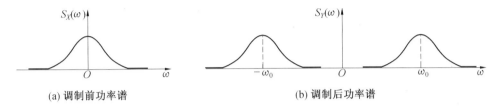

(a) 调制前功率谱　　　　　　　　　　　　　　(b) 调制后功率谱

图 3.2.3　调制前后的功率谱

例 3.4　已知随机过程的功率谱密度为 $S_X(\omega) = \dfrac{\omega^2+4}{\omega^4+10\omega^2+9}$,求自相关函数和均方值。

解　首先把功率谱密度函数进行分解

$$S_X(\omega) = \frac{\omega^2+4}{\omega^4+10\omega^2+9} = \frac{\omega^2+4}{(\omega^2+9)(\omega^2+1)} = \frac{5/8}{\omega^2+9} + \frac{3/8}{\omega^2+1} \qquad (例3.4.1)$$

利用自相关函数和功率谱密度之间的关系可得

$$R_X(\tau) = \frac{1}{2\pi}\int_{-\infty}^{+\infty} S_X(\omega)\mathrm{e}^{\mathrm{j}\omega\tau}\,\mathrm{d}\omega = \frac{5}{48}\mathrm{e}^{-3|\tau|} + \frac{3}{16}\mathrm{e}^{-|\tau|} \qquad (例3.4.2)$$

其均方值为

$$R_X(0) = \frac{5}{48} + \frac{3}{16} = 7/24 \qquad (例3.4.3)$$

3.3　通信中噪声的功率谱

通信系统中,信号在传播和处理过程中都会不可避免地遇到噪声的影响。一般来说,通信中的各种噪声都可以建模为随机过程,因此可以完全按照随机过程理论对其进行分析处理。正是由于噪声的存在给通信带来了许多危害,导致通信系统性能的下降,因此对于噪声的分析就显得尤为重要。只有充分了解和掌握噪声的各种特性,才能更好地设计通信系统。

根据前述各个章节的介绍可知,描述随机过程的性质和参数可以从时域和频域两个角度进行。时域一般来说主要包括它的均值、方差和自相关函数等,而频域就是功率谱密度,比如常常遇到的白噪声,就是从功率谱密度函数的角度来表述噪声。当然,在通信过程中由于不同原因导致的噪声可能符合不同的概率分布,比如接收机设备产生的热噪声符合高斯分布,而量化过程产生的噪声则为均匀分布。需要说明的是,根据实际测量和经验,噪声的均值一般情况下为零。下面主要介绍经常遇到的热噪声。

3.3.1　理想白噪声

定义　若 $N(t)$ 为一个具有零均值的平稳随机过程,其功率谱密度均匀分布在 $(-\infty, +\infty)$ 的整个频率区间,即

$$S_N(\omega) = \frac{1}{2}N_0 \qquad (3.3.1)$$

其中 N_0 为一正实常数，则称 $N(t)$ 为白噪声过程或简称为白噪声。上述白噪声频域范围为 $(-\infty, +\infty)$，该功率谱密度函数称为双边功率谱密度函数。如果仅仅利用正频率定义功率谱密度，那么功率谱密度称为单边功率谱密度，其定义为

$$S_N(\omega) = \begin{cases} N_0 & (\omega \geqslant 0) \\ 0 & (\omega < 0) \end{cases} \tag{3.3.2}$$

双边功率谱密度和单边功率谱密度如图 3.3.1 表示。

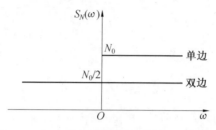

图 3.3.1　双边功率谱密度和单边功率谱密度

根据随机过程的维纳－辛钦定理得到其自相关函数为

$$R_N(\tau) = \frac{1}{2\pi} \int_{-\infty}^{+\infty} S_N(\omega) e^{j\omega\tau} d\omega = \frac{1}{2\pi} \int_{-\infty}^{+\infty} \frac{1}{2} N_0 e^{j\omega\tau} d\omega$$

$$= \frac{1}{2} N_0 \cdot \delta(\tau) \tag{3.3.3}$$

可以看出白噪声的自相关函数是一个冲激函数，其冲激强度等于功率谱密度，如图 3.3.2 所示。

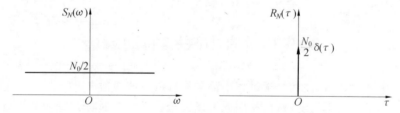

图 3.3.2　白噪声功率谱及其自相关函数

根据随机过程自相关系数的定义，可得白噪声的自相关系数为

$$r_N(\tau) = \frac{R_N(\tau)}{R_N(0)} = \begin{cases} 1 & (\tau = 0) \\ 0 & (其他) \end{cases} \tag{3.3.4}$$

可以看出白噪声在任何两个相邻时刻（不管这两个时刻多么邻近）的取值都是不相关的。这就意味着白噪声过程随时间的起伏极快，功率谱极宽，这也能从图 3.3.3 所示的一个白噪声的时域波形看出。

现在分析一下白噪声的功率，根据功率谱密度和功率的关系可以得到

$$P = \int_{-\infty}^{+\infty} S_N(\omega) d\omega = \frac{1}{2} \int_{-\infty}^{+\infty} N_0 d\omega = +\infty \tag{3.3.5}$$

也就是说白噪声功率为无穷大，而实际中没有一个真实的物理过程能够有无限大的功率，因此白噪声过程不可能是有明确意义的物理过程。因此，可以得到白噪声的一些特点，总结为：

特点 1：白噪声只是一种理想化的模型，实际上是不存在的。

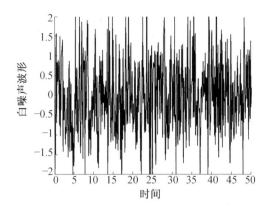

图 3.3.3　　白噪声的时域波形

特点 2：白噪声的均方值为无限大，$E[X^2(t)]=R_N(0)=\dfrac{N_0}{2}\delta(0)=+\infty$。

通常，白噪声的均值为零。由此，可得到一个重要的结论：在白噪声均值为零时，噪声的功率等于噪声的方差。

证明　　因为白噪声的功率为

$$P=\frac{1}{2\pi}\int_{-\infty}^{+\infty}S(\omega)\mathrm{d}\omega=R(0) \tag{3.3.6}$$

而白噪声的方差为

$$\sigma^2=D[N(t)]=E\big[(N(t)-E[N(t)])^2\big]$$
$$=E[N^2(t)]-E^2[N(t)]=E[N^2(t)]=R(0) \tag{3.3.7}$$

其中 $N(t)$ 表示噪声，所以 $P=\sigma^2$。上述结论非常有用，在通信系统的性能分析中，常常通过求自相关函数或方差的方法来计算噪声的功率。

根据上述均方值就是其功率的结论可以推出理想白噪声的功率无限大。而实际应用中，噪声所处的带宽总是有限的，因此物理上存在的随机过程的功率总是有限的，对应的均方值有限。

特点 3：白噪声在数学处理上具有简单、方便等优点。

特点 4：白噪声在常温下的功率谱密度为 $-174\ \mathrm{dBm/Hz}$。该结论将在 3.3.2 节进行详细推导。

3.3.2　高斯型白噪声

白噪声是从功率谱密度函数的角度来进行定义的，但此时如果噪声的概率密度函数符合高斯分布，则称这样的白噪声为高斯白噪声。因此高斯白噪声同时涉及噪声的两个不同方面，即概率密度函数的正态分布性和功率谱密度函数均匀性，二者缺一不可。

根据白噪声理论可知在任意两个不同时刻上的取值之间是互不相关的，对于高斯过程而言，相互独立和互不相关是等价的，所以高斯白噪声在任意两个时刻的取值统计独立。应当指出，本节所定义的这种理想化的白噪声在实际中是不存在的。但是，如果噪声的功率谱均匀分布的频率范围远远大于通信系统的工作频带就可以把它视为白噪声。

对于通信系统而言，大部分器件采用电阻、电容和电感或者由它们组成的芯片，这些器件由于分子的热运动形成了通信系统中典型的热噪声，由于分子的热运动是随机的且是大量分子的热运动,根据中心极限定理,这些噪声符合高斯分布。

根据相关理论可知热噪声单边功率的计算公式为

$$S_N(f) = \frac{4hf}{(e^{hf/KT} - 1)} \quad (\text{V}^2/\text{Hz})\qquad(3.3.8)$$

其中,h 为普朗克常数,$h = 6.6 \times 10^{-34}\text{J} \cdot \text{s}$;$K$ 为玻耳兹曼常数,$K = 1.38 \times 10^{-23}\text{J/K}$;$T$ 为热力学温度;f 为频率。通过分析可以发现在 $f=0$ 时功率谱密度最大,随着频率的增大,功率谱密度趋近于零。但必须说明其收敛到零的速度非常慢。通过计算在室温 $T = 290\text{ K}$、$f \approx 2 \times 10^{12}\text{ Hz}$ 时,功率谱密度才下降到它最大值的 90% 左右,这是一个很宽的频率范围,

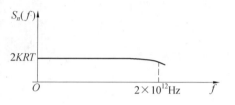

图 3.3.4　实际噪声的功率谱

包含了毫米波在内的目前所有的通信频段,如图 3.3.4 所示。因此,虽然热噪声不是真正的白噪声,但大部分时候可以把它作为白噪声进行数学建模,这并不会对通信系统各种性能的分析和处理带来太大的误差。

因此,通信系统中热噪声的单边功率谱密度可以简化表示为 $S_N(f) = RKT$,假设带宽为 B,则噪声功率为 $S_N(f) = RKTB$。一般来说,把电阻归一化为 1,此时单边功率谱密度为 $S_N(f) = KT$。在温度为 17 ℃ 即 $T = 290\text{ K}$ 时,可以得到 $S_N(f) = 290 \times 1.38 \times 10^{-23}\text{ W/Hz}$,采用对数表示为

$$10\lg[S_N(f)] = 10\lg(290 \times 1.38 \times 10^{-23}) = -204\text{ dBW/Hz}\qquad(3.3.9)$$

通常情况下,都用 dBm 表示,此时

$$10\lg[S_N(f) \times 10^3] = 10\lg(290 \times 1.38 \times 10^{-20}) = -174\text{ dBm/Hz}\qquad(3.3.10)$$

除了热噪声之外,电子管和晶体管器件电子发射不均匀所产生的散弹噪声,来自太阳、银河系及银河系外的宇宙噪声的功率谱密度在很宽的频率范围内也是平坦的,而且符合均值为零的高斯分布。因此在通信系统的理论分析中,特别是在分析、计算系统抗噪声性能时,经常假定通信系统中的噪声为高斯白噪声。通过上述分析表明高斯白噪声确实反映了实际通信系统中的加性噪声情况,比较真实地代表了通信系统中噪声的特性。并且高斯白噪声可用具体的数学表达式表述,便于对通信系统和通信信号进行分析和处理。

与白噪声相对应,把功率谱密度函数不是常数的噪声称为有色噪声或简称色噪声。

3.4　随机信号的带宽

一般来说,随机过程应用于通信信号分析时被称为随机信号,因此为了符合通信行业的习惯,在本节把随机过程称为随机信号。

与确定性信号一样,随机信号所占据的频带宽度被称为随机信号的带宽。但与确定性信号不同的是,随机信号的带宽是根据随机信号功率谱确定,而确定性信号则是根据信号的频谱确定。在实际研究和应用中,根据不同的要求可以采用不同的带宽定义。下面介绍几种常用的随机信号的带宽定义。在后续介绍中,假设宽平稳随机信号 $X(t)$ 的功率谱密度为 $S_X(f)$,自相关函数为 $R_X(\tau)$。

1. 绝对带宽

若 $S_X(f)$ 在区间 $[f_1, f_2]$ 以外的值为零,则称 $f_2 - f_1$ 为随机信号 $X(t)$ 的绝对带宽,如图 3.4.1 所示。这是带宽最准确的定义,但也是最不实用的定义。

2. 矩形带宽

设 $S_X(f)$ 在 f_0 取得最大值,则称

$$B_{eq} = \frac{\int_0^{+\infty} S_X(f)\mathrm{d}f}{S_X(f_0)} \tag{3.4.1}$$

为随机信号 $X(t)$ 的矩形带宽,如图 3.4.2 所示。

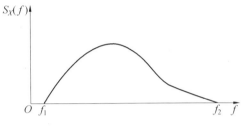

图 3.4.1　绝对带宽示意图

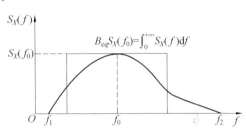

图 3.4.2　矩形带宽示意图

3. 3dB 带宽

设 $S_X(f)$ 在 f_0 取得最大值,若 $f_0 \in [f_a, f_b]$,且

$$S_X(f_a) = S_X(f_b) = S_X(f_0)/2 \tag{3.4.2}$$

则称 $f_b - f_a$ 为随机信号 $X(t)$ 的 3dB 带宽(半功率带宽),如图 3.4.3 所示。

4. 零－零带宽

若 $S_X(f)$ 存在,以零点为界的主波瓣的宽度称为零－零带宽。大多数数字调制系统的基带信号主要功率包含在离原点最近的第一个零点之间,也即是 $S(\pm f_b) = 0$ 对应的频率之间,如图 3.4.4 所示。随机信号频谱主要能量是集中在第一个零点之内的,当其旁瓣不足以引起信号失真时,定义 f_b 为信号的零点带宽。

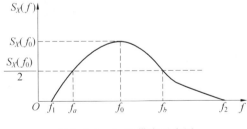

图 3.4.3　3 dB 带宽示意图

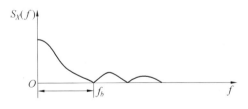

图 3.4.4　零点带宽示意图

5. 某功率带宽

若要求功率为总功率的某个比值,如 99%,此时满足

$$\frac{\int_{f_1}^{f_2} S_X(f)\mathrm{d}f}{\int_0^{+\infty} S_X(f)\mathrm{d}f} \geqslant 99\% \tag{3.4.3}$$

则称 $f_2 - f_1$ 为随机信号 $X(t)$ 的功率带宽。

在实际应用中,可以根据不同的场景选择不同的定义去计算随机信号的带宽。其中定义 1 只能理论上使用,实际上随机信号会包含很宽的频谱成分,按照定义 1,信号的带宽将会给系统设计带来很多的不便。当功率谱有明显滚降时,零－零带宽和 3dB 带宽是最适用的。

3.5 两个随机过程的互谱密度

参考随机过程功率的定义,两个随机过程的功率为

$$W_{XY} = E\Big[\lim_{T \to +\infty} \frac{1}{2T} \int_{-T}^{T} X(t)Y(t)\mathrm{d}t\Big] = \lim_{T \to +\infty} \frac{1}{2T} \int_{-T}^{T} E[X(t)Y(t)]\mathrm{d}t$$

$$= \lim_{T \to +\infty} \frac{1}{2T} \int_{-T}^{T} E[X(t)Y(t)]\mathrm{d}t \tag{3.5.1}$$

称其为随机过程的功率。由帕塞瓦尔定理可知

$$\int_{-T}^{T} X(t)Y(t)\mathrm{d}t = \frac{1}{2\pi} \int_{-\infty}^{+\infty} X_T^*(\omega)Y_T(\omega)\mathrm{d}\omega \tag{3.5.2}$$

则功率可以重新表示为

$$W_{XY} = \lim_{T \to +\infty} E\Big[\frac{1}{2T} \int_{-T}^{T} X(t)Y(t)\mathrm{d}t\Big] = \frac{1}{2\pi} \int_{-\infty}^{+\infty} \lim_{T \to +\infty} \frac{E[X_T^*(\omega)Y_T(\omega)]}{2T}\mathrm{d}\omega \tag{3.5.3}$$

令

$$S_{XY}(\omega) = \lim_{T \to +\infty} \frac{E[X_T^*(\omega)Y_T(\omega)]}{2T} \tag{3.5.4}$$

称 $S_{XY}(\omega)$ 为两个随机过程的互功率谱密度。下面直接给出平稳随机过程互相关函数与互功率谱密度的关系,即:互相关函数与互功率谱密度为一傅里叶变换对,用公式表示为

$$S_{XY}(\omega) = \int_{-\infty}^{+\infty} R_{XY}(\tau)\mathrm{e}^{-\mathrm{j}\omega\tau}\mathrm{d}\tau, \quad R_{XY}(\tau) = \frac{1}{2\pi} \int_{-\infty}^{+\infty} S_{XY}(\omega)\mathrm{e}^{\mathrm{j}\omega\tau}\mathrm{d}\omega \tag{3.5.5}$$

$$S_{YX}(\omega) = \int_{-\infty}^{+\infty} R_{YX}(\tau)\mathrm{e}^{-\mathrm{j}\omega\tau}\mathrm{d}\tau, \quad R_{YX}(\tau) = \frac{1}{2\pi} \int_{-\infty}^{+\infty} S_{YX}(\omega)\mathrm{e}^{\mathrm{j}\omega\tau}\mathrm{d}\omega \tag{3.5.6}$$

现在,不加证明地给出互功率谱密度的性质,具体如下:

性质 1 互功率谱密度的关系

$$S_{XY}(\omega) = S_{YX}(-\omega) = S_{YX}^*(\omega)$$

性质 2 若 $X(t)$ 与 $Y(t)$ 正交,则

$$S_{XY}(\omega) = S_{YX}(\omega) = 0 \tag{3.5.7}$$

性质 3 若 $X(t)$ 与 $Y(t)$ 不相关,则

$$S_{XY}(\omega) = S_{YX}(\omega) = 2\pi \cdot m_X \cdot m_Y \cdot \delta(\omega) \tag{3.5.8}$$

例 3.5 现有平稳随机过程 $X(t)$,在传输过程中受到加性干扰,干扰表示为 $Z(t) = A\cos(\omega_0 t + \Phi)$,其中 Φ 在 $[0, 2\pi]$ 上符合均匀分布,求:

① 接收随机信号 $Y(t) = X(t) + Z(t)$ 的自相关函数。

② 随机过程 $X(t)$ 和 $Y(t)$ 是否联合平稳? 如联合平稳,求 $Y(t)$ 的功率谱密度以及 $X(t)$ 和 $Y(t)$ 的互功率谱密度。

解 ① 根据自相关函数的定义可以求得

$$R_Y(t, t+\tau) = E[(X(t)+Z(t))(X(t+\tau)+Z(t+\tau))]$$

$$=R_X(t+\tau,t)+R_Z(t+\tau,t)=R_X(\tau)+R_Z(t+\tau,t) \tag{例3.5.1}$$

现在求 $R_Z(t+\tau,t)$，根据定义

$$R_Z(t+\tau,t)=E[A\cos(\omega_0 t+\omega_0\tau+\varPhi)A\cos(\omega_0 t+\varPhi)]=(1/2)A^2\cos\omega_0\tau \tag{例3.5.2}$$

所以

$$R_Y(t,t+\tau)=R_X(\tau)+(1/2)A^2\cos\omega_0\tau \tag{例3.5.3}$$

② 现在求 $X(t)$ 和 $Y(t)$ 的互相关函数，具体表示为

$$R_{XY}(t,t+\tau)=E[X(t)(X(t+\tau)+Z(t+\tau))]=R_X(\tau) \tag{例3.5.4}$$

可以看出 $X(t)$ 和 $Y(t)$ 的互相关函数只与时间差有关，所以 $X(t)$ 和 $Y(t)$ 联合平稳。根据联合平稳过程互相关函数和互功率谱密度的关系，通过对互相关函数进行傅里叶变换得到

$$S_{XY}(\omega)=\int_{-\infty}^{+\infty}R_{XY}(t,t+\tau)\mathrm{e}^{-\mathrm{j}\omega t}\,\mathrm{d}t=S_X(\omega) \tag{例3.5.5}$$

根据平稳过程自相关函数和功率谱密度的关系，通过对自相关函数进行傅里叶变换得到

$$S_Y(\omega)=\int_{-\infty}^{+\infty}R_Y(t,t+\tau)\mathrm{e}^{-\mathrm{j}\omega t}\,\mathrm{d}t=S_X(\omega)+\frac{\pi A^2}{2}[\delta(\omega-\omega_0)+\delta(\omega+\omega_0)] \tag{例3.5.6}$$

例 3.6　把互功率谱分解为实部和虚部 $S_{XY}(\omega)=R_{XY}(\omega)+\mathrm{j}I_{XY}(\omega)$，$S_{YX}(\omega)=R_{YX}(\omega)+\mathrm{j}I_{YX}(\omega)$。证明：$R_{XY}(\omega)=R_{YX}(\omega)=R_{YX}(-\omega)$，$I_{XY}(\omega)=-I_{YX}(\omega)=I_{YX}(-\omega)$。

证明　根据功率谱定义，可以得到

$$S_{XY}(\omega)=\lim_{T\to+\infty}\frac{E[X_T^*(\omega)Y_T(\omega)]}{2T},\quad S_{YX}(\omega)=\lim_{T\to+\infty}\frac{E[Y_T^*(\omega)X_T(\omega)]}{2T} \tag{例3.6.1}$$

于是有

$$R_{XY}(\omega)=\mathrm{Re}[S_{XY}(\omega)]=\frac{1}{2}[S_{XY}(\omega)+S_{XY}^*(\omega)]$$

$$=\frac{1}{2}\lim_{T\to+\infty}\frac{E[X_T^*(\omega)Y_T(\omega)]+E[X_T(\omega)Y_T^*(\omega)]}{2T} \tag{例3.6.2}$$

$$R_{YX}(\omega)=\mathrm{Re}[S_{YX}(\omega)]=\frac{1}{2}[S_{YX}(\omega)+S_{YX}^*(\omega)]$$

$$=\frac{1}{2}\lim_{T\to+\infty}\frac{E[Y_T^*(\omega)X_T(\omega)]+E[Y_T(\omega)X_T^*(\omega)]}{2T} \tag{例3.6.3}$$

比较(例3.6.2)和(例3.6.3)可知

$$R_{XY}(\omega)=R_{YX}(\omega) \tag{例3.6.4}$$

下面分析虚部的情况

$$I_{XY}(\omega)=\mathrm{Im}[S_{XY}(\omega)]=\frac{1}{2\mathrm{j}}[S_{XY}(\omega)-S_{XY}^*(\omega)]$$

$$=\frac{1}{2\mathrm{j}}\lim_{T\to+\infty}\frac{E[X_T^*(\omega)Y_T(\omega)]-E[X_T(\omega)Y_T^*(\omega)]}{2T} \tag{例3.6.5}$$

$$I_{YX}(\omega)=\mathrm{Im}[S_{YX}(\omega)]=\frac{1}{2\mathrm{j}}[S_{YX}(\omega)-S_{YX}^*(\omega)]$$

$$=\frac{1}{2\mathrm{j}}\lim_{T\to+\infty}\frac{E[Y_T^*(\omega)X_T(\omega)]-E[Y_T(\omega)X_T^*(\omega)]}{2T} \tag{例3.6.6}$$

比较(例 3.6.5)和(例 3.6.6)可知

$$I_{XY}(\omega) = -I_{YX}(\omega) \tag{例 3.6.7}$$

根据随机过程的性质,有 $X_T^*(\omega) = X_T(-\omega)$,$Y_T^*(\omega) = Y_T(-\omega)$。现在分析实部

$$R_{YX}(-\omega) = \frac{1}{2} \lim_{T \to +\infty} \frac{E[Y_T^*(-\omega)X_T(-\omega)] + E[Y_T(-\omega)X_T^*(-\omega)]}{2T}$$

$$= \frac{1}{2} \lim_{T \to +\infty} \frac{E[Y_T(\omega)X_T^*(\omega)] + E[Y_T^*(\omega)X_T(\omega)]}{2T} \tag{例 3.6.8}$$

比较(例 3.6.3)和(例 3.6.8)可得

$$R_{YX}(-\omega) = R_{YX}(\omega) \tag{例 3.6.9}$$

现在分析虚部

$$I_{YX}(-\omega) = \frac{1}{2j}[S_{YX}(-\omega) - S_{YX}^*(-\omega)]$$

$$= \frac{1}{2j} \lim_{T \to +\infty} \frac{E[Y_T^*(-\omega)X_T(-\omega)] - E[Y_T(-\omega)X_T^*(-\omega)]}{2T}$$

$$= \frac{1}{2j} \lim_{T \to +\infty} \frac{E[Y_T(\omega)X_T^*(\omega)] - E[Y_T^*(\omega)X_T(\omega)]}{2T} \tag{例 3.6.10}$$

比较(例 3.6.6)和(例 3.6.10)可得

$$I_{YX}(-\omega) = -I_{YX}(\omega) \tag{例 3.6.11}$$

例 3.7　随机过程 $X(t) = \sum\limits_{i=1}^{N} \alpha_i X_i(t)$ 中的 $X_i(t)$ 是平稳统计独立过程。针对零均值和非零均值的 $X(t)$,求其对应的功率谱密度。

解　首先分析零均值的情况。先求自相关函数

$$R_X(\tau) = E[X(t)X(t+\tau)] = \sum_{i=1}^{N} \sum_{j=1}^{N} \alpha_i \alpha_j E[X_i(t)X_j(t+\tau)] \tag{例 3.7.1}$$

由于 $X_i(t)$ 是平稳统计独立过程,所以可以得到

$$\begin{cases} E[X_i(t)X_j(t+\tau)] = R_{X_i X_i}(\tau) & (i = j) \\ E[X_i(t)X_j(t+\tau)] = 0 & (i \neq j) \end{cases} \tag{例 3.7.2}$$

于是

$$R_X(\tau) = E[X(t)X(t+\tau)] = \sum_{i=1}^{N} \alpha_i^2 R_{X_i X_i}(\tau) \tag{例 3.7.3}$$

对其进行傅里叶变换

$$S_X(\tau) = \sum_{i=1}^{N} \alpha_i^2 S_{X_i X_i}(\omega) \tag{例 3.7.4}$$

采用相同的思路分析非零均值的情况。其对应的自相关函数为

$$R_X(\tau) = E[X(t)X(t+\tau)] = \sum_{i=1}^{N} \sum_{j=1}^{N} \alpha_i \alpha_j E[X_i(t)X_j(t+\tau)]$$

$$= \sum_{i=1}^{N} \alpha_i^2 R_{X_i X_i}(\tau) + \sum_{i=1}^{N} \sum_{j=1}^{N} \alpha_i \alpha_j E[X_i(t)]E[X_j(t+\tau)] \tag{例 3.7.5}$$

对其进行傅里叶变换得到功率谱为

$$S_X(\omega) = \sum_{i=1}^{N} \alpha_i^2 S_{X_i X_i}(\omega) + \sum_{i=1}^{N} \sum_{j=1}^{N} 2\pi \alpha_i \alpha_j E[X_i(t)]E[X_j(t+\tau)]\delta(\omega) \tag{例 3.7.6}$$

3.6 Matlab 实现和仿真

3.6.1 相关函数估计的卷积运算方法

求解信号的自相关函数是将信号平移一段距离,与原信号进行比较并观察相似性,包括"移、乘、积"三个步骤;求解两个信号的互相关函数是将一个信号平移一段距离,与另一个信号进行比较并观察相似性,同样包括"移、乘、积"三个步骤。在卷积运算中,线性时不变系统的输入响应为系统冲激响应与输入的卷积,卷积运算包括"卷、移、乘、积"四个步骤。

通过上面的分析,我们发现卷积运算比相关运算多了一个"卷"过程,那么是不是可以先把信号自己"卷"一下,就可以抵消卷积运算中的"卷"过程,这样就可以将自相关函数的运算转化为卷积运算。设有两个信号为 $x(N)$ 和 $y(N)$,计算它们的互相关函数和自相关函数:

$$\begin{cases} R_{XY}(m) = \dfrac{1}{N}\sum_{n=0}^{N-1} x(n-m)y(n) = \dfrac{1}{N}\sum_{n=0}^{N-1} x(-(m-n))y(n) \\ \qquad = \dfrac{1}{N}\sum_{n=0}^{N-1} x_1(n-m)y(n) = \dfrac{1}{N}x_1(m)*y(m) \\ \qquad = \dfrac{1}{N}x(-m)*y(m) \\ R_X(m) = \dfrac{1}{N}x(-m)*x(m) \end{cases} \tag{3.6.1}$$

其中,$x_1(m)=x(-m)$;"$*$"为卷积运算符。

所以,将自相关函数的运算化为线性卷积的运算,就可以利用 FFT 对自相关函数进行快速计算,当数据量较大时,优势特别明显。由卷积定理,有

$$\mathrm{DTFT}[x(-m)*y(m)] = |X(\mathrm{e}^{\mathrm{j}\omega})|^2 \tag{3.6.2}$$

对上式求逆变换,就得到自相关函数:

$$R_X(m) = \mathrm{IDTFT}\left\{\frac{1}{N}|X(\mathrm{e}^{\mathrm{j}\omega})|^2\right\} \tag{3.6.3}$$

由于 DTFT 和 IDTFT 可以用 FFT 和 IFFT 来实现,因此自相关函数的计算可以用如下两式来实现:

$$X(k)=\mathrm{FFT}[x(n)] \tag{3.6.4}$$

$$R_X(m)=\mathrm{IFFT}\left\{\frac{1}{N}|X(k)|^2\right\} \tag{3.6.5}$$

例 3.8 对于一个标准高斯随机过程的样本序列,分别用自相关函数卷积法和 xcorr 函数求解自相关函数。

Matlab 仿真代码如下:

```
clc;clear;
N1 = 128;N2 = 4096;                  % 设置信号点数
x1 = randn(1, N1);                   % 产生 128 点标准高斯信号
x2 = randn(1, N2);                   % 产生 1 024 点标准高斯信号
Rx1 = xcorr(x1, 'biased');           % 产生有偏自相关函数 Rx1
```

```
Rx2 = xcorr(x2, 'biased');                    % 产生有偏自相关函数 Rx2
m1 = (−N1+1):(N1−1);
m2 = (−N2+1):(N2−1);
subplot(2,2,1);plot(m1,Rx1);                  % 绘制子图"xcorr 命令法 N1=128"
axis([−N1+1,N1−1,−0.5,1.5]);
xlabel('m1');ylabel('Rx1');
title('xcorr 命令法 N1=128');
grid on;
subplot(2,2,2);plot(m2,Rx2);                  % 绘制子图"xcorr 命令法 N2=4096"
axis([−N2+1,N2−1,−0.5,1.5]);
xlabel('m2');ylabel('Rx2');
title('xcorr 命令法 N2=4096');
grid on;
Xk1 = fft(x1,2*N1);
Rx3 = ifft(abs(Xk1.^2)/N1);                   % 用 FFT 计算自相关函数 Rx3
Xk2 = fft(x2,2*N2);
Rx4 = ifft(abs(Xk2.^2)/N2);                   % 用 FFT 计算自相关函数 Rx4
m3 = −N1:(N1−1);
subplot(2,2,3);plot(m3,fftshift(Rx3));        % 绘制子图"FFT 法 N1=128"
axis([−N1+1,N1−1,−0.5,1.5]);
xlabel('m3');ylabel('Rx3');
title('FFT 法 N1=128');
grid on;
m4 = −N2:(N2−1);
subplot(2,2,4);plot(m4,fftshift(Rx4));        % 绘制子图"FFT 法 N2=4096"
axis([−N2+1,N2−1,−0.5,1.5]);
xlabel('m4');ylabel('Rx4');
title('FFT 法 N2=4096');
grid on;
```

仿真结果如图 3.6.1 所示。

从图 3.6.1 中可见,两种方法产生的自相关函数相同。但是仿真结果中的自相关函数在非零点的自相关函数值非零,这与理论值是不符的,尤其在信号长度较短时更为明显。这主要的原因是因为计算自相关函数理论值时的信号长度是无限长,而仿真时的信号长度是有限的。但是随着点数的增加,从图中可以发现非零点的结果是逐渐趋于零值的。

3.6.2 功率谱估计的维纳－辛钦公式法

由本章的维纳－辛钦公式可知,平稳随机过程的自相关函数和功率谱密度互为傅里叶变换和逆变换的关系。因此可以先估计序列的自相关函数 $R_X(m)$,然后对 $R_X(m)$ 进行傅里叶变换,就可以得到序列的功率谱估计值。

例 3.9 已知随机信号 $X(t) = \cos(2\pi f_1 t + \varphi_1) + N(t)$,其中 $f_1 = 50 \text{ Hz}$,φ_1 为在 $[0,2\pi]$

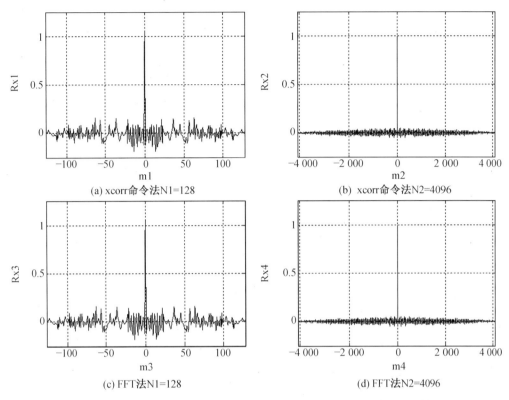

图 3.6.1　不同信号长度下自相关函数卷积法和 xcorr 函数法的比较

内均匀分布的随机变量，$N(t)$ 是均值为 0、方差为 1 的高斯白噪声。通过维纳－辛钦公式估计功率谱密度值。

Matlab 仿真代码如下：

```
clc；clear；
N1 = 512；N2 = 4096；fs = 500；                              % 设置序列长度和采样频率
t1 = (0:N1-1)/fs；t2 = (0:N2-1)/fs；
fai = random('unif',0,1) * 2 * pi；                        % 生成初始相位
x1 = 2 * cos(2 * pi * 50 * t1 + fai) + randn(1,N1)；       % 生成含噪随机序列的信号序列
x2 = 2 * cos(2 * pi * 50 * t2 + fai) + randn(1,N2)；
Rx1 = xcorr(x1,'biased')；Rx2 = xcorr(x2,'biased')；       % 估计自相关函数
Sx1 = abs(fft(Rx1))；Sx2 = abs(fft(Rx2))；                 % 估计功率谱密度
f1 = (0:N1-1) * fs/N1/2；f2 = (0:N2-1) * fs/N2/2；
subplot(2,1,1)；plot(f1,10 * log10(Sx1(1:N1)))；           % 绘制 N1 = 512 的子图
xlabel('f/Hz N1 = 512')；ylabel('Sx(f)(dB/Hz)')；
grid on；
subplot(2,1,2)；plot(f2,10 * log10(Sx2(1:N2)))；           % 绘制 N2 = 4096 的子图
xlabel('f/Hz N2 = 4096')；ylabel('Sx(f)(dB/Hz)')；
grid on；
```

仿真结果如图 3.6.2 所示。

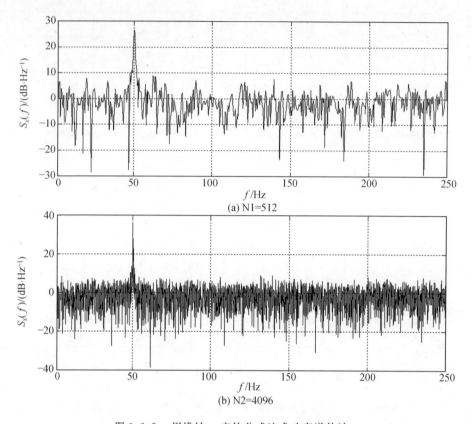

(a) N1=512

(b) N2=4096

图 3.6.2　用维纳－辛钦公式法求功率谱估计

从图 3.6.2 中 50 Hz 处可以发现有明显的谱峰,与理论结果相符。随着信号长度的增加,50 Hz 处的谱峰分辨率提高了,但是功率谱的起伏仍然很大,表明该方法是一种非一致估计。

习　　题

3－1　已知随机变量 $X(t)=a\cos(\omega_{\mathrm{c}}t+\Phi)$,其中 a、ω_{c} 皆是实常数,Φ 是在 $(0,\pi)$ 上均匀分布的随机变量。

(1) 过程 $X(t)$ 是宽平稳的吗? 证明之;

(2) 利用式 $Q=\lim\limits_{T\to\infty}\dfrac{1}{2T}\displaystyle\int_{-T}^{T}E[X^2(t)]\mathrm{d}t$,求 $X(t)$ 的功率;

(3) 利用式 $S_X(\omega)=\lim\limits_{T\to\infty}\dfrac{E[\,|X_X(T,\omega)|^2\,]}{2T}$,求 $X(t)$ 的功率谱密度;并由式

$$Q=\frac{1}{2\pi}\int_{-\infty}^{\infty}S_X(\omega)\mathrm{d}\omega$$

计算 $X(t)$ 的功率。先后求得 $X(t)$ 的功率值相等吗?

3－2　如果过程定义为 $X(t)=u(t)A\cos(\omega_{\mathrm{c}}t+\Phi)$,其中 $u(t)$ 是单位阶跃函数,求解题 3－1。

3－3　设平稳过程 $X(t)$ 的自相关函数 $R_X(\tau)=\dfrac{a^2}{2}\cos\omega_{\mathrm{c}}\tau$,其中 a、ω_{c} 皆是实常数。求该过程的功率谱密度。

3—4 设平稳过程 $X(t)$ 的自相关函数为 $R_X(\tau)=a\cos^4\omega_c\tau$，其中 a、ω_c 皆是实常数。求 $X(t)$ 的功率谱密度及其功率。

3—5 Poisson 随机电报过程为宽平稳过程，其自相关函数为 $R_X(\tau)=\mathrm{e}^{-2a|\tau|}$，其中 a 是信号平均传输速率。求 Poisson 随机电报过程的功率谱密度。

3—6 设平稳过程 $X(t)$ 的功率谱密度为

$$S_X(\omega)=\begin{cases}1-\dfrac{|\omega|}{8\pi} & (|\omega|\leqslant 8\pi)\\[2mm]0 & (\text{其他})\end{cases}$$

求该过程的均方值。

3—7 设随机过程

$$X(t)=\sum_{i=1}^{N}a_iX_i(t)$$

式中 a_i 是一组实常数，而随机过程 $X_i(t)$ 皆为平稳和正交的。证明

$$S_X(\omega)=\sum_{i=1}^{N}a_i^2S_{X_i}(\omega)$$

3—8 设 $X(t)$ 为随机过程，$X(t)=A\cos(\omega_0 t+\Phi)$，其中 A、ω_0 为实常数，Φ 为在 $[0,2\pi]$ 均匀分布的随机相位。试求随机过程的自相关函数和功率谱密度。

3—9 采用不同思路推导随机过程功率谱密度函数的表达式，并说明平稳随机过程的功率谱密度函数与一般随机过程功率谱密度函数的关系。

3—10 已知随机过程 $Z(t)=aX(t)+bY(t)$，其中 a、b 皆为常数，$X(t)$ 和 $Y(t)$ 是各自平稳且联合平稳的随机过程，试求：

(1) 过程 $Z(t)$ 的功率谱密度 $S_Z(\omega)$；

(2) 过程 $X(t)$ 和 $Y(t)$ 不相关时的 $S_Z(\omega)$。

3—11 已知平稳过程 $X(t)$ 具有如下功率谱密度 $S_X(\omega)=\dfrac{16}{\omega^4+13\omega^2+36}$，求自相关函数及平均功率。

3—12 下列函数哪些是平稳随机过程的功率谱密度，哪些不是，为什么？对正确的功率谱密度表达式计算其自相关函数。

(1) $S_1(\omega)=\dfrac{\omega^2+9}{(\omega^2+4)(\omega+1)^2}$

(2) $S_2(\omega)=\dfrac{\omega^2+1}{\omega^4+5\omega^2+6}$

(3) $S_3(\omega)=\dfrac{\omega^2+4}{\omega^4-4\omega^2+3}$

(4) $S_4(\omega)=\dfrac{\mathrm{e}^{-\mathrm{j}\omega^2}}{\omega^2+2}$

第 4 章

随机过程与系统

　　第 2 章和第 3 章主要对随机过程本身的时域和频域特性进行了阐述。但对于实际的应用,很多随机过程都会通过某个系统。因此分析随机过程通过系统的各种特性就显得尤为重要。通过本章的学习,理解随机过程通过系统后的时域和频域统计特性,并熟练应用它们分析实际的通信信号通过系统后的特性,掌握白噪声通过各种理想线性系统后的时域和频域统计特性,能够理解应用随机过程通过平方率等非线性系统后的时域和频域特性分析,为后续的实际通信信号分析与处理打下基础。本章的知识点总结如下。

序号	内　　　容	要求
1	系统输入输出分布的关系: (1) 若系统输入 $X(t)$ 服从高斯分布,则线性系统输出 $Y(t)$ 也服从高斯分布。 (2) 若输入非高斯随机过程 $X(t)$ 的功率谱带宽 Δf_X 与线性系统带宽 Δf 满足 $\Delta f_X \gg \Delta f$,则系统输出 $Y(t)$ 的概率分布趋于高斯分布。 (3) 若输入随机过程的功率谱带宽远远小于系统带宽,则输出随机过程的概率分布和输入过程的概率分布相同。 (4) 若输入随机过程的功率谱带宽远远大于系统带宽,则输入随机过程可以近似看作白噪声,其功率谱密度为信号频率为零处的功率谱密度	理解 证明
2	系统输出的时域分析: (1) 系统输出的表达式 $$Y(t) = \int_{-\infty}^{+\infty} h(\tau)X(t-\tau)\mathrm{d}\tau = h(t) * X(t)$$ (2) 输出随机过程的期望 $$m_Y(t) = m_X(t) * h(t)$$ (3) 系统输入输出随机过程的互相关函数 $$R_{XY}(t_1,t_2) = R_X(t_1,t_2) * h(t_2), R_{YX}(t_1,t_2) = R_X(t_1,t_2) * h(t_1)$$ (4) 系统输出随机过程的自相关函数 $$R_Y(t_1,t_2) = h(t_1) * h(t_2) * R_X(t_1,t_2)$$	能够 证明
3	系统输出的平稳性和遍历性: (1) 若输入 $X(t)$ 是宽平稳的随机过程,则系统输出 $Y(t)$ 也是宽平稳的随机过程,且输入与输出随机过程联合宽平稳。 (2) 若输入 $X(t)$ 是严平稳的随机过程,则输出 $Y(t)$ 也是严平稳的随机过程。 (3) 若输入随机过程 $X(t)$ 具有宽遍历性,则输出随机过程 $Y(t)$ 也具有宽遍历性,且输入与输出随机过程联合宽遍历	理解 证明

序号	内　　容	要求
4	系统输入和输出之间的功率谱关系： $S_Y(\omega) = S_X(\omega)H(-\omega)H(\omega) = S_X(\omega)H^*(\omega)H(\omega) = S_X(\omega) \mid H(\omega) \mid^2$	推导
5	输入为两个随机过程时的系统输出随机过程的特性。假设输入随机过程是平稳随机过程。输入输出模型： $X(t)=X_1(t)+X_2(t)$ ──→ $\boxed{h(t)}$ ──→ $Y(t)=Y_1(t)+Y_2(t)$ （1）系统输出随机过程期望 $$m_Y = E\big[Y(t)\big] = m_{Y_1} + m_{Y_2}$$ （2）输出随机过程的自相关函数和功率谱密度 $$R_Y(\tau) = R_{Y_1}(\tau) + R_{Y_2}(\tau) + R_{Y_1 Y_2}(\tau) + R_{Y_2 Y_1}(\tau)$$ $$= \big[R_{X_1}(\tau) + R_{X_2}(\tau) + R_{X_1 X_2}(\tau) + R_{X_2 X_1}(\tau)\big] * h(\tau) * h(-\tau)$$ $$S_Y(\omega) = S_{Y_1}(\omega) + S_{Y_2}(\omega) + S_{Y_1 Y_2}(\omega) + S_{Y_2 Y_1}(\omega)$$ $$= \big[S_{X_1}(\omega) + S_{X_2}(\omega) + S_{X_1 X_2}(\omega) + S_{X_2 X_1}(\omega)\big] \cdot \mid H(\omega) \mid^2$$ （3）两个输入随机过程相互独立时 $$R_{Y_2}(\tau) = R_{Y_1}(\tau) + R_{Y_2}(\tau) + 2m_{Y_1} m_{Y_2}$$ $$= \big[R_{X_1}(\tau) + R_{X_2}(\tau) + 2m_{X_1} m_{X_2}\big] * h(\tau) * h(-\tau)$$ $$S_Y(\omega) = S_{Y_1}(\omega) + S_{Y_2}(\omega) + 2m_{Y_1} m_{Y_2} \cdot 2\pi\delta(\omega)$$ $$= \big[S_{X_1}(\omega) + S_{X_2}(\omega) + 2m_{X_1} m_{X_2} \cdot 2\pi\delta(\omega)\big] \mid H(\omega) \mid^2$$	理解
6	白噪声通过线性系统。 （1）系统输出的自相关函数 $$R_Y(\tau) = \frac{N_0}{2}\int_0^{+\infty} h(u)h(u+\tau)\mathrm{d}u$$ （2）系统输出的功率谱密度为 $$S_Y(\omega) = \frac{N_0}{2}\mid H(\omega)\mid^2 \quad (\omega \in (-\infty, +\infty))$$ （3）低通情况 $$S_Y(\omega) = \begin{cases} N_0 A^2 & (0 \leqslant \omega < \Delta\omega/2) \\ 0 & (其他) \end{cases}, \ R_Y(\tau) = \frac{N_0 \cdot A^2 \cdot \Delta\omega}{4\pi} \cdot \frac{\sin\frac{\Delta\omega \cdot \tau}{2}}{\frac{\Delta\omega \cdot \tau}{2}}$$ （4）带通情况 $$S_Y(\omega) = \begin{cases} N_0 A^2 & (\mid \omega - \omega_0 \mid \leqslant \Delta\omega/2) \\ 0 & (其他) \end{cases}, \ R_Y(\tau) = \frac{N_0 \cdot A^2}{\pi\tau} \cdot \sin\frac{\Delta\omega \cdot \tau}{2} \cdot \cos \omega_0 \tau$$	熟练掌握
7	等效噪声带宽。 等效的原则： （1）理想系统与实际系统在同一白噪声激励下，两个系统输出平均功率相等； （2）理想系统的增益等于实际系统的最大增益。 等效噪声带宽公式： $$\Delta\omega_e = \frac{\int_0^{+\infty} \mid H(\omega) \mid^2 \mathrm{d}\omega}{\mid H(\omega) \mid^2_{max}}$$	理解

序号	内 容	要求
8	随机过程通过非线性系统。 (1) 非线性系统 $y = bx^2$，系统输出的概率密度 $$f_Y(y;t) = \frac{(y/b)^{-1/2}}{2b} f_X((y/b)^{1/2};t) + \frac{(y/b)^{-1/2}}{2b} f_X(-(y/b)^{1/2};t)$$ (2) 输出的自相关 $$R_Y(t_1,t_2) = b^2 E[X^2(t_1)X^2(t_2)] = \int_{-\infty}^{+\infty}\int_{-\infty}^{+\infty} (bx_1)^2 (bx_2)^2 f_X(x_1,x_2;t_1,t_2)\,\mathrm{d}x_1\mathrm{d}x_2$$ (3) 输出的 n 阶矩 $$E[Y^n(t)] = \int_{-\infty}^{+\infty} (bx^2)^n f_X(x;t)\,\mathrm{d}x = b^n E[X^{2n}(t)]$$ (4) $X(t) = S(t) + N(t)$ 的自相关和功率谱密度函数 $$R_Y(\tau) = b^2\left[R_{S^2}(\tau) + 4R_S(\tau)R_N(\tau)\sigma_S^2\sigma_N^2 + R_{N^2}(\tau)\right]$$ $$S_Y(f) = b^2\int_{-\infty}^{+\infty} R_{S^2}(\tau)\mathrm{e}^{-\mathrm{j}2\pi f\tau}\,\mathrm{d}\tau + b^2\int_{-\infty}^{+\infty} R_{N^2}(\tau)\mathrm{e}^{-\mathrm{j}2\pi f\tau}\,\mathrm{d}\tau +$$ $$\qquad 4b^2\int_{-\infty}^{+\infty} R_S(\tau)R_N(\tau)\mathrm{e}^{-\mathrm{j}2\pi f\tau}\,\mathrm{d}\tau + 2b^2\sigma_S^2\sigma_N^2\delta(f)$$	理解

4.1 引　　言

根据第 1 章可知通信的目的在于正确地传递信息，载有信息的信号所经历的环境或处理过程很多时候可以建模线性系统或非线性系统。因此，研究随机过程通过不同系统后的各种统计特性就显得尤为重要。

线性系统是指满足乘性和加性叠加定理的系统，用数学的语言描述就是线性代数中的线性性质。假设 $x_1(t)$、$x_2(t)$ 是系统的两个输入，α_1、α_2 为任意常数，如果

$$L[\alpha_1 x_1(t) + \alpha_2 x_2(t)] = \alpha_1 L[x_1(t)] + \alpha_2 L[x_2(t)] \tag{4.1.1}$$

成立，则称系统 $L[\cdot]$ 为线性系统。进一步，对于常数 c，若满足

$$y(t-c) = L[x(t-c)] \tag{4.1.2}$$

称系统 $L[\cdot]$ 为时不变系统，其中 $t-c$ 表示相对于时间 t 的时延。若把系统满足线性和时不变性二者结合起来，则系统为线性时不变系统。一般情况下，一个线性时不变系统可以完整地由它的冲激响应 $h(t)$ 表示，如图 4.1.1 所示。

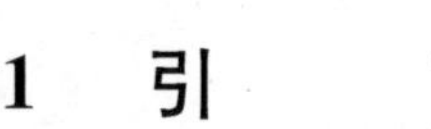

$$x(t) \rightarrow \boxed{h(t)} \rightarrow y(t)$$

图 4.1.1　系统示意图

如果系统满足线性时不变性，且系统输入、系统输出和系统冲激函数均为确定性函数，则三者的时域关系为

$$y(t) = \int_{-\infty}^{+\infty} h(\tau)x(t-\tau)\mathrm{d}\tau = h(t)*x(t) \tag{4.1.3}$$

由于时域卷积等于频域相乘，对式(4.1.3)两边做傅里叶变换可以得出三者之间的频域

关系

$$Y(\omega) = H(\omega)X(\omega) \tag{4.1.4}$$

$X(\omega)$、$Y(\omega)$、$H(\omega)$ 分别为 $x(t)$、$y(t)$、$h(t)$ 的傅里叶变换。此处称 $H(\omega)$ 为系统的传输函数。

除了上述线性时不变系统外,在实际中也经常用到非线性系统。所谓非线性系统是指不满足线性系统乘性和加性叠加性质的系统,如常用的平方处理 $y(t)=x^2(t)$ 和检波电路就是典型的非线性系统。和线性系统相比,非线性系统的处理就显得较为复杂和困难,涉及的数学理论较为繁多,大部分时候很难得到闭合数学表达式,只能找出收敛于真实解的近似函数。

上述的分析结论只是针对确定性信号,而在通信工程和电子工程等专业中,输入 $x(t)$ 与输出 $y(t)$ 是随机过程的一个样本函数,具有不确定性。此时,对于确定性信号通过系统的分析方法是否适用随机过程是一个值得探讨的问题。和确定性信号通过的系统类型相同,随机过程也可能通过线性系统和非线性系统。因此本章对随机过程通过线性系统和非线性系统后的时域和频域统计特性进行分析和处理。

需要说明的是,本章所有的内容都是假设系统处于稳态,也就是随机过程输入时系统已经处于稳态。处于暂态过程中的系统输入和输出的关系可以根据叠加和齐次定理按照系统的零输入响应和零状态响应进行分析,由于较为复杂,在本章不做过多讨论。

为了后续处理问题的方便,首先介绍系统的因果性和稳定性两个概念。对于一个系统当 $t<0$ 满足 $h(t)=0$ 时,称该系统为物理可实现系统,具有因果性。此时,系统输出的表达式可以简化为

$$y(t) = \int_{-\infty}^{t} x(\tau)h(t-\tau)\mathrm{d}\tau = \int_{0}^{+\infty} h(\tau)x(t-\tau)\mathrm{d}\tau \tag{4.1.5}$$

系统的稳定性是指如果一个线性时不变系统对任意有界输入其响应有界,那么称此系统是稳定的。稳定系统的冲激响应 $h(t)$ 应绝对可积,即满足

$$\int_{-\infty}^{+\infty} |h(\tau)|\mathrm{d}\tau < +\infty \tag{4.1.6}$$

系统传递函数的极点在 S 平面的左半平面或 Z 平面的单位圆内。

因此,本章的线性系统是指时不变的、稳定且物理可实现的系统。

4.2　随机过程通过线性系统的分布函数及时域数字特征

由于随机过程的特点不同于确定性信号,不能采用具体的表达式进行分析处理,只能采用统计的观点分析随机过程时域中的数学期望、均方值、自相关函数、互相关函数等数字特征和频域中的功率谱。因此,随机过程通过系统的主要分析方法包括基于卷积的时域分析方法和基于功率谱密度的频域分析方法。

首先,取出随机过程的一个样本,分析系统的输出表达式。假设系统为因果系统,且在系统输入随机过程时已经处于稳定状态,因此此时系统输出就是系统的零状态响应。设输入为随机过程 $X(t)$ 某个试验结果 ξ 对应的样本函数 $x(t,\xi)$,根据随机过程的第一个定义,此时的样本函数 $x(t,\xi)$ 为一确定性的时间函数。按照线性系统的知识,则输出 $y(t,\xi)$ 为

$$y(t,\xi) = \int_{-\infty}^{+\infty} h(\tau) \cdot x(t-\tau,\xi)\mathrm{d}\tau \tag{4.2.1}$$

对于所有的试验结果 ξ，输出为一族样本函数构成随机过程 $Y(t)$，则输入随机过程和输出随机过程的时域关系为

$$Y(t) = \int_0^{+\infty} h(\tau) \cdot X(t-\tau)\mathrm{d}\tau = h(t) * X(t) \tag{4.2.2}$$

式（4.2.2）如果成立需要上述积分处处收敛，这种情况不易满足。因此对于式（4.2.2）一般为随机过程均方意义下的积分，其系统模型如图 4.2.1 所示。

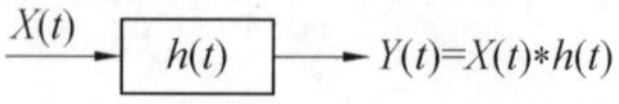

$$\xrightarrow{X(t)} \boxed{h(t)} \xrightarrow{} Y(t)=X(t)*h(t)$$

图 4.2.1　随机过程通过系统模型

4.2.1　线性系统输出随机过程的概率分布

当 t 固定时，系统输入随机过程 $X(t)$ 与输出随机过程 $Y(t)$ 都是随机变量。对于随机变量，最重要的是它的概率分布。但对于任意输入随机过程 $X(t)$，求解系统输出随机过程 $Y(t)$ 的概率分布非常困难。为使问题得到简化，一般假设输入随机过程 $X(t)$ 服从高斯（正态）分布。在本节介绍几个关于系统输入是高斯随机过程时系统输出的概率分布的重要结论。

结论 1　若系统输入随机过程 $X(t)$ 为高斯随机过程，则线性系统输出随机过程 $Y(t)$ 也是高斯随机过程。

证明　由于

$$Y(t) = \int_0^{+\infty} X(\tau)h(t-\tau)\mathrm{d}\tau \tag{4.2.3}$$

上述积分可用极限形式表示

$$Y(t) = \underset{\substack{\Delta\tau \to 0 \\ n \to \infty}}{\mathrm{l \cdot i \cdot m}} \sum_{k=1}^{n} X(\tau_k)h(t-\tau_k)\Delta\tau_k \tag{4.2.4}$$

其中 $\Delta\tau_k$ 为采样间隔；t、τ_k 固定时，$h(t-\tau_k)$ 为确定的常数；n 为采样个数。可以看出系统输出是高斯随机变量 $X(\tau_k)$ 的线性组合，而高斯分布的线性组合还是高斯分布。但是必须注意：虽然输出过程是高斯随机过程，但其期望、方差等数字特征已改变。

根据上述推导过程，可以近似计算输出高斯随机过程的期望与方差。众所周知，对于高斯随机过程，只要期望与方差确定，则整个分布函数便确定。根据（4.2.4），取定一个合适的 n，利用 $Y(t) \approx \sum_{k=1}^{n} X(\tau_k)h(t-\tau_k)\Delta\tau_k$ 可求出 $Y(t)$ 期望与方差的近似值。

结论 2　若输入非高斯随机过程 $X(t)$ 的功率谱带宽 Δf_X 与线性系统带宽 Δf 满足 $\Delta f_X \gg \Delta f$，则系统输出随机过程 $Y(t)$ 的概率分布趋于高斯分布。

采用中心极限定理对此结论进行证明。根据系统输入和系统输出之间的关系可以得到式（4.2.4），即 $Y(t) = \underset{\substack{\Delta\tau \to 0 \\ n \to \infty}}{\mathrm{l \cdot i \cdot m}} \sum_{k=1}^{n} X(\tau_k)h(t-\tau_k)\Delta\tau_k$。由中心极限定理可知，大量统计独立同分布的随机变量之和的概率分布趋于高斯分布。因此如果 $Y(t)$ 符合高斯分布，则公式中的右侧必须满足两个条件：一是 $X(\tau_k)$ 相互独立，二是 n 足够大。

现在证明这两个条件是否满足。首先证明 $X(\tau_k)$ 相互独立。根据前面的定义，如果采样间隔 $\Delta\tau_k$ 远远大于相关时间 $\tau_0(\Delta\tau_k \gg \tau_0)$，则可认为输入过程各采样值 $X(\tau_k)$ 相互统计独立。对于本节的情况，信号带宽 Δf_X 足够大，由于相关时间和信号带宽为反比例关系，也即是相关

时间 $\tau_0 \propto \dfrac{1}{\Delta f_X}$,则相关时间 τ_0 足够小,一般情况下都远远小于采样间隔 $\Delta \tau_k$,此时则可认为输入随机过程各采样值 $X(\tau_k)$ 满足相互统计独立的条件。

现在证明采样数足够多,也就是 n 足够大。众所周知,冲激响应都有一段非零的时间,称为持续时间 t_s,如图 4.2.2 所示。

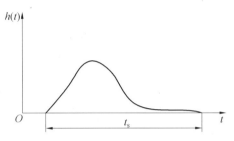

图 4.2.2   冲激响应函数

系统的冲激响应 $h(t)$ 的持续时间 t_s 和系统的带宽 Δf 成反比,也即 $t_s \propto 1/\Delta f$,所以当系统带宽 Δf 足够窄时系统冲激响应持续时间 t_s 远远大于采样时间间隔 $\Delta \tau_k$,也即是 $t_s \gg \Delta \tau_k$,而采样数 $n = t_s / \Delta \tau_k$ 则足够大,可认为输出随机过程 $Y(t)$ 由输入过程各取样值 $X(\tau_k)$ 经足够长的时间累加构成。

综上所述,当满足 $t_s \gg \Delta \tau_k \gg \tau_0$ 条件时,$Y(t)$ 的概率分布将趋于高斯分布。由 $t_s \gg \tau_0$ 可知,$Y(t)$ 的概率分布趋于高斯分布的条件为 $\Delta f_X \gg \Delta f$。即线性系统输入随机过程 $X(t)$ 的功率谱带宽 Δf_X 远大于系统带宽 Δf 时,输出随机过程 $Y(t)$ 的概率分布将趋于高斯分布,而与输入随机过程是否为高斯分布无关。

结论 3   若输入随机过程的功率谱带宽远远小于系统带宽,则输出随机过程的概率分布和输入过程的概率分布相同。

这是一个非常明显的结论。在此仅仅给出结论的说明。由于输入随机过程的功率谱带宽远远小于系统带宽,则输入随机过程所有的分量均无损失地通过系统,系统对随机过程没有影响,因此输出随机过程的概率分布和输入过程的概率分布相同。

结论 4   若输入随机过程的功率谱带宽远远大于系统带宽,则输入随机过程可以近似看作白噪声,其功率谱密度为信号频率为零处的功率谱密度。

由于输入随机过程的功率谱带宽远远大于系统带宽,在系统带宽内,可以认为功率谱密度不变,因此用频率为零处的功率谱近似非常合理。

4.2.2   通过系统的时域数字特征

现在分析系统输出的数字特征,主要包括期望、自相关函数、互相关函数以及各阶矩等。

1. 系统输出的期望

根据数学期望的定义,系统输出过程的期望为 $m_Y(t) = m_X(t) * h(t)$。下面给出证明过程。

证明   根据随机过程期望的定义可得

$$E[Y(t)] = E\left[\int_0^{+\infty} h(\tau) X(t-\tau) \mathrm{d}\tau\right]$$

$$= \int_0^{+\infty} E[X(t-\tau)]h(\tau)\mathrm{d}\tau = \int_0^{+\infty} m_X(t-\tau)h(\tau)\mathrm{d}\tau$$

$$= h(t) * m_X(t) \tag{4.2.5}$$

如果输入随机过程为平稳随机过程,那么

$$E[Y(t)] = E\left[\int_0^{+\infty} h(\tau)X(t-\tau)\mathrm{d}\tau\right] = \int_0^{+\infty} E[X(t-\tau)]h(\tau)\mathrm{d}\tau$$

$$= \int_0^{+\infty} m_X h(\tau)\mathrm{d}\tau = m_X \int_0^{+\infty} h(\tau)\mathrm{d}\tau \tag{4.2.6}$$

2. 系统输出的均方值

和求期望一样的思路,根据随机过程均方值的定义可知

$$E[Y^2(t)] = E[Y(t)Y(t)]$$

$$= E\left[\int_0^{+\infty} h(v)X(t-v)\mathrm{d}v \int_0^{+\infty} h(u)X(t-u)\mathrm{d}u\right]$$

$$= \int_0^{+\infty}\int_0^{+\infty} E[X(t-v)X(t-u)]h(v)h(u)\mathrm{d}v\mathrm{d}u$$

$$= \int_0^{+\infty}\int_0^{+\infty} R_X(t-v,t-u)h(v)h(u)\mathrm{d}v\mathrm{d}u \tag{4.2.7}$$

3. 系统输入与输出之间的互相关函数

系统输入与输出之间的互相关函数包括两种,分别为

$$R_{XY}(t_1,t_2) = R_X(t_1,t_2) * h(t_2), \quad R_{YX}(t_1,t_2) = R_X(t_1,t_2) * h(t_1)$$

证明 根据随机过程互相关函数的定义可知

$$R_{XY}(t_1,t_2) = E[X(t_1)Y(t_2)]$$

$$= E\left[X(t_1)\int_0^{+\infty} h(u)X(t_2-u)\mathrm{d}u\right]$$

$$= \int_0^{+\infty} E[X(t_1)X(t_2-u)]h(u)\mathrm{d}u$$

$$= \int_0^{+\infty} R_X(t_1,t_2-u)h(u)\mathrm{d}u$$

$$= R_X(t_1,t_2) * h(t_2) \tag{4.2.8}$$

同理

$$R_{YX}(t_1,t_2) = R_X(t_1,t_2) * h(t_1) \tag{4.2.9}$$

如果输入随机过程为平稳随机过程,令 $\tau = t_2 - t_1$,则

$$R_{XY}(t_1,t_1+\tau) = \int_0^{+\infty} R_X(\tau-u)h(u)\mathrm{d}u = R_X(\tau) * h(\tau) = R_{XY}(\tau) \tag{4.2.10}$$

$$R_{YX}(t_1,t_1+\tau) = \int_0^{+\infty} h(u)R_X(-\tau-u)\mathrm{d}u = R_X(\tau) * h(-\tau) = R_{YX}(\tau) \tag{4.2.11}$$

4. 系统输出的自相关函数

系统输出的自相关函数为

$$R_Y(t_1,t_2) = h(t_1) * h(t_2) * R_X(t_1,t_2) \tag{4.2.12}$$

证明 根据随机过程自相关函数的定义可知

$$R_Y(t_1,t_2) = E[Y(t_1)Y(t_2)]$$

$$= E\Big[\int_0^{+\infty} h(v)X(t_1-v)\mathrm{d}v \int_0^{+\infty} h(u)X(t_2-u)\mathrm{d}u\Big]$$

$$= \int_0^{+\infty}\int_0^{+\infty} E[X(t_1-v)X(t_2-u)]h(v)h(u)\mathrm{d}v\mathrm{d}u$$

$$= \int_0^{+\infty}\int_0^{+\infty} R_X(t_1-v,t_2-u)h(v)h(u)\mathrm{d}v\mathrm{d}u$$

$$= R_X(t_1,t_2)*h(t_1)*h(t_2)$$

$$= h(t_1)*R_{XY}(t_1,t_2)$$

$$= h(t_2)*R_{YX}(t_1,t_2)$$

如果输入随机过程为平稳随机过程,令 $\tau = t_2 - t_1$,则

$$R_Y(t,t+\tau) = E[Y(t)Y(t+\tau)]$$

$$= E\Big[\int_0^{+\infty} h(v)X(t-v)\mathrm{d}v \int_0^{+\infty} h(u)X(t+\tau-u)\mathrm{d}u\Big]$$

$$= \int_0^{+\infty}\int_0^{+\infty} E[X(t-v)X(t+\tau-u)]h(v)h(u)\mathrm{d}v\mathrm{d}u$$

$$= \int_0^{+\infty}\int_0^{+\infty} R_X(v-u+\tau)h(v)h(u)\mathrm{d}v\mathrm{d}u$$

$$= \int_0^{+\infty} [R_X(v+\tau)*h(v+\tau)]h(v)\mathrm{d}v$$

$$= R_X(\tau)*h(-\tau)*h(\tau) = R_Y(\tau) \tag{4.2.13}$$

5. 系统输出的各阶距

系统输出 n 阶矩的一般表达式为

$$E[Y(t_1)Y(t_2)\cdots Y(t_n)] = E[X(t_1)X(t_2)\cdots X(t_n)]*h(t_1)*h(t_2)*\cdots*h(t_n)$$

$$\tag{4.2.14}$$

需要说明的是,上面的分析方法是基于系统已经处于稳态,各参数初始值为零的条件下得出的结论,也就是按照零状态响应的分析方法进行分析的结果。它既适用于输入是平稳随机过程的情况,也适用于输入是非平稳随机过程的情况。

4.3　系统输出过程的平稳性和遍历性分析

和上节的思路一样,本节也是假设系统处于稳态时系统各种输出特性的分析,主要包括系统输出随机过程的平稳性和遍历性,因为这两种性质能够大大简化随机过程的分析和处理,为随机过程理论的实际应用提供依据。

4.3.1　系统输出过程的平稳性分析

结论 1　若输入随机过程 $X(t)$ 是宽平稳的随机过程,则系统输出随机过程 $Y(t)$ 也是宽平稳的随机过程,且输入与输出随机过程联合宽平稳。

证明　若输入随机过程 $X(t)$ 是宽平稳的随机过程,则有

$$m_X(t) = m_X; R_X(t_1,t_2) = R_X(\tau),\tau = t_2 - t_1; R_X(0) = E[X(t)X(t)] < \infty \tag{4.3.1}$$

根据上述结论,可以得到系统输出随机过程的期望、互相关函数、自相关函数和均方值等数字特征。其期望为

$$m_Y(t) = m_X \int_0^{+\infty} h(\tau)\mathrm{d}\tau \qquad (4.3.2)$$

其互相关函数为

$$R_{XY}(\tau) = R_X(\tau) * h(\tau), \quad R_{YX}(\tau) = R_X(\tau) * h(-\tau) \qquad (4.3.3)$$

其自相关函数为

$$R_Y(\tau) = R_X(\tau) * h(-\tau) * h(\tau) \qquad (4.3.4)$$

其均方值为

$$E[Y^2(t)] = |E[Y^2(t)]| = \left| \int_0^{+\infty}\int_0^{+\infty} R_X(v-u)h(v)h(u)\mathrm{d}v\mathrm{d}u \right|$$

$$\leqslant \int_0^{+\infty}\int_0^{+\infty} |R_X(v-u)| \, |h(v)| \, |h(u)| \mathrm{d}v\mathrm{d}u$$

$$\leqslant R_X(0)\int_0^{+\infty}\int_0^{+\infty} |h(v)| \, |h(u)| \mathrm{d}v\mathrm{d}u$$

$$= R_X(0)\int_0^{+\infty} |h(v)| \mathrm{d}v \int_0^{+\infty} |h(u)| \mathrm{d}u \qquad (4.3.5)$$

由于假设系统是稳定系统,有界输入必导致有界输出,也即是

$$\int_0^{+\infty} |h(t)| \mathrm{d}t < +\infty(绝对可积分,连续系统)$$

$$\sum_{k=-\infty}^{+\infty} |h(t)| < +\infty(绝对可求和,离散系统)$$

所以

$$E[Y^2(t)] \leqslant R_X(0)\int_0^{+\infty} |h(v)| \mathrm{d}v \int_0^{+\infty} |h(u)| \mathrm{d}u < +\infty \qquad (4.3.6)$$

由于系统输出的期望是常数,输出的相关函数只是时间差 τ 的函数,且输出均方值有界。因此,输出随机过程为宽平稳随机过程。

另外,由于输入随机过程和输出随机过程均为平稳随机过程,此时输入输出随机过程的互相关函数为

$$R_{XY}(t,t+\tau) = R_{XY}(\tau) \qquad (4.3.7)$$

可以看出输入随机过程与输出随机过程的互相关函数只与时间差有关,而与时间起点无关,因此输入随机过程和输出随机过程联合平稳。

结论 2 若输入随机过程 $X(t)$ 是严平稳的随机过程,则输出随机过程 $Y(t)$ 也是严平稳的随机过程。

证明 对于时移常数 T

$$Y(t+T) = \int_0^{+\infty} h(\tau)X(t+T-\tau)\mathrm{d}\tau \qquad (4.3.8)$$

输出 $Y(t+T)$ 和 $Y(t)$ 分别是输入 $X(t+T)$ 和 $X(t)$ 与 $h(t)$ 的卷积,可以表示成级数和的形式。因为随机过程 $X(t)$ 是严平稳的,所以 $X(t+T)$ 和 $X(t)$ 具有相同的 n 维概率密度函数。又因为系统 $h(t)$ 对输入随机过程的影响是相同的,所以 $Y(t+T)$ 和 $Y(t)$ 具有相同的 n 维概率密度函数,即随机过程 $Y(t)$ 是严平稳的。

4.3.2 系统输出随机过程的遍历性分析

结论 1 若输入随机过程 $X(t)$ 具有宽遍历性,则输出随机过程 $Y(t)$ 也具有宽遍历性,且

输入随机过程和输出随机过程联合遍历。

证明　由随机过程 $X(t)$ 的宽遍历性的定义可知 $\overline{X(t)}=m_X$，$\overline{X(t)X(t+\tau)}=R_X(\tau)$，则输出随机过程 $Y(t)$ 的时间平均表示为

$$
\begin{aligned}
\overline{Y(t)} &= \lim_{T\to+\infty}\frac{1}{2T}\int_{-T}^{T}Y(t)\mathrm{d}t \\
&= \lim_{T\to+\infty}\frac{1}{2T}\int_{-T}^{T}\left[\int_{0}^{+\infty}h(u)X(t-u)\mathrm{d}u\right]\mathrm{d}t \\
&= \int_{0}^{+\infty}\left[\lim_{T\to+\infty}\frac{1}{2T}\int_{-T}^{T}X(t-u)\mathrm{d}t\right]\cdot h(u)\mathrm{d}u \\
&= \int_{0}^{+\infty}m_X\cdot h(u)\mathrm{d}u = m_Y
\end{aligned}
\tag{4.3.9}
$$

时间自相关函数为

$$
\begin{aligned}
\overline{Y(t)Y(t+\tau)} &= \lim_{T\to+\infty}\frac{1}{2T}\int_{-T}^{T}Y(t)Y(t+\tau)\mathrm{d}t \\
&= \int_{0}^{+\infty}\int_{0}^{+\infty}h(u)h(v)\left[\lim_{T\to+\infty}\frac{1}{2T}\int_{-T}^{T}X(t-u)X(t+\tau-v)\mathrm{d}t\right]\mathrm{d}u\mathrm{d}v \\
&= \int_{0}^{+\infty}\int_{0}^{+\infty}h(u)h(v)R_X(\tau+u-v)\mathrm{d}u\mathrm{d}v = R_Y(\tau)
\end{aligned}
\tag{4.3.10}
$$

故 $Y(t)$ 是宽遍历性的。

又因为输入输出的时间互相关函数为

$$
\begin{aligned}
\overline{Y(t)X(t+\tau)} &= \lim_{T\to+\infty}\frac{1}{2T}\int_{-T}^{T}Y(t)X(t+\tau)\mathrm{d}t \\
&= \lim_{T\to+\infty}\frac{1}{2T}\int_{-T}^{T}\int_{0}^{+\infty}h(u)X(t-u)\mathrm{d}uX(t+\tau)\mathrm{d}t \\
&= \int_{0}^{+\infty}h(u)\left[\lim_{T\to+\infty}\frac{1}{2T}\int_{-T}^{T}X(t-u)X(t+\tau)\mathrm{d}t\right]\mathrm{d}u \\
&= \int_{0}^{+\infty}h(u)R_X(\tau+u)\mathrm{d}u = R_{YX}(\tau)
\end{aligned}
\tag{4.3.11}
$$

通过上面的分析和证明可以看出，系统输入输出的时间互相关等于其统计互相关，所以输入随机过程和输出随机过程二者联合遍历。

例 4.1　已知系统的冲激响应为 $h(t)=a\mathrm{e}^{-at}U(t)$，输入随机过程 $X(t)$ 是零期望的高斯白噪声，其自相关函数为 $R_X(\tau)=\dfrac{N_0}{2}\delta(\tau)$，求系统输出的期望、自相关函数以及输入输出随机过程互相关函数等各种统计特征。

解　假设系统输出表示为 $Y(t)=X(t)*h(t)$，则其期望为

$$
m_Y = m_X\int_{0}^{+\infty}a\mathrm{e}^{-at}\mathrm{d}t = -m_X\mathrm{e}^{-at}\Big|_{0}^{+\infty} = m_X = 0
\tag{例 4.1.1}
$$

根据输入输出随机过程自相关函数的关系可以得到

$$
R_Y(\tau) = \int_{0}^{+\infty}\int_{0}^{+\infty}h(\tau_1)h(\tau_2)R_X(\tau+\tau_1-\tau_2)\mathrm{d}\tau_1\mathrm{d}\tau_2
\tag{例 4.1.2}
$$

把冲激响应 $h(t)=a\mathrm{e}^{-at}U(t)$ 和输入自相关函数 $R_X(\tau)=\dfrac{N_0}{2}\delta(\tau)$ 代入式(例 4.1.2)可得

$$R_Y(\tau) = \frac{N_0}{2} \int_0^{+\infty} h(\tau_1) \left[\int_0^{+\infty} h(\tau_2) \delta(\tau + \tau_1 - \tau_2) d\tau_2 \right] d\tau_1$$

$$= \frac{N_0}{2} \int_0^{+\infty} h(\tau_1) h(\tau + \tau_1) d\tau_1$$

$$= \begin{cases} \dfrac{a^2 N_0}{2} e^{a\tau} \displaystyle\int_0^{+\infty} e^{-2au} du & (\tau < 0) \\[3mm] \dfrac{a^2 N_0}{2} e^{a\tau} \displaystyle\int_\tau^{+\infty} e^{-2au} du & (\tau \geqslant 0) \end{cases}$$

$$= \frac{aN_0}{4} e^{-a|\tau|} \tag{例 4.1.3}$$

在式(例 4.1.3)中令 $\tau = 0$ 即可得输出的平均功率为 $P_Y = E[Y^2(t)] = R_Y(0) = \dfrac{aN_0}{4}$。下面分析系统输入输出随机过程的互相关函数

$$R_{XY}(\tau) = \int_0^{+\infty} h(\lambda) R_X(\tau - \lambda) d\lambda$$

$$= \int_0^{+\infty} \frac{N_0}{2} \delta(\tau - \lambda) h(\lambda) d\lambda$$

$$= \begin{cases} \dfrac{N_0}{2} h(\tau) & (\tau \geqslant 0) \\[3mm] 0 & (\tau < 0) \end{cases}$$

$$= \begin{cases} \dfrac{aN_0}{2} e^{-a\tau} & (\tau \geqslant 0) \\[3mm] 0 & (\tau < 0) \end{cases} \tag{例 4.1.4}$$

同理可得

$$R_{YX}(\tau) = R_{XY}(-\tau) = \begin{cases} \dfrac{aN_0}{2} e^{a\tau} & (\tau < 0) \\[3mm] 0 & (\tau \geqslant 0) \end{cases} \tag{例 4.1.5}$$

对于此例题,大家要深刻领会,彻底弄懂它们的含义。假设输入随机过程换成随机过程 $X(t) = A\cos(30t + \Phi)$，Φ 是 $[0, 2\pi]$ 区间上均匀分布的随机变量,此时系统的各种输出统计特征又是什么呢? 大家可以当作练习进行解析。

4.4　平稳随机过程通过线性系统的功率谱

对确定性信号,通过系统后的频谱可以采用公式 $Y(\omega) = H(\omega) X(\omega)$ 进行计算和分析。对随机过程,由于不能直接进行傅里叶变换得到频谱,因此不能采用上面的方法。根据 4.3 节得出的结论:假定输入随机过程 $X(t)$ 是平稳随机过程,则输出随机过程 $Y(t)$ 也是平稳随机过程,且 $Y(t)$ 与 $X(t)$ 联合平稳。在此假设输入随机过程为平稳随机过程,分析推导系统输出随机过程的功率谱。

根据上节可知系统输出的自相关函数和输入自相关函数的关系为 $R_Y(\tau) = R_X(\tau) * h(-\tau) * h(\tau)$，结合功率谱和自相关函数的关系可得

$$S_Y(\omega) = S_X(\omega) H(-\omega) H(\omega) \tag{4.4.1}$$

由于 $h(t)$ 是实函数,则其共轭与其本身相等。所以,可以得到

$$H^*(\omega) = \left(\int_0^{+\infty} h(t)\mathrm{e}^{-\mathrm{j}\omega t}\,\mathrm{d}t\right)^* = \int_0^{+\infty} h^*(t)\mathrm{e}^{\mathrm{j}\omega t}\,\mathrm{d}t = \int_0^{+\infty} h(t)\mathrm{e}^{-\mathrm{j}(-\omega)t}\,\mathrm{d}t = H(-\omega) \quad (4.4.2)$$

代入(4.4.1)可得

$$S_Y(\omega) = S_X(\omega)H(-\omega)H(\omega) = S_X(\omega)H^*(\omega)H(\omega) = S_X(\omega)\,|H(\omega)|^2 \quad (4.4.3)$$

其中 $H(\omega)$ 是系统的传输函数,其幅频特性的平方 $|H(\omega)|^2$ 称为系统的功率传输函数。根据式(4.4.3)可以得到

$$|H(\omega)| = \sqrt{\frac{S_Y(\omega)}{S_X(\omega)}} \quad (4.4.4)$$

根据输出随机过程自相关函数的表达式 $R_Y(\tau) = R_{XY}(\tau) * h(-\tau) = R_{YX}(\tau) * h(\tau)$,对其进行傅里叶变换可得输出随机过程的功率谱密度

$$S_Y(\omega) = H(-\omega)S_{XY}(\omega) = H(\omega)S_{YX}(\omega)$$
$$= H(\omega)H^*(\omega)S_X(\omega) = |H(\omega)|^2 S_X(\omega) \quad (4.4.5)$$

其中 $S_{XY}(\omega)$ 为输入输出的互功率谱。它可以根据系统输入与输出的互相关函数的关系 $R_{XY}(\tau) = R_X(\tau) * h(\tau)$ 和 $R_{YX}(\tau) = R_X(\tau) * h(-\tau)$ 以及时域卷积为频域相乘的原理可以得到

$$S_{XY}(\omega) = S_X(\omega)H(\omega), \quad S_{YX}(\omega) = S_X(\omega)H(-\omega) \quad (4.4.6)$$

对其进行处理可以求出传递函数,表示为

$$H(\omega) = \frac{S_{XY}(\omega)}{S_X(\omega)} \quad (4.4.7)$$

若 $X(t)$ 与 $Y(t)$ 相互独立,分别有非零期望 μ_X 和 μ_Y,则

$$S_{XY}(\omega) = S_{YX}(\omega) = 2\pi\mu_X\mu_Y\delta(\omega) \quad (4.4.8)$$

结合第 3 章平稳随机过程功率谱密度的定义和计算方法,系统输出随机过程的平均功率可表示为

$$W_e = E[Y^2(t)] = R_Y(0) = \frac{1}{2\pi}\int_{-\infty}^{+\infty} S_Y(\omega)\,\mathrm{d}\omega = \frac{1}{2\pi}\int_{-\infty}^{+\infty} S_X(\omega)\,|H(\omega)|^2\,\mathrm{d}\omega \quad (4.4.9)$$

截至目前,对线性系统的输入随机过程和输出随机过程之间的时域和频域关系进行了分析,得出了具体的表达式,需要注意的是时域分析方法可以分析平稳和非平稳随机过程,而频域分析方法一般来说只针对平稳随机过程,且时域和频域方法分析的都是稳定系统的零状态响应。

例 4.2   采用频域分析法重做例 4.1。作为练习可以把系统函数换成 $H(\omega) = \dfrac{\mathrm{j}\omega}{a+\mathrm{j}\omega}$,求解其输出随机过程的各种统计特性。

首先把输入随机过程和系统函数采用频域表示,即 $R_X(\tau) \leftrightarrow S_X(\omega), h(t) \leftrightarrow H(\omega)$。$h(t)$ 的傅里叶变换为

$$H(\omega) = \frac{a}{a+\mathrm{j}\omega} \quad (\text{例 } 4.2.1)$$

$R_X(\tau) = \dfrac{N_0}{2}\delta(\tau)$ 的傅里叶变换为

$$S_X(\omega) = \frac{N_0}{2} \quad (\text{例 } 4.2.2)$$

根据输入输出随机过程和系统传输函数的关系,可得系统输出随机过程的功率谱以及输

入输出随机过程互功率谱的表达式

$$S_Y(\omega) = |H(\omega)|^2 S_X(\omega) = \left|\frac{a}{a+\mathrm{j}\omega}\right|^2 \frac{N_0}{2} = \frac{N_0 a^2}{2(a^2+\omega^2)} \qquad \text{(例 4.2.3)}$$

$$S_{XY}(\omega) = H(\omega) S_X(\omega) = \frac{N_0 a}{2(a+\mathrm{j}\omega)} \qquad \text{(例 4.2.4)}$$

$$S_{YX}(\omega) = H(-\omega) S_X(\omega) = \frac{N_0 a}{2(a-\mathrm{j}\omega)} \qquad \text{(例 4.2.5)}$$

然后对得到的频域表达式进行傅里叶反变换得到对应的时域表达式,系统输出随机过程的自相关函数为

$$R_Y(\tau) = \frac{1}{2\pi}\int_{-\infty}^{+\infty} S_Y(\omega)\mathrm{e}^{\mathrm{j}\omega\tau}\,\mathrm{d}\omega = \frac{1}{2\pi}\int_{-\infty}^{+\infty}\frac{N_0 a^2}{2(a^2+\omega^2)}\mathrm{e}^{\mathrm{j}\omega\tau}\,\mathrm{d}\omega = \frac{aN_0}{4}\mathrm{e}^{-a|\tau|} \qquad \text{(例 4.2.6)}$$

系统输入输出随机过程的互相关函数为

$$\begin{aligned}
R_{XY}(\tau) &= \frac{1}{2\pi}\int_{-\infty}^{+\infty} S_{XY}(\omega)\mathrm{e}^{\mathrm{j}\omega\tau}\,\mathrm{d}\omega \\
&= \frac{1}{2\pi}\int_{-\infty}^{+\infty}\frac{N_0 a}{2(a+\mathrm{j}\omega)}\mathrm{e}^{\mathrm{j}\omega\tau}\,\mathrm{d}\omega \\
&= \begin{cases} \dfrac{aN_0}{2}\mathrm{e}^{-a\tau} & (\tau \geqslant 0) \\ 0 & (\tau < 0) \end{cases}
\end{aligned} \qquad \text{(例 4.2.7)}$$

同理

$$R_{YX}(\tau) = R_{XY}(-\tau) = \begin{cases} \dfrac{aN_0}{2}\mathrm{e}^{a\tau} & (\tau < 0) \\ 0 & (\tau \geqslant 0) \end{cases} \qquad \text{(例 4.2.8)}$$

输出随机过程的平均功率为

$$P_Y = E[Y^2(t)] = R_Y(0) = \frac{aN_0}{4} \qquad \text{(例 4.2.9)}$$

可见,频域分析与时域分析所得结果完全一致。

对于系统 $H(\omega) = \dfrac{\mathrm{j}\omega}{a+\mathrm{j}\omega}$,仅仅以随机过程自相关函数的求法为例说明思路。

$$S_Y(\omega) = S_X(\omega)|H(\omega)|^2 = \frac{N_0}{2}\frac{\omega^2}{a^2+\omega^2} \qquad \text{(例 4.2.10)}$$

利用傅里叶反变换求得系统输出随机过程的自相关函数为

$$R_Y(\tau) = \frac{1}{2\pi}\int_{-\infty}^{+\infty} S_Y(\omega)\mathrm{e}^{\mathrm{j}\omega\tau}\,\mathrm{d}\omega = \frac{1}{2\pi}\int_{-\infty}^{+\infty}\frac{N_0}{2}\frac{\omega^2}{a^2+\omega^2}\mathrm{e}^{\mathrm{j}\omega\tau}\,\mathrm{d}\omega = \frac{N_0}{2}\delta(\tau) - \frac{aN_0}{4}\mathrm{e}^{-a|\tau|}$$

$$\text{(例 4.2.11)}$$

4.5　两个平稳随机过程之和通过线性系统

在实际应用中,经常遇见两个随机过程同时通过线性系统的情况,比如通信中的信号和噪声通过滤波器就是这种情况,此种情况可以通过图 4.5.1 所示的模型进行表示。因此,分析此种情况下的系统输出随机过程的各种时频域特征就显得尤为重要。

为了分析方便,假设随机过程 $X_1(t)$、$X_2(t)$ 是各自平稳且联合平稳的,它们之和 $X(t)$ 通

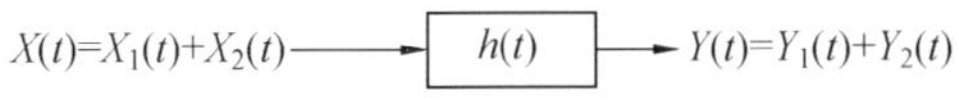

$$X(t)=X_1(t)+X_2(t) \longrightarrow \boxed{h(t)} \longrightarrow Y(t)=Y_1(t)+Y_2(t)$$

图 4.5.1　两个随机过程通过系统

过线性系统后,产生对应的两个随机过程 $Y_1(t)$、$Y_2(t)$ 之和 $Y(t)$。可证得:(1) $Y_1(t)$、$Y_2(t)$ 各自平稳且联合平稳;(2) $X(t)$ 和 $Y(t)$ 联合平稳。现在分析系统输出随机过程的期望、自相关函数和功率谱密度。

1. 输出随机过程 $Y(t)$ 的期望

$$m_Y = E[Y(t)] = m_{Y_1} + m_{Y_2} \tag{4.5.1}$$

2. 输出随机过程 $Y(t)$ 的自相关函数

$$
\begin{aligned}
R_Y(\tau) &= R_{Y_1}(\tau) + R_{Y_2}(\tau) + R_{Y_1 Y_2}(\tau) + R_{Y_2 Y_1}(\tau) \\
&= [R_{X_1}(\tau) + R_{X_2}(\tau) + R_{X_1 X_2}(\tau) + R_{X_2 X_1}(\tau)] * h(\tau) * h(-\tau)
\end{aligned}
\tag{4.5.2}
$$

若输入的两个平稳随机过程 $X_1(t)$、$X_2(t)$ 的数学期望为零且相互独立,则有

$$
\begin{cases}
R_X(\tau) = R_{X_1}(\tau) + R_{X_2}(\tau), \quad R_Y(\tau) = R_{Y_1}(\tau) + R_{Y_2}(\tau) \\
R_{Y_1}(\tau) = R_{X_1}(\tau) * h(\tau) * h(-\tau), \quad R_{Y_2}(\tau) = R_{X_2}(\tau) * h(\tau) * h(-\tau)
\end{cases}
\tag{4.5.3}
$$

3. 输出随机过程 $Y(t)$ 的功率谱

对应的功率谱密度表示为

$$
\begin{aligned}
S_Y(\omega) &= S_{Y_1}(\omega) + S_{Y_2}(\omega) + S_{Y_1 Y_2}(\omega) + S_{Y_2 Y_1}(\omega) \\
&= |H(\omega)|^2 [S_{X_1}(\omega) + S_{X_2}(\omega) + S_{X_1 X_2}(\omega) + S_{X_2 X_1}(\omega)]
\end{aligned}
\tag{4.5.4}
$$

若输入的两个平稳随机过程 $X_1(t)$、$X_2(t)$ 相互独立,则得到

$$
\begin{cases}
R_X(\tau) = R_{X_1}(\tau) + R_{X_2}(\tau) + 2m_{X_1} m_{X_2} \\
R_Y(\tau) = R_{Y_1}(\tau) + R_{Y_2}(\tau) + 2m_{Y_1} m_{Y_2}
\end{cases}
\tag{4.5.5}
$$

其对应的功率谱密度表示为

$$
\begin{aligned}
S_Y(\omega) &= S_{Y_1}(\omega) + S_{Y_2}(\omega) + 2m_{Y_1} m_{Y_2} \cdot 2\pi\delta(\omega) \\
&= |H(\omega)|^2 [S_{X_1}(\omega) + S_{X_2}(\omega) + 4\pi m_{X_1} m_{X_2} \delta(\omega)]
\end{aligned}
\tag{4.5.6}
$$

若输入的两个平稳随机过程 $X_1(t)$、$X_2(t)$ 的数学期望为零且相互独立,对应的功率谱密度为

$$
S_Y(\omega) = S_{Y_1}(\omega) + S_{Y_2}(\omega) = |H(\omega)|^2 [S_{X_1}(\omega) + S_{X_2}(\omega)]
\tag{4.5.7}
$$

相应地,也可以分析输入随机过程 $X(t)$ 与输出随机过程 $Y(t)$ 的互相关函数和互谱密度,其结果为

$$
\begin{aligned}
R_{XY}(\tau) &= R_{X_1 Y_1}(\tau) + R_{X_1 Y_2}(\tau) + R_{X_2 Y_1}(\tau) + R_{X_2 Y_2}(\tau) \\
S_{XY}(\tau) &= S_{X_1 Y_1}(\tau) + S_{X_1 Y_2}(\tau) + S_{X_2 Y_1}(\tau) + S_{X_2 Y_2}(\tau)
\end{aligned}
\tag{4.5.8}
$$

这表明:两个统计独立(或至少不相关)、零期望的平稳随机过程之和的功率谱密度或自相关函数等于各自功率谱密度或自相关函数之和。通过线性系统输出的平稳随机过程的功率谱密度或自相关函数也等于各自输出的功率谱密度或自相关函数之和。

4.6 白噪声通过线性系统

4.6.1 白噪声通过一般线性系统

设连续线性系统的传递函数为 $H(\omega)$，其输入白噪声双边功率谱密度为 $S_X(\omega) = \dfrac{N_0}{2}$，那么系统输出的功率谱密度为

$$S_Y(\omega) = \frac{N_0}{2} \mid H(\omega) \mid^2, \quad \omega \in (-\infty, +\infty) \tag{4.6.1}$$

对应单边功率谱密度为

$$S_Y(\omega) = N_0 \mid H(\omega) \mid^2, \quad \omega \in (0, +\infty) \tag{4.6.2}$$

下面主要以双边功率谱密度为例对白噪声通过系统后的特征进行分析。首先给出对应的输出随机过程的自相关函数为

$$R_Y(\tau) = \frac{1}{2\pi} \int_{-\infty}^{+\infty} S_Y(\omega) \mathrm{e}^{\mathrm{j}\omega\tau} \,\mathrm{d}\omega = \frac{N_0}{4\pi} \int_{-\infty}^{+\infty} \mid H(\omega) \mid^2 \mathrm{e}^{\mathrm{j}\omega\tau} \,\mathrm{d}\omega \tag{4.6.3}$$

根据上述结果可以把输出随机过程的自相关函数用系统函数的时域表示，其结果为

$$R_Y(\tau) = \frac{N_0}{2} \int_0^{+\infty} h(u) h(u + \tau) \,\mathrm{d}u \tag{4.6.4}$$

根据随机过程功率和自相关函数的关系，可得输出平均功率为

$$R_Y(0) = \frac{N_0}{4\pi} \int_{-\infty}^{+\infty} \mid H(\omega) \mid^2 \mathrm{d}\omega = \frac{N_0}{2\pi} \int_0^{+\infty} \mid H(\omega) \mid^2 \mathrm{d}\omega \tag{4.6.5}$$

上式表明，若输入随机过程是具有均匀谱的白噪声，则输出随机过程的功率谱密度主要由系统的幅频特性 $\mid H(\omega) \mid$ 决定，且不再保持常数。这是因为很多系统都具有一定的选择性，系统只允许与其频率特性一致的频率分量通过。这也说明可以通过白噪声和系统函数表示其他的随机过程。

4.6.2 白噪声通过理想线性系统

实际线性系统往往比较复杂，为了简化分析计算，常用理想化系统的传递函数来等效逼近实际系统的传递函数。现在讨论白噪声通过低通和带通系统的情况，这两种系统在通信中非常常用，具有很强的代表性。对于通信场景，噪声或者随机信号等随机过程通过系统后变为低通随机过程、带通随机过程或窄带随机过程。低通随机过程是指功率谱密度集中在零频附近的随机过程，带通随机过程是指功率谱密度集中在某个频率附近的随机过程，而窄带随机过程是指中心频率远大于功率谱所占带宽的带通随机过程。

1. 白噪声通过理想低通线性系统

理想的低通线性系统的表达式为

$$\mid H(\omega) \mid = \begin{cases} A & (\mid \omega \mid \leqslant \Delta\omega/2) \\ 0 & (其他) \end{cases} \tag{4.6.6}$$

形状如图 4.6.1 所示。

在实际应用中一般选择正频率部分，其相应的表达式为

$$|H(\omega)| = \begin{cases} A & (0 \leqslant \omega \leqslant \Delta\omega/2) \\ 0 & (\omega > \Delta\omega/2) \end{cases} \tag{4.6.7}$$

形状如图 4.6.2 所示。此时对应的白噪声的单边功率谱密度为

$$S_N(\omega) = \begin{cases} N_0 & (\omega \geqslant 0) \\ 0 & （其他） \end{cases} \tag{4.6.8}$$

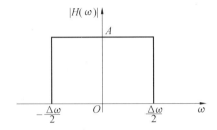

图 4.6.1　理想低通系统

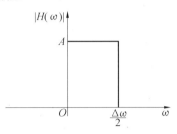

图 4.6.2　单边理想低通系统

则输出随机过程 $Y(t)$ 的单边功率谱密度为

$$S_Y(\omega) = \begin{cases} N_0 A^2 & (0 \leqslant \omega \leqslant \Delta\omega/2) \\ 0 & （其他） \end{cases} \tag{4.6.9}$$

输出随机过程 $Y(t)$ 的自相关函数为

$$R_Y(\tau) = \frac{1}{2\pi} \int_{-\infty}^{+\infty} S_Y(\omega) e^{j\omega\tau} d\omega = \frac{N_0}{4\pi} \int_{-\infty}^{+\infty} |H(\omega)|^2 e^{j\omega\tau} d\omega$$

$$= \frac{N_0}{4\pi} \cdot 2 \int_{0}^{+\infty} |H(\omega)|^2 \cos \omega\tau \, d\omega$$

$$= \frac{N_0 A^2}{2\pi} \int_{0}^{\Delta\omega/2} \cos \omega\tau \, d\omega = \frac{N_0 \cdot A^2 \cdot \Delta\omega}{4\pi} \cdot \frac{\sin \dfrac{\Delta\omega \cdot \tau}{2}}{\dfrac{\Delta\omega \cdot \tau}{2}} \tag{4.6.10}$$

输出随机过程 $Y(t)$ 的平均功率为

$$R_Y(0) = E[Y^2(t)] = \frac{N_0 \cdot A^2 \cdot \Delta\omega}{4\pi} \tag{4.6.11}$$

输出随机过程 $Y(t)$ 的相关系数为

$$r_Y(\tau) = \frac{\sin \dfrac{\Delta\omega \cdot \tau}{2}}{\dfrac{\Delta\omega \cdot \tau}{2}} \tag{4.6.12}$$

按照相关时间定义可得相关时间

$$\tau_0 = \frac{2}{\Delta\omega} \cdot \frac{\pi}{2} = \frac{1}{2\Delta f} \tag{4.6.13}$$

为了对低通限带白噪声自相关函数有个直观认识,给出它们的示意图,如图 4.6.3 所示。
从以上分析可以看出,白噪声通过理想低通线性系统后统计特性改变,可以总结为以下 3 点:

① 功率谱宽度变窄,由输入白噪声的频带无限宽变为输出随机过程带宽为 $\Delta\omega/2$。

② 平均功率由无限变为有限,与系统带宽成正比。

③ 噪声不同时刻之间由不相关变为相关,相关时间与系统带宽成反比,系统带宽越宽,相

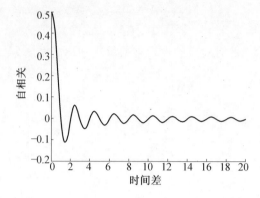

图 4.6.3　低通限带白噪声自相关函数曲线

关时间就越短,系统输出的随机过程随时间变化越剧烈。

当然,也可以采用双边功率谱密度推导分析白噪声通过理想低通系统后的各种特性,此时白噪声的功率谱密度为 $S_N(\omega)=N_0/2$,理想低通系统如式(4.6.6)所示。经过分析可以发现结果和前面采用单边带功率谱密度的结果相同。

2. 白噪声通过理想带通线性系统

理想带通线性系统具有理想矩形频率特性,即

$$|H(\omega)|=\begin{cases}A & (|\omega\pm\omega_c|\leqslant\Delta\omega/2)\\0 & (其他)\end{cases} \tag{4.6.14}$$

如果只关注正频率部分,则对应的线性系统表示为

$$|H(\omega)|=\begin{cases}A & (|\omega-\omega_c|\leqslant\Delta\omega/2)\\0 & (其他)\end{cases} \tag{4.6.15}$$

其形状如图 4.6.4 所示。

若系统满足条件 $\Delta\omega\ll\omega_c$,则该系统称为窄带系统。其对应的白噪声单边功率谱密度为

$$S_N(\omega)=\begin{cases}N_0 & (\omega\geqslant0)\\0 & (其他)\end{cases} \tag{4.6.16}$$

图 4.6.4　理想带通系统

输出随机过程 $Y(t)$ 的功率谱密度为

$$S_Y(\omega)=\begin{cases}N_0A^2 & (|\omega-\omega_c|\leqslant\Delta\omega/2)\\0 & (其他)\end{cases} \tag{4.6.17}$$

输出随机过程 $Y(t)$ 的自相关函数为

$$R_Y(\tau)=\frac{1}{2\pi}\int_{-\infty}^{+\infty}S_Y(\omega)\,\mathrm{e}^{j\omega\tau}\,\mathrm{d}\omega=\frac{N_0}{4\pi}\int_{-\infty}^{+\infty}|H(\omega)|^2\mathrm{e}^{j\omega\tau}\,\mathrm{d}\omega$$

$$=\frac{N_0}{4\pi}\cdot2\int_0^{+\infty}|H(\omega)|^2\cos\omega\tau\,\mathrm{d}\omega=\frac{N_0A^2}{2\pi}\int_{\omega_c-\Delta\omega/2}^{\omega_c+\Delta\omega/2}\cos\omega\tau\,\mathrm{d}\omega$$

$$=\frac{N_0\cdot A^2}{\pi\tau}\cdot\sin\frac{\Delta\omega\cdot\tau}{2}\cdot\cos\omega_c\tau \tag{4.6.18}$$

可写成

$$R_Y(\tau)=a(\tau)\cdot\cos\omega_c\tau \tag{4.6.19}$$

其中 $a(\tau) = \dfrac{N_0 \cdot A^2}{\pi\tau} \cdot \sin\dfrac{\Delta\omega \cdot \tau}{2} = 2\left(\dfrac{N_0 \cdot A^2 \Delta\omega}{4\pi} \cdot \dfrac{\sin\dfrac{\Delta\omega \cdot \tau}{2}}{\dfrac{\Delta\omega \cdot \tau}{2}}\right)$，称为自相关函数的包络，通过以

上公式可以看出 $a(\tau)$ 仅仅和 $\Delta\omega$ 有关，如果 $\Delta\omega \ll \omega_c$，相对于 $\cos\omega_c\tau$ 来说，$a(\tau)$ 是个慢变化函数，而 $\cos\omega_c\tau$ 则是快变化函数。$R_Y(\tau)$ 如图 4.6.5 所示，从图 4.6.5 中也可看出上述分析的结果。

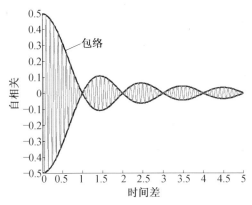

图 4.6.5　白噪声通过带通系统后的自相关函数曲线

输出随机过程 $Y(t)$ 的平均功率为

$$R_Y(0) = \frac{N_0 \cdot A^2 \cdot \Delta\omega}{2\pi} \tag{4.6.20}$$

输出随机过程 $Y(t)$ 的自相关系数为

$$r_Y(\tau) = \frac{\sin\dfrac{\Delta\omega \cdot \tau}{2}}{\dfrac{\Delta\omega \cdot \tau}{2}} \cdot \cos\omega_c\tau \tag{4.6.21}$$

相关时间为

$$\tau_0 = \frac{2}{\Delta\omega} \cdot \frac{\pi}{2} = \frac{1}{2\Delta f} \tag{4.6.22}$$

4.6.3　等效噪声带宽

前面章节分析了系统为理想系统时系统输出随机过程的各种统计特性，但当系统 $H(\omega)$ 比较复杂时，计算系统输出随机过程的统计特性很困难。为了计算方便，在实际中常常用一个幅频响应为矩形的理想系统等效代替实际系统的 $H(\omega)$，在等效时要用到一个非常重要的概念——等效噪声带宽，它被定义为矩形理想系统的带宽，用 $\Delta\omega_e$ 表示。首先给出等效的原则：

① 理想系统与实际系统在同一白噪声激励下，两个系统输出平均功率相等；

② 理想系统的增益等于实际系统的最大增益。

现在分析推导计算实际系统的等效噪声带宽的公式。假设低通线性系统的幅频特性为 $|H(\omega)|$，如图 4.6.6 所示。该系统的输入是单边功率谱密度为 N_0 的白噪声。则消耗在 $1\ \Omega$ 电阻上的系统输出端总平均功率为

$$R_Y(0) = \frac{N_0}{2\pi}\int_0^{+\infty} |H(\omega)|^2 \mathrm{d}\omega \tag{4.6.23}$$

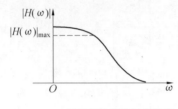

(a) 任意低通系统幅频特性

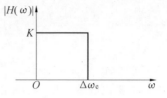

(b) 理想系统幅频特性

图 4.6.6　等效噪声原理示意图

此时假设理想线性系统幅频特性如图 4.6.6(b) 所示,其对应的函数为

$$|H(\omega)| = \begin{cases} K & (0 \leqslant \omega \leqslant \Delta\omega_e) \\ 0 & (\omega > \Delta\omega_e) \end{cases} \tag{4.6.24}$$

对输入功率谱密度为 $\dfrac{N_0}{2}$ 的白噪声,其输出的总平均功率为

$$R_Y(0) = \frac{N_0}{2\pi} \int_0^{\Delta\omega_e} |K|^2 \, \mathrm{d}\omega = \frac{N_0 K^2 \Delta\omega_e}{2\pi} \tag{4.6.25}$$

根据等效原则,式(4.6.23)和式(4.6.25)相等,应有 $K = |H(\omega)|_{\max}$。实际系统的等效噪声带宽为

$$\Delta\omega_e = \frac{\displaystyle\int_0^{+\infty} |H(\omega)|^2 \, \mathrm{d}\omega}{|H(\omega)|_{\max}^2} \tag{4.6.26}$$

对于一般的低通滤波器,$|H(\omega)|$ 的最大值出现在 $\omega = 0$ 处,即 $|H(\omega)|_{\max} = |H(0)|$。则低通滤波器的等效噪声带宽为

$$\Delta\omega_e = \frac{\displaystyle\int_0^{+\infty} |H(\omega)|^2 \, \mathrm{d}\omega}{|H(0)|^2} \tag{4.6.27}$$

采用时域冲激函数的形式,等效噪声带宽表示为

$$\Delta\omega_e = \frac{2\pi \displaystyle\int_0^{+\infty} h^2(t) \, \mathrm{d}t}{\left[\displaystyle\int_0^{+\infty} h(t) \, \mathrm{d}t\right]^2} \tag{4.6.28}$$

对于如图 4.6.7 所示的中心频率为 ω_c 的带通系统,$|H(\omega)|$ 的最大值出现在 $\omega = \omega_c$ 处,即 $|H(\omega)|_{\max} = |H(\omega_c)|$。

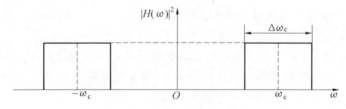

图 4.6.7　带通系统示意图

则带通滤波器的等效噪声带宽为

$$\Delta\omega_e = \frac{\displaystyle\int_0^{+\infty} |H(\omega)|^2 \, \mathrm{d}\omega}{|H(\omega_c)|^2} \tag{4.6.29}$$

其对应的时域表达式为

$$\Delta\omega_e = \frac{\pi\int_0^{+\infty} h^2(t)\,\mathrm{d}t}{|H(\omega_c)|^2} \tag{4.6.30}$$

当然,也可以采用和随机过程带宽相同的方法定义系统的带宽,如矩形带宽或 3 dB 带宽。定义的形式和第 3 章中的定义一样,只是把随机过程变成系统。细节大家可以参考第 3 章的内容。

例 4.3　已知线性系统的冲激响应为 $h(t) = ae^{-at}U(t)$,其中 $U(t)$ 为阶跃函数,系统的输入是一个平均功率为 $R_X(0)$ 的限带随机过程 $X(t)$ 和加性白噪声 $N(t)$,且二者相互独立。随机过程 $X(t)$ 功率谱主要集中在中心频率 ω_c 附近,带宽为 $\Delta\omega_X$。带通白噪声 $N(t)$ 的单边功率谱密度为 N_0,带宽为 $\Delta\omega_N$,若系统的等效噪声带宽为 $\Delta\omega_e$,信号 $X(t)$ 不失真地通过了该系统,求系统的等效噪声带宽、3 dB 带宽和系统输出信噪比。

解　首先对系统的冲激函数 $h(t) = ae^{-at}U(t)$ 进行傅里叶变换,得到其频域形式

$$H(\omega) = \frac{a}{a + j\omega} \tag{例 4.3.1}$$

其频域的平方为 $|H(\omega)|^2 = \dfrac{a^2}{a^2 + \omega^2}$,最大值为 $|H(\omega)|_{\max} = H(0) = 1$。根据等效噪声带宽的定义可以得到

$$\Delta\omega_e = \frac{1}{|H(\omega)|_{\max}^2}\int_0^{+\infty}|H(\omega)|^2\,\mathrm{d}\omega = \int_0^{+\infty}\frac{a^2}{a^2 + \omega^2}\,\mathrm{d}\omega = \pi a/2 \tag{例 4.3.2}$$

分析传递函数 $H(\omega)$,其最大值为 $|H(\omega)|_{\max} = 1$。根据 3 dB 带宽的定义可知

$$|H(\omega)| = \sqrt{\frac{a^2}{a^2 + \omega^2}} = \frac{\sqrt{2}}{2} \tag{例 4.3.3}$$

解此方程可得 3 dB 带宽 $\omega = a$。

可以发现,等效噪声带宽和 3 dB 带宽不相同,但它们都由系统本身的结构确定,一旦系统参数确定后,二者则具有确定的关系。

下面求系统输出的信噪比。根据输入随机过程和输出随机过程之间的关系,可以得到系统输出的功率谱为

$$G_Y(\omega) = |H(\omega)|^2 G_X(\omega) + |H(\omega)|^2 G_N(\omega) \tag{例 4.3.4}$$

由于信号 $X(t)$ 不失真地通过了系统,说明该系统是以 ω_c 为中心频带的带通系统。根据等效噪声带宽定义,在等效噪声带宽内 $H(\omega) = H(\omega_c)$($\Delta\omega_X \leqslant \Delta\omega_e$)。所以输出信号 $X_0(t)$ 的功率为

$$P_{X_0} = R_{X_0}(0) = \frac{1}{2\pi}\int_0^{+\infty}|H(\omega)|^2 G_X(\omega)\,\mathrm{d}\omega = \frac{1}{2\pi}\int_{\omega_c - \Delta\omega_X/2}^{\omega_c + \Delta\omega_X/2}|H(\omega_c)|^2 G_X(\omega)\,\mathrm{d}\omega$$

$$= |H(\omega_c)|^2 \frac{1}{2\pi}\int_{\omega_c - \Delta\omega_X/2}^{\omega_c + \Delta\omega_X/2} G_X(\omega)\,\mathrm{d}\omega = |H(\omega_c)|^2 R_X(0) \tag{例 4.3.5}$$

下面计算噪声通过系统后的噪声分量 $N_0(t)$ 的功率。

当 $\Delta\omega_N \geqslant \Delta\omega_e$ 时,噪声分量 $N_0(t)$ 的功率为

$$P_{N_0} = R_{N_0}(0) = \frac{1}{2\pi}\int_0^{+\infty}|H(\omega)|^2 G_N(\omega)\,\mathrm{d}\omega = \frac{1}{2\pi}\int_{\omega_c - \Delta\omega_e/2}^{\omega_c + \Delta\omega_e/2}|H(\omega)|^2 G_N(\omega)\,\mathrm{d}\omega$$

$$= \frac{N_0}{2\pi} \int_{\omega_c - \Delta\omega_e/2}^{\omega_c + \Delta\omega_e/2} |H(\omega)|^2 \mathrm{d}\omega \qquad (\text{例 } 4.3.6)$$

结合等效噪声带宽的定义,可以得到

$$P_{N_0} = \frac{N_0}{2\pi} \int_{\omega_c - \Delta\omega_e/2}^{\omega_c + \Delta\omega_e/2} |H(\omega)|^2 \mathrm{d}\omega = \frac{N_0 \Delta\omega_e}{2\pi} |H(\omega_c)|^2 \qquad (\text{例 } 4.3.7)$$

输出信噪比为

$$SNR = \frac{P_{X_0}}{P_{N_0}} = \frac{|H(\omega_c)|^2 R_X(0)}{\dfrac{N_0 \Delta\omega_e}{2\pi} |H(\omega_c)|^2} = \frac{2\pi R_X(0)}{N_0 \Delta\omega_e} \qquad (\text{例 } 4.3.8)$$

当 $\Delta\omega_N < \Delta\omega_e$ 时,噪声分量 $N_0(t)$ 的功率为

$$P_{N_0} = R_{N_0}(0) = \frac{1}{2\pi} \int_0^{+\infty} |H(\omega)|^2 G_N(\omega) \mathrm{d}\omega = \frac{1}{2\pi} \int_{\omega_c - \Delta\omega_N/2}^{\omega_c + \Delta\omega_N/2} |H(\omega)|^2 G_N(\omega) \mathrm{d}\omega$$

$$= \frac{N_0}{2\pi} \int_{\omega_c - \Delta\omega_N/2}^{\omega_c + \Delta\omega_N/2} |H(\omega)|^2 \mathrm{d}\omega \qquad (\text{例 } 4.3.9)$$

结合等效噪声带宽的定义,可以得到

$$P_{N_0} = \frac{N_0}{2\pi} \int_{\omega_c - \Delta\omega_N/2}^{\omega_c + \Delta\omega_N/2} |H(\omega)|^2 \mathrm{d}\omega = \frac{N_0 \Delta\omega_N}{2\pi} |H(\omega_c)|^2 \qquad (\text{例 } 4.3.10)$$

输出信噪比为

$$SNR = \frac{P_{X_0}}{P_{N_0}} = \frac{|H(\omega_c)|^2 R_X(0)}{\dfrac{N_0 \Delta\omega_N}{2\pi} |H(\omega_c)|^2} = \frac{2\pi R_X(0)}{N_0 \Delta\omega_N} \qquad (\text{例 } 4.3.11)$$

例 4.4 随机过程 $X(t) = A\sin(\omega_c t + \Phi)$ 和功率谱密度为 $N_0/2$ 的白噪声之和作用到传递函数为 $|H(\omega)|^2 = \dfrac{1}{1 + (\omega/\tau)^2}$ 的系统,其中 Φ 是 $[0, 2\pi)$ 上均匀分布的随机变量。求:

(1) 输出信号和噪声的功率谱密度;

(2) 系统输出的信噪比,并求 τ 为何值时信噪比最大;

(3) 系统输出的功率谱密度。

解 首先计算 $E[X(t)] = E[A\sin(\omega t + \Phi)] = 0$。白噪声的期望也为 0,且噪声和随机信号相互独立。

(1) 根据系统输入输出随机过程功率谱密度的关系,可知输出噪声的功率谱密度为

$$S_{N_0}(\omega) = S_N(\omega) |H(\omega)|^2 = \frac{N_0/2}{1 + (\omega/\tau)^2} \qquad (\text{例 } 4.4.1)$$

输出信号的功率谱密度为

$$S_{X_0}(\omega) = S_X(\omega) |H(\omega)|^2 = \frac{S_X(\omega)}{1 + (\omega/\tau)^2} \qquad (\text{例 } 4.4.2)$$

其中 $S_X(\omega)$ 为输入信号的功率谱密度,根据它和输入信号自相关函数的关系可知

$$S_X(\omega) = \int_{-\infty}^{+\infty} R_X(\tau) \mathrm{e}^{-\mathrm{j}\omega\tau} \mathrm{d}\tau \qquad (\text{例 } 4.4.3)$$

现在求输入信号的自相关函数,具体表示为

$$R_X(\tau) = E[X(t)X(t+\tau)] = E[A\sin(\omega_c t + \theta) A\sin(\omega_c t + \omega_c \tau + \theta)] = (A^2/2)\cos\omega_c\tau$$

$$(\text{例 } 4.4.4)$$

代入 (例 4.4.3) 可得输入信号的功率谱密度为

$$S_X(\omega) = \int_{-\infty}^{+\infty} (A^2/2) \cos \omega_c \tau \mathrm{e}^{-\mathrm{j}\omega\tau} \mathrm{d}\tau = (A^2\pi/2)[\delta(\omega - \omega_c) + \delta(\omega + \omega_c)]$$

(例 4.4.5)

把(例 4.4.5)代入(例 4.4.2)可得输出信号的功率谱密度为

$$S_{X_0}(\omega) = \frac{S_X(\omega)}{1 + (\omega/\tau)^2} = \frac{(A^2\pi/2)[\delta(\omega - \omega_c) + \delta(\omega + \omega_c)]}{1 + (\omega/\tau)^2} \qquad (例 4.4.6)$$

(2) 输出的信噪比。根据信噪比的定义,系统输出信噪比为

$$SNR = \frac{P_X}{P_N} = \frac{\dfrac{1}{2\pi}\displaystyle\int_{-\infty}^{+\infty} S_{X_0}(\omega)\mathrm{d}\omega}{\dfrac{1}{2\pi}\displaystyle\int_{-\infty}^{+\infty} S_{N_0}(\omega)\mathrm{d}\omega} \qquad (例 4.4.7)$$

把式(例 4.4.1)和式(例 4.4.6)代入式(例 4.4.7)可得

$$SNR = \frac{\dfrac{A^2}{2}\left[1 + (\omega_c/\tau)^2\right]^{-1}}{\dfrac{N_0\tau}{4}} = \frac{2A^2/N_0\tau}{1 + (\omega_c/\tau)^2} \qquad (例 4.4.8)$$

为了求输出信噪比的最大值,令式(例 4.4.8)的导数等于零可得 $\tau = \pm\omega_c$。一般来说,对于实际的电路 $\tau > 0$,因此 $\tau = \omega_c$。

(3) 根据系统输入和输出的关系,其系统输出的功率谱密度为

$$S_Y(\omega) = S_{X_0}(\omega) + S_{N_0}(\omega) = \frac{(A^2\pi/2)[\delta(\omega - \omega_c) + \delta(\omega + \omega_c)]}{1 + (\omega/\tau)^2} + \frac{N_0/2}{1 + (\omega/\tau)^2}$$

(例 4.4.9)

进一步,如果对其进行傅里叶反变换就可求得输出的自相关函数。

4.7   随机过程通过非线性系统

前述各节分析了随机过程通过线性系统后的时域和频域特性,但在实际的通信和电子场景中还会遇到非线性系统。本节分析的非线性系统为通信信号处理中常用的平方律非线性变换。和分析线性系统相同,本节主要分析通过非线性系统的时域和频域统计特性。随机过程通过非线性系统的方法主要有直接法、特征函数法和包线法。直接法的主要思想是利用各种数字特征的定义,把非线性系统的表达式代入定义即可得到系统输出的各种时域数字特征,而功率谱密度则是通过维纳—辛钦定理对自相关函数进行傅里叶变换求得。特征函数法则是利用拉普拉斯变换以及概率密度函数与特征函数的关系获得随机过程通过非线性系统后的各种时域数字特征和功率谱密度函数。包线法则主要分析窄带非线性系统,把系统输出的随机过程表示为准正弦振荡的形式,利用系统输出的幅度正比于输入端随机过程包络的结论,经过一定的近似可以获得系统输出的各种特性参数。本节主要介绍直接法,其他方法可以参考相关的文献。

4.7.1   直接法原理

本节首先介绍通过非线性系统后输出随机过程的概率密度函数的求解方法,然后给出各种时域和频域特征的求解方法。

根据第 1 章随机变量函数的概率密度函数的求解方法,把它扩展应用到随机过程。考虑 $y = g(x)$ 是单调连续函数的情况,$y = g(x)$ 的反函数是唯一的,其反函数为 $x = g^{-1}[y] = h(y)$,若反函数 $h(y)$ 的导数也存在,则可利用随机变量 X 的概率密度求出随机变量 Y 的概率密度,用公式表示为

$$f_Y(y) = f_X(x) \left| \frac{\mathrm{d}x}{\mathrm{d}y} \right| = f_X(h(y)) \left| h'(y) \right| \tag{4.7.1}$$

如果随机变量 X 和 Y 之间不是单调关系,即 Y 的取值可能对应 X 的多个值 $x_1, x_2, \cdots, x_n$,其 $y = g(x)$ 的反函数为 $x_1 = h_1(y), x_2 = h_2(y), \cdots, x_n = h_n(y)$,根据概率基本原理可知

$$f_Y(y) = f_X(h_1(y)) \left| h'_1(y) \right| + f_X(h_2(y)) \left| h'_2(y) \right| + \cdots + f_X(h_n(y)) \left| h_n'(y) \right| \tag{4.7.2}$$

对于随机过程而言,当时间 t 确定时便是随机变量,因此可以利用上述结论求非线性系统输出的概率密度函数。

对于某个时刻 t 对应随机过程的一维随机变量,可以求出其一维概率密度函数为

$$f_Y(y; t) = f_X(x; t) \left| \frac{\mathrm{d}x}{\mathrm{d}y} \right| = |J| f_X(x; t) \tag{4.7.3}$$

如果 $y = g(x)$ 不是单调函数,那么

$$f_Y(y; t) = f_X(x_1; t) \left| h'_1(y) \right| + f_X(x_2; t) \left| h'_2(y) \right| + \cdots + f_X(x_n; t) \left| h'_n(y) \right|$$
$$= f_X(h_1(y)) |J_1| + f_X(h_2(y)) |J_2| + \cdots + f_X(h_n(y)) |J_n| \tag{4.7.4}$$

相应地,也可以计算非线性系统输出随机过程的二维概率密度函数,也即是取 t_1 和 t_2 两个时刻对应二维随机变量的概率密度函数,用公式表示为

$$\begin{cases} Y(t_1) = g[X(t_1)] \\ Y(t_2) = g[X(t_2)] \end{cases} \tag{4.7.5}$$

如果函数 g 单调,且其反函数存在且唯一,则输出随机过程 $Y(t)$ 的二维概率密度函数可以由系统输入随机过程 $X(t)$ 的二维概率密度函数表示为

$$f_Y(y_1, y_2; t_1, t_2) = |J| f_X(x_1, x_2; t_1, t_2) \tag{4.7.6}$$

式中

$$J = \frac{\partial(x_1, x_2)}{\partial(y_1, y_2)} = \begin{vmatrix} \dfrac{\partial x_1}{\partial y_1} & \dfrac{\partial x_2}{\partial y_1} \\ \dfrac{\partial x_1}{\partial y_2} & \dfrac{\partial x_2}{\partial y_2} \end{vmatrix} \tag{4.7.7}$$

依此类推,可以由系统输入随机过程的 n 维概率密度函数和非线性系统的表达式求出系统输出随机过程对应的 n 维概率密度函数。

下面介绍时域数字特征和功率谱的求解方法和步骤。已知输入随机过程 $X(t)$ 的统计特性和非线性系统的特性 $y = g(x)$,目的是求输出随机过程 $Y(t)$ 的期望、相关函数以及功率谱等相关统计特征。

根据数学期望的定义,可以由输入随机过程的概率密度函数求得输出随机过程的数学期望为

$$E[Y(t)] = \int_{-\infty}^{+\infty} g(x) f_X(x; t) \, \mathrm{d}x \tag{4.7.8}$$

式中,$f_X(x; t)$ 是输入随机过程 $X(t)$ 的一维概率密度。同理可推得输出随机过程的 n 阶矩为

$$E[Y^n(t)] = \int_{-\infty}^{+\infty} g^n(x) f_X(x;t) \, \mathrm{d}x \tag{4.7.9}$$

输出随机过程的自相关函数为

$$R_Y(t_1, t_2) = \int_{-\infty}^{+\infty} \int_{-\infty}^{+\infty} g(x_1) g(x_2) f_X(x_1, x_2; t_1, t_2) \, \mathrm{d}x_1 \mathrm{d}x_2 \tag{4.7.10}$$

式中 $f_X(x_1, x_2; t_1, t_2)$ 为输入随机过程的二维概率密度函数。如果输入随机过程是平稳随机过程，自相关函数可以写成

$$R_Y(t_1, t_2) = \int_{-\infty}^{+\infty} \int_{-\infty}^{+\infty} g(x_1) g(x_2) f_X(x_1, x_2; \tau) \, \mathrm{d}x_1 \mathrm{d}x_2 \tag{4.7.11}$$

其中 $\tau = t_2 - t_1$。如果已知输入随机过程的二维概率密度函数，就可以求输出随机过程的自相关函数和功率谱密度。在输入随机过程概率密度为高斯分布，且非线性函数关系比较简单，积分运算又没有多大困难时，可以比较容易地得到计算结果。但是，当输入随机过程的概率分布以及非线性关系都比较复杂时，积分计算将会非常困难。

4.7.2　经过平方律非线性系统后的时频统计特性

如前所述，平方律非线性系统的传输特性为

$$y = bx^2 \tag{4.7.12}$$

式中，b 是常数，这种非线性变换的特性如图 4.7.1 所示。

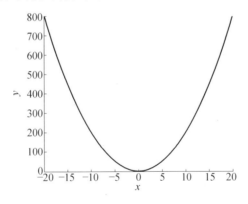

图 4.7.1　平方律非线性变换

根据式 (4.7.12)，先求出平方律对应的反函数 $x = \pm\sqrt{y/b}$，即得到 $x_1 = \sqrt{y/b}$ 和 $x_2 = -\sqrt{y/b}$，代入式 (4.7.3) 可以求出平方律后的一维概率密度函数为

$$f_Y(y;t) = \frac{(y/b)^{-1/2}}{2b} f_X((y/b)^{1/2};t) + \frac{(y/b)^{-1/2}}{2b} f_X(-(y/b)^{1/2};t) \tag{4.7.13}$$

假设输入随机过程为平稳高斯随机过程，则平方律后的概率密度函数为

$$f_Y(y;t) = \frac{(y/b)^{-1/2}}{2b} f_X((y/b)^{1/2};t) + \frac{(y/b)^{-1/2}}{2b} f_X(-(y/b)^{1/2};t) \tag{4.7.14}$$

由于平方律非线性关系不是单调函数，且反函数不唯一，因此对于二维及其以上维度的概率密度函数很难求出相应的闭合表达式。下面分析随机过程通过平方律系统后的数字特征。把式 (4.7.9) 中的 $g(x)$ 用平方律非线性系统 bx^2 代替，其输出随机过程的 n 阶矩可以表示为

$$E[Y^n(t)] = \int_{-\infty}^{+\infty} (bx^2)^n f_X(x;t) \, \mathrm{d}x = b^n E[X^{2n}(t)] \tag{4.7.15}$$

相应地,平方律非线性系统输出随机过程自相关函数为

$$R_Y(t_1,t_2)=b^2E[X^2(t_1)X^2(t_2)]=\int_{-\infty}^{+\infty}\int_{-\infty}^{+\infty}(bx_1)^2(bx_2)^2f_X(x_1,x_2;t_1,t_2)\,\mathrm{d}x_1\mathrm{d}x_2$$

$$(4.7.16)$$

现在假定非线性系统的输入 $X(t)$ 是一个零期望的高斯随机过程,求得高斯随机变量各阶矩为

$$E[X^n(t)]=\begin{cases}1\cdot3\cdot5\cdots\cdot(n-1)\sigma_X^n & (n\geqslant2\text{ 的偶数})\\0 & (n\text{ 为奇数})\end{cases}\qquad(4.7.17)$$

利用公式可得

$$E[Y^n(t)]=E[X^{2n}(t)]=b^n1\cdot3\cdot5\cdots\cdot(2n-1)\sigma_X^{2n}\qquad(4.7.18)$$

对应 $n=1$ 和 $n=2$,利用上式可得系统输出随机过程的期望、均方值和方差,分别表示为

$$\begin{cases}E[Y(t)]=b\sigma_X^2\\E[Y^2(t)]=3b^2\sigma_X^4=3E^2[Y(t)]\\\sigma_Y^2=E[Y^2(t)]-E^2[Y(t)]=2E^2[Y(t)]\end{cases}\qquad(4.7.19)$$

输出自相关函数 $R_Y(t_1,t_2)$ 可求得为

$$R_Y(t_1,t_2)=b^2E[X^2(t_1)X^2(t_2)]=b^2(E[X^2(t_1)]E[X^2(t_2)]+2E[X(t_1)X(t_2)])$$

$$(4.7.20)$$

又因为

$$E[X^2(t_1)]=E[X^2(t_2)]=R_X(0)=\sigma_X^n,\quad E[X(t_1)X(t_2)]=R_X(\tau),\quad \tau=t_2-t_1$$

$$(4.7.21)$$

所以

$$R_Y(\tau)=b^2E[X^2(t_1)X^2(t_2)]=b^2(E[X^2(t_1)]E[X^2(t_2)]+2E[X(t_1)X(t_2)])$$
$$=b^2\sigma_X^4+2b^2R_X^2(\tau)=R_Y(\tau)\qquad(4.7.22)$$

众所周知,对于通信系统,接收端接收的信号总会受到噪声的影响,此时接收信号可以表示信号和噪声之和,即 $X(t)=S(t)+N(t)$。一般情况下,噪声 $N(t)$ 的期望为零,信号 $S(t)$ 和噪声 $N(t)$ 彼此独立。令 $X_1=X(t_1)=S(t_1)+N(t_2)$,$X_2=X(t_2)=S(t_2)+N(t_2)$,则输出随机过程的自相关函数表示为

$$R_Y(t_1,t_2)=b^2E[(S(t_1)+N(t_1))^2(S(t_2)+N(t_2))^2]$$
$$=b^2E[S^2(t_1)S^2(t_2)+4S(t_1)S(t_2)N(t_1)N(t_2)+S^2(t_1)N^2(t_2)+$$
$$S^2(t_2)N^2(t_1)+N^2(t_1)N^2(t_2)]\qquad(4.7.23)$$

当输入信号是平稳随机过程时,$\tau=t_2-t_1$,如果令 $R_{S^2}(\tau)$ 和 $R_{N^2}(\tau)$ 分别是信号平方和噪声平方的自相关函数,R_{SN} 是信号与噪声的互相关函数,即

$$\begin{cases}R_{S^2}(\tau)=E[S^2(t_1)S^2(t_2)],\quad R_{N^2}(\tau)=E[N^2(t_1)N^2(t_2)]\\R_{SN}=E[4S(t_1)S(t_2)N(t_1)N(t_2)+S^2(t_1)N^2(t_2)+S^2(t_2)N^2(t_1)]\end{cases}\qquad(4.7.24)$$

3 个相关函数对应的傅里叶变换分别表示为 S_{S^2}、S_{N^2}、S_{SN}。上式简化为

$$R_Y(\tau)=b^2[R_{S^2}(\tau)+4R_S(\tau)R_N(\tau)+2\sigma_S^2\sigma_N^2+R_{N^2}(\tau)]\qquad(4.7.25)$$

其中,σ_S^2、σ_N^2 分别是信号和噪声的方差。可以看到,平方律非线性系统输出随机过程的自相关函数包含有 3 项:信号本身相互作用引起的 $b^2R_{S^2}(\tau)$,噪声本身相互作用引起的 $b^2R_{N^2}(\tau)$ 以及信号与噪声相互作用引起的 $4b^2R_S(\tau)R_N(\tau)+2b^2\sigma_S^2\sigma_N^2$。

根据维纳－辛钦定理，通过对 $R_Y(\tau)$ 进行傅里叶变换可得到平方律非线性系统输出随机过程的功率谱密度，其结果表示为

$$S_Y(f) = b^2 \int_{-\infty}^{+\infty} R_{S^2}(\tau) \mathrm{e}^{-\mathrm{j}2\pi f\tau} \mathrm{d}\tau + b^2 \int_{-\infty}^{+\infty} R_{N^2}(\tau) \mathrm{e}^{-\mathrm{j}2\pi f\tau} \mathrm{d}\tau +$$

$$4b^2 \int_{-\infty}^{+\infty} R_S(\tau) R_N(\tau) \mathrm{e}^{-\mathrm{j}2\pi f\tau} \mathrm{d}\tau + 2b^2 \sigma_S^2 \sigma_N^2 \delta(f) \tag{4.7.26}$$

公式右边第 1 项和第 2 项分别是输入信号和噪声的功率谱密度。公式右边第 3 项和第 4 项则是信号和噪声的交叉项的功率谱密度，根据不同的情形这一项可以看作为信号或噪声，例如在通信系统性能分析时应该看成噪声，而对于信号检测的场景，则可以当成信号对待。

例 4.5　已知非线性系统为 $y = bx^2$，输入是期望为零的白噪声，其功率谱密度表示为

$$S_X(f) = \begin{cases} N_0/2 & (f_c - \dfrac{\Delta f}{2} \leqslant |f| \leqslant f_c + \dfrac{\Delta f}{2}) \\ 0 & (\text{其他}) \end{cases}$$

式中，Δf 是一常数，$\Delta f \ll f_c$。求输出随机过程 $Y(t)$ 的自相关函数和功率谱密度。

解　输入噪声的功率谱密度如图 4.7.2(a) 所示。

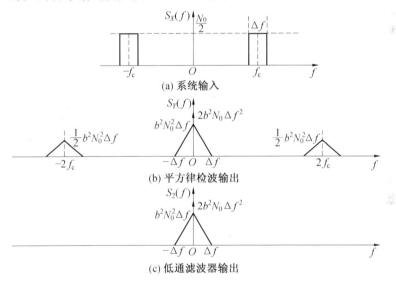

(a) 系统输入

(b) 平方律检波输出

(c) 低通滤波器输出

图 4.7.2　窄带起伏噪声通过平方律检波后的功率谱密度

根据式 (4.7.22) 可知输出随机过程自相关函数为

$$R_Y(\tau) = b^2 \sigma_X^4 + 2b^2 R_X^2(\tau) \tag{例 4.5.1}$$

其中

$$\sigma_x^2 = \int_{-\infty}^{+\infty} S_X(f) \mathrm{d}f = 2\frac{N_0}{2} \Delta f \tag{例 4.5.2}$$

结合式 (4.6.18) 可得

$$R_Y(\tau) = b^2 N_0^2 (\Delta f)^2 + 2b^2 (a(\tau) \cos \omega_c \tau)^2 \tag{例 4.5.3}$$

对式 (例 4.5.1) 傅里叶变换得其功率谱密度

$$S_Y(f) = b^2 \sigma_X^4 \delta(f) + 2b^2 \int_{-\infty}^{+\infty} R_X^2(\tau) \mathrm{e}^{-\mathrm{j}2\pi f\tau} \mathrm{d}\tau$$

令

$$S_{Y-}(f) = b^2 \sigma_x^4 \delta(f), \quad S_{Y\sim}(f) = 2b^2 \int_{-\infty}^{+\infty} R_X^2(\tau) \mathrm{e}^{-\mathrm{j}2\pi f\tau} \,\mathrm{d}\tau$$

根据式(4.5.2)可得

$$S_{Y-}(f) = 2b^2 N_0 \Delta f^2 \delta(f) \tag{例 4.5.4}$$

结合式(4.6.18)和维纳－辛钦定理可得

$$
\begin{aligned}
S_{Y\sim}(f) &= 2b^2 \int_{-\infty}^{+\infty} S_X(f') S_X(f-f') \,\mathrm{d}f' \\
&= \begin{cases}
b^2 N_0^2 (\Delta f - |f|) & (0 \leqslant |f| \leqslant \Delta f) \\
\dfrac{1}{2} b^2 N_0^2 (\Delta f - ||f| - 2f_c|) & (2f_c - \Delta f \leqslant |f| \leqslant 2f_c + \Delta f) \\
0 & (其他)
\end{cases}
\end{aligned}
$$

$$\tag{例 4.5.5}$$

结果如图 4.7.2(b) 所示。需要说明的是，如果仅仅需要低频分量，则只需在平方律检波后，采用低通滤波器将高频成分滤去即可，此时滤波器输出端的功率谱密度 $S_Y(f)$ 表示为

$$S_Y(f) = b^2 N_0^2 (\Delta f - |f|) \quad (0 \leqslant |f| \leqslant \Delta f) \tag{例 4.5.6}$$

结果如图 4.7.2(c) 所示。

例 4.6 假设平方律非线性系统的输入随机过程为信号和噪声之和，其中噪声为零期望的高斯白噪声，而信号为随机过程 $S(t) = A\cos(\omega_c t + \Theta)$，$A, \omega_0$ 是常数，Θ 是 $[0, 2\pi)$ 之间均匀分布的随机变量。并且信号与噪声彼此不相关。求输出随机过程 $Y(t)$ 的期望、方差、自相关函数和功率谱密度。

解 容易看出

$$E[Y(t)] = b\left(\frac{A^2}{2} + \sigma_N^2\right) \tag{例 4.6.1}$$

当式(4.7.25)中的 $\tau = 0$ 时，求得的自相关函数便是输出的均方值，即

$$E[Y^2(t)] = 3b^2\left(\frac{A^4}{8} + A^2\sigma_N^2 + \sigma_N^4\right) \tag{例 4.6.2}$$

所以，平方律输出随机过程的方差为

$$\sigma_Y^2 = E[Y^2(t)] - E^2[Y(t)] = 2b^2\left(\frac{A^4}{16} + A^2\sigma_N^2 + \sigma_N^4\right) \tag{例 4.6.3}$$

对于输出随机过程的自相关函数，可以采用公式(4.7.25)求得。根据公式(4.7.22)得出平方律输出随机过程自相关函数 R_{N^2} 部分，即

$$R_{N^2}(\tau) = b^2\sigma_N^4 + 2b^2 R_N^2(\tau) \tag{例 4.6.4}$$

其相应的功率谱密度是

$$S_{N^2}(f) = 2b^2 \int_{-\infty}^{+\infty} S_N(f') S_N(f-f') \,\mathrm{d}f' + b^2\sigma_N^4\delta(f) \tag{例 4.6.5}$$

为了确定平方律输出随机过程自相关函数的其他项，需要知道输入信号的自相关函数。根据定义，输入信号的自相关函数是

$$
\begin{aligned}
R_S(t_1, t_2) &= E[A\cos(\omega_c t_1 + \Theta) A\cos(\omega_c t_2 + \Theta)] \\
&= \frac{A^2}{2}\cos\omega_c(t_2 - t_1)
\end{aligned}
\tag{例 4.6.6}
$$

令 $\tau = t_2 - t_1$，可得

$$R_S(\tau) = \frac{A^2}{2} \cos \omega_c \tau \qquad\qquad (\text{例 } 4.6.7)$$

对其进行傅里叶变换可得输入信号的功率谱密度为

$$S_S(f) = \frac{A^2}{4} [\delta(f - f_c) + \delta(f + f_c)] \qquad\qquad (\text{例 } 4.6.8)$$

根据 $R_S(\tau)$ 和 $S_S(f)$ 的结果可以得到

$$R_{SN}(\tau) = 2b^2 A^2 R_N(\tau) \cos \omega_c \tau + b^2 A^2 \sigma_N^2 \qquad\qquad (\text{例 } 4.6.9)$$

对其进行傅里叶变换得到

$$\begin{aligned}
S_{SN}(f) &= 4b^2 \int_{-\infty}^{+\infty} S_N(f') S_S(f - f') \, df' + b^2 A^2 \sigma_N^2 \delta(f) \\
&= 4b^2 \int_{-\infty}^{+\infty} S_N(f') \frac{A^2}{4} [\delta(f - f' - f_c) + \delta(f - f' + f_c)] \, df' + b^2 A^2 \sigma_N^2 \delta(f) \\
&= b^2 A^2 [S_N(f - f_c) + S_N(f + f_c)] + b^2 A^2 \sigma_N^2 \delta(f) \qquad (\text{例 } 4.6.10)
\end{aligned}$$

此外,输入信号平方的自相关函数为

$$\begin{aligned}
E[S^2(t_1) S^2(t_2)] &= A^2 E[\cos^2(\omega_c t_1 + \theta) \cos^2(\omega_c t_2 + \theta)] \\
&= \frac{\alpha^2}{4} + \frac{A^2}{8} \cos 2\omega_c(t_1 - t_2) = \frac{A^2}{4} + \frac{A^2}{8} \cos 2\omega_c \tau \qquad (\text{例 } 4.6.11)
\end{aligned}$$

所以,平方律输出的自相关函数 R_{S^2} 为

$$R_{S^2}(\tau) = b^2 E[S^2(t_1) S^2(t_2)] = \frac{A^4 b^2}{4} + \frac{A^4 b^2}{8} \cos 2\omega_c \tau \qquad (\text{例 } 4.6.12)$$

相应的功率谱密度为

$$S_{S^2}(f) = \frac{A^4 b^2}{4} \delta(f) + A \frac{A^4 b^2}{16} [\delta(f - 2f_c) + \delta(f + 2f_c)] \qquad (\text{例 } 4.6.13)$$

总之,当平方律的输入随机过程由一个正弦信号和一个零期望的平稳高斯噪声组成时,其输出随机过程的自相关函数为

$$R_Y(\tau) = b^2 \left(\frac{A^2}{2} + \sigma_N^2 \right)^2 + 2b^2 R_N^2 \tau + 2b^2 A^2 R_N(\tau) \cos \omega_c \tau + \frac{A^4 b^2}{8} \cos 2\omega_c \tau$$

$$(\text{例 } 4.6.14)$$

根据 $S_{N^2}(f)$ 及上面有关结果得输出随机过程的功率谱密度为

$$\begin{aligned}
S_Y(f) = {}& b^2 \left(\frac{A^2}{2} + \sigma_N^2 \right)^2 \delta(f) + 2b^2 \int_{-\infty}^{+\infty} S_N(f') S_N(f - f') \, df' + \\
& b^2 A^2 [S_N(f - f_c) + S_N(f + f_c)] + \frac{A^4 b^2}{16} [\delta(f - 2f_c) + \delta(f + 2f_c)]
\end{aligned}$$

$$(\text{例 } 4.6.15)$$

例 4.7　对于例 4.6 题,进一步假设噪声为零期望的带通高斯白噪声,其他条件不变。求输出随机过程的功率谱密度。

解　根据带通高斯白噪声的定义可设输入的噪声功率谱密度为 $N_0/2$,其中心频率为 f_c,其带宽为 $\Delta f (\Delta f \ll |f|)$,于是输入随机过程的功率谱密度为

$$S_X(f) = \frac{A^2}{4} [\delta(f - f_c) + \delta(f + f_c)] + \begin{cases} N_0/2 & \left(f_c - \dfrac{\Delta f}{2} \leqslant |f| \leqslant f_c + \dfrac{\Delta f}{2} \right) \\ 0 & (\text{其他}) \end{cases}$$

$$(\text{例 } 4.7.1)$$

$S_X(f)$ 的图形如图 4.7.3(a) 所示。根据上面所得的公式,分析平方律非线性系统输出功率谱密度的各组成项。前面已经看到,输出随机过程功率谱密度由 S_{S^2}、S_{SN} 和 S_{N^2} 3 项组成。其中 S_{N^2} 与例 4.5 中输入随机过程仅是噪声时的输出功率一样。于是可以将 $S_{N^2}(f)$ 写成

$$S_{N^2}(f) = b^2 N_0^2 \Delta f^2 \delta(f) + \begin{cases} b^2 N_0^2 (\Delta f - |f|) & (0 \leqslant |f| \leqslant \Delta f) \\ \dfrac{1}{2} b^2 N_0^2 (\Delta f - ||f| - 2f_c|) & (2f_c - \Delta f \leqslant |f| \leqslant 2f_c + \Delta f) \\ 0 & (其他) \end{cases}$$

（例 4.7.2）

$$S_{S^2}(f) = \frac{A^4 b^2}{4} \delta(f) + \frac{A^4 b^2}{16} [\delta(f - 2f_c) + \delta(f + 2f_c)] \qquad (例 4.7.3)$$

$$S_{SN}(f) = b^2 A^2 [S_N(f - f_c) + S_N(f + f_c)] + b^2 A^2 \sigma_N^2 \delta(f)$$

$$= b^2 A^2 N_0 \Delta f \delta(f) + \begin{cases} b^2 A^2 N_0 & \left(0 \leqslant |f| \leqslant \dfrac{\Delta f}{2}\right) \\ b^2 A^2 N_0 & \left(2f_c - \dfrac{\Delta f}{2} \leqslant |f| \leqslant 2f_c + \dfrac{\Delta f}{2}\right) \\ 0 & (其他) \end{cases} \qquad (例 4.7.4)$$

这一功率谱密度图形表示在图 4.7.3(d) 中。

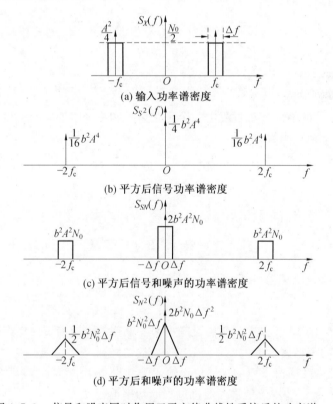

图 4.7.3　信号和噪声同时作用于平方律非线性系统后的功率谱

在此,可以试着解释图 4.7.3(d) 的图形为什么是三角形？最后系统输出随机过程的功率谱是三者的叠加。请自行画出三者的叠加结果。

4.8　Matlab 实现和仿真

本节将通过 Matlab 软件仿真白噪声信号通过线性系统后的特性,分别采用时域分析和频域分析两种方法进行仿真。

例 4.8　例 4.1 中对 RC 积分电路进行了系统输出的时域分析,采用 Matlab 进行仿真验证。

例题中已知系统的输入为零均值的高斯白噪声 $N(t)$,其自相关函数为 $R_N(\tau) = \dfrac{N_0}{2}\delta(t)$。

系统为 RC 积分电路,冲激响应为 $h(t) = \alpha e^{-\alpha t} U(t)$。

Matlab 仿真代码如下:

```
clc;clear;
R = 10;C = 0.1;b = 1/(R * C);                %RC 积分电路参数设置
n = 1:1:128;
h = b * exp(- n * b);                        %RC 积分电路冲激响应设置
x = randn(1,4096);                           % 系统输入序列
y = conv(x,h);                               % 系统输出序列
[fy yi] = ksdensity(y);                      % 系统输出概率密度函数
[R,lags] = xcorr(y);                         % 系统输出自相关函数
subplot(4,1,1);plot(x);axis tight; title('(a) 输入 x(n)');xlabel('归一化时间');
subplot(4,1,2);plot(y);axis tight; title('(b) 输出 y(n)');xlabel('归一化时间');
subplot(4,1,3);plot(fy);axis tight;title('(c) 概率密度函数');xlabel('归一化时间');
subplot(4,1,4);plot(lags,R);title('(d) 输出自相关函数');xlabel('归一化时间');
axis([- 5,5,- 100,1000]);
```

仿真结果如图 4.8.1 所示。

在例 4.1 中得到系统输出自相关函数为 $R_Y(\tau) = \dfrac{\alpha N_0}{4} e^{-\alpha |\tau|}$,与仿真结果一致,如图 4.8.1(d) 所示。输入为零均值的高斯白噪声,其自相关函数是在非零时刻均为零的情况,也就是任意两个时刻都是不相关的。经过 RC 积分电路系统之后,输出序列的任意两个时刻由不相关变成相关,而且相关性的大小与 RC 积分电路的参数有关。其实 RC 积分电路是一个低通滤波器,于是输出信号就以低频信号为主,具有一定的相关性。当 $\tau = 0$ 时,相关函数的值最大,随着 $|\tau|$ 的增加,相关函数的值递减。

观察仿真图 4.8.1(c) 可以发现,高斯白噪声经过 RC 积分电路后的输出序列仍是服从高斯分布。这种情况是否是特殊情况,还是对于服从不同分布的输入序列经过系统后,输出的分布均是近似高斯分布,可以采用仿真进行验证。

程序中使用了 ksdensity 函数计算概率密度,[fy yi] = ksdensity(y) 中计算输入序列 y 的概率密度估计,返回在 yi 点的概率密度 fy,然后再使用 plot(yi,fy) 就可以绘制出概率密度曲线。该函数,首先统计输入样本 y 在各个区间的概率(与 hist 函数使用相似),再自动选择 yi,计算对应的 yi 点的概率密度。

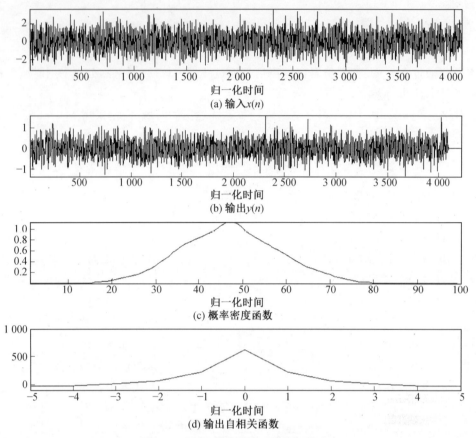

(a) 输入 $x(n)$

(b) 输出 $y(n)$

(c) 概率密度函数

(d) 输出自相关函数

图 4.8.1　RC 积分电路时域分析仿真

例 4.9　例 4.2 中对 RC 积分电路进行了系统输出的频域分析,采用 Matlab 进行仿真验证。

例题中已知系统的输入为自相关函数为 $R_N(\tau) = \dfrac{N_0}{2}\delta(t)$ 的白噪声 $N(t)$,对输入信号的自相关函数做傅里叶变换得输入信号双边功率谱密度为 $S_N(\omega) = \dfrac{N_0}{2}$。RC 积分电路对应的系统传输函数为 $H(\omega) = \dfrac{\alpha}{\alpha + j\omega}$,其中 $\alpha = \dfrac{1}{RC}$ 为时间常数。于是,由式(例 4.2.3)得输出信号的功率谱密度为 $S_Y(\omega) = \dfrac{N_0 \alpha^2}{2(\alpha^2 + \omega^2)}$。

取时间长度为 10 s 的信号进行分析,为了方便,相关参数设置 $N_0 = 1$,$R = 1\,000$,$C = 0.001$,采样频率为 512 Hz。下面先将模拟滤波器的系统函数 $H(s) = \dfrac{a}{s + a}$ 转化为数字滤波器的系统函数。模拟滤波器转化为数字滤波器有两种方法:脉冲响应不变法和双线性变换法。根据数字信号处理的基本知识,由于这里的输入信号不是带限信号,所以采用脉冲响应不变法转换一定会产生频响的混叠,但是这里采样频率较大,混叠效应可以忽略。将系统函数 $H(s) = \dfrac{a}{s + a}$ 的模拟滤波器转化为对应的数字滤波器,其系统函数为 $H(z) = \dfrac{1}{1 - e^{-1/512} z^{-1}}$,或者对 $H(s)$ 进行拉普拉斯变化得到冲激响应 $L^{-1}[H(s)] = h(t) = a\exp(-at)u(t)$。将产生的白噪声通过数字滤波器即得输出噪声信号,然后计算输出信号的功率谱密度。

Matlab 仿真代码如下：

```
clear;clc;
T=10;fs=512;ts=1/fs;                           % 参数初始化
t=0:ts:T;
N=length(t)-1;
N0=1;noise=wgn(1,N,N0/2);                      % 输入信号
nout=filter([1],[1,-exp(-1/fs)],noise);        % 输出信号
Snout=abs(fft(nout).^2)/N;                      % 系统输出功率谱密度
f=(0:N/2-1)*fs/N;
S=(N0/2)*(1./(1+(2*pi*f).^2));                  % 系统输出功率谱理论值
subplot(2,1,1);                                 % 画输出信号理论的功率谱密度
plot(f,10*log10(S/max(S)));
title('(a) 输出信号功率谱密度理论结果');
xlabel('频率(Hz)');ylabel('归一化功率谱(dB/Hz)');
axis([0 ,255 ,-100 ,0]);grid on;
subplot(2,1,2);                                 % 画输出信号的归一化功率谱密度
plot(f,10*log10(Snout(1:N/2)/max(Snout)));
title('(b) 输出信号功率谱密度仿真结果');
xlabel('频率(Hz)');ylabel('归一化功率谱(dB/Hz)');
axis([0 ,255 ,-100 ,0]);grid on;
```

仿真结果如图 4.8.2 所示。

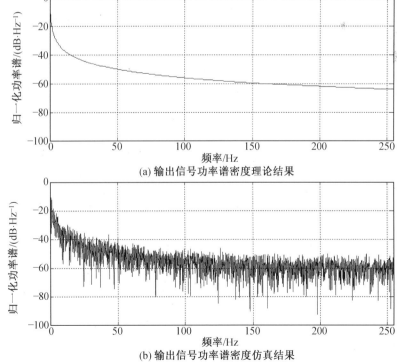

(a) 输出信号功率谱密度理论结果

(b) 输出信号功率谱密度仿真结果

图 4.8.2　RC 积分电路频域分析仿真

由图 4.8.2 仿真结果可知,通过 Matlab 仿真得到的系统输出功率谱密度与理论值非常相似,两者的功率都是主要集中在低频附近。但是,由于谱估计的非一致性,功率谱密度的起伏较大,这可以通过多次估计然后取平均值得到改善。

习　题

4—1 已知系统的单位冲激响应 $h(t)=5\mathrm{e}^{-3t}U(t)$。设其输入随机信号 $X(t)=M+4\cos(2t+\Theta)(-\infty<t<\infty)$,其中 M 是随机变量,Θ 是在 $(0,2\pi)$ 上均匀分布的随机变量,且 Θ 与 M 相互独立,求输出表达式。

4—2 随机信号 $X(t)=a\sin(\omega_c t+\Theta)$ 是单位冲激响应为 $h(t)=t\mathrm{e}^{-t}U(t)$ 的线性系统的输入,设 a 和 ω_c 为实常数,Θ 是在 $(0,2\pi)$ 上均匀分布的随机变量,试求系统输出响应的表达式。

4—3 输入随机过程 $X(t)$ 的自相关函数 $R_X(\tau)=a^2+b\mathrm{e}^{-|\tau|}$,式中 a、b 为正常数,通过单位冲激响应 $h(t)=\mathrm{e}^{-at}U(t)$ 的系统。

(1) 判断输入随机过程是否平稳;

(2) 求出系统输入和输出随机过程的均值和功率谱密度($\alpha>0$)。

4—4 设线性系统的单位冲激响应 $h(t)=3\mathrm{e}^{-3t}U(t)$,其输入是自相关函数为 $R_X(\tau)=2\mathrm{e}^{-4|\tau|}$ 的随机过程,试求输出自相关函数 $R_Y(\tau)$、互相关函数 $R_{XY}(\tau)$ 和 $R_{YX}(\tau)$ 分别在 $\tau=0$、$\tau=0.5$、$\tau=1$ 时的值。

4—5 设系统的单位冲激响应 $h(t)=\delta(t)-2\mathrm{e}^{-2t}U(t)$,其输入随机过程的自相关函数 $R_X(\tau)=16+16\mathrm{e}^{-2|\tau|}$,试求系统输出的平均功率。

4—6 设系统的单位冲激响应 $h(t)=(1-t)[U(t)-U(t-1)]$,其输入平稳随机过程的自相关函数为 $R_X(\tau)=2\delta(\tau)+9$,试求系统输出的均值、平均功率、自相关函数和系统输入输出互相关函数 $R_{XY}(\tau)$ 或 $R_{YX}(\tau)$。

4—7 设单独平稳且联合平稳的随机过程 $X_1(t)$ 和 $X_2(t)$ 作用到单位冲激响应为 $h(t)$ 的线性时不变系统,则响应分别为 $Y_1(t)$ 和 $Y_2(t)$。若 $X(t)=X_1(t)+X_2(t)$ 作用时产生的响应为 $Y(t)$,求:

(1) 由 $h(t)$ 和 $X_1(t)$ 与 $X_2(t)$ 的统计特性表示的 $E[Y(t)]$、$R_Y(t,t+\tau)$;

(2) 证明 $Y(t)$ 的功率谱密度为

$$S_Y(\omega)=|H(\omega)|^2[S_{X_1 X_2}(\omega)+S_{X_2 X_1}(\omega)+S_{X_1}(\omega)+S_{X_2}(\omega)]$$

(3) 若 $X_1(t)$ 和 $X_2(t)$ 是统计独立的,求 $S_Y(\omega)$。

4—8 两个串联系统如图所示。输入 $X(t)$ 是广义平稳随机过程,第一个系统的输出为 $W(t)$,第二个系统的输出为 $Y(t)$,试求 $W(t)$ 和 $Y(t)$ 的互相关函数 $R_{WY}(t,t+\tau)$。

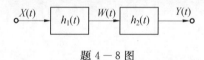

题 4—8 图

4—9 如图所示的系统的输入 $W(t)$ 是零均值、功率谱密度为 $N_0/2$ 的白噪声,$h(t)=\mathrm{e}^{-at}U(t)$,试求输出 $Y(t)$ 的一维概率密度。

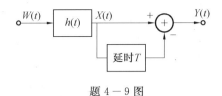

题 4-9 图

4-10　证明若线性系统输入端的平稳随机过程为非高斯分布,只要输入过程的等效噪声带宽远大于系统的通频带,则系统输出端便能得到接近于高斯分布的随机过程。

4-11　假设 $X_1(t)$ 和 $X_2(t)$ 是两个相互独立且联合平稳的随机过程,其对应的功率谱密度分别为 $S_{X_1}(\omega) = K$, $S_{X_2}(\omega) = \dfrac{2\alpha}{\alpha^2 + \omega^2}$, $\alpha > 0$。$X_1(t)$ 和 $X_2(t)$ 分别通过冲激响应 $h_1(t) = \dfrac{1}{9} e^{-\frac{t}{3}} U(t)$, $h_2(t) = \dfrac{1}{6} e^{-\frac{t}{3}} U(t)$ 后叠加在一起形成随机过程 $Y(t)$,求 $Y(t)$ 的自相关函数和功率谱密度。

第 5 章

通信中的窄带随机过程

第 4 章介绍了随机过程通过系统后的各种时域和频域统计特性。但对于通信系统而言，大多随机过程通过系统后变成一个窄带随机过程。因此，本章将介绍窄带随机过程的性质。通过本章的学习，能够理解窄带随机过程的基本概念，了解通信中窄带随机过程的具体形式，分析实际通信系统中的随机过程的相关统计特性，特别需要掌握窄带高斯随机过程包络及其平方的概率密度函数的推导过程和结论，并熟练应用它们解决实际问题。本章的知识点总结如下。

序号	内　　容	要求
1	窄带系统和窄带随机过程的定义： 只允许靠近中心频率 ω_c 附近很窄范围（$\Delta\omega \ll \omega_c$）的频率成分通过的系统称为窄带系统，其频域表达式为 $$H(\mathrm{j}\omega) = \begin{cases} H(\mathrm{j}\omega) & \left(\omega_c - \dfrac{\Delta\omega}{2} \leqslant |\omega| \leqslant \omega_c + \dfrac{\Delta\omega}{2}\right) \\ 0 & \text{（其他）} \end{cases}$$ 一个实平稳的随机过程 $X(t)$，若它的功率谱密度 $S_X(\omega) = \begin{cases} S(\omega) & \left(|\omega - \omega_c| < \dfrac{\Delta\omega}{2}\right) \\ 0 & \text{（其他）} \end{cases}$，并且 满足 $\Delta\omega \ll \omega_c$，则称此过程为窄带随机过程	理解
2	复随机过程的定义和数字特征： $Z(t) = X(t) + \mathrm{j}Y(t)$ $m_Z(t) = E[Z(t)] = E[X(t)] + \mathrm{j}E[Y(t)] = m_X(t) + \mathrm{j}m_Y(t)$ $D_Z(t) = E[|Z(t) - m_Z(t)|^2] = E[(Z(t) - m_Z(t))^*(Z(t) - m_Z(t))]$ $\qquad\quad = D_X(t) + D_Y(t)$ $R_Z(t, t+\tau) = E[Z^*(t)Z(t+\tau)]$ 两个复随机过程的互相关函数： $R_{Z_1 Z_2}(t, t+\tau) = E[Z_1^*(t)Z_2(t+\tau)]$ 两个复随机过程的互协方差函数： $K_{Z_1 Z_2}(t, t+\tau) = E[\dot{Z}_1^*(t)\dot{Z}_2(t+\tau)]$ $\qquad\qquad\quad = E[(Z_1(t) - m_{Z_1}(t))^*(Z_2(t+\tau) - m_{Z_2}(t+\tau))]$	掌握

序号	内　　容	要求
3	解析随机过程的定义和 4 条性质。 解析过程定义：$\tilde{X}(t) = X(t) + \mathrm{j}\hat{X}(t)$，其中 $\hat{X}(t) = H[X(t)] = \dfrac{1}{\pi}\displaystyle\int_{-\infty}^{+\infty}\dfrac{X(\tau)}{t-\tau}\mathrm{d}\tau$ 为随机过程对应的希尔伯特变换。 希尔伯特变换及解析过程性质： (1) 若 $X(t)$ 为实平稳随机过程，则其对应的希尔伯特变换 $\hat{X}(t)$ 也是实平稳随机过程，且二者联合平稳 (2) 实随机过程与其希尔伯特变换的相关函数和功率谱密度相同 (3) $R_{X\hat{X}}(\tau) = -\hat{R}_X(\tau), R_{\hat{X}X}(\tau) = \hat{R}_X(\tau), R_{\hat{X}X}(-\tau) = -R_{X\hat{X}}(\tau)$ (4) $S_{\tilde{X}}(\omega) = \begin{cases} 4S_X(\omega) & (\omega \geqslant 0) \\ 0 & (\omega < 0) \end{cases}$	能够证明
4	窄带随机过程 4 种表示方法的推导： 准正弦振动形式 $X(t) = A(t)\cos(\omega_c t + \varphi(t))$ 莱斯表达式 $X(t) = I(t)\cos\omega_c t - Q(t)\sin\omega_c t$ 解析形式 $\tilde{X}(t) = X(t) + \mathrm{j}\hat{X}(t)$ 低通形式 $X_l(t) = A(t)\exp[\mathrm{j}\varphi(t)] = A(t)\cos(\varphi(t)) + \mathrm{j}A(t)\sin(\varphi(t))$	能够推导
5	窄带随机过程同相和正交分量的性质： (1) $R_X(\tau) = R_I(\tau)\cos\omega_c\tau + R_{QI}(\tau)\sin\omega_c\tau$ (2) $I(t)$、$Q(t)$ 都是实随机过程 (3) $I(t)$、$Q(t)$ 都是平稳随机过程，且联合平稳 (4) 同相分量和正交分量正交	能够证明
6	窄带随机过程同相和正交分量的时域和频域特征：(假设 $X(t)$ 为平稳随机过程) $E[I^2(t)] = E[Q^2(t)] = E[X^2(t)]$ $R_I(\tau) = R_Q(\tau), R_{IQ}(\tau) = -R_{IQ}(-\tau) = -R_{QI}(\tau)$ $R_{IQ}(\tau) = -R_X(\tau)\sin\omega_0\tau + R_{X\hat{X}}(\tau)\cos\omega_0\tau = -R_X(\tau)\sin\omega_c\tau + \hat{R}_X(\tau)\cos\omega_c\tau$ $S_I(\omega) = S_Q(\omega) = LP[S_X(\omega + \omega_c) + S_X(\omega - \omega_c)]$ $S_{IQ}(\omega) = -\mathrm{j}LP[S_X(\omega + \omega_c) - S_X(\omega - \omega_c)]$	能够推导
7	窄带随机过程包络和相位慢变化特性： 当 $X(t)$ 为窄带随机过程，即 $X(t)$ 的功率谱带宽 $\Delta\omega \ll \omega_c$ 时，$A(t)$ 和 $\varphi(t)$ 是慢变化的窄带随机过程	能够理解
8	窄带高斯随机过程包络和相位一维概率密度函数： $f_A(a) = \displaystyle\int_0^{2\pi} f_{A\varphi}(a,\varphi)\mathrm{d}\varphi = \dfrac{a}{\sigma^2}\exp\left\{-\dfrac{a^2}{2\sigma^2}\right\}(a \geqslant 0)$ $f_\varphi(\varphi) = \displaystyle\int_0^{+\infty}\dfrac{1}{2\pi}\mathrm{e}^{-t}\mathrm{d}t = \dfrac{1}{2\pi}(\varphi \in [0,2\pi])$	能够推导

序号	内　容	要求
9	窄带高斯随机过程平方的分布 $f_B(b_t) = \dfrac{1}{2\sigma^2}\exp\left(-\dfrac{b_t}{2\sigma^2}\right) \quad (b_t \geqslant 0)$	理解
10	窄带高斯随机过程与正弦型信号之和的统计特性： $f_A(A_t \mid \theta) = \displaystyle\int_0^{2\pi} f_{A\varphi}(A_t,\varphi_t \mid \theta)\,\mathrm{d}\varphi_t = \dfrac{A_t}{\sigma^2}\exp\left\{-\dfrac{A_t^2+A^2}{2\sigma^2}\right\} I_0\left(\dfrac{A \cdot A_t}{\sigma^2}\right)$ $f_\varphi(\varphi_t \mid \theta) = \dfrac{1}{2\pi}\exp\left\{-\dfrac{A^2}{2\sigma^2}\right\} + \dfrac{A\cos(\theta-\varphi_t)}{\sqrt{2\pi}\,\sigma}\Psi\left(\dfrac{A\cos(\theta-\varphi_t)}{\sigma}\right)\exp\left\{-\dfrac{A^2-A^2\cos^2(\theta-\varphi_t)}{2\sigma^2}\right\}$	掌握

5.1　引　言

本章讨论随机过程通过一种特殊的线性系统 —— 窄带系统，其如图 5.1.1 所示。窄带是从频域来看，其定义为只允许靠近中心频率 ω_c 附近很窄范围（$\Delta\omega \ll \omega_c$）的频率成分通过的系统，其频域表达式为

$$H(\mathrm{j}\omega) = \begin{cases} H(\mathrm{j}\omega) & (\omega_c - \dfrac{\Delta\omega}{2} \leqslant |\omega| \leqslant \omega_c + \dfrac{\Delta\omega}{2}) \\ 0 & \text{（其他）} \end{cases} \tag{5.1.1}$$

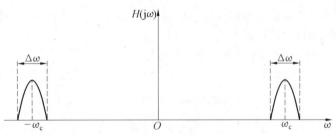

图 5.1.1　窄带系统

根据式（5.1.1）的频域形式可以得出其对应的时域形式，也即系统的冲激响应函数为

$$h(t) = h_E(t)\cos(\omega_c t + \varphi) \tag{5.1.2}$$

随机过程通过窄带系统后，输出随机过程即为窄带随机过程。因此窄带随机过程的定义为：一个实平稳的随机过程 $X(t)$，若它的功率谱密度 $S_X(\omega)$ 具有

$$S_X(\omega) = \begin{cases} S(\omega) & (|\omega - \omega_c| \leqslant \dfrac{\Delta\omega}{2}) \\ 0 & \text{（其他）} \end{cases} \tag{5.1.3}$$

并且满足 $\Delta\omega \ll \omega_c$，则称此过程为窄带随机过程，如图 5.1.2 所示。

有窄带随机过程，则必存在非窄带随机过程。因此，相对于窄带随机过程可以给非窄带随机过程下一个粗略的定义，即：功率谱分布的频率范围可与其所在的中心频率比拟（或不满足 $\Delta\omega \ll \omega_c$ 条件）的随机过程，称为非窄带随机过程。可以看出窄带和非窄带随机过程是从功率谱的角度进行定义的。

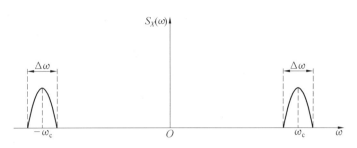

图 5.1.2　窄带随机过程的功率谱密度

对于电信行业来说,由于频率资源是稀缺和战略性资源,因此不可能随便使用,按照目前的频谱管理政策,每个通信系统使用整个频带中的某一段频率资源,而携带信息的通信随机信号一般为低通随机过程,通过调制技术把待传输的随机信号调制到某个中心频率处,因此通信系统发射信号是经过调制的信号,符合窄带随机过程的定义。另外,根据绪论可知信息传递过程中不可避免地会遇到各种各样的噪声,这些噪声大部分都能建模为高斯白噪声随机过程,因此当各种器件产生的白噪声经过滤波器后也可以建模为窄带随机过程。

本章从时域和频域两个方面对窄带随机过程进行分析,时域采用概率密度函数,频域采用功率谱密度。首先介绍一般的窄带随机过程的表示方法及其对应的解析过程(窄带随机过程可以符合各种随机分布)。然后,根据通信中的实际场景,通信中发射的信号为一般窄带随机过程,通过无线信道以后,由于多径、阴影等的影响,根据中心极限定理接收的信号可以建模为窄带高斯随机过程。另外,由于噪声本身就符合高斯分布,经过窄带系统后其输出仍然为窄带高斯随机过程。当然,窄带高斯随机过程也可以由一个任意分布的宽带随机过程通过一个窄带滤波器获得。因此窄带高斯随机过程对于分析处理随机信号具有重要的理论意义和实际应用价值。本章也是从时域和频域两个方面对窄带高斯过程进行分析。可以看出窄带随机过程是对现实中某些物理场景的数学建模,通过这些模型可以分析通信系统的诸多性能。

根据傅里叶变换的性质可知,实随机过程的功率谱包含正负频率部分,后续能够证明,正负频率部分所包含的信息是一样的。因此为了减小带宽,只采用正频率部分即可,而正频率部分时域对应的信号为复信号,因此必须研究实随机过程对应的复随机过程,也就是解析过程。而解析过程的形成需要采用希尔伯特变换,因此本章接下来介绍复随机过程和希尔伯特变换的相关内容。

5.2　复随机过程

前面分析了实随机过程,在现实世界中遇到的都是实随机过程,但在某些情况下,用复随机过程来分析问题较为方便。复随机过程统计特性的分析与实随机过程类似。

5.2.1　复随机变量

1.定义和分布函数

复随机变量 Z 定义为

$$Z = X + \mathrm{j}Y \tag{5.2.1}$$

式中,X 与 Y 皆为实随机变量。借鉴实随机变量分布函数的定义,可以得到复随机变量的分布

函数,表达式为

$$F_Z(z) = P[X \leqslant x, Y \leqslant y] = F_{XY}(x,y) \tag{5.2.2}$$

即由 X、Y 的联合概率分布描述。

2. 数字特征

通过复变量的分布函数可以看出,处理一个复随机变量时,把其实部和虚部当作两个随机变量来处理,因此其对应的数学期望定义为

$$m_Z = E[Z] = E[X] + jE[Y] = m_X + jm_Y \tag{5.2.3}$$

对应的方差定义为

$$D[Z] = E[|Z - m_Z|^2] = E[(Z - m_Z)^* (Z - m_Z)]$$
$$= E[(X - m_X)^2 + (Y - m_Y)^2] = D[X] + D[Y] \tag{5.2.4}$$

这里 $||$ 表示取模(与实随机变量不同),为复随机变量与它的复共轭相乘,"$*$"表示复共轭。显然,复随机变量的方差是非负实数,且等于实部和虚部的方差和。

3. 两个复随机变量的关系

记 $Z_1^* = X_1 - jY_1$ 表示 Z_1 的复共轭,定义两个复随机变量 Z_1 与 Z_2 的相关中心矩为 $K_{Z_1 Z_2} = E[\dot{Z}_1^* \dot{Z}_2]$,其中 $\dot{Z}_1 = Z_1 - m_{Z_1}$,$\dot{Z}_2 = Z_2 - m_{Z_2}$。相关原点矩为 $R_{Z_1 Z_2} = E[Z_1^* Z_2]$。当 $Z_1 = Z_2 = Z$ 时,$K_{Z_1 Z_2} = D_Z$。若满足 $K_{Z_1 Z_2} = 0$,即 $R_{Z_1 Z_2} = E[Z_1^* Z_2] = E[Z_1^*] E[Z_2]$,则称 Z_1 与 Z_2 不相关。若满足 $R_{Z_1 Z_2} = E[Z_1^* Z_2] = 0$,则称 Z_1 与 Z_2 正交。对于两个复随机变量 Z_1 与 Z_2,涉及 4 个随机变量 X_1、X_2、Y_1、Y_2 的联合概率分布,若满足 $f_{X_1 Y_1 X_2 Y_2}(x_1, y_1, x_2, y_2) = f_{X_1 Y_1}(x_1, y_1) \cdot f_{X_2 Y_2}(x_2, y_2)$,则称 Z_1 与 Z_2 相互独立。

5.2.2 一般复随机过程

所谓一般复随机过程,指的是其实部和虚部没有特定的关系。根据实随机变量和实随机过程的关系,结合复随机变量的有关概念,可以定义复随机过程

$$Z(t) = X(t) + jY(t) \tag{5.2.5}$$

式中 $X(t)$ 与 $Y(t)$ 皆为实随机过程。复随机过程 $Z(t)$ 的概率密度函数由 $X(t)$ 和 $Y(t)$ 的 $2n$ 维联合概率分布描述,其概率密度为

$$f_{XY}(x_1, x_2, \cdots, x_n, y_1, y_2, \cdots, y_n; t_1, t_2, \cdots, t_n, t'_1, t'_2, \cdots, t'_n) \tag{5.2.6}$$

复随机过程 $Z(t)$ 的期望定义为

$$m_Z(t) = E[Z(t)] = E[X(t)] + jE[Y(t)] = m_X(t) + jm_Y(t) \tag{5.2.7}$$

复随机过程 $Z(t)$ 的方差定义为

$$D_Z(t) = E[|Z(t) - m_Z(t)|^2] = E[(Z(t) - m_Z(t))^* (Z(t) - m_Z(t))] = D_X(t) + D_Y(t) \tag{5.2.8}$$

复随机过程 $Z(t)$ 的自相关函数定义为

$$R_Z(t, t+\tau) = E[Z^*(t) Z(t+\tau)] \tag{5.2.9}$$

复随机过程 $Z(t)$ 的自协方差定义为

$$K_Z(t, t+\tau) = E[\dot{Z}^*(t) \dot{Z}(t+\tau)] = E[(Z(t) - m_Z(t))^* (Z(t+\tau) - m_Z(t+\tau))] \tag{5.2.10}$$

当 $\tau = 0$ 时

$$K_Z(t,t) = D_Z(t) \tag{5.2.11}$$

若复随机过程 $Z(t)$ 的期望满足 $m_Z(t) = m_X + \mathrm{j}m_Y$，则对应的自相关函数满足

$$R_Z(t,t+\tau) = R_Z(\tau) \tag{5.2.12}$$

则称 $Z(t)$ 为宽平稳的复随机过程。需要说明的是，平稳复随机过程的自相关函数不具有对称性。

在上述单个复随机过程的基础上，两个复随机过程 $Z_1(t)$ 与 $Z_2(t)$ 互相关函数与互协方差定义为

$$R_{Z_1 Z_2}(t,t+\tau) = E[Z_1^*(t)Z_2(t+\tau)] \tag{5.2.13}$$

$$K_{Z_1 Z_2}(t,t+\tau) = E[\overset{\centerdot}{Z_1^*}(t)\overset{\centerdot}{Z_2}(t+\tau)] = E[(Z_1(t) - m_{Z_1}(t))^*(Z_2(t+\tau) - m_{Z_2}(t+\tau))]$$
$$\tag{5.2.14}$$

若 $f_{X_1 Y_1 X_2 Y_2}(x_1,y_1,x_2,y_2) = f_{X_1 Y_1}(x_1,y_1)f_{X_2 Y_2}(x_2,y_2)$，则两复随机过程相互独立。若 $K_{Z_1 Z_2}(t,t+\tau) = 0$，则称两个复过程 $Z_1(t)$ 与 $Z_2(t)$ 不相关。若 $R_{Z_1 Z_2}(t,t+\tau) = 0$，则称两个复随机过程 $Z_1(t)$ 与 $Z_2(t)$ 正交。

若两个复随机过程 $Z_1(t)$ 与 $Z_2(t)$ 联合平稳，则有

$$R_{Z_1 Z_2}(t,t+\tau) = R_{Z_1 Z_2}(\tau), \quad K_{Z_1 Z_2}(t,t+\tau) = K_{Z_1 Z_2}(\tau) \tag{5.2.15}$$

求复随机过程的数字特征时要注意，其期望为复数，方差等二阶矩为非负实数。因此，求其二阶矩时（包括方差、相关函数和协方差）采用一个复随机过程与其共轭相乘，再求数学期望的方法，其他性质与实随机过程类似。

5.2.3　解析随机过程

前面介绍了一般复随机过程的基本概念，但在通信信号处理中，很多情况下需要复随机过程的实部和虚部满足一定的关系，这样的复随机过程具有许多良好的性质，便于通信信号的分析与处理。在本节将介绍一种特殊的复随机过程，它的虚部是其实部的希尔伯特变换，这样组成的复随机过程的功率谱仅仅存在正频率部分，减小了随机过程的带宽。因此，首先介绍希尔伯特变换的相关内容，然后为了更好地理解解析过程的概念介绍确定性信号的解析形式，在此基础上讨论随机过程对应的解析过程。

1. 希尔伯特变换定义和性质

首先给出希尔伯特变换的定义，即在区间 $(-\infty,+\infty)$ 内给定实值函数 $x(t)$，它的希尔伯特变换定义为

$$\hat{x}(t) = \frac{1}{\pi}\int_{-\infty}^{+\infty}\frac{x(\tau)}{t-\tau}\mathrm{d}\tau \tag{5.2.16}$$

经过积分变换，可以得到希尔伯特变换的等效形式为

$$\hat{x}(t) = \frac{1}{\pi}\int_{-\infty}^{+\infty}\frac{x(t-\tau)}{\tau}\mathrm{d}\tau = -\frac{1}{\pi}\int_{-\infty}^{+\infty}\frac{s(t+\tau)}{\tau}\mathrm{d}\tau \tag{5.2.17}$$

上述两种形式是等价的，从定义可以看出，不同于其他的变换，信号经过希尔伯特变换后还是时间的函数，也就是说变换前后都是时域信号。为了更好地解释希尔伯特变换的性质，把式(5.2.16)表示为卷积的形式

$$\hat{x}(t) = \frac{1}{\pi}\int_{-\infty}^{+\infty}\frac{x(\tau)}{t-\tau}\mathrm{d}\tau = \frac{1}{\pi}\int_{-\infty}^{+\infty}x(\tau)\frac{1}{t-\tau}\mathrm{d}\tau = x(t)*\frac{1}{\pi t}$$

若令 $h(t) = \dfrac{1}{\pi t}$,则

$$\hat{x}(t) = x(t)*h(t) \tag{5.2.18}$$

希尔伯特变换对应的反变换为

$$x(t) = H^{-1}[\hat{x}(t)] = -\frac{1}{\pi}\int_{-\infty}^{+\infty}\frac{\hat{x}(\tau)}{t-\tau}\mathrm{d}\tau = -\frac{1}{\pi}\int_{-\infty}^{+\infty}\frac{\hat{x}(t-\tau)}{\tau}\mathrm{d}\tau = \frac{1}{\pi}\int_{-\infty}^{+\infty}\frac{\hat{x}(t+\tau)}{\tau}\mathrm{d}\tau$$
$$\tag{5.2.19}$$

因此,信号的希尔伯特变换可以看成信号经过了一个冲激响应为 $h(t) = \dfrac{1}{\pi t}$ 的线性系统。众所周知,信号的时域卷积等于频域相乘,所以根据式(5.2.18)可以得到

$$\hat{X}(\omega) = X(\omega)H(\omega) \tag{5.2.20}$$

现在分析 $h(t)$ 的性质。根据傅里叶变换公式,可以得到 $h(t) = \dfrac{1}{\pi t}$ 的傅里叶变换为

$$H(\omega) = -\mathrm{jsgn}(\omega) = \begin{cases} -\mathrm{j} & (\omega \geqslant 0) \\ +\mathrm{j} & (\omega < 0) \end{cases} \tag{5.2.21}$$

其幅频特性为 $|H(\omega)| = 1$,其相频特性为

$$\varphi(\omega) = \begin{cases} -\pi/2 & (\omega \geqslant 0) \\ \pi/2 & (\omega < 0) \end{cases} \tag{5.2.22}$$

其幅频特性和相频特性如图 5.2.1 所示。

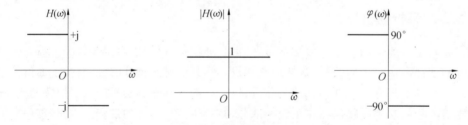

图 5.2.1　希尔伯特变换的幅频和相频示意图

通过上述分析可以看出希尔伯特变换的性质:

性质 1　相当于一个正交滤波器,对正频率分量移相 $-90°$,而对于所有的负频率移相 $+90°$,但通过幅频特性可以发现,变换前后信号的幅度没有变化。

性质 2　$\hat{x}(t)$ 的希尔伯特变换为 $-x(t)$。两次希尔伯特变换相当于连续两次 $90°$ 相移,结果正好是 $180°$,和原信号反相。

性质 3　$x(t)$ 和 $\hat{x}(t)$ 的能量及平均功率相等

$$\int_{-\infty}^{+\infty}x^2(t)\mathrm{d}t = \int_{-\infty}^{+\infty}\hat{x}^2(t)\mathrm{d}t, \quad \lim_{T\to+\infty}\frac{1}{2T}\int_{-T}^{T}x^2(t)\mathrm{d}t = \lim_{T\to+\infty}\frac{1}{2T}\int_{-T}^{T}\hat{x}^2(t)\mathrm{d}t \tag{5.2.23}$$

前述 3 个性质说明希尔伯特变换是一全通滤波器,只改变信号的相位,不会改变信号的能量和功率。

性质 4　$\hat{x}(t)$ 的反变换为 $X(t) = -\dfrac{1}{\pi t}*\hat{X}(t)$。

证明：若输入信号为 $\hat{X}(t) = X(t) * h(t)$，通过一个滤波器 $h_1(t)$，则输出为 $X(t) = \hat{X}(t) * h_1(t) = \hat{X}(t) * h(t) * h_1(t)$，由于为反变换，则需要满足 $H(\omega)H_1(\omega) = 1$，所以 $H_1(\omega) = \dfrac{1}{H(\omega)} = \mathrm{j}\,\mathrm{sgn}(\omega)$，所以反变换 $h_1(t) = -\dfrac{1}{\pi t}$。

2. 信号的解析形式

实信号 $x(t)$ 对应的傅里叶变换为

$$X(\omega) = \int_{-\infty}^{+\infty} x(t)\mathrm{e}^{-\mathrm{j}\omega t}\,\mathrm{d}t = R(\omega) + \mathrm{j}I(\omega) \tag{5.2.24}$$

根据傅里叶变换的定义可知其具有共轭对称性，即 $X^*(-\omega) = X(\omega)$，也就是说实信号正、负频域的频谱可互求。根据傅里叶反变换的定义可知

$$x(t) = \frac{1}{2\pi}\int_{-\infty}^{+\infty} X(\omega)\mathrm{e}^{\mathrm{j}\omega t}\,\mathrm{d}\omega = \frac{1}{2\pi}\int_{-\infty}^{0} X(\omega)\mathrm{e}^{\mathrm{j}\omega t}\,\mathrm{d}\omega + \frac{1}{2\pi}\int_{0}^{+\infty} X(\omega)\mathrm{e}^{\mathrm{j}\omega t}\,\mathrm{d}\omega \tag{5.2.25}$$

根据傅里叶变换的共轭对称性可以得到

$$\int_{-\infty}^{0} X(\omega)\mathrm{e}^{\mathrm{j}\omega t}\,\mathrm{d}\omega = \int_{-\infty}^{0} X^*(-\omega)\mathrm{e}^{\mathrm{j}\omega t}\,\mathrm{d}\omega = \int_{-\infty}^{0} \left[X(-\omega)\mathrm{e}^{-\mathrm{j}\omega t}\right]^*\mathrm{d}\omega \tag{5.2.26}$$

通过变量替换和积分的性质可得

$$\int_{-\infty}^{0} X(\omega)\mathrm{e}^{\mathrm{j}\omega t}\,\mathrm{d}\omega = \int_{-\infty}^{0} \left[X(-\omega)\mathrm{e}^{-\mathrm{j}\omega t}\right]^*\mathrm{d}\omega = \left[\int_{0}^{+\infty} X(\omega)\mathrm{e}^{\mathrm{j}\omega t}\,\mathrm{d}\omega\right]^* \tag{5.2.27}$$

所以

$$\begin{aligned}
x(t) &= \int_{-\infty}^{+\infty} X(\omega)\mathrm{e}^{\mathrm{j}\omega t}\,\mathrm{d}\omega = \frac{1}{2\pi}\left[\int_{0}^{+\infty} X(\omega)\mathrm{e}^{\mathrm{j}\omega t}\,\mathrm{d}\omega\right]^* + \frac{1}{2\pi}\int_{0}^{+\infty} X(\omega)\mathrm{e}^{\mathrm{j}\omega t}\,\mathrm{d}\omega \\
&= 2\mathrm{Re}\left[\frac{1}{2\pi}\int_{0}^{+\infty} X(\omega)\mathrm{e}^{\mathrm{j}\omega t}\,\mathrm{d}\omega\right]
\end{aligned} \tag{5.2.28}$$

通过式(5.2.28)可以看出，通过正频率能够完全恢复出时域信号，也就是正频率包含了信号的所有信息。从有效利用信号的角度出发，实信号负频域部分是冗余的，所以只要保留正频域的频谱即可。那么需要研究只有正频率的信号的时域形式。令正频率对应的信号为 $\widetilde{X}(t)$，则

$$\begin{aligned}
\widetilde{x}(t) &= F^{-1}(2X_+(\omega)) = F^{-1}\left[2X(\omega)U(\omega)\right] \\
&= 2x(t) * \left(\frac{1}{2}\delta(t) + \mathrm{j}\frac{1}{2\pi t}\right) \\
&= x(t) * \delta(t) + x(t) * \mathrm{j}\frac{1}{\pi t} \\
&= x(t) + \mathrm{j}\hat{x}(t)
\end{aligned} \tag{5.2.29}$$

其中 $\hat{x}(t)$ 为 $x(t)$ 的希尔伯特变换，这种复数形式 $\widetilde{x}(t)$ 被称为信号 $x(t)$ 的解析形式。对式(5.2.29)做傅里叶变换可得

$$\widetilde{X}(\omega) = X(\omega) + \mathrm{j}\hat{X}(\omega) = X(\omega)[1 + \mathrm{j}H(\omega)] \tag{5.2.30}$$

进一步整理可得

$$\widetilde{X}(\omega) = \begin{cases} 2X(\omega) & (\omega \geqslant 0) \\ 0 & (\omega < 0) \end{cases} \tag{5.2.31}$$

也就是说，通过希尔伯特变换组成的解析信号的频率仅仅包含正频率部分，且是原信号正

频率分量的 2 倍,这样就能构造解析信号以便节约带宽。信号及其解析信号频谱的对应关系如图 5.2.2 表示。为了说明窄带信号和基带信号频域之间的关系,把窄带信号对应的基带信号的频谱 $X_L(\omega)$ 显示在图 5.2.2 中。

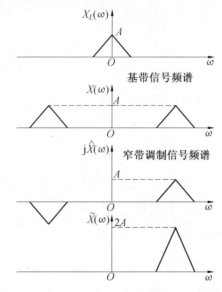

图 5.2.2　窄带信号及其解析信号频谱关系

3. 解析过程的定义和性质

现在将确定性解析信号的定义推广到随机过程,即解析随机过程。因此解析随机过程定义为:给定实随机过程 $X(t)$,定义复随机过程 $\widetilde{X}(t)$ 为

$$\widetilde{X}(t) = X(t) + j\hat{X}(t) \tag{5.2.32}$$

其中 $\hat{X}(t)$ 为随机过程 $X(t)$ 的希尔伯特变换,根据希尔伯特变换的性质可知它也是实随机过程,可以表示为

$$\hat{X}(t) = H[X(t)] = \frac{1}{\pi} \int_{-\infty}^{+\infty} \frac{X(\tau)}{t - \tau} d\tau \tag{5.2.33}$$

称 $\widetilde{X}(t)$ 为实随机过程 $X(t)$ 的解析随机过程,简称解析过程。现在给出解析过程的性质及其对应的证明。

性质 1　若 $X(t)$ 为实平稳随机过程,则其对应的希尔伯特变换 $\hat{X}(t)$ 也是实平稳随机过程,且二者联合平稳。

因为希尔伯特变换是线性变换,根据第 4 章 4.3.1 节的结论,如果输入随机过程平稳,那么输出随机过程也为平稳过程,且二者联合平稳。

性质 2　实随机过程与其希尔伯特变换的自相关函数和功率谱密度相同,即

$$R_{\hat{X}}(\tau) = R_X(\tau), \quad S_{\hat{X}}(\omega) = S_X(\omega) \tag{5.2.34}$$

可以看出希尔伯特变换为线性变换,可以表示为 $\hat{X}(t) = H[X(t)] = X(t) * \dfrac{1}{\pi t}$。可以认为,希尔伯特变换后的随机过程 $\hat{X}(t)$ 是输入 $X(t)$ 经过系统 $\dfrac{1}{\pi t}$ 后的输出。因此,可以采用第 4

章关于系统输入输出随机过程自相关函数的结论对随机过程与其希尔伯特变换的自相关函数和互相关函数进行分析。

证明　因为 $\hat{X}(t) = X(t) * h(t)$，由输入与输出的功率谱密度的关系得

$$S_{\hat{X}}(\omega) = S_X(\omega) \mid H(\omega) \mid^2 = S_X(\omega)$$

经傅里叶反变换得

$$R_{\hat{X}}(\tau) = R_X(\tau) \tag{5.2.35}$$

由此可以得到两个推论：(a) 平稳随机过程 $X(t)$ 经过希尔伯特变换后，平均功率不变；(b) 平稳随机过程 $X(t)$ 经过希尔伯特变换后，功率谱密度不变。

性质 3　$R_{X\hat{X}}(\tau) = -\hat{R}_X(\tau)$，$R_{\hat{X}X}(\tau) = \hat{R}_X(\tau)$，$R_{\hat{X}X}(-\tau) = -R_{\hat{X}X}(\tau)$。

可以采用随机过程通过系统的角度进行证明。根据定义可知 $R_{X\hat{X}}(\tau) = E[\hat{X}(t)X(t+\tau)]$，将 $\hat{X}(t) = \dfrac{1}{\pi}\displaystyle\int_{-\infty}^{+\infty}\dfrac{X(\eta)}{t-\eta}\mathrm{d}\eta$ 代入可以得到

$$R_{X\hat{X}}(\tau) = E\left[\frac{1}{\pi}\int_{-\infty}^{+\infty}\frac{X(\eta)}{t-\eta}\mathrm{d}\eta X(t+\tau)\right] \tag{5.2.36}$$

令 $t - \eta = \lambda$，则上式可以表示为

$$
\begin{aligned}
R_{X\hat{X}}(\tau) &= E\left[\frac{1}{\pi}\int_{-\infty}^{+\infty}\frac{X(t-\lambda)X(t+\tau)}{\lambda}\mathrm{d}\lambda\right] \\
&= \frac{1}{\pi}\int_{-\infty}^{+\infty}E[X(t-\lambda)X(t+\tau)]\frac{1}{\lambda}\mathrm{d}\lambda \\
&= \frac{1}{\pi}\int_{-\infty}^{+\infty}\frac{R_X(\tau+\lambda)}{\lambda}\mathrm{d}\lambda = -\hat{R}_X(\tau)
\end{aligned}
\tag{5.2.37}
$$

同理可证

$$R_{\hat{X}X}(\tau) = \hat{R}_X(\tau), \quad R_{\hat{X}X}(-\tau) = -R_{\hat{X}X}(\tau) \tag{5.2.38}$$

进一步可以推出如下结论：

$$R_{X\hat{X}}(\tau) = -R_{\hat{X}X}(\tau), \quad R_{\hat{X}X}(0) = 0 \tag{5.2.39}$$

性质 4　解析过程的功率谱

$$S_{\tilde{X}}(\omega) = \begin{cases} 4S_X(\omega) & (\omega \geqslant 0) \\ 0 & (\omega < 0) \end{cases} \tag{5.2.40}$$

证明　
$$
\begin{aligned}
R_{\tilde{X}}(\tau) &= E[\tilde{X}^*(t)\tilde{X}(t+\tau)] \\
&= E[(X(t) - \mathrm{j}\hat{X}(t))(X(t+\tau) + \mathrm{j}\hat{X}(t+\tau))] \\
&= R_X(\tau) + R_{\hat{X}}(\tau) + \mathrm{j}[R_{X\hat{X}}(\tau) - R_{\hat{X}X}(\tau)]
\end{aligned}
$$

由性质 2 和性质 3 知 $R_{\tilde{X}}(\tau) = 2[R_X(\tau) + \mathrm{j}R_{X\hat{X}}(\tau)]$，两边取傅里叶变换得到

$$
\begin{aligned}
S_{\tilde{X}}(\omega) &= 2[S_X(\omega) + \mathrm{j}S_{X\hat{X}}(\omega)] \\
&= 2[S_X(\omega) + \mathrm{j}[-\mathrm{j}\mathrm{sgn}(\omega)S_X(\omega)]] \\
&= 2[S_X(\omega) + \mathrm{sgn}(\omega)S_X(\omega)] \\
&= \begin{cases} 4S_X(\omega) & (\omega \geqslant 0) \\ 0 & (\omega < 0) \end{cases}
\end{aligned}
$$

由上述性质,给出随机过程与解析过程功率谱的示意图,结果如图 5.2.3 所示。

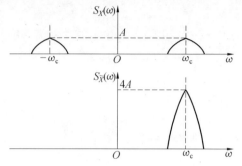

图 5.2.3　窄带随机过程及其解析过程的功率谱

式(5.2.40)说明,解析随机过程的功率谱只存在于正频率部分,即它具有单边带功率谱密度,其大小为原来实随机过程功率谱密度的 4 倍。需要注意在这里单边带与通信调制技术中上边带和下边带的区别。

需要说明的是,除了解析随机过程,实随机过程也可以采用其他形式的复随机过程进行表示,比如复指数形式。但是,其功率谱密度不再满足性质 4。

例 5.1　设低频信号 $a(t)$ 的频谱为:$S_A(\omega)=\begin{cases}A(\omega) & (|\omega|\leqslant\Delta\omega/2)\\0 & (其他)\end{cases}$,证明当 $\omega_c>\Delta\omega/2$

时,有 $H[a(t)\cos\omega_c t]=a(t)\sin\omega_c t$,$H[a(t)\sin\omega_c t]=-a(t)\cos\omega_c t$。

证明　设 $s(t)=a(t)\cos\omega_c t$,其功率谱为

$$S(\omega)=\frac{1}{2}[A(\omega-\omega_c)+A(\omega+\omega_c)]=\begin{cases}\dfrac{1}{2}A(\omega-\omega_c) & (\omega>0)\\[2mm]\dfrac{1}{2}A(\omega+\omega_c) & (\omega<0)\end{cases} \qquad (例\ 5.1.1)$$

其希尔伯特变换的功率谱密度为

$$\hat{S}(\omega)=-\mathrm{jsgn}(\omega)S(\omega)=-\frac{\mathrm{j}}{2}[A(\omega-\omega_c)-A(\omega+\omega_c)] \qquad (例\ 5.1.2)$$

对其进行傅里叶反变换可以得到

$$\hat{s}(t)=a(t)\sin\omega_c t \quad \left(\omega_c>\frac{\Delta\omega}{2}\right) \qquad (例\ 5.1.3)$$

同理可证

$$H[a(t)\sin\omega_c t]=-a(t)\cos\omega_c t \qquad (例\ 5.1.4)$$

例 5.2　已知一个期望为零的平稳高斯过程 $X(t)$,其功率谱为 $S_X(\omega)=\begin{cases}A & (|\omega-\omega_c|\leqslant\Delta\omega/2)\\0 & (其他)\end{cases}$,试求其对应的希尔伯特变换 $\hat{X}(t)$ 的概率密度函数和解析随机过程 $\tilde{X}(t)=X(t)+\mathrm{j}\hat{X}(t)$ 的一维概率密度函数。

解　因为 $X(t)$ 是期望为零的平稳高斯过程,则其对应的希尔伯特变换 $\hat{X}(t)$ 也是零期望的平稳高斯随机过程。所以其方差为

$$\sigma_{\hat{X}}^2=R_{\hat{X}}(0)=R_X(0)=\frac{1}{2\pi}\int_0^{+\infty}S_X(\omega)\mathrm{d}\omega=\frac{1}{2\pi}\int_{\omega_c-\Delta\omega/2}^{\omega_c+\Delta\omega/2}A\mathrm{d}\omega=\frac{A\Delta\omega}{2\pi} \qquad (例\ 5.2.1)$$

因此,得到其对应的希尔伯特变换 $\hat{X}(t)$ 的一维概率密度函数为

$$f_{\hat{X}}(\hat{x}) = \frac{1}{\sqrt{A\Delta\omega}} \exp\left(-\frac{\pi\hat{x}^2}{A\Delta\omega}\right) \qquad (\text{例 } 5.2.2)$$

对于解析过程 $\tilde{X}(t) = X(t) + \mathrm{j}\hat{X}(t)$ 的一维概率密度函数,首先取任一时刻,此时 $X(t_1)$ 与 $\hat{X}(t_1)$ 是正交的两个随机变量,根据上面的计算可知 $\hat{X}(t_1)$ 也是期望为零的高斯随机变量,又因为 $X(t_1)$ 与 $\hat{X}(t_1)$ 期望为零,故对于高斯随机变量 $X(t_1)$ 与 $\hat{X}(t_1)$,二者互不相关,也可以说是相互独立。所以对于复随机变量 $\tilde{X}(t_1) = X(t_1) + \mathrm{j}\hat{X}(t_1)$ 的一维概率密度函数是其实部和虚部组成的二维高斯随机变量的概率密度函数

$$f_{\tilde{X}}(x,\hat{x};t_1) = \frac{1}{\sqrt{2\pi}\,\sigma_X} \exp\left(-\frac{x^2}{2\sigma_X^2}\right) \frac{1}{\sqrt{2\pi}\,\sigma_{\hat{X}}} \exp\left(-\frac{\hat{x}^2}{2\sigma_{\hat{X}}^2}\right) \qquad (\text{例 } 5.2.3)$$

因为 $X(t_1)$ 与 $\hat{X}(t_1)$ 的方差相等,所以

$$f_{\tilde{X}}(x,\hat{x};t_1) = \frac{1}{2\pi\sigma_X^2} \exp\left(-\frac{x^2+\hat{x}^2}{2\sigma_X^2}\right) \qquad (\text{例 } 5.2.4)$$

可以看出概率密度函数与时间无关。

5.3　一般窄带随机过程

5.3.1　窄带随机过程的表达形式

一般来说,根据不同的需要,窄带随机过程可以表达为不同的形式,主要包括准正弦振动形式、莱斯表达式、解析形式和等效低通表示 4 种。现在分别对其进行讨论。

首先介绍准正弦振动形式。众所周知,实窄带随机过程包含正负两方面的频率分量,对应于图 5.1.2 所示功率谱密度 $S_X(\omega)$。分析窄带随机过程的定义可知,$S_X(\omega)$ 实际上是一个具有幅度慢变化(因为 $\Delta\omega$ 很窄)的随机过程经移频变换的结果。即采用载波对时域中的一个慢变化随机过程进行调制得到。因此,任一窄带随机过程 $X(t)$ 可用下式表示

$$X(t) = A(t)\cos(\omega_c t + \varphi(t)) \qquad (5.3.1)$$

其中,ω_c 是窄带随机过程的中心频率;$A(t)$ 为随机过程 $X(t)$ 的实包络;$\varphi(t)$ 为随机过程 $X(t)$ 的相位。分析可知 $A(t)$ 与 $\varphi(t)$ 都是随机过程带宽 $\Delta\omega$ 的函数,与 ω_c 无关。由于 $\Delta\omega \ll \omega_c$,因此相对于 $\cos\omega_c t$,$A(t)$ 与 $\varphi(t)$ 都是慢变化的低频随机过程,窄带随机过程的这种表达方式称为准正弦振动形式。需要注意的是低频随机过程不一定都是随机过程的包络。

把式(5.3.1)展开得到

$$X(t) = A(t)\cos(\omega_c t + \varphi(t)) = A(t)\cos\varphi(t)\cos\omega_c t - A(t)\sin\varphi(t)\sin\omega_c t \quad (5.3.2)$$

令 $I(t) = A(t)\cos\varphi(t)$,$Q(t) = A(t)\sin\varphi(t)$,则可以得出

$$A(t) = \sqrt{I^2(t) + Q^2(t)}, \quad \varphi(t) = \arctan\frac{Q(t)}{I(t)} \qquad (5.3.3)$$

它们的关系式(5.3.3)可以用向量的形式表示,如图 5.3.1 所示。

则式(5.3.2)变为

$$X(t) = A(t)\cos(\omega_c t + \varphi(t)) = I(t)\cos\omega_c t - Q(t)\sin\omega_c t \qquad (5.3.4)$$

称式(5.3.4)为窄带随机过程的莱斯表达式。需要说明的是,根据 $I(t)$、$Q(t)$ 的表达式可

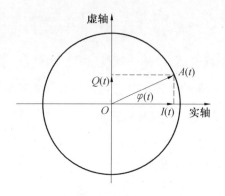

图 5.3.1　窄带随机过程的同相和正交分量

以看出它们不是确定性函数,而是两个随机过程。另外,由于 $\cos \omega_c t$ 与 $\sin \omega_c t$ 正交,故称 $I(t)$ 为随机过程 $X(t)$ 的同相分量(in-phase),$Q(t)$ 为随机过程 $X(t)$ 的正交分量(Quadrature)。莱斯表达式能够将 $X(t)$ 分解成两个相互正交的分量。采用莱斯表达式便于分析随机过程的某些性质。

由于实窄带随机过程 $X(t)$ 的功率谱包含正负频率两部分,根据傅里叶变换的性质,$X(t)$ 是实随机过程。而有时人们仅仅关心正频率部分。联想到确定性信号的傅里叶变换及其解析表达式,自然想到把确定性信号的这些理论推广到随机过程。$X(t)$ 对应的解析过程 $\widetilde{X}(t)$ 则只有正频率部分,根据解析随机过程和对应的实随机过程的关系,实随机过程 $X(t)$ 为解析随机过程 $\widetilde{X}(t)$ 的实部,也即是 $X(t) = \mathrm{Re}[\widetilde{X}(t)]$,随机过程 $X(t)$ 对应的解析过程 $\widetilde{X}(t)$ 表示为

$$\widetilde{X}(t) = X(t) + \mathrm{j}\hat{X}(t) \tag{5.3.5}$$

其中 $\hat{X}(t)$ 是 $X(t)$ 的希尔伯特变换,把随机过程对应的解析表达式 $\widetilde{X}(t)$ 乘以 $\mathrm{e}^{-\mathrm{j}\omega_c t}$ 可以得到

$$\widetilde{X}(t)\mathrm{e}^{-\mathrm{j}\omega_c t} = [X(t) + \mathrm{j}\hat{X}(t)][\cos \omega_c t - \mathrm{j}\sin \omega_c t]$$

$$= [X(t)\cos \omega_c t + \hat{X}(t)\sin \omega_c t] + \mathrm{j}[-X(t)\sin \omega_c t + \hat{X}(t)\cos \omega_c t] \tag{5.3.6}$$

假设

$$a(t) = X(t)\cos \omega_c t + \hat{X}(t)\sin \omega_c t, \quad b(t) = -X(t)\sin \omega_c t + \hat{X}(t)\cos \omega_c t \tag{5.3.7}$$

$\widetilde{X}(t)\mathrm{e}^{-\mathrm{j}\omega_c t}$ 可以化简表示为

$$\widetilde{X}(t)\mathrm{e}^{-\mathrm{j}\omega_c t} = a(t) + \mathrm{j}b(t) \tag{5.3.8}$$

所以解析随机过程可以表示为

$$\widetilde{X}(t) = [a(t) + \mathrm{j}b(t)]\mathrm{e}^{\mathrm{j}\omega_c t} = [a(t) + \mathrm{j}b(t)][\cos \omega_c t + \mathrm{j}\sin \omega_c t]$$

$$= [a(t)\cos \omega_c t - b(t)\sin \omega_c t] + \mathrm{j}[a(t)\sin \omega_c t + b(t)\cos \omega_c t] \tag{5.3.9}$$

则对应的实平稳窄带随机过程 $X(t)$ 为

$$X(t) = a(t)\cos \omega_c t - b(t)\sin \omega_c t \tag{5.3.10}$$

其中 ω_c 为窄带随机过程的中心频率。把式(5.3.10)和式(5.3.4)进行比较可以得到

$$I(t) = a(t) = X(t)\cos \omega_c t + \hat{X}(t)\sin \omega_c t \tag{5.3.11}$$

$$Q(t) = b(t) = -X(t)\sin \omega_c t + \hat{X}(t)\cos \omega_c t \tag{5.3.12}$$

需要说明的是,根据 $a(t)$、$b(t)$ 的表达式可以看出它们是两个随机过程,不是确定性函数。

通过上述分析可以看出窄带随机过程的解析表达式为单边带的形式,在很多实际处理中可以用低通等效形式代替窄带随机过程以便在不影响处理结果的前提下简化运算。根据功率谱的定义和傅里叶变换的性质,窄带随机过程 $X(t)$ 的低通形式 $X_l(t)$ 为

$$X_l(t) = [X(t) + \mathrm{j}\hat{X}(t)]\exp(-\mathrm{j}\omega_c t) \tag{5.3.13}$$

对上式整理可以表示为

$$X(t) + \mathrm{j}\hat{X}(t) = X_l(t)\exp(\mathrm{j}\omega_c t) \tag{5.3.14}$$

又因为

$$X(t) = \mathrm{Re}[\tilde{X}(t)] = A(t)\cos(\omega_c t + \varphi(t)) \tag{5.3.15}$$

所以

$$\mathrm{Re}[X_l(t)\exp(\mathrm{j}\omega_c t)] = A(t)\cos(\omega_c t + \varphi(t)) \tag{5.3.16}$$

对式(5.3.16)进行整理,可以得到

$$\begin{aligned}
\mathrm{Re}[X_l(t)\exp(\mathrm{j}\omega_c t)] &= A(t)\cos(\omega_c t + \varphi(t)) \\
&= \mathrm{Re}\{A(t)\exp[\mathrm{j}\omega_c t + \mathrm{j}\varphi(t)]\} \\
&= \mathrm{Re}\{A(t)\exp[\mathrm{j}\varphi(t)]\exp[\mathrm{j}\omega_c t]\}
\end{aligned} \tag{5.3.17}$$

可以看出

$$X_l(t) = A(t)\exp[\mathrm{j}\varphi(t)] = A(t)\cos\varphi(t) + \mathrm{j}A(t)\sin\varphi(t) \tag{5.3.18}$$

对比式(5.3.4)和式(5.3.18),低通等效表示的实部是随机过程 $X(t)$ 的同相分量,虚部为其正交分量,其对应的功率谱是正交分量和同相分量功率谱之和。因此称 $X_l(t)$ 为 $X(t)$ 的低通复包络,也即是随机过程 $X(t)$ 的低通等效表示。从低通等效表示的定义可以看出其功率谱和窄带随机过程形状完全一样,包括幅度谱 $A(\omega)$ 和相位谱 $\varphi(\omega)$,但需要注意不能理解为实包络 $A(t)$ 的正频率部分。

通过上面的分析可以看出窄带随机过程可以有不同的表示,每种表示适用不同的场景。莱斯表达式把窄带随机过程分解为正交分量和同相分量,而准正弦振荡表示形式则把窄带随机过程表示为包络和相位的形式,而其解析形式则是为了仅得到正频率部分而进行的数学变换,在此形式下可以推导出其低通等效形式。需要说明的是,解析形式与低通表示形式的功率谱密度、功率以及能量和原窄带随机过程不一定完全相同,但它们存在确定的关系,这些内容将在后续章节中详细探讨。

5.3.2　窄带随机过程同相和正交分量性质

若已知 $X(t)$ 的功率谱密度或统计特性,现在分析其同相分量 $I(t)$ 和正交分量 $Q(t)$ 的统计特性。为了便于分析 $I(t)$、$Q(t)$ 的性质,假设 $X(t)$ 是期望为零的平稳随机过程。和普通的随机过程相同,窄带随机过程的同相和正交分量性质主要包括一般特征、时域数字特征和频域特征。

1. 同相分量 $I(t)$ 和正交分量 $Q(t)$ 的一般性质

性质 1　窄带随机过程的自相关函数与正交和同相分量自相关函数的关系为

$$R_X(\tau) = R_I(\tau)\cos\omega_c\tau + R_{QI}(\tau)\sin\omega_c\tau \tag{5.3.19}$$

证明

$$R_X(t,t+\tau) = E[(I(t)\cos \omega_c t - Q(t)\sin \omega_c t) \cdot$$
$$(I(t+\tau)\cos \omega_c(t+\tau) - Q(t+\tau)\sin \omega_c(t+\tau))]$$
$$= R_I(t,t+\tau)\cos \omega_c t\cos \omega_c(t+\tau) - R_{IQ}(t,t+\tau)\cos \omega_c t\sin \omega_c(t+\tau) -$$
$$R_{QI}(t,t+\tau)\sin \omega_c t\cos \omega_c(t+\tau) + R_Q(t,t+\tau)\sin \omega_c t\sin \omega_c(t+\tau)$$

因为 $X(t)$ 是平稳随机过程,可知 $R_X(t,t+\tau) = R_X(\tau)$,也就是说 $X(t)$ 的自相关函数应该与时间 t 无关,而仅与时间差 τ 有关。即 t 可为任何值,而不影响 $R_X(t,t+\tau)$ 的值。令 $t=0$ 可得

$$R_X(\tau) = R_I(\tau)\cos \omega_c \tau - R_{IQ}(\tau)\sin \omega_c \tau \qquad (5.3.20)$$

令 $t = \dfrac{\pi}{2\omega_c}$ 可得

$$R_X(\tau) = R_Q(\tau)\cos \omega_c \tau + R_{QI}(\tau)\sin \omega_c \tau \qquad (5.3.21)$$

性质2 $I(t)$、$Q(t)$ 都是实随机过程。

证明 根据莱斯表达式

$$I(t) = a(t) = X(t)\cos \omega_c t + \hat{X}(t)\sin \omega_c t$$

$$Q(t) = b(t) = -X(t)\sin \omega_c t + \hat{X}(t)\cos \omega_c t$$

因为 $X(t)$ 和 $\hat{X}(t)$ 都是实过程,而 $I(t)$、$Q(t)$ 是二者和时间函数乘积的线性组合,没有虚部,因此都是实随机过程。

性质3 $I(t)$、$Q(t)$ 都是平稳随机过程,且联合平稳。

证明 根据自相关函数定义

$$R_I(t,t+\tau) = E[I(t)I(t+\tau)]$$
$$= E[(X(t)\cos \omega_c t + \hat{X}(t)\sin \omega_c t) \cdot$$
$$(X(t+\tau)\cos \omega_c(t+\tau) + \hat{X}(t+\tau)\sin \omega_c(t+\tau))]$$
$$= R_X(\tau)\cos \omega_c t\cos \omega_c(t+\tau) + R_{X\hat{X}}(\tau)\cos \omega_c t\sin \omega_c(t+\tau) +$$
$$R_{\hat{X}X}(\tau)\sin \omega_c t\cos \omega_c(t+\tau) + R_{\hat{X}}(\tau)\sin \omega_c t\sin \omega_c(t+\tau) \qquad (5.3.22)$$

因为 $R_{X\hat{X}}(\tau) = -R_{\hat{X}X}(\tau)$,$R_{\hat{X}}(\tau) = R_X(\tau)$,所以可以得到

$$R_I(\tau) = R_X(\tau)\cos \omega_c \tau + R_{X\hat{X}}(\tau)\sin \omega_c \tau \qquad (5.3.23)$$

可以看出同相分量的自相关函数与时间起点 t 无关,仅仅是时间差 τ 的函数。所以,$E[I^2(t)] = R_I(0) = R_X(0) < +\infty$。由性质2,知 $E[I(t)] = 0$。所以,$I(t)$ 是平稳随机过程。同理可证,$Q(t)$ 也是平稳随机过程。并且,由于 $R_{IQ}(t,t+\tau) = R_{IQ}(\tau)$,可知二者联合平稳。详细证明在时域数字特征中的性质4给出。

性质4 同相分量和正交分量正交。

若窄带随机过程 $S_X(\omega)$ 关于中心频率 ω_c 对称(这个条件一般情况下都能满足),则 $S_{IQ}(\omega) = 0$,根据维纳-辛钦定理可知 $R_{IQ}(\tau) = 0$,说明同相分量和正交分量正交,此时 $R_X(\tau) = R_I(\tau)\cos \omega_c \tau = R_Q(\tau)\cos \omega_c \tau$。

2. 同相分量和正交分量的时域数字特征

① 同相分量和正交分量的期望。

因为由假设可知 $E[X(t)] = 0$,又因为希尔伯特变换为线性变换,所以 $E[\hat{X}(t)] = 0$。因此

$$E[I(t)] = E[X(t)]\cos \omega_c t + E[\hat{X}(t)]\sin \omega_c t = 0 \tag{5.3.24}$$

同理可得 $E[Q(t)] = 0$，即

$$E[I(t)] = E[Q(t)] = 0 \tag{5.3.25}$$

结论　同相分量和正交分量的期望为零，此时与其对应的窄带随机过程的期望相等，在此必须强调，也只有期望等于零时的同相分量、正交分量和窄带随机过程的期望才相等。

② 同相分量和正交分量的方差。

由性质 3 可得到

$$R_I(\tau) = R_Q(\tau) = R_X(\tau)\cos \omega_c \tau + R_{X\hat{X}}(\tau)\sin \omega_c \tau \tag{5.3.26}$$

令 $\tau = 0$ 得到

$$R_I(0) = R_Q(0) = R_X(0)\cos 0 + R_{X\hat{X}}(\tau)\sin 0 = R_X(0) \tag{5.3.27}$$

所以

$$E[I^2(t)] = E[Q^2(t)] = E[X^2(t)] \tag{5.3.28}$$

根据方差和均值的定义可知，如果期望等于零则二者相等，它们都等于原随机过程的均方值。

结论　同相分量、正交分量和原窄带随机过程的均方值相等，也可以说三者的方差相等，也就是同相分量和正交分量的功率和原窄带随机过程相同。

③ 同相分量和正交分量的自相关函数。

由 $X(t)$ 的平稳性可知 $R_X(t, t+\tau) = R_X(\tau)$，也就是说 $X(t)$ 的自相关函数与时间 t 无关，而仅与时间差 τ 有关。 即 t 为任何值都不影响 $R_X(t, t+\tau)$ 的结果。令 $t=0$ 可得

$$R_X(\tau) = R_I(\tau)\cos \omega_c \tau - R_{IQ}(\tau)\sin \omega_c \tau \tag{5.3.29}$$

令 $t = \dfrac{\pi}{2\omega_c}$ 可得

$$R_X(\tau) = R_Q(\tau)\cos \omega_c \tau + R_{QI}(\tau)\sin \omega_c \tau \tag{5.3.30}$$

上述式(5.3.29)与式(5.3.30)两式相减

$$[R_Q(\tau) - R_I(\tau)]\cos \omega_c \tau + [R_{QI}(\tau) + R_{IQ}(\tau)]\sin \omega_c \tau = 0 \tag{5.3.31}$$

根据性质 3 可知 $R_{IQ}(\tau) = -R_{QI}(\tau)$，所以 $[R_Q(\tau) - R_I(\tau)]\cos \omega_c \tau = 0$，因此可得到 $R_I(\tau) = R_Q(\tau)$，即同相分量和正交分量的自相关函数相等。

④ 同相分量和正交分量的互相关函数。

根据互相关函数的定义可知

$$
\begin{aligned}
R_{IQ}(\tau) &= E[I(t)Q(t+\tau)] \\
&= E[(X(t)\cos \omega_c t + \hat{X}(t)\sin \omega_c t) \cdot (-X(t+\tau)\sin \omega_c(t+\tau) + \\
&\quad \hat{X}(t+\tau)\cos \omega_c(t+\tau))] \\
&= -R_X(\tau)\cos \omega_c t \sin \omega_c(t+\tau) + R_{\hat{X}}(\tau)\sin \omega_c t \cos \omega_c(t+\tau) - \\
&\quad R_{\hat{X}X}(\tau)\sin \omega_c t \sin \omega_c(t+\tau) + R_{X\hat{X}}(\tau)\cos \omega_c t \cos \omega_c(t+\tau) \tag{5.3.32}
\end{aligned}
$$

根据原窄带随机和解析过程、希尔伯特变换随机过程之间的关系，可知 $R_{X\hat{X}}(\tau) = -R_{\hat{X}X}(\tau)$，$R_{\hat{X}}(\tau) = R_X(\tau)$ 和 $R_{X\hat{X}}(\tau) = \hat{R}_X(\tau)$。把上述结论代入互相关函数的定义可得

$$R_{IQ}(\tau) = -R_X(\tau)\sin \omega_c \tau + R_{X\hat{X}}(\tau)\cos \omega_c \tau$$

$$= -R_X(\tau)\sin \omega_c\tau + \hat{R}_X(\tau)\cos \omega_c\tau \tag{5.3.33}$$

按照上述思路可以证明

$$R_{IQ}(\tau) = -R_{IQ}(-\tau) = -R_{QI}(\tau) \tag{5.3.34}$$

结论 同相分量和正交分量的互相关函数只与时间差有关,而与时间起点无关,并且互相关函数为奇函数。

3. 同相分量和正交分量的频域特征

① 同相分量和正交分量的功率谱仅包含低频且是限带。

根据同相分量和正交分量的自相关函数的表达式可知

$$R_I(\tau) = R_Q(\tau) = R_X(\tau)\cos \omega_c\tau + R_{X\hat{X}}(\tau)\sin \omega_c\tau$$
$$= \frac{1}{2}R_X(\tau)[e^{j\omega_c\tau} + e^{-j\omega_c\tau}] + \frac{1}{2j}R_{X\hat{X}}(\tau)[e^{j\omega_c\tau} - e^{-j\omega_c\tau}] \tag{5.3.35}$$

因为

$$S_{X\hat{X}}(\omega) = -j\mathrm{sgn}(\omega)S_X(\omega), \quad e^{j\omega_c\tau} \leftrightarrow 2\pi\delta(\omega - \omega_c) \tag{5.3.36}$$

所以式(5.3.35)的傅里叶变换为

$$S_I(\omega) = \frac{1}{2}\{[S_X(\omega + \omega_c) + S_X(\omega - \omega_c)] -$$
$$j[j\mathrm{sgn}(\omega + \omega_c)S_X(\omega + \omega_c) - j\mathrm{sgn}(\omega - \omega_c)S_X(\omega - \omega_c)]\} \tag{5.3.37}$$

对公式进一步整理可得

$$S_I(\omega) = \frac{1}{2}\{[S_X(\omega + \omega_c) + S_X(\omega - \omega_c)] +$$
$$[\mathrm{sgn}(\omega + \omega_c)S_X(\omega + \omega_c) - \mathrm{sgn}(\omega - \omega_c)S_X(\omega - \omega_c)]\} \tag{5.3.38}$$

所以得到

$$S_I(\omega) = S_Q(\omega) = LP[S_X(\omega + \omega_c) + S_X(\omega - \omega_c)] \tag{5.3.39}$$

其中 $LP[\cdot]$ 表示低通。其过程如图5.3.2所示。

显然,同相分量和正交分量为低频限带过程。所以得出结论:同相分量和正交分量的功率谱仅包含低频且限带。

② 同相分量和正交分量的互功率谱为零。

根据同相分量和正交分量的互相关函数

$$R_{IQ}(\tau) = -R_X(\tau)\sin \omega_c\tau + \hat{R}_X(\tau)\cos \omega_c\tau$$
$$= -R_X(\tau)\sin \omega_c\tau + R_{X\hat{X}}(\tau)\cos \omega_c\tau \tag{5.3.40}$$

根据 $S_{X\hat{X}}(\omega) = -j\mathrm{sgn}(\omega)S_X(\omega)$,对式(5.3.40)两边取傅里叶变换得

$$S_{IQ}(\omega) = -\frac{1}{2j}[S_X(\omega - \omega_c) - S_X(\omega + \omega_c)] +$$
$$\frac{1}{2}[-j\mathrm{sgn}(\omega - \omega_c)S_X(\omega - \omega_c) - j\mathrm{sgn}(\omega + \omega_c)S_X(\omega + \omega_c)]$$
$$= -j\left\{-\frac{1}{2}[S_X(\omega - \omega_c) - S_X(\omega + \omega_c)] +\right.$$
$$\left.\frac{1}{2}[\mathrm{sgn}(\omega - \omega_c)S_X(\omega - \omega_c) + \mathrm{sgn}(\omega + \omega_c)S_X(\omega + \omega_c)]\right\}$$

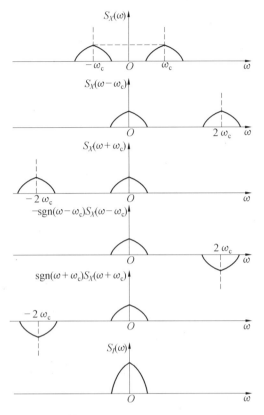

图 5.3.2　同相分量和正交分量的功率谱

$$= -\mathrm{j}LP\left[S_X(\omega + \omega_\mathrm{c}) - S_X(\omega - \omega_\mathrm{c})\right] \tag{5.3.41}$$

其推导过程可以用图 5.3.3 表示。

若 $S_X(\omega)$ 关于中心频率 ω_c 对称,则 $S_{IQ}(\omega) = 0$,根据维纳-辛钦定理可知 $R_{IQ}(\tau) = 0$。也就是说,当 $X(t)$ 具有对称于 $\pm\omega_\mathrm{c}$ 的功率谱密度时,随机过程 $I(t)$ 和 $Q(t)$ 正交。

5.3.3　窄带随机过程包络与相位的慢变化特性

5.3.2 节从同相分量和正交分量的角度研究了窄带随机过程的性质。此外,对通信信号进行处理和分析的时候人们也比较关心信号的包络和相位的特征,因此本节主要介绍窄带随机过程包络和相位的特性,首先直接给出结论。

结论　当 $X(t)$ 为窄带随机过程,即 $X(t)$ 的功率谱带宽 $\Delta\omega \ll \omega_\mathrm{c}$ 时,其对应的包络 $A(t)$ 和相位 $\varphi(t)$ 是慢变化的窄带随机过程。

证明　根据窄带随机过程的莱斯形式,其中的同相分量 $I(t)$ 和正交分量 $Q(t)$ 是低频限带随机过程,即它们的功率谱只在 $|\omega| \leqslant \dfrac{\Delta\omega}{2}$ 区间内非 0,且 $|\Delta\omega| \ll |\omega_\mathrm{c}|$,则

$$E\left[(I(t+\tau) - I(t))^2\right] = E\left[I^2(t+\tau) + I^2(t) - 2I(t)I(t+\tau)\right] = 2R_I(0) - 2R_I(\tau)$$

$$= \frac{1}{\pi}\left(\int_{-\infty}^{+\infty} S_I(\omega)\,\mathrm{d}\omega - \int_{-\infty}^{+\infty} S_I(\omega)\,\mathrm{e}^{\mathrm{j}\omega\tau}\,\mathrm{d}\omega\right)$$

$$= \frac{1}{\pi}\int_{-\infty}^{+\infty} S_I(\omega)(1 - \mathrm{e}^{\mathrm{j}\omega\tau})\,\mathrm{d}\omega \tag{5.3.42}$$

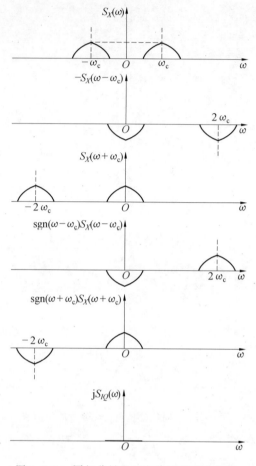

图 5.3.3　同相分量和正交分量的互功率谱

又因为功率谱具有非负性,且是偶函数,可得到

$$E\big[(I(t+\tau)-I(t))^2\big]=\frac{2}{\pi}\int_0^{+\infty}S_I(\omega)(1-\cos\omega\tau)\mathrm{d}\omega \tag{5.3.43}$$

根据三角函数公式 $\cos\alpha=2\cos^2\dfrac{\alpha}{2}-1=1-2\sin^2\dfrac{\alpha}{2}$,式(5.3.43)可以表示为

$$E\big[(I(t+\tau)-I(t))^2\big]=\frac{2}{\pi}\int_0^{+\infty}S_I(\omega)2\sin^2\frac{\omega\tau}{2}\mathrm{d}\omega \tag{5.3.44}$$

又因为 $|\sin\theta|\leqslant\theta$,所以可以得到不等式

$$E\big[(I(t+\tau)-I(t))^2\big]=\frac{2}{\pi}\int_0^{+\infty}S_I(\omega)2\sin^2\frac{\omega\tau}{2}\mathrm{d}\omega\leqslant\frac{2}{\pi}\int_0^{+\infty}S_I(\omega)2\left(\frac{\omega\tau}{2}\right)^2\mathrm{d}\omega$$

$$\tag{5.3.45}$$

又因为

$$\frac{2}{\pi}\int_0^{+\infty}S_I(\omega)2\left(\frac{\omega\tau}{2}\right)^2\mathrm{d}\omega=\frac{2}{\pi}\int_0^{\frac{\Delta\omega}{2}}S_I(\omega)\frac{\omega^2\tau^2}{2}\mathrm{d}\omega\leqslant\left(\frac{\Delta\omega}{2}\right)^2\tau^2\frac{1}{\pi}\int_0^{\frac{\Delta\omega}{2}}S_I(\omega)\mathrm{d}\omega \tag{5.3.46}$$

其中

$$\left(\frac{\Delta\omega}{2}\right)^2\tau^2\frac{1}{\pi}\int_0^{\frac{\Delta\omega}{2}}S_I(\omega)\mathrm{d}\omega=\left(\frac{\Delta\omega}{2}\right)^2\cdot\frac{1}{2}\cdot\tau^2R_I(0)=\left(\frac{\Delta\omega}{2}\right)^2\tau^2\cdot\frac{1}{2}R_2(0)$$

即

$$E\left[(I(t+\tau)-I(t))^{2}\right]\leqslant\left(\frac{\Delta\omega}{2}\right)^{2}\tau^{2}\frac{1}{2}R_{I}(0)=\frac{1}{8}(\Delta\omega)^{2}\tau^{2}E\left[I^{2}(t)\right] \tag{5.3.47}$$

此式说明,若 $\tau\ll\frac{1}{\Delta\omega}$(即 $\Delta\omega\tau\ll1$),在 t 到 $t+\tau$ 的时间内,$I(t)$ 的变化的均方值远小于 $I(t)$ 的均方值。

因为 $\Delta\omega\ll\omega_{c}$,即 $T_{c}\ll\Delta T=\frac{2\pi}{\Delta\omega}$,如果假设 $\tau=T_{c}$,由 $\tau\ll\frac{1}{\Delta\omega}$ 知 $T_{c}\ll\frac{1}{\Delta\omega}$,令 $X=I(t+T_{c})-I(t)$ 可知

$$E[X]=E[I(t+T_{c})]-E[I(t)]=0 \tag{5.3.48}$$

把上述结果代入切比雪夫不等式 $P(|X-E[X]|>\varepsilon)\leqslant\frac{\sigma_{X}^{2}}{\varepsilon^{2}}$ 可得

$$P(|[I(t+T_{c})-I(t)]-0|>\varepsilon)\leqslant\frac{E\left[(I(t+T_{c})-I(t))^{2}\right]}{\varepsilon^{2}} \tag{5.3.49}$$

即

$$P(|I(t+T_{c})-I(t)|>\varepsilon)\leqslant\frac{\frac{1}{8}(\Delta\omega)^{2}\tau^{2}E\left[I^{2}(t)\right]}{\varepsilon^{2}} \tag{5.3.50}$$

显然,当 $T_{c}=\tau\ll\frac{1}{\Delta\omega}$ 即 $\Delta\omega\tau\ll1$ 时,对于给定的 $\varepsilon^{2}>0$,可以得到

$$P(|I(t+T_{c})-I(t)|>\varepsilon)\to0 \tag{5.3.51}$$

即在一个高频周期 T_{c} 内,$I(t)$ 的变化概率趋于 0。因此 $I(t)$ 为慢变化的随机过程,同理,$Q(t)$ 也为慢变化随机过程。因为 $A(t)=\sqrt{I^{2}(t)+Q^{2}(t)}$,$\varphi(t)=\arctan\frac{Q(t)}{I(t)}$,所以 $A(t)$、$\varphi(t)$ 也是慢变化的随机过程。

5.4　窄带高斯随机过程

在实际的通信系统和通信信号处理中,经常会遇到窄带高斯随机过程,比如第 4 章介绍的宽带随机过程通过窄带系统后输出的过程可以近似为窄带高斯随机过程,最典型的就是白噪声通过窄带系统后输出的限带噪声就是窄带高斯随机过程。另外,在无线通信中,由于信号在传播过程中受到障碍物的影响,使得发射信号会经历多条路径到达接收端,根据中心极限定理这种多径信道可以建模为窄带高斯随机过程。也就是说,在通信信号处理和分析中,经常会遇到窄带高斯随机过程,因此有必要重点介绍它。

5.4.1　窄带高斯随机过程包络和相位的一维概率密度

由于窄带随机过程的包络和相位也是随机过程,所以它们的一维概率密度是指某个时刻的一维随机变量的概率密度。前述章节已经研究了窄带随机过程的同相分量和正交分量,得到了它们的性质,而根据窄带随机过程的各种表达式之间的关系,包络和相位与同相分量和正交分量满足一定的关系。考虑到前面所介绍的随机变量函数和原随机变量概率密度函数之间的关系,可以先求出同相分量和正交分量的一维联合概率密度函数,然后求出包络和相位的一

维联合概率密度函数,最后根据联合概率密度函数和边缘概率函数的关系对其进行求解。

1. 同相分量和正交分量的一维联合概率密度函数

假设窄带高斯实随机过程 $X(t)$ 的期望为零,方差为 σ^2,则正交分量和同相分量与原随机过程及其希尔伯特变换之间的关系为

$$I(t) = a(t) = X(t)\cos \omega_c t + \hat{X}(t)\sin \omega_c t \tag{5.4.1}$$

$$Q(t) = b(t) = -X(t)\sin \omega_c t + \hat{X}(t)\cos \omega_c t \tag{5.4.2}$$

如果 $X(t)$ 为高斯随机过程,那么其对应的希尔伯特变换 $\hat{X}(t)$ 为 $X(t)$ 的线性变换,也是高斯随机过程,$I(t)$、$Q(t)$ 为 $X(t)$ 和 $\hat{X}(t)$ 线性组合,也是高斯随机过程。

下面求同相分量和正交分量的数学期望和方差。根据窄带随机过程的性质可知

$$E[I(t)] = E[Q(t)] = E[X(t)] = 0 \tag{5.4.3}$$

也即是同相分量和正交分量的期望为零。

根据窄带随机过程的性质 $E[I^2(t)] = E[Q^2(t)] = E[X^2(t)]$ 以及 $E[I(t)] = E[Q(t)] = E[X(t)] = 0$ 可得同相分量和正交分量的方差为

$$D[I(t)] = D[Q(t)] = E[I^2(t)] = E[Q^2(t)] = E[X^2(t)] = \sigma^2 \tag{5.4.4}$$

下面证明同相分量和正交分量相互独立。

若 $S_X(\omega)$ 关于中心频率 ω_c 对称(这个条件一般情况下都能满足),则 $S_{IQ}(\omega) = 0$,根据维纳—辛钦定理可知 $R_{IQ}(\tau) = 0$。说明同相分量和正交分量正交。对于期望为零的高斯随机过程,正交和独立等价,因此可以得出同相分量和正交分量相互独立。

因此窄带高斯随机过程的同相分量和正交分量是独立的高斯随机过程,其期望为零,方差为原高斯随机过程的方差 σ^2。

因此可以得到同相分量、正交分量及其二者的一维联合概率密度函数,分别表达为

$$\begin{cases} f_I(x) = \dfrac{1}{\sqrt{2\pi\sigma^2}}\exp\left\{-\dfrac{x^2}{2\sigma^2}\right\} \\[2mm] f_Q(y) = \dfrac{1}{\sqrt{2\pi\sigma^2}}\exp\left\{-\dfrac{y^2}{2\sigma^2}\right\} \\[2mm] f_{IQ}(x,y) = f_I(x)f_Q(y) = \dfrac{1}{2\pi\sigma^2}\exp\left\{-\dfrac{x^2+y^2}{2\sigma^2}\right\} \end{cases} \tag{5.4.5}$$

2. 包络和相位的一维联合概率密度函数

随机过程包络和相位与同相分量和正交分量之间的关系为

$$\begin{cases} I(t) = A(t)\cos \varphi(t) \\ Q(t) = A(t)\sin \varphi(t) \end{cases}$$

对于某一时刻,其对应的一维概率函数之间的关系表示为

$$f_{IQ}(x,y)\,|\,\mathrm{d}S_{IQ}| = f_{A\varphi}(a,\theta)\,|\,\mathrm{d}S_{A\varphi}| \tag{5.4.6}$$

对式(5.4.6)进行整理可得

$$f_{A\varphi}(a,\theta) = f_{IQ}(x,y)\frac{|\mathrm{d}S_{IQ}|}{|\mathrm{d}S_{A\varphi}|} = |J|f_{IQ}(x,y) \tag{5.4.7}$$

因为

$$|J| = \left|\frac{\mathrm{d}S_{IQ}}{\mathrm{d}S_{A\varphi}}\right| = \left|\left|\begin{array}{cc} \dfrac{\partial I}{\partial a} & \dfrac{\partial I}{\partial \theta} \\[2mm] \dfrac{\partial Q}{\partial a} & \dfrac{\partial Q}{\partial \theta} \end{array}\right|\right| = \left|\left|\begin{array}{cc} \cos\theta & -a\sin\theta \\ \sin\theta & a\cos\theta \end{array}\right|\right| = a \tag{5.4.8}$$

代入式(5.4.7) 可得

$$f_{A\varphi}(a,\theta) = af_{IQ}(x,y) \tag{5.4.9}$$

所以

$$f_{A\varphi}(a,\theta) = af_{IQ}(x,y) = \frac{a}{2\pi\sigma^2}\exp\left\{-\frac{a^2}{2\sigma^2}\right\} \quad (a\geqslant0,\theta\in[0,2\pi]) \tag{5.4.10}$$

3. 包络和相位的一维边缘概率密度函数

首先求解包络的一维概率密度函数,只需要联合概率密度函数对相位进行积分即可,用公式表示为

$$f_A(a) = \int_0^{2\pi} f_{A\varphi}(a,\theta)\mathrm{d}\theta = \frac{a}{\sigma^2}\exp\left\{-\frac{a^2}{2\sigma^2}\right\} \quad (a\geqslant0) \tag{5.4.11}$$

同理求得相位的一维概率密度函数为

$$f_\varphi(\theta) = \int_0^{+\infty} \frac{a}{2\pi\sigma^2}\exp\left\{-\frac{a^2}{2\sigma^2}\right\}\mathrm{d}a \quad (\theta\in[0,2\pi]) \tag{5.4.12}$$

令 $t = \dfrac{a^2}{2\sigma^2}$,则 $\mathrm{d}t = \dfrac{2a}{2\sigma^2}\mathrm{d}a$

$$f_\varphi(\theta) = \int_0^{+\infty} \frac{1}{2\pi}\mathrm{e}^{-t}\mathrm{d}t = \frac{1}{2\pi} \quad (\theta\in[0,2\pi]) \tag{5.4.13}$$

根据公式可以得到包络和相位的示意图如图 5.4.1 所示。

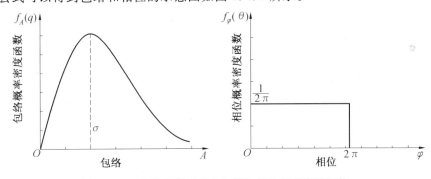

图 5.4.1　窄带高斯过程的包络和相位概率密度函数

根据随机变量的知识,可以知道其幅度符合瑞利分布,而相位在 $[0,2\pi]$ 符合均匀分布。对比包络和相位联合密度函数和各自的概率密度函数可知

$$f_{A\varphi}(a,\theta) = f_A(a)f_\varphi(\theta) \tag{5.4.14}$$

这说明,在同一时刻,包络和相位两变量相互独立。需要说明的是,这并不意味着随机过程 $A(t)$、$\varphi(t)$ 相互独立。因为两个随机过程相互独立需要两个随机过程的任何两个时刻对应的随机变量都要相互独立,不仅仅是同一时刻。事实上两个高斯过程并不独立。

为了更直观地了解这个结论,给出如图 5.4.2 所示的高斯噪声和窄带高斯噪声的时域表示。

对于包络和相位多维概率密度函数的求解思路和一维的情况相似。以二维为例,其思路

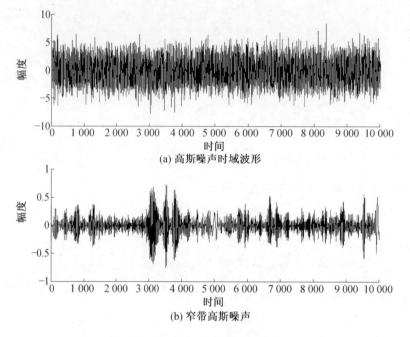

(a) 高斯噪声时域波形

(b) 窄带高斯噪声

图 5.4.2　包络符合瑞利分布

为：由于求包络的二维概率密度函数和相位的二维概率密度函数，则包络和相位联合分布为四维概率密度函数，因此先求出二者的四维联合密度函数 $f_{A_1 A_2 \varphi_1 \varphi_2}(A_{t_1}, A_{t_2}, \varphi_{t_1}, \varphi_{t_2})$，然后通过联合概率密度函数和边缘概率密度函数的关系求得各自的二维概率密度函数。而为了求包络相位的四维联合概率密度则需要先求同相分量和正交分量的四维联合概率密度函数，然后根据多维随机变量函数的概率密度函数的求解方法去求最终的包络和相位的概率密度函数。在本书中仅仅给出最后的结论，感兴趣的可以自行推导，其结果为

$$
f_{A_1 A_2}(A_{t_1}, A_{t_2}) = \int_0^{2\pi} \int_0^{2\pi} f_{A_1 \varphi_1 A_2 \varphi_2}(A_{t_1}, \varphi_{t_1}, A_{t_2}, \varphi_{t_2}) \mathrm{d}\varphi_{t_1} \mathrm{d}\varphi_{t_2}
$$

$$
= \begin{cases} \dfrac{A_{t_1} A_{t_2}}{|K|^{1/2}} \mathrm{I}_0 \left(\dfrac{A_{t_1} A_{t_2} R_a(\tau)}{|K|^{1/2}} \right) \exp\left\{ -\dfrac{\sigma^2(A_{t_1}^2 + A_{t_2}^2)}{2|K|} \right\} & (A_{t_1}, A_{t_2} \geqslant 0) \\ 0 & (A_{t_1}, A_{t_2} < 0) \end{cases}
$$

$$(5.4.15)$$

其中 $\mathrm{I}_0(x)$ 是第一类零阶修正贝塞尔函数。同理可得

$$
f_{\varphi_1 \varphi_2}(\varphi_{t_1}, \varphi_{t_2}) = \int_0^{+\infty} \int_0^{+\infty} f_{A_1 \varphi_1 A_2 \varphi_2}(A_{t_1}, \varphi_{t_1}, A_{t_2}, \varphi_{t_2}) \mathrm{d}A_{t_1} \mathrm{d}A_{t_2}
$$

$$
= \begin{cases} \dfrac{|K|^{1/2}}{4\pi\sigma^2} \left[\dfrac{(1-\beta)^{1/2} + \beta(\pi - \arccos \beta)}{(1-\beta^2)^{3/2}} \right] & (0 \leqslant \varphi_{t_1}, \varphi_{t_2} \leqslant 2\pi) \\ 0 & (\text{其他}) \end{cases} \quad (5.4.16)
$$

其中 $\beta = \dfrac{R_a(\tau)}{\sigma^2} \cos(\varphi_{t_2} - \varphi_{t_1})$。令 $\varphi_{t_2} = \varphi_{t_1}$，可以得到如下结论，即 $f_{A_1 \varphi_1 A_2 \varphi_2}(A_{t_1}, \varphi_{t_1}, A_{t_2}, \varphi_{t_2}) \neq f_{\varphi_1 \varphi_2}(\varphi_{t_1}, \varphi_{t_2}) f_{A_1 A_2}(A_{t_1}, A_{t_2})$。这个公式说明窄带随机过程的包络和相位不是两个统计独立的随机过程。

5.4.2 窄带高斯随机过程功率的概率密度函数

在通信信号处理和分析中,信噪比是一个关键性的指标。根据信噪比的定义,需要求出随机过程或随机噪声的功率或某个时间段内的能量,也就是随机过程包络的平方累加,因此研究窄带高斯随机过程包络平方的概率密度函数对于分析通信信号尤其重要。

窄带高斯随机过程包络的平方表示为

$$B(t) = A^2(t) \quad (B \geqslant 0) \tag{5.4.17}$$

根据前面的讨论,可知窄带高斯过程的包络服从瑞利分布,即

$$f_A(a) = \int_0^{2\pi} f_{A\varphi}(a,\theta)\mathrm{d}\theta = \frac{a}{\sigma^2}\exp\left\{-\frac{a^2}{2\sigma^2}\right\} \quad (a \geqslant 0) \tag{5.4.18}$$

根据窄带随机过程的表达式之间的关系可知 $B(t) = A^2(t) = I^2(t) + Q^2(t)$,所以可以得到

$$f_B(b_t) = |J|f_A(a_t) = \left|\frac{\mathrm{d}a_t}{\mathrm{d}b_t}\right|f_A(\sqrt{b_t}) = \frac{1}{2\sigma^2}\exp\left(-\frac{b_t}{2\sigma^2}\right) \quad (b_t \geqslant 0) \tag{5.4.19}$$

可见,窄带高斯过程包络平方的一维概率密度函数是自由度为 2 的 χ^2 分布,也就是指数分布。一个重要的特例是 $\sigma^2 = 1$ 的情况,此时有

$$f_B(b_t) = \frac{1}{2}\exp\left(-\frac{b_t}{2}\right) \quad (b_t \geqslant 0) \tag{5.4.20}$$

其期望为 $E[b_t] = 2$,方差为 $D[b_t] = 4$。在实际应用中,一般需要把许多时刻的幅度平方进行累加得到随机过程的功率或能量,用公式表示为

$$E = \sum_{n=1}^{N} A^2(nT_s) = \sum_{n=1}^{N}\left[I^2(nT_s) + Q^2(nT_s)\right] \tag{5.4.21}$$

其中,N 是信号的采样个数,且随机过程的同相分量和正交分量每个时刻均为高斯分布,式(5.4.21)变为

$$E = \sum_{n=1}^{2N} X^2(nT_s) \tag{5.4.22}$$

其中 $X(nT_s)$ 为高斯随机变量,根据高斯变量函数的分布可知 E 符合自由度变为 $2N$ 的中心 χ^2 分布。

5.5 窄带高斯随机过程与正弦型信号之和统计特性

图 5.5.1 是一个典型的自由空间通信系统模型,可以看出通信系统最终接收到的信号为正弦信号与窄带高斯噪声之和,因此对于通信信号处理来说,必须了解正弦信号与窄带高斯噪声之和的概率密度函数及其相关的统计特性。需要说明的是,由于自由空间,假设信号没有衰减。

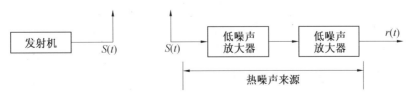

图 5.5.1 典型的通信系统

此系统可以建模为图 5.5.2 所示的形式。

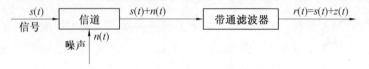

图 5.5.2　通信系统模型

根据实际情况和系统模型,可知信道中加性噪声无时不在,信号经过信道传输总会受到它的影响。因此,接收端收到的信号实际上是信号与噪声的合成信号。通信系统中,特别是无线通信中,为了便于传输,需要把信息调制到正弦波上,因此常常碰到的合成信号具有正弦信号加窄带高斯噪声的形式,如在分析 2ASK、2FSK、2PSK 等信号抗噪声性能时,其信号均为 $A\cos[\omega_c t + \theta]$ 的形式。正弦信号加上信道噪声后的合成信号 $r(t)$ 可以表示为

$$r(t) = A\cos[\omega_c t + \theta] + n(t) \tag{5.5.1}$$

把噪声用窄带形式表示为

$$n(t) = n_I(t)\cos \omega_c t - n_Q(t)\sin \omega_c t \tag{5.5.2}$$

则接收信号可以表示为

$$
\begin{aligned}
r(t) &= A\cos[\omega_c t + \theta] + n(t) \\
&= A\cos\theta\cos\omega_c t - A\sin\theta\sin\omega_c t + n_I(t)\cos\omega_c t - n_Q(t)\sin\omega_c t \\
&= [A\cos\theta + n_I(t)]\cos\omega_c t - [A\sin\theta + n_Q(t)]\sin\omega_c t \\
&= \rho(t)\cos[\omega_c t + \varphi(t)]
\end{aligned}
\tag{5.5.3}
$$

接收信号为一窄带随机过程,通过式(5.5.3)可以看出,接收信号的随机包络和随机相位分别为

$$\rho(t) = \sqrt{[A\cos\theta + n_I(t)]^2 + [A\sin\theta + n_Q(t)]^2}, \quad \varphi(t) = \arctan\frac{A\sin\theta + n_I(t)}{A\cos\theta + n_Q(t)} \tag{5.5.4}$$

令 $r_I(t) = A\cos\theta + n_I(t)$、$r_Q(t) = A\sin\theta + n_Q(t)$ 分别为正弦信号加噪声的同相分量和正交分量。式(5.5.4)可以改写为

$$\rho(t) = \sqrt{[r_I(t)]^2 + [r_Q(t)]^2}, \quad \varphi(t) = \arctan\frac{r_I(t)}{r_Q(t)} \tag{5.5.5}$$

可以看出正弦信号加噪声信号的幅度和相位是同相分量和正交分量的函数。而一般来说对窄带噪声过程的同相分量 $n_I(t)$ 和正交分量 $n_Q(t)$ 的统计特性研究得较为透彻,如果假设 θ 为固定值,对于某一时刻同相分量 $r_I(t) = A\cos\theta + n_I(t)$ 和正交分量 $r_Q(t) = A\sin\theta + n_Q(t)$ 均为高斯随机变量,那么根据高斯随机变量的知识很容易得到正弦信号加噪声的同相分量 $r_I(t)$ 和正交分量 $r_Q(t)$ 的概率密度函数,而它的幅度和相位是同相分量 $r_I(t)$ 和正交分量 $r_Q(t)$ 的函数,因此可以利用随机变量函数的相关知识计算幅度和相位的概率密度函数。

（1）求 $r_I(t)$ 与 $r_Q(t)$ 的联合概率密度函数。

$$f_{r_I r_Q}(r_i, r_q \mid \theta) = \frac{1}{2\pi\sigma^2}\exp\left\{-\frac{(r_i - A\cos\theta)^2 + (r_q - A\sin\theta)^2}{2\sigma^2}\right\} \tag{5.5.6}$$

(2) 求 $A(t)$ 与 $\Phi(t)$ 的条件联合概率密度函数。

$$f_{A\varphi}(A_t, \varphi_t \mid \theta) = |J| f_{r_I r_Q}(r_i, r_q \mid \theta)$$
$$= \begin{cases} \dfrac{A_t}{2\pi\sigma^2}\exp\left\{-\dfrac{A_t^2 + A^2 - 2AA_t\cos(\theta - \varphi_t)}{2\sigma^2}\right\} & (A_t \geqslant 0, 0 \leqslant \varphi_t \leqslant 2\pi) \\ 0 & \text{(其他)} \end{cases}$$

$$(5.5.7)$$

(3) 求 $f_A(A_t \mid \theta)$、$f_\varphi(\varphi_t \mid \theta)$。

利用 $f_{A\varphi}(A_t, \varphi_t \mid \theta)$ 求包络的边缘分布密度,可得

$$f_A(A_t \mid \theta) = \int_0^{2\pi} f_{A\varphi}(A_t, \varphi_t \mid \theta)\,\mathrm{d}\varphi_t = \dfrac{A_t}{\sigma^2}\exp\left\{-\dfrac{A_t^2 + A^2}{2\sigma^2}\right\} I_0\left(\dfrac{A \cdot A_t}{\sigma^2}\right) \tag{5.5.8}$$

其中 $I_0(\cdot)$ 是第一类零阶修正贝塞尔函数。根据式(5.5.8)可知 $f_A(A_t \mid \theta)$ 与 θ 无关,于是有 $f_A(A_t) = f_A(A_t \mid \theta)$。正弦信号加窄带高斯噪声的包络服从广义瑞利分布(也称莱斯分布)。

下面分析不同情况下包络的概率密度函数分布。

(a) 当无信号时,信噪比 SNR(信号平均功率 $\dfrac{A^2}{2}$ 与噪声平均功率 σ^2 之比)为零,即 $A = 0$。此时输入信号只有噪声,包络的概率密度简化为

$$f_A(A_t \mid \theta) = \int_0^{2\pi} f_{A\varphi}(A_t, \varphi_t \mid \theta)\,\mathrm{d}\varphi_t = \dfrac{A_t}{\sigma^2}\exp\left\{-\dfrac{A_t^2}{2\sigma^2}\right\} \tag{5.5.9}$$

即随机包络退化为瑞利分布,和前述各节分析的结果一致。

(b) 当信号较弱时,信噪比 SNR 很小,即 $SNR = \dfrac{A^2}{2\sigma^2} \to 0$,$I_0\left(\dfrac{A \cdot A_t}{\sigma^2}\right) \to 1$,包络概率密度退化为瑞利分布,即

$$f_A(A_t \mid \theta) \approx \int_0^{2\pi} f_{A\varphi}(A_t, \varphi_t \mid \theta)\,\mathrm{d}\varphi_t = \dfrac{A_t}{\sigma^2}\exp\left\{-\dfrac{A_t^2}{2\sigma^2}\right\} \tag{5.5.10}$$

(c) 当信号较强时,信噪比 SNR 很大,$I_0\left(\dfrac{A \cdot A_t}{\sigma^2}\right) \approx \dfrac{\mathrm{e}^{\frac{A \cdot A_t}{\sigma^2}}}{\sqrt{2\pi \dfrac{A \cdot A_t}{\sigma^2}}}$,包络概率密度函数为

$$f_A(A_t \mid \theta) \approx \sqrt{\dfrac{A_t}{2\pi A\sigma^2}}\exp\left[-\dfrac{1}{2\sigma^2}(A_t - A)^2\right] \quad (A_t \geqslant 0) \tag{5.5.11}$$

其将趋于高斯分布。正弦信号加窄带高斯噪声在不同信噪比下的包络分布如图 5.5.3 所示。

下面分析相位的分布。利用 $f_{A\varphi}(A_t, \varphi_t \mid \theta)$ 求相位的边缘概率密度函数,可得

$$f_\varphi(\varphi_t \mid \theta) = \int_0^{+\infty} f_{A\varphi}(A_t, \varphi_t \mid \theta)\,\mathrm{d}A_t$$
$$= \dfrac{1}{2\pi}\exp\left\{-\dfrac{A^2}{2\sigma^2}\right\} + \dfrac{A\cos(\theta - \varphi_t)}{\sqrt{2\pi}\,\sigma}\Psi\left(\dfrac{A\cos(\theta - \varphi_t)}{\sigma}\right)\exp\left\{-\dfrac{A^2 - A^2\cos^2(\theta - \varphi_t)}{2\sigma^2}\right\}$$

$$(5.5.12)$$

其中 $\Psi(\cdot)$ 是高斯概率积分函数,其定义为 $\Psi(x) = \displaystyle\int_{-\infty}^{x} \dfrac{1}{\sqrt{2\pi}}\mathrm{e}^{-\frac{u^2}{2}}\,\mathrm{d}u$。从式(5.5.12)可以看出,正弦信号加窄带高斯噪声的相位分布与信道中的信噪比 $\dfrac{A^2}{2\sigma^2}$ 有关,不再是均匀分布。当信噪

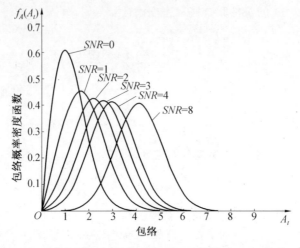

图 5.5.3　正弦信号加窄带高斯噪声在不同信噪比下的包络分布

比很小时,接近于均匀分布。而当信噪比为零时就是均匀分布,相当于 $A=0$,此时就是窄带高斯噪声。正弦信号加窄带高斯噪声在不同信噪比下的相位分布如图 5.5.4 所示,其中方差为 $\sigma^2=4$,角度 $\theta=0°$。

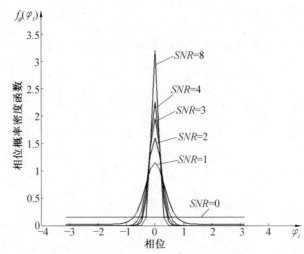

图 5.5.4　正弦信号加窄带高斯噪声在不同信噪比下的相位分布

现在分析余弦信号加窄带高斯随机噪声包络平方的概率密度函数

$$U(t) = A^2(t) = [A\cos\theta + n_I(t)]^2 + [A\sin\theta + n_Q(t)]^2 \tag{5.5.13}$$

对于任意某一时刻 $U_t = A_t^2$,$A_t \geqslant 0$,则 $A_t = \sqrt{U_t}$,根据随机变量函数的概率密度函数的求解方法可知

$$J = \left| \frac{\mathrm{d}A_t}{\mathrm{d}U_t} \right| = \frac{1}{2\sqrt{U_t}} \tag{5.5.14}$$

则可以求出包络平方的概率密度函数为

$$f(U_t) = f(A_t)|J| = \left[f(A_t = \sqrt{U_t}) \right] \frac{1}{2\sqrt{U_t}}$$

$$= \frac{1}{2\sqrt{U_t}} \frac{\sqrt{U_t}}{\sigma^2} \exp\left[-\frac{1}{2\sigma^2}(U_t + A^2)\right] I_0\left(\frac{A\sqrt{U_t}}{\sigma^2}\right)$$

$$= \frac{1}{2\sigma^2} \exp\left[-\frac{1}{2\sigma^2}(U_t + A^2)\right] I_0\left(\frac{A\sqrt{U_t}}{\sigma^2}\right) \quad (U_t \geqslant 0) \tag{5.5.15}$$

5.6　Matlab 实现和仿真

5.6.1　窄带信号产生方法

1. 方法一：窄带信号根据窄带随机过程的定义产生

窄带信号可以按照窄带随机过程的定义来产生,如图 5.6.1 所示。

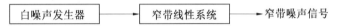

图 5.6.1　由定义产生窄带噪声信号方法框图

窄带噪声信号可以看成是白噪声通过窄带系统的输出,因此先根据窄带噪声功率谱密度的要求,设计一个中心频率为 f_c,带宽为 B,且 $f_c \gg 2B$ 的线性系统;然后再设计一个白噪声源,作为窄带系统的输入,这样窄带系统的输出就是窄带噪声信号。

2. 方法二：窄带噪声信号根据莱斯表达式产生

根据莱斯表达式产生窄带噪声信号,如图 5.6.2 所示。

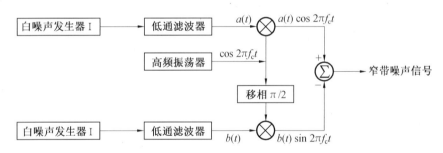

图 5.6.2　由莱斯表达式产生窄带噪声信号方法框图

窄带信号的莱斯表达式为 $x(t) = a(t)\cos 2\pi f_c t - b(t)\sin 2\pi f_c t$。白噪声发生器 I 产生的白噪声经过低通滤波器,输出低频限带过程 $a(t)$,再经过乘法器与高频正弦信号发生器的输出相乘送至加法器产生 $a(t)\cos 2\pi f_c t$,同理,经过移相产生 $b(t)\sin 2\pi f_c t$,加法器的输出就是符合莱斯表达式的窄带噪声信号。

例 5.3　产生中心频率 $f_c = 2\,000$ Hz,采样频率 $f_s = 5\,000$ Hz,带宽为 $B = 100$ Hz 的窄带随机信号,绘制该随机信号的波形图及功率谱图。

Matlab 仿真代码如下：

```
clc;clear;
N = 500;fc = 2000;B = 100;fs = 5000;        % 仿真参数设置
M = 101;                                    %FIR 滤波器阶数
x = randn(1,N)                              % 产生高斯随机信号
```

```
ht = fir1(M,[2 * fc/fs − B/fs ,2 * fc/fs + B/fs]);      ％ 设计带通滤波器
y = filter(ht,1,x);                                     ％ 输出窄带随机信号
Sy = abs(fft(y).^2)/N;                                  ％ 计算窄带信号功率谱
subplot(2,1,1);plot(y);                                 ％ 绘制窄带信号波形图
axis([0,N,−0.75,0.75]);xlabel('采样点');ylabel('幅度');
title('(a) 窄带信号波形图');grid on;
f = (0:N/2−1)/N * fs;
subplot(2,1,2);plot(f,10 * log10(Sy(1:N/2)));          ％ 绘制窄带信号功率谱图
xlabel('频率 /Hz');ylabel('功率谱 /dB/Hz');
title('(b) 窄带信号功率谱密度');grid on;
```

仿真结果如图 5.6.3 所示。

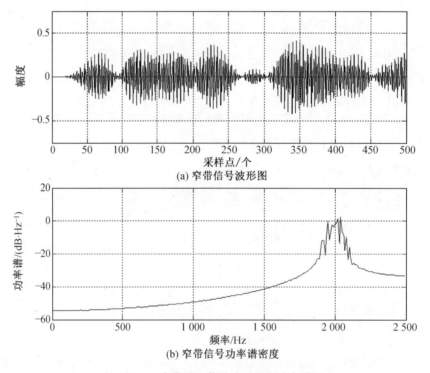

图 5.6.3　窄带随机信号波形图和功率谱图

　　图 5.3.1(a) 是窄带信号的时域波形图，可以发现采样值是剧烈变化的，包络的变化则相对为慢变化。图 5.3.1(b) 为窄带信号的功率谱图，可以发现中心频率在 2 000 Hz，带宽为 100 Hz，信号的带宽远远小于信号的中心频率。仿真产生的窄带信号满足例题的要求。例 5.3 为采用方法一产生窄带信号的仿真，读者可以尝试着采用方法二来产生窄带信号。

5.6.2　希尔伯特变换

Matlab 中可以采用 hilbert 函数来进行希尔伯特变化，使用方法如下：

Y = hilbert(x)：将实数信号 $x(n)$ 进行希尔伯特（Hilbert）变换，并得到解析信号 $Y(n)$。

例 5.4　对频率为 50 Hz 的正弦函数进行希尔伯特变换。

Matlab 仿真代码如下:

```
clc;clear;
t=0:0.0001:0.02;                                    % 仿真时间设置
x=sin(2*pi*50*t);                                   % 原始正弦信号
y=hilbert(x);                                        % 做希尔伯特变换
plot(t,x);                                           % 绘制原始正弦信号
hold on
plot(t(1:200),imag(y(1:200)),'r-.');                % 绘制希尔伯特变换后的信号
xlabel('时间');ylabel('幅度');axis([0 ,0.02 ,-1.1, 1.1]);
legend('原始信号','hilbert后的信号');grid on;
```

仿真结果如图 5.6.4 所示。

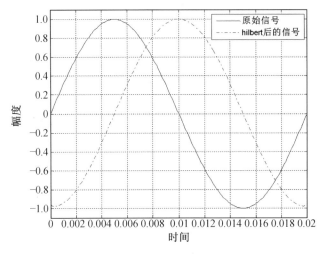

图 5.6.4　正弦信号经过希尔伯特变换前后的时域波形比较

从图 5.6.4 中可以发现正弦信号经过希尔伯特变换后幅度没有变化,而相位发生 90°的平移。仿真结果与理论相符。

5.6.3　窄带高斯随机信号包络和相位的一维概率密度

在 5.4.1 节中通过理论分析,可以发现窄带高斯随机信号包络和相位的一维概率密度分别服从瑞利分布和均匀分布,下面通过 Matlab 进行仿真。

Matlab 仿真代码如下:

```
clc;clear;
N=1000000;fc=2000;B=100;fs=5000; M=101;            % 仿真基本参数设置
xt=randn(1,N);                                       % 产生白噪声信号
ht=fir1(M,[2*fc/fs-B/fs, 2*fc/fs+B/fs]);             % 设计 101 阶带通滤波器
x=filter(ht,[1],xt);                                 % 输出窄带随机信号
x_hilbert=imag(hilbert(x));                          % 对窄带信号进行希尔伯特变换
t=0:1/fs:((N-1)/fs);                                 % 信号时长
at=x.*cos(2*pi*fc*t)+x_hilbert.*sin(2*pi*fc*t);      % 同相分量
```

```
bt = x_hilbert. * cos(2 * pi * fc * t) − x. * sin(2 * pi * fc * t);        % 正交分量
At = sqrt((at. * at + bt. * bt));                           % 窄带随机信号的包络
phi = zeros(1,N);
for ii = 1:N
if ( bt(ii) >= 0)&(at(ii) >= 0)
phi(ii) = atan(bt(ii)/at(ii));
elseif ( bt(ii) < 0)
    phi(ii) = atan(bt(ii)/at(ii)) + pi;                     % 角度转换
else
    phi(ii) = atan(bt(ii)/at(ii)) + 2 * pi;                 % 角度转换
end
end
L = 0:0.02:2;
subplot(2,1,1);hist(At,L);axis([0,1,0,70000]);
xlabel('幅度');ylabel('样本数');
title('(a) 包络的一维概率密度');grid on;
LA = 0:0.02:(2 * pi);
subplot(2,1,2);hist(phi,LA);axis([0,2 * pi,0,4000]);
xlabel('幅度');ylabel('样本数');
title('(b) 相位的一维概率密度');grid on;
```

仿真结果如图 5.6.5 所示。

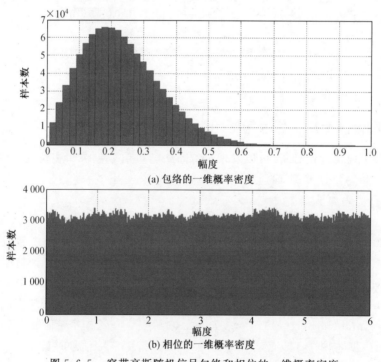

图 5.6.5　窄带高斯随机信号包络和相位的一维概率密度

从图 5.6.5 中可见,图 5.6.5(a) 显示的包络大致服从瑞利分布,图 5.6.5(b) 显示的相位大致服从均匀分布,和理论结果基本一致。

习　题

5—1　设 $X(t) = [X_1(t)\quad X_2(t)\quad X_1(t+\tau)\quad X_2(t+\tau)]^{\mathrm{T}}$,$X_2(t)$ 是 $X_1(t)$ 的希尔伯特变换,$X_1(t)$ 是均值为零、方差为 1 的高斯过程。证明:如果 $X_1(t)$ 是平稳的,那么

$$E[X(t)X^{\mathrm{T}}(t)] = \begin{bmatrix} 1 & 0 & R_1(\tau) & \hat{R}_1(\tau) \\ 0 & 1 & -\hat{R}_1(\tau) & R_1(\tau) \\ R_1(\tau) & -\hat{R}_1(\tau) & 1 & 0 \\ \hat{R}_1(\tau) & R_1(\tau) & 0 & 1 \end{bmatrix}$$

其中 $R_1(\tau) = E[X_1(t)X_1(t+\tau)]$。

5—2　已知平稳过程 $X(t)$ 的功率谱密度 $S_X(\omega)$ 如图所示。记 $\hat{X}(t)$ 为 $X(t)$ 的希尔伯特变换,求随机过程 $W(t) = X(t)\cos \omega_c t - \hat{X}(t)\sin \omega_c t$ 的功率谱密度,并图示。

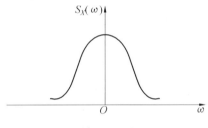

题 5—2 图

5—3　平稳噪声 $X(t)$ 可表示为 $X(t) = a(t)\cos \omega_c t - b(t)\sin \omega_c t$,其功率谱密度如图所示。画出下列情况 $a(t)$ 和 $b(t)$ 各自的功率谱密度图:

(1) $\omega_c = \omega_1$;

(2) $\omega_c = \omega_2$;

(3) $\omega_c = \dfrac{1}{2}(\omega_1 + \omega_2)$;

(4) 上述哪一种情况,过程 $a(t)$ 和 $b(t)$ 是不相关的?

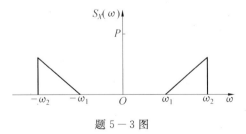

题 5—3 图

5—4　设信号加噪声过程为 $X(t) = a\cos 2\pi(f_c + f_d)t + N(t)$,其中,$N(t) = a(t)\cos \omega_c t - b(t)\sin \omega_c t$ 是理想窄带高斯过程($\omega_c = 2\pi f_c$),其双边功率谱密度为

$$S_N(f) = \begin{cases} N_0/2 & (|f \pm f_c| \leqslant B/2) \\ 0 & (\text{其他}) \end{cases}$$

并且 $f_d < B/2$。于是

$$X(t) = a\cos 2\pi(f_c + f_d)t + p(t)\cos 2\pi(f_c + f_d)t - q(t)\sin 2\pi(f_c + f_d)t$$

(1) 用 $a(t)$ 和 $b(t)$ 表示 $p(t)$ 和 $q(t)$；求 $p(t)$ 和 $q(t)$ 的功率谱密度；

(2) 求 $p(t)$ 和 $q(t)$ 的互谱密度 $S_{pq}(f)$ 和互相关函数 $R_{pq}(\tau)$；过程 $p(t)$ 和 $q(t)$ 相关吗？在同一时刻上采样的 $p(t)$ 和 $q(t)$ 独立吗？

5－5   对于零均值、σ^2 方差的窄带平稳高斯过程

$$X(t) = a(t)\cos \omega_c t - b(t)\sin \omega_c t = A(t)\cos\left[\cos \omega_c t + \varphi(t)\right]$$

求证：包络 $A(t)$ 在任意时刻所给出的随机变量 A_t 的均值和方差分别为

$$E[A_t] = \sqrt{\frac{\pi}{2}}\sigma, \quad \sigma_{A_t}^2 = \left(2 - \frac{\pi}{2}\right)\sigma$$

5－6   已知 $X(t)$ 为信号与窄带平稳高斯噪声之和，$X(t) = a(t)\cos(\omega_c t + \theta) + N(t)$，式中 θ 是 $(0, 2\pi)$ 上均匀分布的独立随机变量，$N(t)$ 为窄带平稳高斯噪声，且均值为零、方差为 σ^2，并可表示为 $N(t) = a(t)\cos \omega_c t - b(t)\sin \omega_c t$。求证：$X(t)$ 的包络平方的自相关函数为

$$a^4 + 4a^2\sigma^2 + 4\sigma^4 + 4\left[a^2 R_a(\tau) + R_a^2(\tau) + R_{ab}^2(\tau)\right]$$

5－7   远方发射台发送一个幅度不变、角频率为 ω_c 的正弦波，通过衰落信道传输后到达接收端时，信号变为具有参数 σ_S^2 的瑞利型包络分布的随机信号。在接收端又有高斯噪声混入，噪声的方差为 σ_N^2，这样，信号加噪声同时通过中心频率为 ω_c 的高频窄带系统。证明：窄带系统输出的信号与噪声之和的包络也服从瑞利分布，其参数为 $\sigma_S^2 + \sigma_N^2$。

5－8   系统如图所示，输入为白噪声，其自相关函数为 $\dfrac{N_0}{2}\delta(\tau)$。对包络平方检波后的过程进行两次独立采样，求积累后的 $Z(t)$ 的概率密度函数。其中 $H(\omega)$ 的带宽为 $2\Delta f$。

题 5－8 图

5－9   假定 X 是 N 个自由度的中心 χ^2 分布，Y 是 M 个自由度的非中心 χ^2 变量，其非中心参量为 λ。假定 X 和 Y 统计独立，而且高斯变量的方差为 1，求 $Z = X + Y$ 的概率密度。

5－10   推导窄带随机过程的功率谱密度和其对应低通等效形式功率谱密度的关系。

5－11   推导窄带随机过程同相分量功率谱密度和窄带随机过程对应低通等效形式功率谱密度的关系。

5－12   推导窄带随机过程正交分量功率谱密度和窄带随机过程对应低通等效形式功率谱密度的关系。

5－13   写出实平稳窄带随机过程 $X(t)$ 的解析过程表达式 $\tilde{X}(t)$，并从解析过程表达式推导出实平稳窄带随机过程 $X(t)$ 的莱斯表达式和准正弦振荡表达式，并说明三种表达式之间的关系。

5－14   由莱斯表达式所表示的窄带随机过程 $X(t) = a(t)\cos \omega_0 t - b(t)\sin \omega_0 t$ 的功率谱密度 $S_X(f)$ 如图所示。若在 $S_X(f)$ 的频带内分别选择 f_0 为 100 Hz 和 98 Hz，求这两种情况下

同相和正交分量的自相关函数与互相关函数,并画图示意同相分量功率谱密度与同相正交分量的互谱密度。

可能涉及的公式包括:(LP 表示低通)

$$S_a(\omega) = S_b(\omega) = \mathrm{LP}[S_X(\omega + \omega_0) + S_X(\omega - \omega_0)]$$

$$S_{ab}(\omega) = -\mathrm{jLP}[S_X(\omega + \omega_0) - S_X(\omega - \omega_0)]$$

$$R_{ab}(\tau) = -R_X(\tau)\sin \omega_0\tau + \hat{R}_X(\tau)\cos \omega_0\tau$$

$$R_a(\tau) = R_X(\tau)\cos \omega_0\tau + R_{X\hat{X}}(\tau)\sin \omega_0\tau$$

题 5－14 图

5－15 $X(t)$ 是期望为零的窄带平稳随机过程,写出 $X(t)$ 的莱斯表达式,并证明其同相分量和正交分量都是平稳随机过程,且联合平稳。

5－16   请证明窄带随机过程包络和相位是慢变化的随机过程。

5－17   已知窄带平稳随机过程 $X(t)$,其功率谱密度如图所示,当 $X(t)$ 与 $\cos 2\pi f_0 t$ 相乘后,通过一个低通滤波器,求通过低通滤波器后的随机过程与随机过程 $X(t)$ 的自相关函数之间的关系。

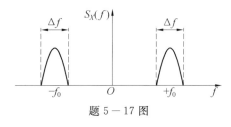

题 5－17 图

第 6 章

离散时间随机过程分析与处理

前面的章节均是介绍连续随机过程的相关理论,但现在实际应用中几乎都是数字信号处理,因此必须介绍离散时间随机过程的相关知识。通过本章的学习,理解离散随机过程的基本概念,能够分析离散随机过程的数字统计特征,掌握离散时间随机过程各种统计参数估计方法并能熟练应用。本章的知识点总结如下。

序号	内　　容	要求
1	平稳随机信号的采样定理: $$X(t) = 1 \cdot \mathrm{i} \cdot \mathrm{m}_{N \to +\infty} \sum_{n=-N}^{N} X(nT) \frac{\sin(\Delta \omega t - n\pi)}{\Delta \omega t - n\pi} \quad (T = \frac{\pi}{\Delta \omega})$$	能够 推导
2	离散时间随机过程的分布函数和概率密度函数: $$F_X(x_1, x_2, \cdots, x_N; 1, 2, \cdots, N) = P(X_1 \leqslant x_1, X_2 \leqslant x_2, \cdots, X_N \leqslant x_N)$$ $$f_X(x_1, x_2, \cdots, x_N; 1, 2, \cdots, N) = \frac{\partial F_X(x_1, x_2, \cdots, x_N; 1, 2, \cdots, N)}{\partial x_1 \partial x_2 \cdots \partial x_N}$$	掌握
3	离散时间随机过程的数字特征。 期望: $$m_{X_n} = E[X_n] = \int_{-\infty}^{+\infty} x_n f_X(x_n; n) \mathrm{d}x_n$$ 方差: $$\sigma_{X_n}^2 = D[X_n] = E[(X_n - m_{X_n})^2] = E[X_n^2] - E^2[X_n] = \psi_{X_n}^2 - (m_{X_n})^2$$ 自相关函数: $$R_X(n, m) = E[X_n X_m] = \int_{-\infty}^{+\infty} \int_{-\infty}^{+\infty} x_n x_m f(x_n, x_m; n, m) \mathrm{d}x_n \mathrm{d}x_m$$ 自协方差函数: $$K_X(n, m) = E[(X_n - m_{X_n})(X_m - m_{X_m})] = R_X(n, m) - m_{X_n} m_{X_m}$$	掌握
4	离散时间随机过程的严平稳性和宽平稳性; 离散时间随机过程的严遍历性和宽遍历性	理解

序号	内　　容	要求
5	离散时间自相关函数的 7 条性质。 （1）$K_X(m) = R_X(m) - m_X^2$ （2）$R_X(0) = E[X_n^2] = \Psi_X^2 \geqslant 0$ （3）$R_X(m) = R_X(-m)$，$K_X(m) = K_X(-m)$ （4）$R_X(0) \geqslant |R_X(m)|$，$K_X(0) \geqslant |K_X(m)|$ （5）如果 $Y_n = X_{n-n_0}$，其中 n_0 为一固定的离散时间，则有 $$R_Y(m) = R_X(m)，K_Y(m) = K_X(m)$$ （6）若平稳时间离散随机过程不含有任何周期分量，则有 $$\lim_{|m| \to +\infty} R_X(m) = R_X(+\infty) = m_X^2，\quad \lim_{|m| \to +\infty} K_X(m) = K_X(+\infty) = 0$$ （7）相关系数为 $$\gamma_X(m) = \frac{K_X(m)}{K_X(0)} = \frac{R_X(m) - m_X^2}{\sigma_X^2}$$	掌握
6	两个离散时间随机过程的统计特性。 联合分布函数： $F_{XY}(x_1, x_2, \cdots, x_N, y_1, y_2, \cdots, y_M; 1, 2, \cdots, N, 1, 2, \cdots, M)$ $= P(X_1 \leqslant x_1, X_2 \leqslant x_2, \cdots, X_N \leqslant x_N, Y_1 \leqslant y_1, Y_2 \leqslant y_2, \cdots, Y_M \leqslant y_M)$ 联合概率密度函数： $f_{XY}(x_1, x_2, \cdots, x_N, y_1, y_2, \cdots, y_M; 1, 2, \cdots, N, 1, 2, \cdots, M)$ $= \dfrac{\partial^{N+M} F_{XY}(x_1, x_2, \cdots, x_N, y_1, y_2, \cdots, y_M; 1, 2, \cdots, N, 1, 2, \cdots, M)}{\partial x_1 \partial x_2 \cdots \partial x_N \partial y_1 \partial y_2 \cdots \partial y_M}$ 期望：$E[X_n + Y_m] = E[X_n] + E[Y_m]$ 互相关函数： $$R_{X_n Y_m}(n, m) = E[X_n Y_m] = \int_{-\infty}^{+\infty} \int_{-\infty}^{+\infty} x_n y_m f_{x_n y_m}(x_n, y_m; n, m) \mathrm{d}x_n \mathrm{d}y_m$$ 互协方差函数： $$K_{X_n Y_m}(n, m) = R_{X_n Y_m}(n, m) - m_{X_n} m_{Y_m}$$ 两个离散随机过程的关系：独立，正交和互不相关。 两个离散随机过程的平稳性： 如果两个离散时间随机过程为平稳离散时间随机过程，二者的联合概率密度函数不随时间的变化而变化，且与时间起点无关，则称此两序列为联合严平稳或严平稳相依。对于两个离散时间随机过程，如果互相关函数存在，且仅是时间差的函数，称二者联合宽平稳。 两个离散随机过程的遍历性： 如果两个实离散时间随机过程 X_n 和 Y_n，若时间互相关函数以概率 1 收敛于它的统计互相关函数，即 $\overline{X_n Y_{n+m}} = E[X_n Y_{n+m}] = R_{X_n Y_n}(m)$	理解

序号	内　　容	要求
7	离散时间随机过程的功率谱： $$S_X(\omega) = \sum_{m=-\infty}^{+\infty} R_X(m) e^{-jmT\omega}$$ 功率谱的性质：对称性和非负性。 功率谱的采样定理： $$R(m) = R_C(mT), S(\omega) = \frac{1}{T} \sum_{n=-\infty}^{+\infty} S_C(\omega + n\omega_s), \omega_s = \frac{2\pi}{T}$$	理解
8	离散随机过程通过系统后的分布、期望、方差、自相关函数以及功率谱。 系统输出随机过程表达式： $$Y_n = \sum_{k=0}^{+\infty} h(k) X_{n-k}$$ 系统输出的期望： $$m_Y(n) = E[Y_n] = \sum_{k=0}^{+\infty} h(k) E[X_{n-k}]$$ 平稳时 $m_Y(n) = m_X \sum_{k=0}^{+\infty} h(k)$ 系统输入输出的互相关函数： $$R_{XY}(n, n+m) = \sum_{k=0}^{+\infty} h(k) R_X(n, n+m-k)$$ $$R_{YX}(n, n+m) = \sum_{k=0}^{+\infty} h(k) R_X(n-k, n+m)$$ 平稳时： $$R_{XY}(m) = \sum_{k=0}^{+\infty} h(k) R_X(m-k) = h(m) * R_X(m)$$ $$R_{YX}(m) = \sum_{k=0}^{+\infty} h(k) R_X(m+k) = h(-m) * R_X(m)$$ 系统输出的自相关函数： $$R_Y(n, n+m) = \sum_{k=0}^{+\infty} \sum_{j=0}^{+\infty} h(k) h(j) R_X(n-k, n+m-j)$$ 平稳时：$R_Y(n, n+m) = R_Y(m)$ 系统输出的平稳性和遍历性。 系统输出的功率谱： $$S_Y(\omega) = S_X(\omega) |H(e^{j\omega})|^2$$	掌握
9	离散随机过程的模型： $$\Gamma_x(z) = \frac{N_0}{2} H(z) H(z^{-1}) = \frac{N_0}{2} \frac{B(z)B(1/z)}{A(z)A(1/z)} \quad (r_1 < |z| < r_2)$$ 其中 $H(z) = \dfrac{B(z)}{A(z)} = \dfrac{1 + \sum\limits_{r=1}^{q} b_r z^{-r}}{1 + \sum\limits_{k=1}^{p} a_k z^{-k}}$ 离散随机过程自相关函数与系统函数的关系： $$R_X(m) = \begin{cases} -\sum_{k=1}^{p} a_k R_X(m-k) & (m > q) \\ -\sum_{k=1}^{p} a_k R_X(m-k) + (N_0/2) \sum_{k=0}^{q-m} h(k) b_{k+m} & (0 \leqslant m \leqslant q) \\ R_X^*(-m) & (m < 0) \end{cases}$$	理解

6.1　引　　言

根据随机过程的概念可知,随机过程可以分为连续时间随机过程和离散时间随机过程。众所周知,利用计算机只能处理随机数字信号,相比于时间离散随机过程,离散随机过程仅仅增加量化效应的分析,但随着计算机位数的不断增加,量化效应对信号处理的影响逐渐减少。因此本章主要针对时间离散随机过程展开分析与讨论。那么,怎么能够得到时间离散随机过程呢?结合确定性信号分析的思路,无外乎两种情况,一是随机过程本身是时间离散的,另外一种是通过对时间连续随机过程进行采样得到。在很多时候,后一种情况占有主导地位,因此研究时间连续随机过程的采样定理就显得极为重要。

需要说明的是,本章处理的都是实离散时间随机过程,所以很多公式没有采用共轭的形式。

6.2　平稳随机过程的采样定理

6.2.1　确定性信号的采样定理

在分析确定性的离散时间信号时,奈奎斯特采样定理占有重要地位。它建立了连续信号与其采样离散信号之间的变换关系。设 $x(t)$ 是一个确定性连续实信号,它的频率限于 $[-\Delta\omega,+\Delta\omega]$ 之间。由奈奎斯特采样定理可知,当采样周期 T_s 等于 $1/(2\Delta f)(\Delta\omega=2\pi\Delta f)$ 时,可将 $x(t)$ 展开成

$$x(t)=\sum_{n=-\infty}^{+\infty}x(nT_s)Sa\big[\Delta\omega(t-nT_s)\big] \tag{6.2.1}$$

式中,$x(nT_s)$ 为时间 $t=nT_s$ 时对信号 $x(t)$ 振幅的采样;$Sa\big[\Delta\omega(t-nT_s)\big]=\dfrac{\sin(\Delta\omega t-n\pi)}{\Delta\omega t-n\pi}=\dfrac{\sin\pi(2\Delta ft-n)}{\pi(2\Delta ft-n)}=\mathrm{sinc}(2\Delta ft-n)$。当采样周期为任意小于 $1/(2\Delta f)$ 的采样时间时,$x(t)$ 可以表示为

$$x(t)=\frac{T_s\Delta\omega}{\pi}\sum_{n=-\infty}^{+\infty}x(nT_s)Sa\big[\Delta\omega(t-nT_s)\big] \tag{6.2.2}$$

可以看出,满足采样定理的采样值通过一个冲激响应为 sinc 函数的低通滤波器就可以无失真地恢复原信号。在此要注意 sinc 函数和 Sa 函数的区别和联系。sinc 函数定义为 $\mathrm{sinc}(x)=\dfrac{\sin\pi x}{\pi x}$,而 Sa 函数定义为 $Sa(x)=\dfrac{\sin x}{x}$。可以看出 $\mathrm{sinc}(x)=Sa(\pi x)$。因此,$Sa(x)$ 又被称为非归一化 $\mathrm{sinc}(x)$。

6.2.2　平稳随机过程的采样定理

现在将奈奎斯特采样定理推广到随机过程。首先给出定义:假设 $X(t)$ 是期望为零的实平稳随机过程,其功率谱密度 $S_X(\omega)$ 限于 $[-\Delta\omega,+\Delta\omega]$ 之间,即假设连续过程的功率谱有界,用公式表示为

$$S_X(\omega) = \begin{cases} S_X(\omega) & (|\omega| \leqslant \Delta\omega) \\ 0 & (|\omega| > \Delta\omega) \end{cases} \tag{6.2.3}$$

则可证明,当满足采样时间 T 等于 $1/(2\Delta f)$ 时,便可将 $X(t)$ 按它的振幅样本展开为

$$X(t) = \underset{N \to +\infty}{l \cdot i \cdot m} \sum_{n=-N}^{N} X(nT) Sa[\Delta\omega(t - nT)] \tag{6.2.4}$$

这就是平稳随机过程均方意义下的采样定理。式中,T 为采样周期;$X(nT)$ 表示在时间 $t = nT$ 时对随机过程 $X(t)$ 的振幅采样,$\underset{N \to +\infty}{l \cdot i \cdot m}$ 则表示均方意义下的极限。所以随机过程的采样定理可以表示为

$$\lim_{N \to +\infty} E\left[\left(X(t) - \sum_{n=-N}^{N} X(nT) Sa[\Delta\omega(t - nT)] \right)^2 \right] = 0 \tag{6.2.5}$$

证明 令 $X_s(t) = \sum_{n=-N}^{N} X(nT) Sa[\Delta\omega(t - nT)]$,式(6.2.5)左边可以展开为

$$\lim_{N \to +\infty} E[(X(t) - X_s(t))^2] = \lim_{N \to +\infty} \{E[(X(t) - X_s(t))X(t)] - E[(X(t) - X_s(t))X_s(t)]\} \tag{6.2.6}$$

要证明采样定理成立,上式必须等于零。首先分析公式右边第一项 $\lim_{N \to +\infty} E[(X(t) - X_s(t))X(t)]$,对其进行展开可得

$$\lim_{N \to +\infty} E[(X(t) - X_s(t))X(t)]$$

$$= R_X(0) - \lim_{N \to +\infty} \sum_{n=-N}^{N} E[X(nT)X(t)] Sa[\Delta\omega(t - nT)] \tag{6.2.7}$$

$$= R_X(0) - \sum_{n=-\infty}^{+\infty} R_X(nT - t) Sa[\Delta\omega(t - nT)]$$

上述推导过程用到了极限运算和期望运算可以交换次序的结论。因为 $X(t)$ 的自相关函数及 $R_X(\tau)$ 是 τ 的确定性函数,由维纳—辛钦定理可知 $R_X(\tau)$ 和 $S_X(\omega)$ 互为傅里叶变换与反变换。又因为 $S_X(\omega)$ 带宽有限,由奈奎斯特采样定理,$R_X(\tau)$ 的振幅可以展开成 $R_X(\tau) = \sum_{n=-\infty}^{+\infty} R_X(nT) Sa[\Delta\omega(\tau - nT)]$。其中,$T$ 为采样周期;$R_X(nT)$ 表示在时间 $\tau = nT$ 时对 $R_X(\tau)$ 的振幅采样。由傅里叶变换的时移性质可得 $R_X(\tau - a)$ 的傅里叶变换为 $S_X(\omega)e^{-j\omega a}$,这里 a 为任一常数。显然,$S_X(\omega)e^{-j\omega a}$ 带宽也是有限的。再由奈奎斯特采样定理,将 $R_X(\tau - a)$ 展开得

$$R_X(\tau - a) = \sum_{n=-\infty}^{+\infty} R_X(nT - a) Sa[\Delta\omega(\tau - nT)] \tag{6.2.8}$$

令式(6.2.8)中的 $\tau - a = \tau'$,再令 $\tau' = \tau$,则式(6.2.8)可变为

$$R_X(\tau) = \sum_{n=-\infty}^{+\infty} R_X(nT - a) Sa[\Delta\omega((\tau + a) - nT)] \tag{6.2.9}$$

令 $\tau = 0, a = t$ 得

$$R_X(0) = \sum_{n=-\infty}^{+\infty} R_X(nT - t) Sa[\Delta\omega(t - nT)] \tag{6.2.10}$$

所以

$$\lim_{N \to +\infty} E[(X(t) - X_s(t))X(t)] = 0 \tag{6.2.11}$$

接下来分析式（6.2.7）右边第二项 $\lim E[(X(t)-X_s(t))X_s(t)]$。 首先分析 $\lim\limits_{N\to+\infty} E[(X(t)-X_s(t))X(mT)]$，对其进行展开得到

$$\lim_{N\to+\infty} E[(X(t)-X_s(t))X(mT)]$$

$$=R_X(t-mT)-\sum_{n=-\infty}^{+\infty} R_X(nT-mT)Sa[\Delta\omega(t-nT)] \qquad (6.2.12)$$

如果令 $R_X(\tau-a)=\sum\limits_{n=-\infty}^{+\infty} R_X(nT-a)Sa[\Delta\omega(\tau-nT)]$ 中的 $\tau=t,a=mT$，得

$$R_X(t-mT)=\sum_{n=-\infty}^{+\infty} R_X(nT-mT)Sa[\Delta\omega(t-nT)] \qquad (6.2.13)$$

比较式（6.2.12）和式（6.2.13），上式等号右端为零。于是可得

$$\lim_{N\to+\infty} E[(X(t)-X_s(t))X(mT)]=0 \qquad (6.2.14)$$

式（6.2.14）说明，在 $N\to+\infty$ 时，$(X(t)-X_s(t))$ 和 $X(mT)$ 正交，因为 $X_s(t)$ 是 $X(mT)$ 的线性组合，所以，$(X(t)-X_s(t))$ 和 $X_s(t)$ 正交，即

$$\lim_{N\to+\infty} E[(X(t)-X_s(t))X_s(t)]=0 \qquad (6.2.15)$$

由以上证明可以得出

$$\lim_{N\to+\infty} E[(X(t)-X_s(t))^2]=\lim_{N\to+\infty}\{E[(X(t)-X_s(t))X(t)]-$$
$$E[(X(t)-X_s(t))X_s(t)]\}=0 \qquad (6.2.16)$$

另外，如果原来连续随机过程为平稳过程，那么采样后的离散过程为平稳随机过程，反之不成立。

6.3　离散时间随机过程的时域分析

经过对连续随机过程采样得到的离散随机过程，又被称为离散时间随机过程，此时 $X(t)$ 变为 $X(nT)$，其中参数 T 为采样时间，$X(nT)$ 也可以用 $X(n)$ 或 X_n 表示。

6.3.1　离散时间随机过程的基本概念

对于离散时间随机过程的每一个特定的时间 $t=nT$，$X(nT)$ 是随机变量，所以离散时间随机过程可以采用概率分布函数或概率密度函数来表述。

1. 离散时间随机过程概率分布函数和概率密度函数

对于离散时间随机过程，如果采样时间 $t=nT$，$n=1,2,\cdots,N$，则对应构成 N 维随机变量 $X_1,X_2,\cdots,X_N$，根据多维随机变量概率分布函数定义可知

$$F_X(x_1,x_2,\cdots,x_N;1,2,\cdots,N)=P\{X_1\leqslant x_1,X_2\leqslant x_2,\cdots,X_N\leqslant x_N\} \qquad (6.3.1)$$

特殊地，如果满足

$$F_X(x_1,x_2,\cdots,x_N;1,2,\cdots,N)=F_X(x_1;1)F_X(x_2;2)\cdots F_X(x_N;N) \qquad (6.3.2)$$

则称 N 维随机变量 $X_1,X_2,\cdots,X_N$ 相互独立。需要说明的是，这里所谓的独立是线性独立，线性独立不意味着非线性也是独立的。

若 $X_1,X_2,\cdots,X_N$ 为连续随机变量，且 $F_X(x_1,x_2,\cdots,x_N;1,2,\cdots,N)$ 对 $X_1,X_2,\cdots,X_N$ 的

N 阶导数存在,则其对应的联合概率密度函数

$$f_X(x_1,x_2,\cdots,x_N;1,2,\cdots,N)=\frac{\partial F_X(x_1,x_2,\cdots,x_N;1,2,\cdots,N)}{\partial x_1\partial x_2\cdots\partial x_N} \tag{6.3.3}$$

如果取 $X_1,X_2,\cdots,X_N$ 中的任何一个则构成一维随机变量 X_n,根据随机变量概率分布函数的定义可以得到

$$F_{X_n}(x_n;n)=P(X_n\leqslant x_n) \tag{6.3.4}$$

式中,X_n 是随机变量;x_n 是 X_n 的可能取值。如果 X_n 在连续的值域上取值,且 $F_{X_n}(x_n;n)$ 对 x_n 的偏导数存在,则其对应的概率密度函数为

$$f_{X_n}(x_n;n)=\frac{\partial F_{X_n}(x_n;n)}{\partial x_n} \tag{6.3.5}$$

若取 $X_1,X_2,\cdots,X_N$ 中的任何两个则构成二维随机变量 X_n、X_m,其对应的二维联合概率分布函数为

$$F_{X_n X_m}(x_n,x_m;n,m)=P(X_n\leqslant x_n,X_m\leqslant x_m) \tag{6.3.6}$$

若 X_n、X_m 为连续随机变量,且 $F_{X_n X_m}(x_n,x_m;n,m)$ 对 X_n、X_m 的二阶导数存在,则其对应的联合概率密度函数为

$$f_{X_n X_m}(x_n,x_m;n,m)=\frac{\partial F_{X_n X_m}(x_n,x_m;n,m)}{\partial x_n\partial x_m} \tag{6.3.7}$$

2. 离散时间随机过程的数字特征

概率分布函数能对离散时间随机过程进行完整的描述,但实际中往往无法得到它的具体表达式。为此,引入离散时间随机过程的数字特征。在实际中,这些数字特征比较容易进行测量和计算。常用的数字特征有数学期望、方差和相关函数等。

① 数学期望。实离散时间随机过程 X_n 的期望定义为

$$m_{X_n}=E[X_n]=\int_{-\infty}^{+\infty}x_n f_X(x_n;n)\mathrm{d}x_n \tag{6.3.8}$$

它是时间 nT 的函数。如果 $g(\cdot)$ 为 X_n 的单值函数,则其对应的期望为

$$E[g(X_n)]=\int_{-\infty}^{+\infty}g(x_n)f_X(x_n;n)\mathrm{d}x_n \tag{6.3.9}$$

② 均方值和方差。离散时间随机过程的均方值定义为

$$\Psi_{X_n}^2=E[X_n^2]=\int_{-\infty}^{+\infty}x_n^2 f_{X_n}(x_n;n)\mathrm{d}x_n \tag{6.3.10}$$

离散时间随机过程的方差定义为

$$\sigma_{X_n}^2=D[X_n]=E[(X_n-m_{X_n})^2]=\int_{-\infty}^{+\infty}(x_n-m_{X_n})^2 f_X(x_n;n)\mathrm{d}x_n \tag{6.3.11}$$

把式(6.3.11)展开,方差可以重新表示为

$$\sigma_{X_n}^2=D[X_n]=E[(X_n-m_{X_n})^2]=E[X_n^2]-E^2[X_n]=\Psi_{X_n}^2-(m_{X_n})^2 \tag{6.3.12}$$

③ 自相关函数和自协方差函数。对于离散时间随机过程任何两个时刻所对应的随机变量 X_n、X_m,它们的自相关函数定义为

$$R_X(n,m)=E[X_n X_m]=\int_{-\infty}^{+\infty}\int_{-\infty}^{+\infty}x_n x_m f(x_n,x_m;n,m)\mathrm{d}x_n\mathrm{d}x_m \tag{6.3.13}$$

它们对应的自协方差函数定义为

$$K_X(n,m) = E[(X_n - m_{X_n})(X_m - m_{X_m})] = R_X(n,m) - m_{X_n} m_{X_m} \tag{6.3.14}$$

如果对应的期望 $m_{X_n} = 0, m_{X_m} = 0$，则式(6.3.14)表示为

$$K_X(n,m) = R_X(n,m) \tag{6.3.15}$$

3. 离散时间随机过程的平稳性

和连续时间随机过程相同，离散时间随机过程的平稳分为严平稳和宽平稳两个定义，在实际应用中采用宽平稳的定义，而在理论研究中更多采用严平稳定义。

所谓严平稳，是指如果一个离散时间随机过程经过平移 MT 时间后其概率密度函数保持不变，用公式表示为

$$f_X(x_{1+M}, x_{2+M}, \cdots, x_{N+M}; 1+M, 2+M, \cdots, N+M) = \\ f_X(x_1, x_2, \cdots, x_N; 1, 2, \cdots, N) \tag{6.3.16}$$

则称离散时间随机过程为严平稳离散时间随机过程。从定义可以看出，平稳离散时间随机过程的一维概率密度函数与时间无关，即 $f_X(x_n; n) = f_X(x_n)$，平稳离散随机过程的二维概率密度函数与时间差有关，即 $f_X(x_n, x_m; n, m) = f_X(x_n, x_m; n-m)$。一般来说，严格按照定义判断离散时间随机过程是否具有平稳性非常困难，因此引出宽平稳的定义。

所谓宽平稳是指若离散时间随机过程平稳，则其期望为常数，自相关函数仅与时间差有关，且均方值为有限值。三个条件用公式表示为

$$E[X_n] = m_X, \quad R_X(n, n+m) = E[X_n X_{n+m}] = R_X(m), \quad R_X(0) = E[X_n X_n] = \Psi_X^2 < +\infty$$

如果满足上述条件，则称 X_n 为宽平稳随机过程或广义平稳随机过程，可以看出此定义仅仅涉及随机过程的二阶矩，所以利用此定义很容易判断随机过程是否满足平稳性。

4. 离散时间随机过程的遍历性

首先给出离散时间随机过程时间平均的定义，主要包括时间均值和时间自相关函数。

时间均值定义为

$$A\langle X_n \rangle = \overline{X_n} = \lim_{N \to +\infty} \frac{1}{2N+1} \sum_{n=-N}^{N} X_n \tag{6.3.17}$$

时间自相关函数定义为

$$A\langle X_n X_{n+m} \rangle = \overline{X_n X_{n+m}} = \lim_{N \to +\infty} \frac{1}{2N+1} \sum_{n=-N}^{N} X_n X_{n+m} \tag{6.3.18}$$

由于离散时间随机过程是时间和试验结果的二维函数，而时间平均消除了时间的影响，时间均值仅仅是试验结果的变量，所以对于一般的随机过程而言，时间均值为随机变量。而对于时间自相关函数，虽然时间平均消除了时间影响，但有两个时刻的时间差的影响。因此，时间自相关函数既是时间差的函数，也是试验结果的函数，所以它是随机过程。

在时间平均的基础上介绍遍历性的概念和定义。首先给出严遍历性的定义。其表述为：如果离散时间随机过程 X_n 的各种时间平均以概率 1 收敛于相应的集合平均，则称 X_n 具有严格遍历性，并称 X_n 为严遍历离散时间随机过程。需要说明的是上述时间要求足够长。在其他一些书中严遍历也被称为狭义遍历。和严平稳的判断同样的原因，很难利用严遍历的定义直接判断随机过程是否满足遍历性。所以为了方便起见，又引入了宽遍历的概念。

所谓宽遍历是指：若 $A\langle X_n \rangle = \overline{X_n} = E[X_n] = m_X$，$A\langle X_n X_{n+m} \rangle = \overline{X_n X_{n+m}} = E[X_n X_{n+m}] = R_X(m)$ 以概率 1 成立，则称 X_n 为宽遍历离散时间随机过程。

对于遍历离散时间随机过程,其时间均值为确定量,而时间自相关函数为确定的时间函数(非随机量)。因此,遍历随机过程的时间平均可以用任一样本的时间平均来表示,也即可以用任一样本的时间平均代替整个离散时间随机过程的统计平均,用公式表示为

$$E[X_n] = \overline{X_n} = \lim_{N \to +\infty} \frac{1}{2N+1} \sum_{n=-N}^{N} x_n \tag{6.3.19}$$

$$R_X(m) = E[X_n X_{n+m}] = \overline{X_n X_{n+m}} = \lim_{N \to +\infty} \frac{1}{2N+1} \sum_{n=-N}^{N} x_n x_{n+m} \tag{6.3.20}$$

式中,x_n 表示时间离散随机过程的任意一个离散时间样本。而在实际应用中,不可能得到一个样本的无穷多个数值,因此只要 n 足够大就可以估计各种统计平均,其估计值用公式表示为

$$\hat{m}_X = \frac{1}{2N+1} \sum_{n=-N}^{N} x_n \tag{6.3.21}$$

$$\hat{R}_X(m) = \frac{1}{2N+1} \sum_{n=-N}^{N} x_n x_{n+m} \tag{6.3.22}$$

6.3.2 平稳离散时间随机过程相关函数的性质

平稳离散时间随机过程相关函数的性质与连续平稳随机过程的性质类似,此处只给出相应的结论,相关的推导和证明可以参考连续时间随机过程的相关内容。对于平稳离散时间随机过程 X_n,其自相关函数为

$$R_X(m) = E[X_n X_{n+m}] \tag{6.3.23}$$

自协方差函数为

$$K_X(m) = E[(X_n - m_X)(X_{n+m} - m_X)] \tag{6.3.24}$$

关于自相关函数和自协方差函数的性质主要有:

性质 1 二者的关系为 $K_X(m) = R_X(m) - m_X^2$。

性质 2 功率的非负性。

$$R_X(0) = E[X_n^2] = \varphi_X^2 \geqslant 0, \quad K_X(0) = E[(X_n - m_X)^2] = \sigma_X^2 \geqslant 0 \tag{6.3.25}$$

其中 $R_X(0)$ 表示总功率,包括交流功率和直流功率,而 $K_X(0)$ 表示交流功率。

性质 3 自相关函数和自协方差函数都是偶函数。

$$R_X(m) = R_X(-m), \quad K_X(m) = K_X(-m) \tag{6.3.26}$$

性质 4 在时间差为 0 时取得最大值。

$$R_X(0) \geqslant |R_X(m)|, \quad K_X(0) \geqslant |K_X(m)| \tag{6.3.27}$$

$$R_X(0)R_Y(0) \geqslant |R_{XY}(m)|^2, \quad K_X(0)K_Y(0) \geqslant |K_{XY}(m)|^2 \tag{6.3.28}$$

性质 5 若 $Y_n = X_{n-n_0}$,其中 n_0 为一固定的离散时间,则有

$$R_Y(m) = R_X(m), \quad K_Y(m) = K_X(m) \tag{6.3.29}$$

性质 6 若平稳时间离散随机过程不含有任何周期分量,则有

$$\lim_{|m| \to +\infty} R_X(m) = R_X(+\infty) = m_X^2, \quad \lim_{|m| \to +\infty} K_X(m) = K_X(+\infty) = 0 \tag{6.3.30}$$

性质 7 自相关系数

$$r_X(m) = \frac{K_X(m)}{K_X(0)} = \frac{R_X(m) - m_X^2}{\sigma_X^2} \tag{6.3.31}$$

显然,$r_X(0) = 1$,$|r_X(m)| \leqslant 1$;同理,互相关系数为

$$r_{XY}(m) = \frac{K_{XY}(m)}{\sqrt{K_X(0)K_Y(0)}} = \frac{R_{XY}(m) - m_X m_Y}{\sigma_X \sigma_Y} \qquad (6.3.32)$$

根据式(6.3.32)可以推出 $|r_{XY}(m)| \leqslant 1$。如果 $r_{XY}(m) = 0$ 说明两个平稳离散时间随机过程 X_n 和 Y_n 互不相关。

例 6.1 在通信系统中,信源发出的信息通过处理变成离散、平稳、零期望的随机过程,在每个时刻为 $-a$ 或 a,试计算此离散随机过程的相关函数。

解 离散随机过程的样本函数如图 6.3.1 所示,幅度变化只在等时间间隔 T 上产生,并且变号与不变号是等概发生的。跳变时间 t_0 是在时间间隔 T 上均匀分布的随机变量,此外,还假设 $x(t)$ 落在不同时间间隔内的值是相互独立的。

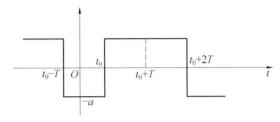

图 6.3.1 二元随机信号

(1)当 $|\tau| > T$ 时,t_1 和 $t_1 + \tau$ 必定落在两个不同的时间间隔上,故 x_1 和 x_2 是独立的,于是有

$$R_X(\tau) = E[X_1 X_2] = E[X_1]E[X_2] = 0 \qquad (例6.1.1)$$

(2)当 $|\tau| < T$ 时,t_1 和 $t_1 + \tau$ 是否能落在同一个时间间隔内有两种可能性:

(a)$\tau \geqslant 0$ 时,要落入同一间隔必须满足 $t_0 \leqslant t_1 \leqslant t_1 + \tau < t_0 + T$ 或 $t_1 + \tau - T < t_0 \leqslant t_1$,如图 6.3.2 所示。

图 6.3.2 两个变量时间差($\tau \geqslant 0$)

$P(t_1 与 t_1 + \tau 在同间隔内) = P((t_1 + \tau - T) < t_0 \leqslant t_1)$,由于 t_0 在间隔 T 上均匀分布,因此 $P(t_0) = 1/T$,于是 $P(t_1 与 t_1 + \tau 在同间隔内)$,所以得到

$$P(t_0 \leqslant t_1) - P(t_0 \leqslant (t_1 + \tau - T)) = \int_{t_1 + \tau - T}^{t_1} p(t_0)\mathrm{d}t_0 = \frac{1}{T}[t_1 - (t_1 + \tau - T)] = \frac{T - \tau}{T}$$

$$(例6.1.2)$$

(b)$\tau < 0$ 时,要落入同一间隔必须满足 $t_0 \leqslant t_1 + \tau \leqslant t_1 < t_0 + T$,即 $t_1 - T < t_0 \leqslant t_1 + \tau$。如图 6.2.3 所示。

图 6.2.3 两个变量时间差($\tau < 0$)

t_1 与 $t_1 + \tau$ 在同间隔内的概率为

$$P((t_1 - T) < t_0 \leqslant (t_1 + \tau)) = \frac{1}{T}[(t_1 + \tau) - (t_1 - T)] = \frac{T + \tau}{T} \quad (例 6.1.3)$$

归纳上面两种情况,可得

$$P(t_1 \text{ 与 } t_1 + \tau \text{ 在同间隔内}) = \frac{T - |\tau|}{T} = P(B) \quad (例 6.1.4)$$

由此可计算当 $|\tau| < T$ 时的自相关函数,具体为

$$R_X(t_1, t_2) = E[X(t_1)X(t_2)]$$

$$= E[X(t_1)X(t_2) \mid B]P(B) + E[X(t_1)X(t_2) \mid \bar{B}]P(\bar{B})$$

$$= a^2 \left[\frac{T - |\tau|}{T}\right] + 0 = a^2 \left[\frac{T - |\tau|}{T}\right] \quad (例 6.1.5)$$

综合所有情况有

$$R_X(\tau) = \begin{cases} a^2 \left[\dfrac{T - |\tau|}{T}\right] = a^2 \left[1 - \dfrac{|\tau|}{T}\right] & (0 \leqslant |\tau| \leqslant T) \\ 0 & (|\tau| \geqslant T) \end{cases} \quad (例 6.1.6)$$

其示意图如图 6.3.4 所示。

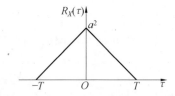

图 6.3.4　二元随机信号的自相关函数

例 6.2　对噪声 $X(t)$ 进行等时间间隔采样,得到一个相互独立的离散时间随机过程 X_n, $n = \pm 1, \pm 2, \cdots$,并且它符合期望为零、方差为 σ^2 的高斯分布。证明离散时间随机过程是平稳离散时间随机过程。

解　离散时间随机过程的期望为

$$m_X(n) = E[X_n] = 0 \quad (例 6.2.1)$$

它的方差为

$$D[X_n] = E[(X_n - m_X(n))^2] = E[X_n^2] \quad (例 6.2.2)$$

然后可以求得离散时间随机过程的自相关函数为

$$R_X(n, m+n) = E[X_n X_{n+m}] = \begin{cases} \sigma^2 & (m = 0) \\ 0 & (m \neq 0) \end{cases} \quad (例 6.2.3)$$

由此可见,离散时间随机过程的期望为零,自相关函数仅仅与时间差有关,所以它是宽平稳离散时间随机过程,又因为它是高斯分布,因此它也是严格平稳离散时间随机过程。

6.3.3　两个离散时间随机过程的情况

1. 两个离散时间随机过程的联合分布

两个离散时间随机过程 X_n 和 Y_n,它们的分布函数分别为 $F_X(x_1, x_2, \cdots, x_N; 1, 2, \cdots, N)$ 和 $F_Y(y_1, y_2, \cdots, y_M; 1, 2, \cdots, M)$,则两个序列的 $N + M$ 维联合分布函数为

$$F_{XY}(x_1,x_2,\cdots,x_N,y_1,y_2,\cdots,y_M;1,2,\cdots,N,1,2,\cdots,M)$$
$$=P(X_1\leqslant x_1,X_2\leqslant x_2,\cdots,X_N\leqslant x_N,Y_1\leqslant y_1,Y_2\leqslant y_2,\cdots,Y_M\leqslant y_M) \quad (6.3.33)$$

如果联合分布函数对 $x_1,x_2,\cdots,x_N;y_1,y_2,\cdots,y_M$ 存在 $N+M$ 阶的混合偏导数,则此两序列的 $N+M$ 维联合概率密度函数为

$$f_{XY}(x_1,x_2,\cdots,x_N,y_1,y_2,\cdots,y_M;1,2,\cdots,N,1,2,\cdots,M)$$
$$=\frac{\partial^{N+M}F_{XY}(x_1,x_2,\cdots,x_N,y_1,y_2,\cdots,y_M;1,2,\cdots,N,1,2,\cdots,M)}{\partial x_1\partial x_2\cdots\partial x_N\partial y_1\partial y_2\cdots\partial y_M} \quad (6.3.34)$$

2. 时域统计特性

两个离散时间随机过程和的期望定义为

$$E[X_n+Y_m]=E[X_n]+E[Y_m] \quad (6.3.35)$$

相关函数描述两个不同离散时间随机过程之间的关系,其互相关函数定义为

$$R_{X_nY_m}(n,m)=E[X_nY_m]=\int_{-\infty}^{+\infty}\int_{-\infty}^{+\infty}x_ny_mf_{x_ny_m}(x_n,y_m;n,m)\mathrm{d}x_n\mathrm{d}y_m \quad (6.3.36)$$

相应地,两个离散时间随机过程的互协方差定义为

$$K_{X_nY_m}(n,m)=E[(X_n-m_{X_n})(Y_m-m_{Y_m})]$$
$$=\int_{-\infty}^{+\infty}\int_{-\infty}^{+\infty}(x_n-m_{X_n})(y_m-m_{Y_m})f_{x_ny_m}(x_n,y_m;n,m)\mathrm{d}x_n\mathrm{d}y_m$$
$$=R_{X_nY_m}(n,m)-m_{X_n}m_{Y_m} \quad (6.3.37)$$

如果离散时间随机过程的期望为零,即 $m_{X_n}=0,m_{Y_m}=0$,则能够得到

$$K_{X_nY_m}(n,m)=R_{X_nY_m}(n,m) \quad (6.3.38)$$

3. 两个离散时间随机过程的关系

和连续随机过程相同,两个离散时间随机过程之间也存在相互独立、相互正交和线性无关 3 种关系。首先介绍相互独立的概念。

① 相互独立。对于两个离散时间随机过程 X_n、Y_n,如果它们的分布函数满足

$$F_{XY}(x_1,x_2,\cdots,x_N,y_1,y_2,\cdots,y_M;1,2,\cdots,N,1,2,\cdots,M)$$
$$=F_X(x_1,x_2,\cdots,x_N;1,2,\cdots,N)F_Y(y_1,y_2,\cdots,y_M;1,2,\cdots,M) \quad (6.3.39)$$

或者概率密度函数满足

$$f_{XY}(x_1,x_2,\cdots,x_N,y_1,y_2,\cdots,y_M;1,2,\cdots,N,1,2,\cdots,M)$$
$$=f_X(x_1,x_2,\cdots,x_N;1,2,\cdots,N)f_Y(y_1,y_2,\cdots,y_M;1,2,\cdots,M) \quad (6.3.40)$$

则两个离散时间随机过程 X_n、Y_n 被称为统计独立,这个结论可以推广到多个离散时间随机过程。

② 互不相关。如果满足 $E[X_nY_m]=E[X_n]E[Y_m]$ 或 $K_{X_nY_m}(n,m)=0$,则称离散时间随机过程 X_n、Y_m 互不相关(线性独立)。线性独立的含义是离散时间随机过程 X_n、Y_n 中的任意两个随机变量都互不相关。

根据相互独立和互不相关的定理可以推出:统计独立一定互不相关,反之不一定。

③ 相互正交。如果满足 $E[X_nY_m]=0$(等价于 $R_{XY}(n,m)=0$),则称两个离散时间随机过程正交。

4. 联合平稳性

如果两个离散时间随机过程为平稳离散时间随机过程,二者的联合概率密度函数不随时

间的变化而变化,且与时间起点无关,那么称此两随机过程为联合严平稳或严平稳相依。

对于两个离散时间随机过程,如果互相关函数存在,且仅是时间差的函数,称二者联合宽平稳。

如果 X_n 和 Y_n 具有平稳性,那么它们的互相关函数为

$$R_{XY}(m) = E[X_n Y_{n+m}] \tag{6.3.41}$$

可以看出此函数仅仅和两个离散时间随机过程的时间差有关,而与时间起点无关,且满足 $R_{XY}(m) = R_{YX}(-m)$。

对应的互协方差函数表示为

$$K_{XY}(m) = E[(X_n - m_X)(Y_{n+m} - m_Y)] \tag{6.3.42}$$

且满足 $K_{XY}(m) = K_{YX}(-m)$。

根据它们的定义可以推出互协方差函数和互相关函数的关系,具体表示为

$$K_{XY}(m) = R_{XY}(m) - m_X m_Y \tag{6.3.43}$$

5. 联合遍历性

对于两个实平稳离散时间随机过程 X_n、Y_n,定义二者的时间互相关函数为

$$\overline{X_n Y_{n+m}} = \lim_{N \to +\infty} \frac{1}{2N+1} \sum_{n=-N}^{N} X_n Y_{n+m} \tag{6.3.44}$$

如果两个实离散时间随机过程 X_n 和 Y_n 的时间互相关函数以概率1收敛于它的统计互相关函数,即

$$\overline{X_n Y_{n+m}} = E[X_n Y_{n+m}] = R_{X_n Y_n}(m) \tag{6.3.45}$$

则称离散时间随机过程具有联合宽遍历性。

由于只能得到随机过程的一个样本函数,因此可以用两个离散时间随机过程的一个样本函数的时间互相关代替两个离散时间随机过程的时间互相关。这样用研究平稳离散时间随机过程的一个样本代替研究整个随机过程,用时间平均代替统计平均,这给研究平稳离散时间随机过程带来很大的方便。

例 6.3 已知高斯平稳过程 X_n 的自相关函数为 $R_X(m) = 0.25\delta(m)$,求 X_n 的一维概率密度函数。

解 对于高斯随机过程,其任一时刻为一高斯随机变量,为了求得一维高斯随机变量概率密度函数,只需要求出它的期望和方差即可。根据自相关函数的性质可以得到

$$m_X^2 = R_X(m) \underset{m \to +\infty}{} = 0 \tag{例 6.3.1}$$

所以 $m_X = 0$。现在求方差。由于期望为零,因此方差与均方值相等,即

$$\sigma_X^2 = E[X_n^2] = R_X(0) = 0.25 \tag{例 6.3.2}$$

所以其一维概率密度函数为

$$f_X(x) = \frac{1}{\sqrt{2\pi}\,\sigma_X} \exp\left(\frac{x^2}{2\sigma_X^2}\right) = \sqrt{\frac{2}{\pi}} \exp(2x^2) \tag{例 6.3.3}$$

例 6.4 已知离散随机过程 $X_n = a\cos(\omega_c n + \Phi)$,随机变量 Φ 在 $[0, 2\pi]$ 上均匀分布,求其数学期望和协方差,并判断 X_n 是否为平稳和遍历性过程。

解 对应的期望为 $E[X_n] = \int_0^{2\pi} a\cos(\omega_c n + \Phi) \frac{1}{2\pi} d\Phi = 0$,可以看出数学期望与时间无关。对应的自相关函数为

$$R_X(n, n+m) = a^2 E\left[\cos(\omega_c n + \Phi)\cos(\omega_c n + \omega_c m + \Phi)\right]$$
$$= (a^2/2) E\left[\cos(2\omega_c n + 2\Phi + \omega_c m) + \cos(\omega_c m)\right]$$
$$= (a^2/2)\cos(\omega_c m) = R_X(m) \tag{例 6.4.1}$$

可以看到自相关函数和时间起点无关，只与时间差有关，因此 X_n 为平稳随机过程。由于期望为零，因此协方差随机过程与自相关相等，即

$$C_X(n, n+m) = C_X(m) = R_X(m) \tag{例 6.4.2}$$

随机过程的时间均值为

$$\overline{X_n} = \lim_{N \to +\infty} \frac{1}{2N+1} \sum_{n=-N}^{N} a\cos(\omega_c n + \Phi) = 0 = E[X_n] \tag{例 6.4.3}$$

时间自相关为

$$\overline{X_n X_{n+m}} = \lim_{N \to +\infty} \frac{1}{2N+1} \sum_{n=-N}^{N} a^2 \cos(\omega_c n + \Phi)\cos(\omega_c n + \omega_c m + \Phi)$$
$$= (a^2/2) \lim_{N \to +\infty} \frac{1}{2N+1} \sum_{n=-N}^{N} \left[\cos(2\omega_c n + 2\Phi + \omega_c m) + \cos\omega_c m\right]$$
$$= (a^2/2)\cos\omega_c m = R_X(m) \tag{例 6.4.4}$$

时间自相关和统计自相关相等，因此 X_n 具有遍历性。

6.4　离散时间随机过程的频域分析

6.4.1　离散时间随机过程的功率谱密度

设 X_n 为广义平稳离散时间随机过程，具有零期望，其自相关函数为

$$R_X(m) = E[X_n X_{n+m}] \tag{6.4.1}$$

可以把连续时间随机过程功率谱密度函数和自相关函数的关系直接应用到离散时间随机过程中，因此当自相关函数满足 $\sum_{m=-\infty}^{+\infty} |R_X(m)| < +\infty$ 时，利用维纳－辛钦定理可知

$$S_X(\omega) = \sum_{m=-\infty}^{+\infty} R_X(m) e^{-jmT\omega} \tag{6.4.2}$$

式中，T 是离散时间随机过程相邻各值的时间间隔。可以看出 $S_X(\omega)$ 是频率为 ω 的周期性连续函数，其周期为 $\dfrac{2\pi}{T}$。$S_X(\omega)$ 的傅里叶级数的系数恰为 $R_X(m)$。因为 $S_X(\omega)$ 为周期函数，周期为 $\omega_s = \dfrac{2\pi}{T}$，它的反变换为

$$R_X(m) = \frac{1}{\omega_s} \int_{-\omega_s/2}^{\omega_s/2} S_X(\omega) e^{jmT\omega} d\omega \tag{6.4.3}$$

当 $m = 0$ 时，式（6.4.3）变为

$$R_X(0) = \frac{1}{\omega_s} \int_{-\omega_s/2}^{\omega_s/2} S_X(\omega) d\omega = E[|X_n|^2] \tag{6.4.4}$$

可以看出，功率等于零处的自相关函数，等于功率谱密度函数在信号频域内的积分，这也说明了功率谱密度函数的意义。

从上述分析可以得出离散时间随机过程功率谱的两个性质：

性质 1　离散时间随机过程的功率谱密度具有对称性（偶函数）。

也即是 $S_X(\omega)=S_X(-\omega)$。功率谱是 ω 的偶函数这一结果可直接由自相关函数是时间差的偶函数证明。由于功率谱和自相关函数都是实、偶函数，它们还可以表示为

$$S_X(\mathrm{e}^{\mathrm{j}\omega})=2\sum_{m=0}^{+\infty}R_X(m)\cos\omega m \tag{6.4.5}$$

性质 2　离散时间随机过程的功率谱密度具有非负性。

$$S_X(\omega)\geqslant 0 \tag{6.4.6}$$

6.4.2　采样随机过程的功率谱（离散时间随机过程功率谱密度的采样定理）

由平稳随机过程的采样定理可知，可以通过对平稳随机过程 $X(t)$ 的采样得到与之相对应的离散时间随机过程 X_n。现在讨论 X_n 的自相关函数与 $X(t)$ 的自相关函数、X_n 功率谱密度和 $X(t)$ 功率谱密度之间的关系。

定义　设 $X(t)$ 为连续广义平稳随机过程，用 $R_C(\tau)$ 和 $S_C(\omega)$ 分别表示它的自相关函数和功率谱密度，且 $S_C(\omega)$ 的带宽有限（这里下标 C 表示连续）。现在，应用采样定理对 $X(t)$ 采样，构成采样离散时间随机过程 X_n，其中 T 为采样周期。$R_X(m)$ 和 $S_X(\omega)$ 分别表示 X_n 的自相关函数和功率谱密度，则

$$R_X(m)=E[X_nX_{n+m}]=R_C(mT) \tag{6.4.7}$$

也就是时间差为 $\tau=mT$。通过上式可以看出，离散时间随机过程的自相关函数 $R_X(m)$ 正是对连续过程自相关函数 $R_C(\tau)$ 的采样。对于功率谱密度，先给出结论，然后证明。功率谱密度的采样定理的表达式为

$$S_X(\omega)=\frac{1}{T}\sum_{n=-\infty}^{+\infty}S_C(\omega+n\omega_s) \tag{6.4.8}$$

式中 $\omega_s=2\pi/T$。可以看出时间离散随机过程的功率谱 $S_X(\omega)$ 等于 $S_C(\omega)$ 及 $S_C(\omega)$ 的所有各位移之和，即 $S_C(\omega)$ 以 ω_s 为周期延拓，所以 $S_X(\omega)$ 为周期函数。$S(\omega)$ 与 $S_C(\omega)$ 的关系如图 6.4.1 所示。也就是和确定性信号采样前后的频谱关系相同。

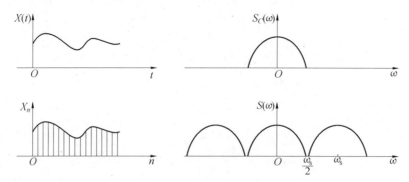

图 6.4.1　$X(t)$、$S_C(\omega)$ 与 X_n、$S(\omega)$ 的对应关系

下面给出时间离散随机过程功率谱密度采样定理的证明。

证明　经过上面的分析可知，$S_C(\omega)$ 是周期为 ω_s 的周期函数，并且也是 ω 的确定性函

数。因为 $\sum\limits_{n=-\infty}^{+\infty} S_C(\omega + n\omega_s)$ 是周期为 ω_s 的确定连续函数，所以傅里叶级数展开式为

$$\sum_{n=-\infty}^{+\infty} S_C(\omega + n\omega_s) = \sum_{n=-\infty}^{+\infty} a_n \mathrm{e}^{-jn\omega T} \tag{6.4.9}$$

需要说明的是式(6.4.9)与通常的傅里叶级数不同，在公式中

$$a_n = \frac{1}{\omega_s} \int_{-\omega_s/2}^{\omega_s/2} S_C(\omega) \mathrm{e}^{jmT\omega} \mathrm{d}\omega$$

$$= \frac{1}{\omega_s} \int_{-\infty}^{+\infty} S_C(\omega) \mathrm{e}^{jn\omega T} \mathrm{d}\omega = \frac{2\pi}{\omega_s} R_C(nT) = TR_C(n) \tag{6.4.10}$$

代入式(6.4.9)得到

$$\sum_{n=-\infty}^{+\infty} S_C(\omega + n\omega_s) = \sum_{n=-\infty}^{+\infty} TR_C(n) \mathrm{e}^{-jn\omega T} \tag{6.4.11}$$

整理可得

$$\frac{1}{T} \sum_{n=-\infty}^{+\infty} S_C(\omega + n\omega_s) = \sum_{n=-\infty}^{+\infty} R_C(n) \mathrm{e}^{-jn\omega T} = S_X(\omega) \tag{6.4.12}$$

式(6.4.12)正好是离散时间随机过程功率谱密度的表达式。

至此，定理证毕。

例 6.5　试确定离散随机过程 $X(t) = \sum\limits_{i=-\infty}^{+\infty} b_i P_c(t - ic)$ 的带宽，式中，$\{b_i\}_{i=-\infty}^{+\infty}$ 是一个等概率地取 $+1$ 或 -1 的独立同分布的随机变量序列；$P_c(t - ic)$ 是宽度为 c 的矩形脉冲函数。图 6.4.2 给出了该随机过程的一个样本函数。

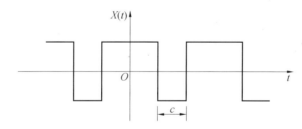

图 6.4.2　随机信号样本

解　由随机过程功率谱密度的定义知，$X(t)$ 的功率谱密度为

$$S_X(\omega) = \lim_{T \to +\infty} \frac{1}{2T} E\left[\left|\int_{-T}^{T} \sum_{i=-\infty}^{+\infty} b_i P_c(t - ic) \mathrm{e}^{j\omega t} \mathrm{d}t\right|^2\right] \tag{例 6.5.1}$$

展开上式，考虑到

$$E[b_k b_l] = \delta(k - l) = \begin{cases} 1 & (k = l) \\ 0 & (k \neq l) \end{cases} \tag{例 6.5.2}$$

得到

$$S_X(\omega) = \lim_{x \to +\infty} \frac{1}{2T} \sum_{k=-\infty}^{+\infty} \left[\int_{-T}^{T} P_c(t_1 - kc) \mathrm{e}^{-j\omega t_1} \mathrm{d}t_1\right] \left[\int_{-T}^{T} P_c(t_2 - kc) \mathrm{e}^{-j\omega t_2} \mathrm{d}t_2\right] \tag{例 6.5.3}$$

令 $T = ic$，在 $i \geqslant 1$ 时有

$$\sum_{k=-\infty}^{+\infty}\left[\int_{-T}^{T}P_c(t_1-kc)\mathrm{e}^{-\mathrm{j}\omega t_1}\,\mathrm{d}t_1\right]\left[\int_{-T}^{T}P_c(t_2-kc)\mathrm{e}^{-\mathrm{j}\omega t_2}\,\mathrm{d}t_2\right]$$

$$=\sum_{k=-i}^{i}\left[\int_{-ic}^{ic}P_c(t_1-kc)\mathrm{e}^{-\mathrm{j}\omega t_1}\,\mathrm{d}t_1\right]\left[\int_{-ic}^{ic}P_c(t_2-kc)\mathrm{e}^{-\mathrm{j}\omega t_2}\,\mathrm{d}t_2\right]$$

$$=i\left\{\int_{-c}^{c}\left[P_c(t_1)+P_c(-t_1)\right]\mathrm{e}^{-\mathrm{j}\omega t_1}\,\mathrm{d}t_1\right\}\left\{\int_{-c}^{c}\left[P_c(t_2)+P_c(-t_2)\right]\mathrm{e}^{-\mathrm{j}\omega t_2}\,\mathrm{d}t_2\right\}$$

$$=i\left[2c\,\frac{\sin\omega c}{2\omega c}\right]^2 \tag{例 6.5.4}$$

所以

$$S_X(f)=2c\left[\frac{\sin\omega c}{\omega c}\right]^2 \tag{例 6.5.5}$$

图 6.4.3 给出了离散随机过程的功率谱密度,可以看出过程的功率主要分布在一个窄的频带 $[-1/(2c),1/(2c)]$ 内,零到零点带宽为 $1/c$。

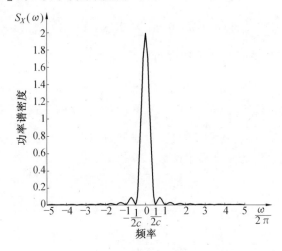

图 6.4.3 离散随机过程的功率谱

6.5 时间离散随机过程通过离散时间系统的分析

本节讨论的前提是系统输入和输出都是平稳离散时间随机过程,离散时间系统是线性时不变的、稳定的物理可实现及单输入单输出系统。在本节主要分析系统输出的时域数字特征和频域特征。为了后续介绍的方便,首先介绍离散系统的有关概念。离散线性时不变系统特性可以用 $h(n)$、$H(z)$ 以及输入输出间的差分方程描述,具体表示为

$$y(n)+\sum_{i=1}^{p}a_iy(n-i)=\sum_{j=0}^{q}b_jx(n-j) \tag{6.5.1}$$

其对应的 z 变换为

$$H(z)=\frac{\displaystyle\sum_{j=0}^{q}b_jz^{-j}}{\displaystyle\sum_{i=0}^{p}a_iz^{-i}} \tag{6.5.2}$$

一般来说,离散系统可以表示为 FIR 或 IIF 滤波器的形式。

6.5.1　经过系统后的数字统计特征

1. 系统的输出表达式

设输入 X_n 为离散时间随机过程,则具有单位冲激响应 $h(n)$,离散时间系统的输出 Y_n 也是离散时间随机过程,可以证明,在假定系统是稳定且输入有界的条件下,在均方收敛的意义下其表达式为

$$Y_n = \sum_{k=0}^{+\infty} h(k) X_{n-k} \tag{6.5.3}$$

也即是系统的输出等于均方意义下的输入信号与单位冲激响应的卷积和。

2. 输出的期望、互相关函数和自相关函数

① 系统输出的期望。系统输出的期望表示为

$$m_Y(n) = E[Y_n] = \sum_{k=0}^{+\infty} h(k) E[X_{n-k}] \tag{6.5.4}$$

如果系统是稳定的和输入期望是有界的,则上述求和一定存在。

② 输入与输出间的互相关函数为

$$\begin{aligned} R_{XY}(n, n+m) &= E[X_n Y_{n+m}] \\ &= E\left[X_n \cdot \sum_{k=0}^{+\infty} h(k) X_{n+m-k}\right] \\ &= \sum_{k=0}^{+\infty} h(k) E[X_n X_{n+m-k}] \\ &= \sum_{k=0}^{+\infty} h(k) R_X(n, n+m-k) \end{aligned} \tag{6.5.5}$$

同理可得

$$R_{YX}(n, n+m) = \sum_{k=0}^{+\infty} h(k) R_X(n-k, n+m) \tag{6.5.6}$$

③ 系统输出的自相关函数为

$$\begin{aligned} R_Y(n, n+m) &= E[Y_n Y_{n+m}] \\ &= E\left[\sum_{k=0}^{+\infty} h(k) X_{n-k} \cdot \sum_{j=0}^{+\infty} h(j) X_{n+m-j}\right] \\ &= \sum_{k=0}^{+\infty} \sum_{j=0}^{+\infty} h(k) h(j) E[X_{n-k} X_{n+m-j}] \\ &= \sum_{k=0}^{+\infty} \sum_{j=0}^{+\infty} h(k) h(j) R_X(n-k, n+m-j) \end{aligned} \tag{6.5.7}$$

3. 输入为平稳随机过程时系统输出的时域数字特征

因为输入为平稳离散随机过程,所以

$$m_{X_n} = E[X_n] = m_X$$
$$R_X(n, n+m) = E[X_n X_{n+m}] = R_X(m)$$
$$R_X(0) = E[X_n X_n] < +\infty$$

则系统输出的期望为

$$m_Y(n) = E[Y_n] = \sum_{k=0}^{+\infty} h(k) E[X_{n-k}] = m_X \sum_{k=0}^{+\infty} h(k) \tag{6.5.8}$$

输入输出的互相关函数表示为

$$R_{XY}(m) = \sum_{k=0}^{+\infty} h(k) R_X(m-k) = h(m) * R_X(m) \tag{6.5.9}$$

$$R_{YX}(m) = \sum_{k=0}^{+\infty} h(k) R_X(m+k) = h(-m) * R_X(m) \tag{6.5.10}$$

输出的自相关函数为

$$\begin{aligned}
R_Y(n, n+m) &= \sum_{k=0}^{+\infty} \sum_{j=0}^{+\infty} h(k) h(j) R_X(n-k, n+m-j) \\
&= \sum_{k=0}^{+\infty} \sum_{j=0}^{+\infty} h(k) h(j) R_X(m+k-j) \\
&= R_X(m) * h(m) * h(-m) \\
&= R_{XY}(m) * h(-m) = R_{YX}(m) * h(m) \\
&= R_Y(m)
\end{aligned} \tag{6.5.11}$$

可见,系统输出的期望为常数,输出自相关函数只是时间差的函数。

4. 输出离散时间随机过程的平稳性和遍历性

如果输入是平稳离散时间随机过程,系统输出的均方值或平均功率表示为

$$R_Y(0) = E[Y_n Y_n] = \sum_{k=0}^{+\infty} \sum_{j=0}^{+\infty} h(k) h(j) R_X(k-j) \tag{6.5.12}$$

仿照连续时间随机过程系统输出均方值有界的证明过程可得

$$R_Y(0) = E[Y_n Y_n] = \sum_{k=0}^{+\infty} \sum_{j=0}^{+\infty} h(k) h(j) R_X(k-j) < +\infty \tag{6.5.13}$$

因此,系统输出是宽平稳的。按照同样的思路和过程也可以证明输入和输出是联合宽平稳的。

如果系统输入遍历离散时间随机过程,那么

$$\overline{X_n} = E[X_n] = m_X, \quad \overline{X_n X_{n+m}} = E[X_n X_{n+m}] = R_X(m) \tag{6.5.14}$$

仿照连续随机过程通过系统后输出随机过程遍历性证明过程可知

$$\overline{Y_n} = E[Y_n] = m_Y, \quad \overline{Y_n Y_{n+m}} = E[Y_n Y_{n+m}] = R_Y(m) \tag{6.5.15}$$

所以输出离散时间随机过程也具有遍历性。同理也可证明输入输出联合遍历。

6.5.2 离散时间随机过程通过系统的功率谱密度

根据 6.4.1 节可知在系统输入为平稳离散时间随机过程时,系统输出的自相关函数为

$$R_Y(m) = R_X(m) * h(m) * h(-m) = R_{XY}(m) * h(-m) = R_{YX}(m) * h(m) \tag{6.5.16}$$

根据维纳－辛钦定理,系统输出的功率谱密度为自相关函数的傅里叶变换,用公式表示为

$$S_Y(\omega) = \sum_{m=-\infty}^{+\infty} R_Y(m) e^{-jmT\omega} \tag{6.5.17}$$

根据时域相乘等于频域卷积的原理和式(6.5.16)可得

$$S_Y(\omega) = S_X(\omega) H(e^{j\omega}) H(e^{-j\omega}) = S_{XY}(\omega) H(e^{-j\omega}) = S_{YX}(\omega) H(e^{j\omega}) \quad (6.5.18)$$

进一步整理,证明可得

$$S_Y(\omega) = S_X(\omega) \mid H(e^{j\omega}) \mid^2, \quad S_{XY}(\omega) = S_X(\omega) H(e^{j\omega}), \quad S_{YX}(\omega) = S_X(\omega) H(e^{-j\omega})$$

$$(6.5.19)$$

在此基础上,可以得出系统输出离散时间随机过程的平均功率,表示为

$$R_Y(0) = E[Y^2(n)] = \frac{1}{2\pi} \int_{-\pi}^{\pi} S_X(\omega) \mid H(e^{j\omega}) \mid^2 d\omega \quad (6.5.20)$$

例 6.6　若输入随机过程的自相关函数为 $R_X(m) = \sigma^2 \delta(m)$,系统的冲激响应 $h(k) = r^k$, $k \geqslant 0, |r| \leqslant 1$,求系统输出随机过程的功率谱密度。

解　系统函数为

$$H(z) = \sum_{k=0}^{+\infty} h(k) z^{-k} = \sum_{k=0}^{+\infty} r^k z^{-k} = \frac{1}{1 - rz^{-1}} \quad (|z| > |r|) \quad (例 6.6.1)$$

根据系统函数的 z 域表达式,可以得到

$$H(e^{j\omega}) = \frac{1}{1 - re^{-j\omega}} \quad (例 6.6.2)$$

对输入随机过程的自相关函数 $R_X(m)$ 进行傅里叶变换得到输入随机过程的功率谱为

$$S_X(\omega) = \sigma^2 \quad (例 6.6.3)$$

根据系统输入输出功率谱的关系,系统输出功率谱密度为

$$S_Y(\omega) = \mid H(e^{j\omega}) \mid^2 S_X(\omega) = \left| \frac{1}{1 - re^{-j\omega}} \right|^2 \sigma^2 = \frac{\sigma^2}{1 + r^2 - 2r\cos\omega} \quad (例 6.6.4)$$

6.6　平稳离散时间随机过程的时域模型

前面几节从时域特征参数(期望、均方值、方差、自相关和自协方差)和频域特征参数(功率谱密度)两个角度对离散时间随机过程进行了描述。但很多时候需要对离散时间随机过程进行建模。根据白噪声通过系统后的特性可知,同样的白噪声信号 $W(n)$ 输入不同的线性系统 $h(n)$ 就可得不同的平稳离散时间随机过程 $X(n)$(为方便起见,本节采用 $X(n)$,与其他章节的 X_n 相同),可见,平稳离散时间随机过程 $X(n)$ 的特征由线性系统决定。即线性系统的系统函数 $H(z)$ 可用来描述平稳离散时间随机过程,也就是离散时间随机过程的参数模型。

6.6.1　离散时间随机过程的模型及其关系

定义 1　一个平稳随机过程如果满足佩利－维纳(Paley－Wiener)条件 $\int_{-\pi}^{\pi} \mid \ln P(e^{j\omega}) \mid d\omega < +\infty$,则称它是规则的。

在此基础上考虑自相关序列和功率谱密度之间的关系为

$$\Gamma_X(z) = \sum_{m=-\infty}^{+\infty} R_X(m) z^{-m} \quad (6.6.1)$$

当 $z = \exp(2\pi f)$ 时即为通常意义的功率谱。$\lg \Gamma_X(z)$ 在包含单位圆的 z 平面中的环形区域内是可解析的,其对应的洛朗(Laurent)级数的形式为

$$\lg \Gamma_X(z) = \sum_{m=-\infty}^{+\infty} v(m) z^{-m} \quad (r_1 < |z| < r_2, r_1 < 1, r_2 > 1) \tag{6.6.2}$$

$v(m)$ 是级数展开式中的系数。如果在单位圆上,可得

$$\lg \Gamma_X(f) = \sum_{m=-\infty}^{+\infty} v(m) e^{-2\pi f m}, \quad v(m) = \int_{-1/2}^{1/2} \lg \Gamma_X(f) e^{2\pi f m} df \tag{6.6.3}$$

$\Gamma_X(f)$ 是频率的实偶函数,可得 $v(m) = v(-m)$。根据公式

$$\lg \Gamma_X(z) = \sum_{m=-\infty}^{+\infty} v(m) z^{-m} \tag{6.6.4}$$

可以得到

$$\Gamma_X(z) = \exp\left[\sum_{m=-\infty}^{+\infty} v(m) z^{-m}\right] = \frac{N_0}{2} H(z) H(z^{-1}) \tag{6.6.5}$$

其中

$$\frac{N_0}{2} = \exp[v(0)], \quad H(z) = \exp\left[\sum_{m=1}^{+\infty} v(m) z^{-m}\right] \quad (|z| > r_1) \tag{6.6.6}$$

$$H(z^{-1}) = \exp\left[\sum_{m=-\infty}^{-1} v(m) z^{-m}\right] \quad (|z| \leqslant r_1) \tag{6.6.7}$$

根据上述结论可以得到定理:一个平稳随机过程如果是规则的,它的复功率谱和功率谱密度可以分解为

$$\Gamma_X(z) = \frac{N_0}{2} H(z) H(z^{-1}) \tag{6.6.8}$$

这里 $H(z)$ 是最小相位系统,并且分解是唯一的。其对应的频域表达式为

$$\Gamma_X(e^{j\omega}) = \frac{N_0}{2} |H(e^{j\omega})|^2 \quad \text{或} \quad \Gamma_X(f) = \frac{N_0}{2} |H(f)|^2 \tag{6.6.9}$$

结论 一个规则的宽平稳随机过程 $X(n)$,总可以由方差为 σ^2 的白噪声 $W(n)$ 通过系统函数为 $H(z)$ 的最小相位系统获得。由于最小相位系统必存在稳定、因果的逆系统,因此由 $X(n)$ 通过此逆系统也可以得到 $W(n)$,此过程称为 $X(n)$ 对应的逆过程,二者如图 6.6.1 所示。

$$W(n) \longrightarrow \boxed{H(z)} \longrightarrow X(n) \qquad X(n) \longrightarrow \boxed{\frac{1}{H(z)}} \longrightarrow W(n)$$

图 6.6.1 噪声通过系统及其逆过程

平稳随机过程 $X(n)$ 的功率谱为有理函数时,可表示为

$$\Gamma_x(z) = \frac{N_0}{2} H(z) H(z^{-1}) = \frac{N_0}{2} \frac{B(z) B(1/z)}{A(z) A(1/z)} \quad (r_1 < |z| < r_2) \tag{6.6.10}$$

其中 $H(z) = \dfrac{B(z)}{A(z)} = \dfrac{1 + \sum\limits_{r=1}^{q} b_r z^{-r}}{1 + \sum\limits_{k=1}^{p} a_k z^{-k}}$,$A(z)$、$B(z)$ 的根位于单位圆内。也就是它们的系数小于1。

因此,输入激励 $W(n)$ 是期望为零、功率谱密度为 $\dfrac{N_0}{2}$ 的白噪声序列,线性系统的系统函数为

$$H(z) = \frac{B(z)}{A(z)} = \frac{1 + \sum\limits_{r=1}^{q} b_r z^{-r}}{1 + \sum\limits_{k=1}^{p} a_k z^{-k}} \qquad (6.6.11)$$

式中，b_r 是前馈（或滑动平均）支路的系数，称为 MA(Moving-average，MA) 系数；a_k 是反馈（或自回归）支路的系数，称为 AR(Auto-Regressive，AR) 系数。系统的输出序列 $X(n)$ 是被建模的离散随机过程。

该模型的输出 $X(n)$ 和输入 $W(n)$ 之间满足差分方程

$$X(n) = -\sum_{k=1}^{p} a_k X(n-k) + \sum_{r=0}^{q} b_r W(n-r), \quad b_0 = 1 \qquad (6.6.12)$$

如果 $b_1, b_2, \cdots, b_q$ 全为零，则式(6.6.11)变为

$$H(z) = \frac{1}{A(z)} = \frac{1}{1 + \sum\limits_{k=1}^{p} a_k z^{-k}} \qquad (6.6.13)$$

对应的差分方程为

$$X(n) = -\sum_{k=1}^{p} a_k X(n-k) + W(n) \qquad (6.6.14)$$

此时模型称为 p 阶自回归模型，简称 AR(p) 模型。此时随机过程的功率谱密度函数为

$$P_X(\mathrm{e}^{\mathrm{j}\omega}) = \frac{N_0/2}{\left| 1 + \sum\limits_{k=1}^{p} a_k \mathrm{e}^{-\mathrm{j}\omega k} \right|^2} \qquad (6.6.15)$$

如果 $a_1, a_2, \cdots, a_p$ 全为零，则式(6.6.11)变为

$$H(z) = B(z) = 1 + \sum_{r=1}^{q} b_r z^{-r} \qquad (6.6.16)$$

对应的差分方程为

$$X(n) = W(n) + \sum_{r=1}^{q} b_r W(n-r) \qquad (6.6.17)$$

此时模型被称为 q 阶滑动平均模型，简称 MA(q) 模型。此时的功率谱密度函数为

$$P_X(\mathrm{e}^{\mathrm{j}\omega}) = \frac{N_0}{2} \left| 1 + \sum_{r=1}^{q} b_r \mathrm{e}^{-\mathrm{j}\omega r} \right|^2 \qquad (6.6.18)$$

如果 $a_1, a_2, \cdots, a_p, b_1, b_2, \cdots, b_q$ 不全为零，则上述公式给出的是自回归滑动平均模型，简称 ARMA(p, q) 模型。需要说明的是信号模型不同于一般 FIR 系统或 IIR 系统，主要区别在于：

① 随机过程模型激励源为白噪声，其输出为平稳离散时间随机过程。

② 随机过程模型具有两重性：本身是系统，描述的是平稳随机过程。

因此，对信号模型来说，既要研究模型的系统特性，又要研究模型描述的信号的统计特性。

Wold 分解定理阐明了 AR、MA 和 ARMA 3 类模型之间的联系。该定理认为：任何广义平稳随机过程都可以分解成一个完全随机的部分和一个确定的部分。Wold 分解定理的一个推论是：如果功率谱完全是连续的，那么任何 ARMA 过程或 AR 过程可以用一个无限阶的 MA 过程表示。Kolmogorov 提出的一个定理有着类似的结论：任何 ARMA 或 MA 过程可以

用一个无限阶的 AR 过程表示。

6.6.2 时域模型参数和自相关函数之间的关系

假定 $X(n)$、$W(n)$ 都是实平稳的随机过程，$W(n)$ 为期望为零、功率谱密度为 $N_0/2$ 的白噪声，$X(n)$ 为服从 ARMA 过程的因果随机过程。由 ARMA 模型的差分方程可知

$$X(n) = -\sum_{k=1}^{p} a_k X(n-k) + \sum_{k=0}^{q} b_k W(n-k) \qquad (6.6.19)$$

将式(6.6.19)两边同乘以 $X^*(n-m)$，并求期望得到

$$R_X(m) = E[X^*(n-m)X(n)]$$

$$= E\left[X^*(n-m)\left(-\sum_{k=1}^{p} a_k X(n-k) + \sum_{k=0}^{q} b_k W(n-k)\right)\right] \qquad (6.6.20)$$

经过整理可得

$$R_X(m) = -\sum_{k=1}^{p} a_k R_X(m-k) + \sum_{k=0}^{q} b_k R_{WX}(m-k) \qquad (6.6.21)$$

$$R_{WX}(m) = E[X^*(n)W(n+m)] = E\left[\left(\sum_{k=0}^{+\infty} h(k)W^*(n-k)\right)W(n+m)\right]$$

$$= (N_0/2)\sum_{k=0}^{+\infty} h(k)\delta(m+k) = (N_0/2)h(-m) \qquad (6.6.22)$$

其中，推导过程最后一步假设 $W(n)$ 为白噪声，因此

$$R_{WX}(m) = \begin{cases} 0 & (m > 0) \\ (N_0/2)h(-m) & (m \leqslant 0) \end{cases} \qquad (6.6.23)$$

综合式(6.6.21)和式(6.6.23)可得

$$R_X(m) = \begin{cases} -\sum_{k=1}^{p} a_k R_X(m-k) & (m > q) \\ -\sum_{k=1}^{p} a_k R_X(m-k) + (N_0/2)\sum_{k=0}^{q-m} h(k)b_{k+m} & (0 \leqslant m \leqslant q) \\ R_X^*(-m) & (m < 0) \end{cases} \qquad (6.6.24)$$

式(6.6.24)即为 ARMA 模型的正则方程，又称尤尔－沃克方程(Yule－Walker 方程)。如果过程为 AR 过程，尤尔－沃克方程简化为

$$R_X(m) = \begin{cases} -\sum_{k=1}^{p} a_k R_X(m-k) & (m > 0) \\ -\sum_{k=1}^{p} a_k R_X(m-k) + (N_0/2) & (m = 0) \\ R_X^*(-m) & (m < 0) \end{cases} \qquad (6.6.25)$$

AR 模型可以写成矩阵的形式

$$\begin{bmatrix} R_X(0) & R_X(-1) & R_X(-2) & \cdots & R_X(-p) \\ R_X(1) & R_X(0) & R_X(-1) & \cdots & R_X(-p+1) \\ R_X(2) & R_X(1) & R_X(0) & \cdots & R_X(-p+2) \\ \vdots & \vdots & \vdots & & \vdots \\ R_X(p) & R_X(p-1) & R_X(p-2) & \cdots & R_X(0) \end{bmatrix} \begin{bmatrix} 1 \\ a_1 \\ a_2 \\ \vdots \\ a_p \end{bmatrix} = \begin{bmatrix} N_0/2 \\ 0 \\ 0 \\ \vdots \\ 0 \end{bmatrix} \quad (6.6.26)$$

需要指出的是,式(6.6.26)中的自相关矩阵为托普利茨矩阵(Toeplitz 矩阵);若 $X(n)$ 是复随机过程,那么 $R_X(m) = R_X^*(-m)$,则其自相关矩阵是对称的 Toeplitz 矩阵,也就是常说的埃尔米特矩阵(Hermitian 矩阵)。这类矩阵具有一系列好的性质,利用这些性质可以找到快速求 AR 模型参数的高效算法。所谓托普利茨矩阵是指任一条平行于主对角线的直线上的元素相同的方阵。所谓埃尔米特矩阵是共轭转置等于本身的复矩阵,是实对称矩阵的推广。它们相关的性质大家可以参考有关矩阵的书籍,如张贤达编著的《矩阵分析》等。

利用矩阵性质,式(6.6.26)可以变为

$$\begin{bmatrix} R_X(0) & R_X(1) & R_X(2) & \cdots & R_X(p) \\ R_X(1) & R_X(0) & R_X(1) & \cdots & R_X(p-1) \\ R_X(2) & R_X(1) & R_X(0) & \cdots & R_X(p-2) \\ \vdots & \vdots & \vdots & & \vdots \\ R_X(p) & R_X(p-1) & R_X(p-2) & \cdots & R_X(0) \end{bmatrix} \begin{bmatrix} 1 \\ a_1 \\ a_2 \\ \vdots \\ a_p \end{bmatrix} = \begin{bmatrix} N_0/2 \\ 0 \\ 0 \\ \vdots \\ 0 \end{bmatrix} \quad (6.6.27)$$

如果随机过程为 MA 过程,尤尔－沃克方程简化为

$$R_X(m) = \begin{cases} 0 & (m > q) \\ (N_0/2) \sum_{k=0}^{q} b_k b_{k+m} & (0 \leqslant m \leqslant q) \\ R_X^*(-m) & (m < 0) \end{cases} \quad (6.6.27)$$

该式当然也可以表示为矩阵的形式,读者可以自行推导得到相关结果。

6.7　离散时间随机过程统计特征参数估计

前述各章节分析的时候,不管是连续时间随机过程还是离散时间随机过程,均假设采样信号无限长,且是整个随机过程,也就是多个样本,每个样本持续的时间无限长。而在实际中,人们不可能得到随机过程的所有样本,因此按照前述的各种理论无法对随机过程进行分析和处理,但随机过程的遍历性提供了一个随机过程理论实际应用的切入点,随机过程遍历性说明可以用时间平均来代替随机过程的统计平均,即用任何一个样本函数的统计特性即可获取整个随机过程的数学期望、自相关、均方值等数字特征。不幸的是,实际应用中也不可能得到持续时间无限长的样本,只能得到一个样本的某个时间段的采样数据,因此只能用有限个采样值去估计一个样本乃至整个随机过程的时域和频域特征。需要说明的是,前述各章节的知识是进行估计的依据和基础,而不能认为它们是无用的甚至是错误的理论。

在具体的应用中,一般是对随机过程进行等间隔采样,得到的是 N 个随机变量 X_1, $X_2, \cdots, X_N$,在具体的一次试验中得到的具体数据为 $x_1, x_2, \cdots, x_N$。本节假设随机过程均为遍历过程,在此基础上介绍利用 $x_1, x_2, \cdots, x_N$ 来估计随机过程的各种统计特征参数的原理和具体方法。

6.7.1　估计参数估计的衡量指标

首先假设需要估计的参数为 α，其估计量为 $\hat{\alpha}$，可以说估计量为采样信号 $X_1, X_2, \cdots, X_N$ 的函数，也即是 $\hat{\alpha} = f(X)$，由于采样数据为随机过程的采样，因此每个采样数据是随机变量，所以估计量是随机变量的函数，也就是说估计量本身也是随机变量，于是它也存在期望和方差。需要说明的是，对于每个具体样本数据可以用 $x_1, x_2, \cdots, x_N$ 表示，按照它们计算得到的值称为估计值，它是一个确定的数值。也就是在进行理论分析时采用 $X_1, X_2, \cdots, X_N$，而在实际计算估计值时只能采用某一个具体样本的值 $x_1, x_2, \cdots, x_N$。

1. 无偏性

首先给出无偏性的定义。设 $X_1, X_2, \cdots, X_N$ 是 N 维随机变量，$\hat{\alpha}$ 是其真实参数 α 的估计量，如果 $E[\hat{\alpha}]$ 存在，则偏差定义为

$$bia[\hat{\alpha}] = E[\hat{\alpha} - \alpha] = E[\hat{\alpha}] - \alpha \tag{6.7.1}$$

若 $bia[\hat{\alpha}] = 0$，也就是估计量的数学期望等于真值 $E[\hat{\alpha}] = \alpha$，则称该估计量为无偏估计量，反之则称为有偏估计量，当估计量为有偏估计量时，一般称偏差值为偏倚。显然，无偏估计量的偏倚为零。需要说明的是无偏估计不一定就比有偏估计的性能要好。比如，如果一个有偏估计也即是 $E[\hat{\alpha}] \neq \alpha$，此时如果满足 $\lim\limits_{N \to +\infty} E[\hat{\alpha}] = \alpha$，则称为渐进无偏估计量。渐进无偏估计有可能好于无偏估计。因此估计的无偏性只是估计的一个性能指标，不能完全描述估计的性能。图 6.7.1 给出了一个参数两个不同估计的偏差示意图，一个为无偏估计，一个为有偏估计。

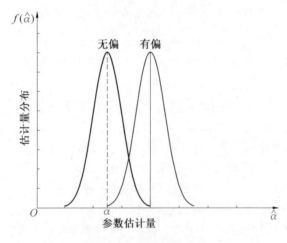

图 6.7.1　无偏性示意图

2. 有效性

仅仅采用估计量的期望不能完全反映估计量的性能优劣，一般情况下还需要采用估计量的方差对其进行衡量。其定义为

$$D[\hat{\alpha}] = E[(\hat{\alpha} - E[\hat{\alpha}])^2] \tag{6.7.2}$$

估计量的方差反映了该估计量围绕期望的分散程度。一般来讲当样本数 N 一定时，方差小的无偏估计量就是比较好的估计量。若当 $N \to +\infty$ 时，估计量的方差趋于零，则称该估计

量为一致估计量。

对于一个参数的两个估计量 $\hat{\alpha}_1$ 和 $\hat{\alpha}_2$，如果 $D[\hat{\alpha}_1]<D[\hat{\alpha}_2]$，则认为 $\hat{\alpha}_1$ 比 $\hat{\alpha}_2$ 更有效，图 6.7.2 给出了相应的示意图。

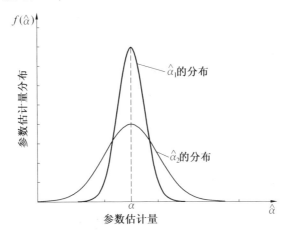

图 6.7.2　参数的两个估计量的有效性比较

3. 一致性

一般情况下，认为偏倚与方差两者均小的估计量为性能较好的估计量。为方便起见，可以定义均方误差，即估计量与真值的均方差，定义为

$$E[(\hat{\alpha}-\alpha)^2]=E[((\hat{\alpha}-E[\hat{\alpha}])+(E[\hat{\alpha}]-\alpha))^2]$$
$$=D[\hat{\alpha}]+[bia(\hat{\alpha})]^2 \qquad (6.7.3)$$

若均方差等于零，则为一致估计。如果当采样数趋于无穷时等于零，则认为渐进一致估计。从式(6.7.3)可以看出均方差包含了估计量的方差和期望两个参数，因此可以更好地反映估计量的性能。

6.7.2　信号参数估计的基本方法

当进行参数估计时，估计误差 $\hat{\alpha}-\alpha$ 通常不为零。误差的大小确定了参数估计的质量。除了前面介绍的偏差、方差等指标外，也可以利用误差范围作为误差估计质量的衡量标准，更为重要的是，通过这样的操作可以推导出参数估计的具体方法。一般来说，把衡量误差范围的函数称为代价函数或者损失函数，可以记作 $C(\hat{\alpha},\alpha)$。通常有绝对损失函数 $C(\hat{\alpha},\alpha)=|\hat{\alpha}-\alpha|$，二次损失函数 $C(\hat{\alpha},\alpha)=(\hat{\alpha}-\alpha)^2$ 和均匀风险 $C(\hat{\alpha},\alpha)=\begin{cases}0,|\hat{\alpha}-\alpha|<\Delta\\1,|\hat{\alpha}-\alpha|\geqslant\Delta\end{cases}$ 等，由于损失函数本身是随机变量，所以直接利用它作为参数估计的评价标准并不方便。因此一般情况下采用损失函数的数学期望 $R(\hat{\alpha},\alpha)=E[C(\hat{\alpha},\alpha)]$ 作为参数估计性能的测度，并称之为风险函数。使风险函数最小的参数估计称为贝叶斯估计。贝叶斯估计中，待估计的参数被认为是随机变量，这是贝叶斯估计和其他估计方法比如极大似然估计的最根本区别。下面以最为常用的二次损失函数和均匀风险为例推导具体的参数估计方法和原则。

使二次风险函数最小的估计称为最小均方误差估计(Minimum Mean Square Error，MMSE)，用公式表示为

$$\min_{\hat{\alpha}} R(\hat{\alpha},\alpha) = \min_{\hat{\alpha}} E\left[(\hat{\alpha}-\alpha)^2\right] \tag{6.7.4}$$

首先计算 $E\left[(\hat{\alpha}-\alpha)^2\right]$，具体为

$$E\left[(\hat{\alpha}-\alpha)^2\right] = \int_{-\infty}^{\infty} \cdots \int_{-\infty}^{\infty} (\hat{\alpha}-\alpha)^2 f(x_1,\cdots,x_N,\alpha)\,\mathrm{d}x_1,\cdots,x_N\mathrm{d}\alpha$$

$$= \int_{-\infty}^{\infty} \cdots \int_{-\infty}^{\infty} (\hat{\alpha}-\alpha)^2 f(\alpha\,|\,x_1,\cdots,x_N) f(x_1,\cdots,x_N)\,\mathrm{d}x_1,\cdots,x_N\mathrm{d}\alpha$$

$$\tag{6.7.5}$$

其中，$x_1,\cdots,x_N$ 为随机变量的观测值。为了获得最小值，按照高等数学的知识，令对 $\hat{\alpha}$ 的偏导数等于零即可，也即是

$$\frac{\partial E\left[(\hat{\alpha}-\alpha)^2\right]}{\partial \hat{\alpha}} = 0 \tag{6.7.6}$$

现在，展开偏导数为

$$\frac{\partial E\left[(\hat{\alpha}-\alpha)^2\right]}{\partial \hat{\alpha}} = \int_{-\infty}^{\infty} \cdots \int_{-\infty}^{\infty} 2(\hat{\alpha}-\alpha) f(\alpha\,|\,x_1,\cdots,x_N) f(x_1,\cdots,x_N)\,\mathrm{d}x_1,\cdots,x_N\mathrm{d}\alpha$$

$$= \int_{-\infty}^{\infty} \cdots \left[\int_{-\infty}^{\infty} 2\hat{\alpha} f(\alpha\,|\,x_1,\cdots,x_N)\,\mathrm{d}\alpha - \right.$$

$$\left. \int_{-\infty}^{\infty} 2\alpha f(\alpha\,|\,x_1,\cdots,x_N)\,\mathrm{d}\alpha\right] f(x_1,\cdots,x_N)\,\mathrm{d}x_1,\cdots,x_N \tag{6.7.7}$$

由于概率密度函数大于零，所以偏导数等于零等价于

$$\int_{-\infty}^{\infty} 2\hat{\alpha} f(\alpha\,|\,x_1,\cdots,x_N)\,\mathrm{d}\alpha - \int_{-\infty}^{\infty} 2\alpha f(\alpha\,|\,x_1,\cdots,x_N)\,\mathrm{d}\alpha = 0 \tag{6.7.8}$$

又因为 $\int_{-\infty}^{\infty} f(\alpha\,|\,x_1,\cdots,x_N)\,\mathrm{d}\alpha = 1$，因此式(6.7.8)简化为

$$\hat{\alpha} = \int_{-\infty}^{\infty} \alpha f(\alpha\,|\,x_1,\cdots,x_N)\,\mathrm{d}\alpha = E\left[\alpha\,|\,x_1,\cdots,x_N\right] \tag{6.7.9}$$

下面分析均匀损失函数约束下的参数估计方法。整个思路和二次损失函数相同。为了方便，记均匀损失函数为 $C_{\mathrm{unif}}(\hat{\alpha},\alpha)$，对均匀损失函数求期望可得

$$E\left[C_{\mathrm{unif}}(\hat{\alpha},\alpha)\right] = \int_{-\infty}^{\infty} \cdots \int_{-\infty}^{\infty} C_{\mathrm{unif}}(\hat{\alpha},\alpha) f(\alpha\,|\,x_1,\cdots,x_N) f(x_1,\cdots,x_N)\,\mathrm{d}x_1,\cdots,x_N\mathrm{d}\alpha$$

$$= \int_{-\infty}^{\infty} \cdots \int_{-\infty}^{\infty} \left[1 - \int_{\hat{\alpha}-\Delta}^{\hat{\alpha}+\Delta} f(\alpha\,|\,x_1,\cdots,x_N)\,\mathrm{d}\alpha\right] f(x_1,\cdots,x_N)\,\mathrm{d}x_1,\cdots,x_N \tag{6.7.10}$$

观察式(6.7.10)可知对 $\hat{\alpha}$ 偏导数等于零等价于

$$\frac{\partial f(\alpha\,|\,x_1,\cdots,x_N)}{\partial \alpha} = 0 \tag{6.7.11}$$

由于 $f(\alpha\,|\,x_1,\cdots,x_N)$ 是参数 α 的后验概率密度函数，因此式(6.7.11)称为最大化后验概率。由于对数的单调性，式(6.7.11)可以变为

$$\frac{\partial \ln f(\alpha\,|\,x_1,\cdots,x_N)}{\partial \alpha} = 0 \tag{6.7.12}$$

根据概率乘法公式

$$f(\alpha\,|\,x_1,\cdots,x_N) = \frac{f(x_1,\cdots,x_N\,|\,\alpha) f(\alpha)}{f(x_1,\cdots,x_N)} \tag{6.7.13}$$

因此式(6.7.12)变为

$$\frac{\partial \ln f(\alpha \mid x_1, \cdots, x_N)}{\partial \alpha} = \frac{\partial}{\partial \alpha} \left[f(x_1, \cdots, x_N \mid \alpha) + f(\alpha) - f(x_1, \cdots, x_N) \right] = 0 \quad (6.7.14)$$

由于 $f(x_1, \cdots, x_N)$ 不含有未知参数 α,所以式(6.7.14) 变为

$$\frac{\partial \ln f(\alpha \mid x_1, \cdots, x_N)}{\partial \alpha} = \frac{\partial}{\partial \alpha} \left[f(x_1, \cdots, x_N \mid \alpha) + f(\alpha) \right] = 0 \quad (6.7.15)$$

其中 $f(x_1, \cdots, x_N \mid \alpha)$ 为参数 α 的似然函数;$f(\alpha)$ 为参数 α 的先验分布。

在贝叶斯估计中,把待求参数看作随机变量,在求解参数时需要知道参数的先验信息或统计特性。但有时候,这些信息很难获得。此时,可以假设待求参数为确定但未知的量。在这一思想的指引下,引出非常重要的极大似然估计。极大似然估计方法最先由德国科学家高斯提出,英国统计学家费歇尔在 1912 年重新对该方法进行完善,并且证明了这个方法的一些性质,并对此命名为极大似然估计。假设随机变量为 X,概率分布函数为 $F(x)$,概率密度函数为 $f(x)$,对应的参数为 α,x 为随机变量 X 的样本。则参数的 α 似然函数 $L(\alpha \mid x)$ 定义为在给定样本的情况下参数 α 使得样本出现的可能性。根据概率的定义,对于分布 $f(x)$ 在给定参数 α 样本出现的概率为 $P(X = x; \alpha)$。在数值上二者应该相等,也即是

$$L(\alpha \mid x) = P(X = x; \alpha) \quad (6.7.16)$$

这个等式表示的是对于事件发生的两种角度的看法。其实等式两边都是表示的这个事件发生的概率或者说可能性。所以这个等式要表示的核心意思都是在给定参数 α 和样本 x 的时候,整个事件发生的可能性多大。

所以从定义上,似然函数和密度函数是完全不同的两个数学对象:前者是关于参数 α 的函数,由于参数 α 是未知固定的量,非随机变量(频率学派观点),不能称为概率,而称为似然(likelihood)。后者是关于样本 x 的函数,样本是随机变量的实现,是一个事件,$P(X = x; \theta)$ 是概率。所以这里的等号理解为函数值形式的相等,而不是两个函数本身是同一函数(根据函数相等的定义,函数相等当且仅当定义域相等并且对应关系相等)。

对于离散型随机变量,$L(\alpha \mid x) = P(X = x; \alpha)$。对于连续性随机变量,在某一点的概率为零,因此不能按照定义直接获得似然函数。在此用 x 的一个适当邻域 $[x - \varepsilon, x + \varepsilon]$ 的概率来表示

$$L(\alpha \mid x) = \int_{x-\varepsilon}^{x+\varepsilon} f(x; \alpha) \mathrm{d}x = 2\varepsilon f(x; \alpha) \quad (6.7.17)$$

对于不同的参数,ε 的影响是相同的,因此连续性随机变量情况下的似然函数变为

$$L(\alpha \mid x) = \int_{x-\varepsilon}^{x+\varepsilon} f(x; \alpha) \mathrm{d}x \propto f(x; \alpha) \quad (6.7.18)$$

所谓的极大似然就是要找真实的参数 α 使得似然函数最大,用公式表示为

$$\hat{\alpha}_{\mathrm{ML}} = \arg \max_\alpha L(\alpha \mid x) = \arg \max_\alpha f(x; \alpha) \quad (6.7.19)$$

很容易地,可以把观测值推广到 N 维数据,也即是 $x_1, \cdots, x_N$ 为随机变量的观测值,此时最大似然公式表示为

$$\hat{\alpha}_{\mathrm{ML}} = \arg \max_\alpha L(\alpha \mid x) = \arg \max_\alpha f(x_1, \cdots, x_N; \alpha) \quad (6.7.20)$$

当然,也可以利用贝叶斯公式来理解最大似然方法,如果把 $X_1, X_2, \cdots, X_N$ 看作结果,而 α 是引起结果的原因,似然函数可以看作各种原因的条件概率密度函数,如果条件概率密度函数最大,也就是对应原因发生的概率最大。

6.7.3　时域统计特征估计

本节主要采用极大似然方法估计随机过程的时域统计特征。

1. 期望的估计

随机过程的数学期望 $E[X_n]=m_X$，若 X_n 具有遍历性，则可以用时间均值 $\overline{X_n}$ 来计算统计期望 m_X，即 $m_X=\overline{X_n}=\lim\limits_{N\to+\infty}\dfrac{1}{2N}\sum\limits_{n=-N}^{N-1}X_n$，从公式可以看出成立的条件是需要对整个样本的数据进行时间平均，而实际中得到的采样信号是有限个。因此必须采用某种方法对参数值进行估计。

设 $X_1,X_2,\cdots,X_N$ 是统计独立的高斯随机变量，设其期望为确定值但为未知量 m_X，则以 m_X 为条件的多维联合概率密度函数为

$$f_X(x\mid m_X)=\prod_{n=1}^{N}\left(\frac{1}{2\pi\sigma_X^2}\right)^{\frac{1}{2}}\exp\left[-\frac{(x_n-m_X)^2}{2\sigma_X^2}\right] \tag{6.7.21}$$

它被称为随机变量的似然函数，由于对数函数的单调性，用似然函数的对数更简单，即

$$\ln f(X\mid m_X)=K-\sum_{n=1}^{N}\left[\frac{(x_n-m_X)^2}{2\sigma_X^2}\right] \tag{6.7.22}$$

令对数似然函数的导数为零以便求得其最大值，即

$$\frac{\partial\ln f(X\mid m_X)}{\partial m_X}=0 \tag{6.7.23}$$

得到期望的最大似然估计量为

$$\hat{m}_X=\frac{1}{N}\sum_{n=1}^{N}X_n \tag{6.7.24}$$

现在计算估计性能，首先估计的期望表示为

$$E[\hat{m}_X]=\frac{1}{N}\sum_{n=1}^{N}E[X_n]=m_X \tag{6.7.25}$$

因此，$\hat{m}_X$ 是 m_X 的无偏估计。

下面计算期望估计量的方差，按照定义可得

$$D[\hat{m}_X]=E[\hat{m}_X^2]-E^2[\hat{m}_X] \tag{6.7.26}$$

结合式(6.7.25)得到

$$D[\hat{m}_X]=E[\hat{m}_X^2]-\hat{m}_X^2 \tag{6.7.27}$$

现在计算 $E[\hat{m}_X^2]$

$$\begin{aligned}
E[\hat{m}_X^2]&=E\left[\left(\frac{1}{N}\sum_{n=1}^{N}X_n\right)\left(\frac{1}{N}\sum_{m=1}^{N}X_m\right)\right]\\
&=\frac{1}{N^2}\sum_{n=1}^{N}\sum_{m=1}^{N}E[X_nX_m]\\
&=\frac{1}{N^2}\sum_{n=1}^{N}\left[E(X_n^2)+\sum_{m=1,m\neq n}^{N}E(X_nX_m)\right]\\
&=\frac{1}{N^2}\sum_{n=1}^{N}E[X_n^2]+\frac{1}{N^2}\sum_{n=1}^{N}\left\{\sum_{m=1,m\neq n}^{N}E[X_nX_m]\right\} \tag{6.7.28}
\end{aligned}$$

假设每个采样点得到的数据相互独立,则

$$E[X_n X_m] = E[X_n]E[X_m] = m_X^2 \tag{6.7.29}$$

所以

$$
\begin{aligned}
E[\hat{m}_X^2] &= E\left[\left(\frac{1}{N}\sum_{n=1}^{N} X_n\right)\left(\frac{1}{N}\sum_{m=1}^{N} X_m\right)\right] \\
&= \frac{1}{N^2}\sum_{n=1}^{N} E[X_n^2] + \frac{1}{N^2}\sum_{n=1}^{N}\left\{\sum_{m=1,m\neq n}^{N} E[X_n X_m]\right\} \\
&= \frac{1}{N}E[X_n^2] + \frac{1}{N^2}\sum_{n=1}^{N}\left[(N-1)m_X^2\right] = \frac{1}{N}E[X_n^2] + \frac{N-1}{N}m_X^2
\end{aligned} \tag{6.7.30}
$$

代入方差计算公式得到

$$D[\hat{m}_X] = \frac{1}{N}E[X_n^2] + \frac{N-1}{N}m_X^2 - m_X^2 = \frac{1}{N}(E[X_n^2] - m_X^2) = \frac{1}{N}\sigma_X^2 \tag{6.7.31}$$

分析可以发现

$$\lim_{N\to+\infty} D[\hat{m}_X] = \lim_{N\to+\infty}\frac{1}{N}\sigma_X^2 = 0 \tag{6.7.32}$$

所以基于最大似然方法得到的期望估计量为渐进一致估计量。

2. 方差估计

$X(n)$ 具有遍历性,其对应的期望为 $E[X_n] = m_X$,假设条件和期望估计时的一样,设其未知方差为 σ_X^2,采用和期望估计相同的思路,首先求出 $x_0, x_1, \cdots, x_{N-1}$ 以 σ_X^2 为条件的多维联合密度函数为

$$f(X \mid m_X) = \prod_{n=1}^{N}\left(\frac{1}{2\pi\sigma_X^2}\right)^{\frac{1}{2}}\exp\left[-\frac{(X_n - m_X)^2}{2\sigma_X^2}\right] \tag{6.7.33}$$

此函数对方差进行求导,即对数似然函数取最大值

$$\frac{\partial \ln f(X \mid \sigma_X^2)}{\partial \sigma_X^2} = 0 \tag{6.7.34}$$

则方差 $D[X_n] = \sigma_X^2$ 的最大似然估计为

$$\hat{\sigma}_X^2 = \frac{1}{N}\sum_{n=1}^{N}(X_n - m_X)^2 \tag{6.7.35}$$

估计量的期望为

$$E[\hat{\sigma}_X^2] = E\frac{1}{N}\sum_{n=1}^{N}[X_n - m_X]^2 = \frac{1}{N}\sum_{n=1}^{N}E[X_n - m_X]^2 = \frac{1}{N}\sum_{n=1}^{N}\sigma_X^2 = \sigma_X^2 \tag{6.7.36}$$

可知此估计为是无偏估计。计算估计量的方差为

$$D[\hat{\sigma}_X^2] = E[(\hat{\sigma}_X^2 - E[\hat{\sigma}_X^2])^2]$$

经过整理得到

$$D[\hat{\sigma}_X^2] = E[(\hat{\sigma}_X^2 - \sigma_X^2)^2] \tag{6.7.37}$$

可以证明当 $N\to+\infty$ 时,$D[\hat{\sigma}_x^2] = 0$,所以此估计量为渐进一致估计。如果 $E[X_n] = m_X$ 未知,方差 σ_X^2 的估计可以表示为

$$\hat{\sigma}_X^2 = \frac{1}{N}\sum_{n=1}^{N}[X_n - \hat{m}_X]^2 \tag{6.7.38}$$

计算此估计的期望为

$$E[\hat{\sigma}_X^2] = \frac{N-1}{N}\sigma_X^2 \tag{6.7.39}$$

但当 $N \to +\infty$ 时，$E[\hat{\sigma}_X^2] = \sigma_X^2$，则此估计是渐进无偏估计。由于当 $N \to +\infty$ 时，$D[\hat{\sigma}_X^2] \to 0$，此估计量为一致估计量。

3. 自相关函数估计

按定义，$R_X(k) = E[X_n X_{n+k}]$ 为统计自相关函数，由于一般情况下都假设随机过程为遍历性随机过程，因此用一个样本的时间自相关函数可以代替随机过程的统计自相关函数，即 $R_X(m) = \lim_{N \to +\infty} \frac{1}{2N} \sum_{n=-N}^{N-1} X_n X_{n+m}$，则对于样本的一段数据，其估计量为

$$\hat{R}_x(m) = \frac{1}{N} \sum_{n=0}^{N-|m|-1} X_n X_{n+m} \tag{6.7.40}$$

可以分析估计量的性能。因为 $E[\hat{R}_X(m)] = (1-\frac{m}{N})R_X(m)$，当 $N \to +\infty$ 时，可以证明 $E[\hat{R}_X(m)] = R_X(m)$，因此是 $R_X(m)$ 的渐近无偏估计。

有时候，还能采用另外一种自相关函数的估计量

$$\hat{R}_X(m) = \frac{1}{N-|m|} \sum_{n=0}^{N-1-|m|} X_n X_{n+m} \tag{6.7.41}$$

此时估计量对应的期望为

$$E[\hat{R}_x(m)] = \frac{1}{N-|m|} \sum_{n=0}^{N-|m|-1} E[X_n X_{n+m}] = R_X(m) \tag{6.7.42}$$

可以看出此估计为无偏估计。估计量的方差为

$$D[\hat{R}_X(m)] = E[(\hat{R}_X(m) - E[\hat{R}_X(m)])^2] = E[\hat{R}_X^2(m)] - R_X^2(m) \tag{6.7.43}$$

经过证明可以得到最终的结果，其表达式为

$$D[\hat{R}_X(m)] = \frac{1}{(N-|m|)^2} \sum_{k=1+|m|-N}^{N-|m|-1} [R_X^2(k) + R_X(k+m)R_X(k-m)][N-|m|-|k|] \tag{6.7.44}$$

一般观测数据量 N 很大，此时 $N \gg |m|+|k|$，可以得到

$$N - |m| - |k| = N(1 - \frac{|m|+|k|}{N}) \approx N \tag{6.7.45}$$

所以估计量方差可以简化为

$$D[\hat{R}_X(m)] \approx \frac{N}{(N-|m|)^2} \sum_{k=1+|m|-N}^{N-|m|-1} [R_X^2(k) + R_X(k+m)R_X(k-m)] \tag{6.7.46}$$

另外，也可以利用 FFT 来实现自相关函数的快速计算。有自相关估计函数

$$\hat{R}_X(m) = \frac{1}{N} \sum_{n=0}^{N-1} X_n X_{n+m} \tag{6.7.47}$$

对其求傅里叶变换，得

$$\sum_{m=-(N-1)}^{N-1} \hat{R}_X(m) e^{-j\omega m} = \frac{1}{N} \sum_{m=-(N-1)}^{N-1} \sum_{n=0}^{N-1} X_n X_{n+m} e^{-j\omega m}$$

$$= \frac{1}{N} \sum_{n=0}^{N-1} X_n \sum_{m=-(N-1)}^{N-1} X_{n+m} e^{-j\omega m} \tag{6.7.48}$$

因为共有 N 个数据，其他数据为零，即

$$X_n = \begin{cases} X_n & (n=0,1,\cdots,N-1) \\ 0 & (N \leqslant n \leqslant 2N-1) \end{cases} \tag{6.7.49}$$

所以式(6.7.48)可以表示为

$$\sum_{m=-(N-1)}^{N-1} \hat{R}_X(m) e^{-j\omega m} = \frac{1}{N} \sum_{n=0}^{2N-1} X_n e^{j\omega n} \sum_{m=-(N-1)}^{N-1} X_{n+m} e^{-j\omega(n+m)} \tag{6.7.50}$$

令 $l = m + n$，式(6.7.49)变为

$$\sum_{m=-(N-1)}^{N-1} \hat{R}_X(m) e^{-j\omega m} = \frac{1}{N} \sum_{n=0}^{2N-1} X_n e^{j\omega n} \sum_{l=0}^{2N-1} X_l e^{-j\omega l} = \frac{1}{N} \left| X(e^{j\omega}) \right|^2 \tag{6.7.51}$$

所以

$$\sum_{m=-(N-1)}^{N-1} \hat{R}_X(m) e^{-j\omega m} = \frac{1}{N} \left| X(e^{j\omega}) \right|^2 \tag{6.7.52}$$

6.7.4　功率谱估计

除了对随机过程的时域特征估计之外，还需要利用有限数据对随机过程的频域特性进行估计，即对功率谱进行估计。对于平稳随机信号而言，功率谱估计的基本问题是从有限长时间对信号的观察来估计整个随机过程的功率谱，其有限的信号长度是对功率谱估计质量的主要限制。对于确定的数据长度，不同的估计方法其估计质量也不相同。功率谱估计方法主要分为参数法和非参数法。其中非参数法是最常用，也是比较容易理解的方法，故本节主要采用非参数法功率谱估计。非参数功率谱估计也有直接法和间接法两种方法，间接法是根据维纳—辛钦定理先求随机信号的自相关函数，再对自相关函数进行傅里叶变换得到功率谱；直接法主要依据是 FFT 变换，对离散随机过程进行 DFT 变换后再平方，可作为随机过程的功率谱密度，而信号 DFT 变换是由 FFT 变换实现的，所以直接法主要是依据 FFT 变换，下面介绍的周期图法、Bartlett 法和 Welch 法都属于直接法。

1. 周期图法

根据平稳随机过程的定义可以看出其不具有有限能量，不符合傅里叶变换的条件，因此不能进行傅里叶变换，但这类随机过程具有有限的平均功率，因此可以用功率谱密度进行频域表示。

如果 $X(t)$ 是一个平稳随机过程，它的自相关函数为

$$R_X(\tau) = E[X(t)X(t+\tau)] \tag{6.7.53}$$

其中，$E[\cdot]$ 表示统计平均。

借助维纳—辛钦定理，平稳随机过程的功率谱密度是自相关函数的傅里叶变换，即

$$S_X(f) = \int_{-\infty}^{+\infty} R_X(\tau) e^{-j2\pi f \tau} d\tau \tag{6.7.54}$$

实际上，只能得到随机过程的单个样本，并从中估计该过程的功率谱密度。由于不知道真实的自相关函数 $R_X(\tau)$，导致不能按照式(6.7.54)通过计算傅里叶变换来得到 $S_X(f)$。对于随机过程的一个样本，可以计算时间平均自相关函数

$$\overline{R}_X(\tau) = \frac{1}{2T_0} \int_{-T_0}^{T_0} x(t)x(t+\tau) dt \tag{6.7.55}$$

其中，$2T_0$ 是观察时间。如果平稳随机过程的一阶和二阶（期望和自相关函数）是各态遍历的，那么

$$R_X(\tau) = \lim_{T_0 \to +\infty} \bar{R}_X(\tau) = \lim_{T_0 \to +\infty} \frac{1}{2T_0} \int_{-T_0}^{T_0} x(t)x(t+\tau)\,\mathrm{d}t \tag{6.7.56}$$

即可以用时间平均自相关函数 $\bar{R}_X(\tau)$ 来对统计自相关函数 $R_X(\tau)$ 进行估计。更进一步，$\bar{R}_X(\tau)$ 的傅里叶变换提供了对功率谱密度的估计 $\hat{S}_X(f)$，即

$$\hat{S}_X(f) = \int_{-T_0}^{T_0} \bar{R}_X(\tau) \mathrm{e}^{-\mathrm{j}2\pi f\tau}\,\mathrm{d}\tau = \frac{1}{2T_0} \int_{-T_0}^{T_0} \left[\int_{-T_0}^{T_0} x(t)x(t+\tau)\,\mathrm{d}t \right] \mathrm{e}^{-\mathrm{j}2\pi f\tau}\,\mathrm{d}\tau$$
$$= \frac{1}{2T_0} \left| \int_{-T_0}^{T_0} x(t)\mathrm{e}^{-\mathrm{j}2\pi ft}\,\mathrm{d}t \right|^2 \tag{6.7.57}$$

实际功率谱密度是 $\hat{S}_X(f)$ 在极限 $T_0 \to +\infty$ 时的期望值

$$S_X(f) = \lim_{T_0 \to +\infty} E[\hat{S}_X(f)] = \lim_{T_0 \to +\infty} E\left[\frac{1}{2T_0} \left| \int_{-T_0}^{T_0} x(t)\mathrm{e}^{-\mathrm{j}2\pi ft}\,\mathrm{d}t \right|^2 \right] \tag{6.7.58}$$

式(6.7.55)和式(6.7.57)提供了两种估计功率谱密度的方法，分别为间接法和直接法，主要讨论式(6.7.58)。通过对随机信号采样(A/D)，得到有限长序列 $X_n, 0 \leqslant n \leqslant N-1$。将式(6.7.58)中的 $x(t)$ 和 T_0 替换，即可得估计 $S_X(f)$ 表示如下

$$S_X(f) = \frac{1}{N} \left| \sum_{n=0}^{N-1} X_n \mathrm{e}^{-\mathrm{j}2\pi fn} \right|^2 = \frac{1}{N} |X(f)|^2 \tag{6.7.59}$$

其中，$X(f)$ 是样本序列 X_n 的傅里叶变换。这种常见形式的功率谱估计称为周期图。

下面分析周期图估计质量。可以用推导周期图期望和方差的公式来评价估计方法的质量。定义观察序列的时间自相关为

$$\hat{R}_X(m) = \frac{1}{N} \sum_{n=0}^{N-m-1} X_n^* X_{n+m} \quad (0 \leqslant m \leqslant N-1) \tag{6.7.60}$$

其中 $\hat{R}_X(m)$ 是关于 m 的对称序列，只考虑其正半轴部分，对其进行傅里叶变换即可得估计功率谱。

时间自相关函数期望为

$$E[\hat{R}_X(m)] = \frac{1}{N} \sum_{n=0}^{N-m-1} E[X_n^* X_{n+m}]$$
$$= \frac{N-|m|}{N} R_X(m) = \left(1 - \frac{|m|}{N}\right) R_X(m) \tag{6.7.61}$$

则周期图估计的期望为

$$E[\hat{S}_X(f)] = E\left[\sum_{m=-(N-1)}^{N-1} \hat{R}_X(m)\mathrm{e}^{-\mathrm{j}2\pi fm} \right] = \sum_{m=-(N-1)}^{N-1} E[\hat{R}_X(m)]\mathrm{e}^{-\mathrm{j}2\pi fm} \tag{6.7.62}$$

将式(6.7.61)代入式(6.7.62)可得

$$E[\hat{S}_X(f)] = \sum_{m=-(N-1)}^{N-1} \left(1 - \frac{|m|}{N}\right) R_X(m)\mathrm{e}^{-\mathrm{j}2\pi fm} \tag{6.7.63}$$

式中，如果令

$$\hat{R}_X(m) = \left(1 - \frac{|m|}{N}\right) R_X(m) \tag{6.7.64}$$

则谱估计的期望是式(6.7.64)(函数)的傅里叶变换,式(6.7.64)可看成$(1-\frac{\lfloor m\rfloor}{N})$和$R_X(m)$相乘,其中三角窗$(1-\frac{\lfloor m\rfloor}{N})$正好是矩形窗的自相关函数,而$R_X(m)$是信号的自相关函数,在时域是矩形窗自相关函数和信号自相关函数相乘,频域正好是二者卷积,即

$$
\begin{aligned}
E[\hat{S}_X(f)] &= \sum_{m=-\infty}^{+\infty} \hat{R}_X(m)\mathrm{e}^{-\mathrm{j}2\pi fm} \\
&= \int_{-1/2}^{1/2} \Gamma_x(\alpha)W_B(f-\alpha)\mathrm{d}\alpha
\end{aligned}
\tag{6.7.65}
$$

其中,$W_B(f)$是三角窗的谱特征。将式(6.7.63)中的N趋向于无穷,可得

$$
\lim_{N\to+\infty} E\Big[\sum_{m=-(N-1)}^{N-1} \hat{R}_X(m)\mathrm{e}^{-\mathrm{j}2\pi fm}\Big] = \sum_{m=-\infty}^{+\infty} R_X(m)\mathrm{e}^{-\mathrm{j}2\pi fm} = \Gamma_X(f)
\tag{6.7.66}
$$

可知周期图是渐进无偏估计。然而,一般来说,当N趋向于无穷时,$\hat{S}_X(f)$的方差不会衰减到0。当信号为零期望的高斯过程时,其周期图$\hat{S}_X(f)$的方差可直接给出

$$
Var[\hat{S}_X(f)] = \Gamma_X^2(f)\Big[1+\Big(\frac{\sin 2\pi fN}{N\sin 2\pi f}\Big)^2\Big]
\tag{6.7.67}
$$

当N趋向于无穷时,上式的极限为

$$
\lim_{N\to+\infty} Var[\hat{S}_X(f)] = \Gamma_X^2(f)
\tag{6.7.68}
$$

因此,周期图不是真实谱密度的一致估计,也就是不收敛于真正的谱密度。

现在考虑周期图的实现方法。在开始已提到周期图主要依据 FFT 变换,用 FFT 实现 DFT 进而实现 PSD 估计,过程如图6.7.3所示。如果有N点数据,可以按N点 FFT 计算,产生 DFT 样本(采样)。

$$
\hat{S}_X\Big(\frac{k}{N}\Big) = \frac{1}{N}\Big|\sum_{n=0}^{N-1} X_n\mathrm{e}^{-\mathrm{j}2\pi nk/N}\Big|^2 \quad (k=0,1,\cdots,N-1)
\tag{6.7.69}
$$

其中,频率为$f_k = k/N$。

图 6.7.3　周期图功率谱估计

如上述分析,周期图谱估计不是真实功率谱密度的一致估计,产生了失真,主要原因是:假设采样序列长度之外的数据为0,这样相当于对信号乘以了矩形窗,造成了频谱的泄露和平滑(效应)。正因为周期图不是一致估计,才有 Bartlett 法和 Welch 法对其进一步处理以降低方差。

2. Bartlett 法

减小周期图方差的 Bartlett 法数学表示如下:首先,N点序列被分为K个不重叠段,每段的长度为M。这样就产生了K个数据段

$$
x_n^i = x_{n+iM} \quad (i=0,1,\cdots,K-1; n=0,1,\cdots,M-1)
\tag{6.7.70}
$$

对于每一段,可以计算周期图

$$\hat{S}_X^i(f) = \frac{1}{M} \mid \sum_{n=0}^{M-1} x_n^i e^{-j2\pi fn} \mid^2 \quad (i=0,1,\cdots,K-1) \tag{6.7.71}$$

最后,对 K 段的周期图进行平均得到 Bartlett 功率谱估计,即

$$\hat{S}_X^B(f) = \frac{1}{K} \sum_{i=0}^{K-1} \hat{S}_X^i(f) \tag{6.7.72}$$

该估计的统计特性推导如下:其期望是

$$E[\hat{S}_X^B(f)] = \frac{1}{K} \sum_{i=0}^{K-1} E[\hat{S}_X^i(f)] = E[\hat{S}_X^i(f)] \tag{6.7.73}$$

即该估计方法和周期图估计方法的期望是一样的,也是真实谱密度的渐进无偏估计,即

$$\lim_{N \to +\infty} E[\hat{S}_X^i(f)] = \sum_{m=-\infty}^{+\infty} R_X(m) e^{-j2\pi fm} = \Gamma_X(f) \tag{6.7.74}$$

该估计的方差是

$$Var[\hat{S}_X^B(f)] = \frac{1}{K^2} \sum_{i=0}^{K-1} Var[\hat{S}_X^i(f)] = \frac{1}{K} Var[\hat{S}_X^i(f)] \tag{6.7.75}$$

如果利用(6.7.74)的结论,上式可表示如下

$$Var[\hat{S}_X^B(f)] = \frac{1}{K} \Gamma_X^2(f) \left[1 + \left(\frac{\sin 2\pi fM}{M \sin 2\pi f} \right)^2 \right] \tag{6.7.76}$$

方差减小为周期图的 $1/K$。

根据 Bartlett 法的原理,其实现主要分为 3 个步骤:

a. 对接收到的数据分段,分为 K 段,每段 M 点数据。

b. 对每个 M 点的数据段进行周期图功率谱估计。

c. 对上述周期图功率谱估计进行平均即可得到 Bartlett 法功率谱估计。

整个过程可以用图 6.7.4 表示。

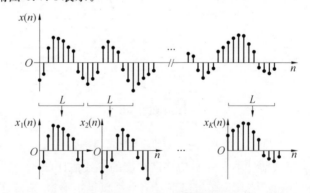

图 6.7.4　Bartlett 实现框图

由 Bartlett 法的期望和方差表达式可知,相比于周期图,Bartlett 法有更小的方差,当 N 很大时与真实功率谱的相差比较小。同时也应看到相比于周期图而言,Bartlett 法相当于对更小的数据点数进行 FFT 变换,根据矩形窗的性质,可知 Bartlett 法的频谱分辨率是降低的,即 Bartlett 法以降低分辨率为原来的 $1/K$ 为代价换来方差减小为原来的 $1/K$。

3. Welch 法

Welch 法对 Bartlett 法做了两个基本修正。首先,允许数据段重叠,此时数据段可以表示为

$$x_n^i = x_{n+iD} \quad (n=0,1,\cdots,M-1;i=0,1,\cdots,L-1) \tag{6.7.77}$$

其中,iD 是第 i 个序列的起始点。注意到如果 $D=M$,数据段不覆盖,那么数据段数目 L 与 Bartlett 方法中的数目 K 相等。然而,如果 $D=M/2$,那么在连续的数据段和 $L=2K$ 段之间只能得到 50% 的覆盖。

Welch 法对 Bartlett 方法的第二个修正是在计算周期图之前对数据段进行加窗,得到修正的周期图。如下

$$\hat{S}_X^i(f) = \frac{1}{MU} \mid \sum_{n=0}^{M-1} X_n^i w(n) e^{-j2\pi fn} \mid^2 \quad (i=0,1,\cdots,L-1) \tag{6.7.78}$$

其中,U 是窗函数中的功率归一化因子,可选择为

$$U = \frac{1}{M} \sum_{n=0}^{M-1} w^2(n) \tag{6.7.79}$$

Welch 功率谱估计方法是这些修正的周期图的平均,即

$$\hat{S}_X^W(f) = \frac{1}{L} \sum_{i=0}^{L-1} \hat{S}_X^i(f) \tag{6.7.80}$$

现在分析 Welch 法估计质量。Welch 法估计的期望为

$$E[\hat{S}_X^W(f)] = \frac{1}{L} \sum_{i=0}^{L-1} E[\hat{S}_X^i(f)] \tag{6.7.81}$$

由于添加了窗函数 Welch 法的期望并不是周期图的期望,具体如下

$$E[\hat{S}_X^i(f)] = \frac{1}{MU} \sum_{n=0}^{M-1} \sum_{m=0}^{M-1} w(n) w(m) E[x_n^i (x_m^i)^*] e^{-j2\pi f(n-m)}$$

$$= \frac{1}{MU} \sum_{n=0}^{M-1} \sum_{m=0}^{M-1} w(n) w(m) R_X(n-m) e^{-j2\pi f(n-m)} \tag{6.7.82}$$

既然

$$R_X(n) = \int_{-1/2}^{1/2} \Gamma_X(\alpha) e^{j2\pi \alpha n} d\alpha \tag{6.7.83}$$

将式(6.7.83)代入式(6.7.82)可得

$$E[\tilde{S}_X^i(f)] = \frac{1}{MU} \int_{-1/2}^{1/2} \Gamma_X(\alpha) [\sum_{n=0}^{M-1} \sum_{m=0}^{M-1} w(n) w(m) e^{-j2\pi(n-m)(f-\alpha)}] d\alpha$$

$$= \int_{-1/2}^{1/2} \Gamma_X(\alpha) W(f-\alpha) d\alpha \tag{6.7.84}$$

(注:此式和(6.7.65)形式相似,也正好验证了推导过程的正确性,因为在(6.7.65)中用的是矩形窗,而在(6.7.84)中用的是其他窗)其中,由定义

$$W(f) = \frac{1}{MU} \mid \sum_{n=0}^{M-1} w(n) e^{-j2\pi fn} \mid^2 \tag{6.7.85}$$

归一化因子 U 应确保

$$\int_{-1/2}^{1/2} W(f) df = 1 \tag{6.7.86}$$

Welch 法估计的方差是

$$Var[\hat{S}_X^W(f)] = \frac{1}{L^2}\sum_{i=0}^{L-1}\sum_{j=0}^{L-1}E[\hat{S}_X^i(f) * \hat{S}_X^j(f)] - \{E[S_X^W(f)]\}^2 \qquad (6.7.87)$$

在连续数据段$(L=K)$之间无覆盖时，其应该和 Bartlett 法一样，Welch 法已证明

$$Var[\hat{S}_X^W(f)] = \frac{1}{L}Var[\hat{S}_X^i(f)] \approx \frac{1}{L}\Gamma_X^2(f) \qquad (6.7.88)$$

在连续数据段$(L=2K)$之间有 50% 被覆盖的情况下，Welch 法同样导出三角窗得到的 Welch 法功率谱估计方差，为

$$Var[S_X^W(f)] \approx \frac{9}{8L}\Gamma_X^2(f) \qquad (6.7.89)$$

根据 Welch 法的原理，其实现主要步骤如下：

a. 对信号按要求进行采样，得到序列 $x(n)$。

b. 对观测序列进行分段，每段之间可以重叠也可以不重叠。

c. 对每段数据进行加窗处理。

d. 利用周期图计算各段的功率谱，并进行归一化处理。

e. 对各段的计算结果进行平均，得到 Welch 法功率谱估计。

整个过程如图 6.7.5 所示。

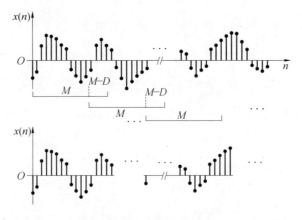

图 6.7.5　Welch 法功率谱

可以看出，Welch 法同时采用了加窗和分段的方法来降低估计方差，是 Bartlett 法的进一步发展（如果数据分段不重叠加矩形窗就是 Bartlett 法）。其中采用不同窗函数进行处理，可明显避免矩形窗带来的较大频谱泄露，使估计功率谱形状更平滑。

总体来说降低估计的方差可采用两种方法，其一是窗口处理法，选择适当的窗函数作为加权函数平均来加快收敛速度（周期图使用的是矩形窗）；其二是先将数据分段，再求各段周期图的期望。Bartlett 法采用的是第二种方法，Welch 法则采用上述两种措施，而且还允许分段数据重叠，进一步增大了数据分段数目，保证了估计的稳定性。

6.8　Matlab 实现和仿真

例 6.7　（无偏和有偏估计）求标准正态分布随机序列自相关函数的无偏和有偏估计。

Matlab 仿真代码如下：

```
clc;clear;
x＝randn(1,128);                           % 产生标准正态分布随机数
R_un biased＝xcorr(x,′un biased′);         % 自相关无偏估计
R_biased＝xcorr(x,′biased′);               % 自相关有偏估计
m＝(－128＋1):(128－1);
subplot(2,1,1);plot(m,R_un biased,′－r′,′linewidth′,1)     % 绘制自相关无偏估计
axis([－128＋1,128－1,－1,1.5]);xlabel(′m′);ylabel(′自相关函数′);
title(′(a) 自相关函数无偏估计′);grid on;
subplot(2,1,2);plot(m,R_biased,′──b′,′linewidth′,1)       % 绘制自相关有偏估计
axis([－128＋1,128－1,－1,1.5]);xlabel(′m′);ylabel(′自相关函数′);
title(′(b) 自相关函数有偏估计′);grid on;
```

仿真结果如图 6.8.1 所示。

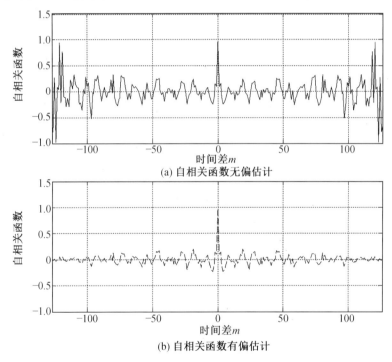

图 6.8.1　自相关函数的无偏和有偏估计的对比图

　　6.7 节中给出了参数估计的无偏和有偏估计概念,此例中通过 xcorr 函数对随机序列进行无偏和有偏估计,仿真结果如图 6.8.1 所示。从图中可以发现,自相关函数的无偏和有偏估计都是关于 $m＝0$ 对称;当 m 值很小时,两种估计情况较为相似;当 m 值很大时,两种估计情况将会出现较大的区别。

　　例 6.8　(自相关函数FFT估计)已知随机相位正弦信号与高斯白噪声信号的叠加信号为 $X(t)＝\cos(2\pi f_0 t＋\Phi)＋N(t)$,其中,$\Phi$ 为 $[0,2\pi]$ 内均匀分布的随机变量,$N(t)$ 是均值为 0、方差为 1 的高斯白噪声。采用 FFT 估计 $X(t)$ 的自相关函数。

　　像例 6.7 中一样,采用 xcorr 函数可以很好地对自相关函数进行估计,但是如果计算的点

数很多,增加的计算量将影响函数的估计。可以采用 FFT 来大幅度减少计算量。

Matlab 仿真代码如下:

```
clc;clear;
N=64;t=0:N-1;                         % 样本序列的点数
nt=randn(N,8);                        % 产生 8 个长度为 N 的标准高斯样本序列
A=rand(1,8)*2*pi;                     % 产生 8 个[0,2π]内均匀分布的随机相位
for   k=1:8
    x2n(:,k)=cos(2*pi*4*t(:)/N+A(k));     % 随机相位正弦信号
xt(:,k)=nt(:,k)+x2n(:,k);            % 合成信号随机序列
end
Nk=fft(nt,2*N);                      % 采用 FFT 估计自相关函数
Rn=ifft((abs(Nk).^2)/N);
Xk=fft(xt,2*N);
Rx=ifft((abs(Xk).^2)/N);
m=-N:N-1;
subplot(2,1,1);                      % 绘制 N(t) 的自相关函数
plot(m,fftshift(Rn));axis([-N,N-1,-0.5,1.5]);
xlabel('m');ylabel('Rn(m)');title('(a) N(t) 的自相关函数');grid on;
subplot(2,1,2);                      % 绘制 X(t) 的自相关函数
plot(m,fftshift(Rx));axis([-N,N-1,-0.5,1.5]);
xlabel('m');ylabel('Rx(m)');title('(b) X(t) 的自相关函数');grid on;
```

仿真结果如图 6.8.2 所示。

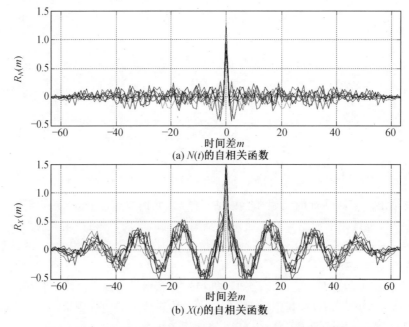

图 6.8.2   采用 FFT 对含有噪声的正弦函数进行自相关函数估计

从图 6.8.2 可见,高斯噪声和含噪声信号的自相关函数都是关于 $m=0$ 对称且在 $m=0$ 处存在最大值。含噪声的正弦函数的自相关函数也是具有正弦函数的特点。

例 6.9 (周期图法估计函数的功率谱)对例 3.9 采用周期图法进行功率谱估计。

在 Matlab 的工具箱中有 periodogram 函数采用周期图法估计功率谱,具体用法如下:

pxx = periodogram(x):返回经过矩形窗口处理的输入信号 x 的 PSD 估计值,如果 x 是实信号,则 pxx 是单边 PSD 估计;如果 x 是复信号,则 pxx 是双边 PSD 估计;

pxx = periodogram(x,window):返回经过 window 处理的 PSD 值,且窗是与 x 相同长度的向量;

pxx = periodogram(x,window,nfft):采用 nfft 点 DFT 变换,如果 nfft 大于信号长度,则 x 补零到长度 nfft 再做 DFT;如果 nfft 小于信号长度,则对信号进行预包裹(wrapped modulo)成 nfft 长度,再对包裹(datawrap)求和。

Matlab 仿真代码如下:

```
clc;clear;
N = 1024; fs = 1000; M = 16;                    % 参数设置
t = (0:N−1)/fs;
fai = rand(1,M) * 2 * pi;                        % 生成随机相位
Nt = randn(N,M);                                 % 生成噪声信号
for i = 1:M
xt(:,i) = 2 * cos(2 * pi * 50 * t(:) + fai(i)) + Nt(:,i);  % 生成噪声正弦信号
Sx(:,i) = periodogram(xt(:,i));                  % 周期图法估计功率谱密度
end
Sx_mean = mean(Sx(1:N/2,:),2);                   % 求多个功率谱的均值
f = (0:N/2−1) * fs/N;
plot(f,10 * log10(Sx_mean));                     % 以 dB/Hz 为单位的功率谱曲线
xlabel('频率(Hz)');ylabel('功率谱密度(dB/Hz)');grid on;
```

仿真结果如图 6.8.3 所示。

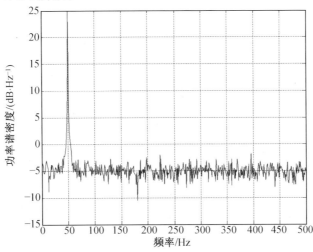

图 6.8.3 采用周期图法对含有噪声的正弦函数估计功率谱密度

从图 6.8.3 可见,在 50 Hz 时出现尖锐谱峰。采用周期图法的功率谱密度估计与例 3.9 中的仿真结果相似。

习　　题

6－1　设 X_n 是一个均值为 0、方差为 σ_X^2 的白噪声,Y_n 是单位冲激响应为 $h(n)$ 的线性时不变离散系统的输出,试证:

(1) $E[X_n Y_n] = h(0)\sigma_X^2$;

(2) $\sigma_Y^2 = \sigma_X^2 \sum\limits_{n=0}^{\infty} h^2(n)$。

6－2　单位冲激响应为

$$h(n) = \begin{cases} \dfrac{2}{\pi}\dfrac{\sin^2(n\pi/2)}{n} & (n \neq 0) \\ 0 & (n = 0) \end{cases}$$

的线性系统,受到平稳离散时间随机信号 X_n 的激励。已知 X_n 的自相关函数为 $R_X(m)$,记系统的输出为 Y_n。

(1) 试求 $R_Y(m)$;

(2) 试证:$R_{XY}(m) = -R_{XY}(-m)$。

6－3　令均值为 0、方差为 σ_X^2 的白噪声在 $n=0$ 时刻作用到单位冲激响应为 $h(n)$ 的系统的输入端,输出为 Y_n。

(1) 推导出 $E[Y_n]$ 的表达式;

(2) 推导出输出自相关函数 $R_Y(n_1, n_2)$ 的表达式。

6－4　设离散系统的单位冲激响应 $h(n) = na^{-n}U(n)(a > 1)$,该系统输入的自相关函数为 $R_X(m) = \sigma_X^2 \delta(m)$ 的白噪声,试求系统输出 Y_n 的自相关函数和功率谱密度。

第7章

非平稳随机信号分析与处理

前述各个章节均以平稳随机过程作为主要讨论对象,但实际上,还会碰到很多非平稳随机过程。通过本章的学习,理解非平稳处理的基本概念和实际通信系统中的非平稳随机信号,了解非平稳处理和分析的思路和方法,主要是时频分布的相关知识,另外还需掌握循环平稳随机过程的定义和循环自相关函数以及循环谱的概念。其基本知识点总结如下。

序号	内　　　　容	要求
1	非平稳的概念,不确定原理	理解
2	短时傅里叶变换、小波变换和时频分布的定义以及各自处理随机信号的优缺点。 短时傅里叶变换: $$\text{STFT}_x(t,\Omega) = \int x(\tau)g(\tau-t)e^{-j\Omega\tau}\,d\tau = \langle x(\tau), g(\tau-t)e^{j\Omega\tau}\rangle$$ 小波变换: $$\text{CWT}f(a,b) = \langle y(t), \psi_{a,b}(t)\rangle = \int_{-\infty}^{+\infty} y(t)\psi_{a,b}^*(t)\,dt = \frac{1}{\sqrt{a}}\int_{-\infty}^{+\infty} y(t)\psi*\left(\frac{t-b}{a}\right)dt$$ 时频分布: $$R(t,\tau) = \int_{-\infty}^{+\infty} \varphi(u-t,\tau)s(u+\tau/2)s^*(u-\tau/2)\,du$$ $$P(t,\omega) = \int_{-\infty}^{+\infty} R(t,\tau)e^{-j\omega\tau}\,d\tau$$	理解
3	时频分布的 4 条性质:实值性,能量特性,边缘特性和线性尺度变换	理解
4	循环平稳的概念,循环自相关和循环谱定义。 循环均值: $$M_X(t) = \sum_{a=-\infty}^{+\infty} M_X^a e^{j2\pi at}$$ 时间自相关函数: $$R_X(t;\tau) = E\left[X(t)X^*(t-\tau)\right] = \sum_{a=-\infty}^{+\infty} R_X^a(\tau)e^{j2\pi at}$$ 循环谱: $$S_X^a(f) = \int_{-\infty}^{+\infty} R_X^a(\tau)e^{-j2\pi f\tau}\,d\tau$$ 离散时间随机过程的循环谱: $$R_X^a(kT_s) = \langle X(nT_s+kT_s)X^*(nT_s)e^{-j2\pi anT_s}\rangle e^{-j\pi akT_s}$$	理解
5	循环谱的 6 条性质	理解

7.1 引　言

前面各个章节主要介绍了平稳随机过程的分析与处理的理论和方法,但实际上在通信中许多信号不具有平稳性,因此针对非平稳随机信号分析与处理就显得尤为重要。另外,非平稳分析和处理也能更多地反映通信信号的本质属性,更好地对各种通信信号参数进行识别和分析。

本章首先介绍非平稳随机过程的基本概念、基本理论和常用的时频分布理论、短时傅里叶变换等基本的非平稳随机信号分析理论。然后介绍循环平稳过程相关理论,主要包括循环平稳的定义、循环谱的定义和性质。这些都是通信调制信号循环谱的分析和循环谱应用的基础。随后,对几种常用调制信号的循环谱进行理论分析,给出它们在二维频率平面的幅度图。在本章的最后总结了循环谱在信号处理领域的许多应用以及优点。需要说明的是,对非平稳随机过程研究也和平稳随机过程一样,从时域和频域两个方面进行处理和研究。非平稳处理是以平稳处理为基础,在一段时间内可以把它们看成平稳随机过程。另外,为了方便,在本章把随机过程称为随机信号。

7.2　非平稳随机信号的概念和基本理论

根据第 2 章内容可知,所谓平稳是随机信号的统计特性不随时间变化。一般情况下,一阶和二阶统计特性不变的即可称为平稳随机信号。然而自然界中还有很多随机信号,其统计特性是随时间变化的,若该随机信号某阶统计量随时间变化,则称该随机信号为非平稳信号或时变信号。典型的如通信中的调制信号,若用确定信号处理的傅里叶变换对其进行处理就看不出频率如何随时间变化。

非平稳信号分析的研究工作最早是从 20 世纪 40 年代开始的。在 1946 年,Gabor 在他的一篇题为《通信理论》的论文中指出,"直到目前,通信理论一直是以信号分析的两种方法为基础的:一种是将信号描述成时间的函数,另一种是将信号描述成频率的函数。这两种方法都是理想化的 ……。但是,我们每一天的感受,特别是我们的听觉却一直同时使用时间和频率两者来描述。"当研究处理非平稳随机信号时,传统的傅里叶变换不能提供对这些信号频谱时变特性的有效分析和处理,也就是说,频谱和功率谱并不能清楚地描述信号的某个频率分量出现的具体时间及其变化趋势。为了分析和处理非平稳随机信号,半个多世纪以来,众多学者由傅里叶分析入手,提出并发展了一系列新的信号分析理论,主要包括短时傅里叶变、Gabor 变换、时频分析、小波变换、Randon－Winger 变换、分数阶傅里叶变换、线调频小波变换以及循环统计理论等。其中的短时傅里叶变换、Gabor 变换、小波变换都是时频分析的一种,它们是非平稳处理中比较成熟和重要的理论。时频分析的基本思想是构造时间和频率的联合函数,用它同时描述非平稳随机信号在不同时间和不同频率处的能量密度和强度。描述实际随机信号在时频域的变化规律,所构造的时间和频率的联合函数被称为时频分布。时频分析的基本目的在于构造一个能反映这种时变特性的时频联合分布。

7.2.1 非平稳分析中的不确定原理

令 $s(t)$ 是一个具有有限能量的零均值复信号，$s(t)$ 的有限时宽 $T=\Delta t$ 和频谱 $S(\omega)$ 的有限带宽 $B=\Delta\omega$（或用频率）分别称为该信号的时宽和带宽，定义为

$$T^2=(\Delta t)^2=\frac{\int_{-\infty}^{+\infty}t^2\mid s(t)\mid^2\mathrm{d}t}{\int_{-\infty}^{+\infty}\mid s(t)\mid^2\mathrm{d}t}, \quad B^2=(\Delta\omega)^2=\frac{\int_{-\infty}^{+\infty}\omega^2\mid s(\omega)\mid^2\mathrm{d}\omega}{\int_{-\infty}^{+\infty}\mid s(\omega)\mid^2\mathrm{d}\omega} \tag{7.2.1}$$

下面考虑时宽和带宽之间的关系。令信号 $s(t)$ 具有严格意义下的时宽，现在在不改变信号幅值的条件下沿时间轴拉伸信号。若 $s_k(t)=s(kt)$ 代表拉伸后的信号，其中 k 为拉伸比。由时宽 T 的定义知，拉伸信号的时宽是原信号时宽的 k 倍，即 $T_{s_k}=kT$。另外，计算拉伸信号的傅里叶变换得到 $S_k(\omega)=\frac{1}{k}S\left(\frac{\omega}{k}\right)$。再由带宽的定义可知，拉伸信号的带宽是原信号带宽的 $1/k$ 倍，即 $B_{s_k}=B/k$。这一结论说明了对于任意信号恒等关系式的可能性。当然，对于不同的信号，该常数可能不相同。不确定性原理准确描述了一个信号的时宽和带宽之间的这种基本关系。

不确定性原理：对于有限能量的任意信号，其时宽和带宽的乘积总是满足下面的不等式

$$TB=\Delta t\Delta f\geqslant\frac{1}{4\pi} \quad \text{或} \quad TB=\Delta t\Delta\omega\geqslant\frac{1}{2} \tag{7.2.2}$$

不确定性原理也称为测不准原理或者 Heisenberg 不等式。上式中的 Δt 和 Δf 分别称为时间分辨率和频率分辨率，它们表示的是信号的两时间点和两频率点之间的区分能力。

在信号处理尤其是非平稳信号处理中，窗函数常常起着关键的作用。所加窗函数能否正确反映信号的时频特性（即窗函数能否具有高的时间分辨率和频率分辨率），这与待分析信号的非平稳特性有关。不确定性原理的重要意义在于，同时具有任意小的时宽和任意小的带宽的窗函数根本不存在。

值得强调指出的是，对非平稳信号做加窗的局域处理，窗函数内的信号必须是基本平稳的，即窗宽必须与非平稳信号的局部平稳性相适应。因此，非平稳信号分析所能获得的频率分辨率与信号的"局域平稳长度"有关，长度很短的信号是不可能直接得到高的频率分辨率的。窗函数与局域平稳长度间的关系表明，在进行加窗处理时所采用的时频分布仅适用于分析局域平稳长度比较大的非平稳信号；若局域平稳长度很小，则这类加窗处理的时频分析方法效果较差。

7.2.2 短时傅里叶变换

傅里叶变换把信号的时域和频域联系起来，开拓了人们的视野。但根据傅里叶变换的定义可知其积分区间为从负无穷计算到正无穷，也就是说傅里叶变换是一种全局性变换，是从整体的角度对信号进行变换，这也就意味了它不能反映某个信号的频率出现的时刻，只能告诉我们信号包含了哪些频率分量。这些特点使傅里叶变换能够很好地处理那些频率成分不变的信号，而对于非平稳随机信号则无能为力，就是不能实现时频联合分析，这和实时性分析会有很大的矛盾。如图 7.2.1 所示，最上边的是频率始终不变的平稳信号，而下边两个则是频率随着时间改变的非平稳信号，它们同样包含和最上信号相同频率的 4 个成分。做傅里叶变换后可

以发现这 3 个时域上有巨大差异的信号,频谱(幅值谱)却非常一致。尤其是下边两个非平稳信号,我们从频谱上无法区分它们,因为它们包含的 4 个频率信号的成分确实是一样的,只是出现的先后顺序不同。

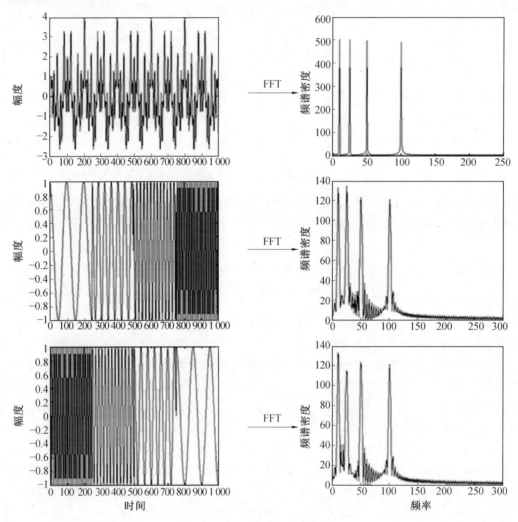

图 7.2.1　3 个信号的傅里叶变换

根据傅里叶变换这一缺点,Dennis Gabor 于 1946 年引入了短时傅里叶变换(Short-time Fourier Transform,STFT)。STFT 是非平稳信号分析中使用得最广泛的方法之一,它在傅里叶变换框架内,将非平稳信号看作是由一系列短时平稳信号构成,短时性通过时域加窗来实现,并通过一平移参数来平移窗函数以便覆盖整个时域。所以,短时傅里叶变换又称加窗傅里叶变换。后来的时间—频率分析也是以短时傅里叶变换为基础提出的。短时傅里叶变换的基本思想是:把信号分成许多小的时间隔,每个间隔内可以看成平稳随机信号,然后用傅里叶变换分析每一个时间间隔,以便确定该时间间隔存在的频率。在实际中信号的分段是采用给信号加上窗函数实现,对信号加窗后计算加窗函数的傅里叶变换,加窗后得到时间附近的很小时间上的局部谱,窗函数可以根据时间的位置变化在整个时间轴上平移,利用窗函数可以得到任意位置附近的时间段频谱,实现了时间局域化。短时傅里叶变换的公式为

$$\text{STFT}_x(t,\Omega) = \int_{-\infty}^{+\infty} x(\tau)g(\tau-t)\mathrm{e}^{-\mathrm{j}\Omega\tau}\,\mathrm{d}\tau = \langle x(\tau), g(\tau-t)\mathrm{e}^{\mathrm{j}\Omega\tau}\rangle \qquad (7.2.3)$$

在时域用窗函数去截信号,对截下来的局部信号做傅里叶变换,即在 t 时刻进行该段信号的傅里叶变换。不断地移动 t,也即不断地移动窗函数的中心位置,即可得到不同时刻的傅里叶变换,这样就得到了时间－频率分析的结果。

短时傅里叶变换的本质和傅里叶变换一样都是内积,只不过用 $g(\tau-t)\mathrm{e}^{\mathrm{j}\Omega\tau}$ 代替了 $\mathrm{e}^{\mathrm{j}\Omega\tau}$,实现了局部信号的频谱分析。因此短时傅里叶变换的另一种形式为

$$\text{STFT}_x(t,\Omega) = \frac{1}{2\pi}\int_{-\infty}^{+\infty} X(v)G(v-\Omega)\mathrm{e}^{\mathrm{j}(v-\Omega)t}\,\mathrm{d}v = \frac{1}{2\pi}\langle X(v), G(v-\Omega)\mathrm{e}^{-\mathrm{j}(v-\Omega)t}\rangle \,(7.2.4)$$

该式表明在时域里 $x(\tau)$ 加窗函数 $g(t-\tau)$ 对应在频域里对 $X(v)$ 加窗 $G(v-\Omega)$。

一般来说窗函数是一光滑的低通函数,只在 τ 的附近有值,在其他地方则迅速衰减。这样,便得到函数在时刻 τ 附近的频率信息(即:频率为 ω 的信号成分的相对含量)。随着时间 τ 的变化,所确定的窗函数在时间轴上移动,对信号逐渐进行分析。这样信号在窗函数上的展开就可以表示为 $[\tau-\delta,\tau+\delta]$、$[\omega-\varepsilon,\omega+\varepsilon]$ 这一区域内的状态,δ 和 ε 分别称为窗的时宽和频宽,表示时频分析中的分辨率,窗宽越小则分辨率就越高。很显然,希望 δ 和 ε 都非常小,以便有更好的时频分析效果,但海森堡(Heisenberg)测不准原理(Uncertainty Principle)指出 δ 和 ε 是互相制约的,需要满足 $\delta\varepsilon\geqslant\dfrac{1}{2}$,也就是说两者不可能同时都任意小。仅当 $g(t)=\dfrac{1}{\delta\pi^{\frac{1}{4}}}\mathrm{e}^{\frac{t^2}{2\delta^2}}$ 为高斯函数时,等号成立。这表明,任一方分辨率的提高都意味着另一方分辨率的降低。由此可见,短时傅里叶变换虽然在一定程度上克服了标准傅里叶变换不具有局部分析能力的缺陷,但它也存在着自身不可克服的问题,即当窗函数确定后,τ、ω 只能改变窗在相平面上的位置,而不能改变窗的形状。可以说短时傅里叶变换实质上是具有单一分辨率的分析方法,若要改变分辨率,则必须重新选择窗函数。

因此,短时傅里叶变换用来分析局部平稳信号犹可。但对非平稳信号,在信号波形变化剧烈的时刻,主频是高频,要求有较高的时间分辨率(即 δ 要小),而波形变化比较平缓的时刻,主频是低频,要求有较高的频率分辨率(即 ε 要小)。而短时傅里叶变换不能兼顾两者,也就是说短时傅里叶变换存在时间分辨率和频率分辨率的矛盾:窗函数时宽越窄,时间分辨率越高,但这时带通滤波器的通带越宽,频率分辨率也就越低,反之亦然。

比如,原始信号是包含 4 个频率分量的余弦信号,采用 Matlab 软件进行短时傅里叶分析。当选择如图 7.2.2 所示的窗函数时,此时对应的短时傅里叶变换如图 7.2.3 所示。

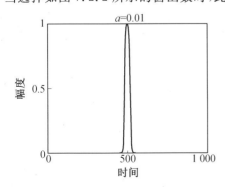

图 7.2.2　窗函数图

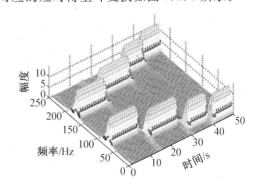

图 7.2.3　短时傅里叶变换

由图 7.2.3 可以看出,时域的分辨率比较好,但是频率出现一定宽度的带宽,也就是说频率分辨率差。当选如图 7.2.4 所示的窗函数时,其对应的短时傅里叶变换如图 7.2.5 所示。

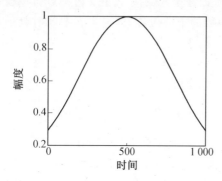

图 7.2.4　窗函数图

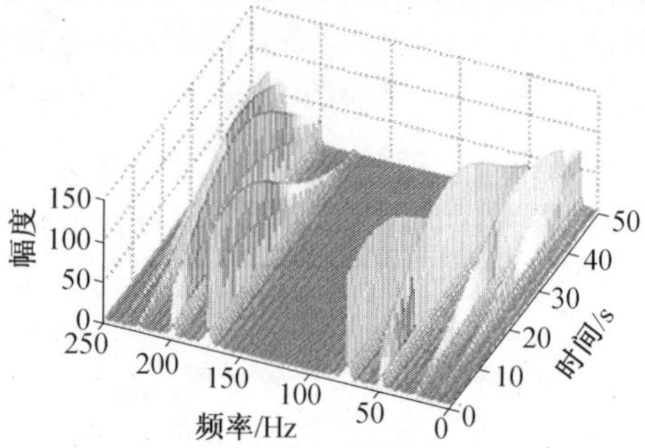

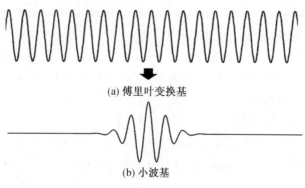

图 7.2.5　短时傅里叶变换

由图 7.2.5 可以看出,频率的分辨率比较好,但是时域分辨率差,近似接近傅里叶变换。由图 7.2.2 和图 7.2.5 可以看到短时傅里叶变换的缺点。

短时傅里叶变换克服了传统傅里叶变换不能处理非平稳信号的致命缺陷,通过加窗操作实现了对信号局部特性的分析,但由于所加窗函数固定不变,使频率分辨率恒定,对于不同的非平稳信号缺乏自适应性。因此短时傅里叶变换针对特定的窗函数而言只对某一时频范围内的信号有效,若信号中既包含高频成分也包含低频成分,则短时傅里叶变换将不再适用,这也就迫使人们寻找时频局部性更好的自适应的时频分析方法,小波变换便是在傅里叶变换之后出现的一种最常用的有效时频分析工具。小波变换并没有采用窗的思想,更没有做傅里叶变换,小波变换将无限长的三角函数基(傅里叶变换基)换成了有限长的会衰减的小波基,如图 7.2.6 所示。

（a) 傅里叶变换基

（b) 小波基

图 7.2.6　傅里叶变换基和小波基

这样不仅能够获取频率,还可以定位到时间。小波变换基于小波函数展开,是把小波函数作为一组基的信号分解方法,小波基函数会伸缩、会平移(其实是两个正交基的分解)。缩得窄,对应高频;伸得宽,对应低频。然后这个基函数不断和信号相乘。某一个尺度(宽窄)下乘出来的结果,就可以理解成信号所包含的当前尺度对应频率成分有多少。于是,基函数会在某些尺度下,与信号相乘得到一个很大的值,因为此时二者有一种重合关系。那么就知道信号包含该频率的成分的多少。其总体思路为:首先给定一个母小波 $\psi(t)$,母小波是一个具有快速衰减性和震荡性的函数,且母小波是平方可积的函数,即 $\psi(t) \in L^2(R)$,其中 $L^2(R)$ 表示平方可积空间或者能量有限空间,即母小波满足

$$C_{\psi} = \int_{-\infty}^{+\infty} \frac{|\psi(\omega)|}{|\omega|} \mathrm{d}\omega < +\infty \tag{7.2.5}$$

小波变换实际上是基于小波基函数的信号分解,小波基函数的获取方法是将母小波进行伸缩和平移,即

$$\psi_{a,b}(t) = \frac{1}{\sqrt{a}}\psi\left(\frac{t-b}{a}\right) \tag{7.2.6}$$

其中,a 为尺度因子;b 为位移因子;$\psi_{a,b}(t)$ 称为小波基函数,实际中存在多种形式的小波基函数。对于连续信号 $y(t)$ 的连续小波变换可以定义为

$$\mathrm{CWT}f(a,b) = \langle y(t), \psi_{a,b}(t)\rangle = \int_{-\infty}^{+\infty} y(t)\psi_{a,b}^*(t)\mathrm{d}t = \frac{1}{\sqrt{a}}\int_{-\infty}^{+\infty} y(t)\psi^*\left(\frac{t-b}{a}\right)\mathrm{d}t \tag{7.2.7}$$

其中,$\mathrm{CWT}f(a,b)$ 表示小波变换系数,是尺度因子 a 和位移因子 b 的函数,通过改变 a 和 b 调节时频窗的大小和形状,使得小波变换具有更强的时域局部化能力,更有利于分析信号的时频域特性。式(7.2.7) 可以用图 7.2.7 进行形象表示。

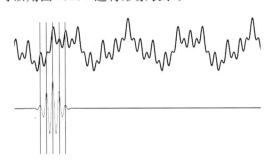

图 7.2.7　小波变换示意图

从傅里叶变换到短时傅里叶变换再到小波变换,其时频分辨能力逐渐增强,由傅里叶变换只对频率具有全局性变化到短时傅里叶变换加窗增加了时域的局部性分析,但由于窗函数的固定性局限发展了可以自适应调节的小波函数,因此小波变换具有多分辨分析的能力,可以自动调节滤波窗的大小以适应不同的频率,不仅具有频率局部性也具有时间局部性,是目前在非平稳信号的分析和处理领域应用最广泛的一种时频分析方法。上述介绍的傅里叶变换和小波变换均是基于一系列正交基的信号分解问题,要求基互相正交,这也限制了信号的表示形式,使得信号的分解受到正交基的约束,无法达到最简洁最适合的分解结果,因此继续寻找更加简洁、自适应的信号分解方法仍然是一个值得研究的课题。

7.2.3　时频分布

前面介绍短时傅里叶变换和小波变换都属于线性时频表示的范畴,所谓时频表示就是使用时间和频率的联合函数来表示信号,其实质是将信号分解成在时间域和频率域均集中的基本成分的加权和。线性时频表示方法虽然计算简单,且无交叉项干扰,但是受不确定性原理的约束,信号的时频分辨率受到一定的限制。因此,描述时间 — 频率能量分布时,即瞬时功率谱密度,二次时频表示将是一种更加直观、合理的信号表示方法,因为能量本身就是一种二次型表示。一个"能量化"的时频表示应该能综合瞬时功率和能量谱密度的概念,并满足一定的边缘条件,因此时频分布是能够描述信号的能量密度分布的二次型时频表示。信号能量能够由

时频表示在整个时－频平面上的积分得到。时频表示的边缘属性同信号能量密度和频率能量谱密度是分别相关的。但是,它们不能保证该时频表示在时频平面的每个点上都能代表时频能量密度,这是由不确定性原理决定的。

许多二次时频表示都可以粗略地表示信号能量,但是它们不一定都满足边缘条件。谱图和尺度图就是典型的两个例子,它们分别定义为短时傅里叶变换模的平方和小波变换模的平方。尺度图可以被看作是具有恒 Q 特性的谱图。谱图已经被广泛应用于语音信号和其他非平稳信号的分析,类似的时变频谱表示还有声呐图等。由于存在时宽和带宽分辨率的矛盾,而且一般信号,尤其是时变特性明显的信号,只能取很短的时间窗去适应信号的快速变化,所以谱图和尺度图对能量分布的描述也是非常粗糙的。为了能更加准确地描述信号的时频分布,特别是能够描述信号的能量密度分布,有必要研究其他性能更好的"能量化"二次型时频表示。这种"能量化"二次型时频表示通常被统称为时频分布。

考虑非平稳信号 $s(t)$,对 $s(t)$ 进行时频分析的主要目的是要设计时间和频率的联合函数,用它表示单位时间和单位频率的能量。这种时间和频率的联合函数 $P(t,\omega)$ 就是信号的时频分布。这样,$P(t,\omega)$ 表示在时间 t 和频率 ω 的能量密度,$P(t,\omega)\Delta t\Delta\omega$ 表示在 t、ω 时频点处,时间－频率局部范围内的能量。局部相关函数和特征函数是时频分布中的两个重要物理量。可以分别利用局部相关函数和特征函数来获取信号的时频分布 $P(t,\omega)$,而且对局部相关函数和特征函数取不同的表达形式,可以获得不同形式的时频分布。

在傅里叶分析中,信号的瞬时功率是信号模的平方,用公式表示为 $|s(t)|^2$。$|s(t)|^2\Delta t$ 表示在 t 时刻时间间隔 Δt 内的能量。信号傅里叶模的平方是能量谱密度。$|S(\omega)|^2$ 表示在 ω 频率处每单位频率的强度,即瞬时功率,$|S(\omega)|^2\Delta\omega$ 表示在 ω 频率的频率间隔 $\Delta\omega$ 内的能量。信号的瞬时功率实际上是一种二次型 $s(t)s^*(t)$(双线性变换)。在平稳信号里,这种二次型经常被用于获得相关函数和功率谱

$$R(\tau)=\int_{-\infty}^{+\infty}s(t)s^*(t-\tau)\mathrm{d}t,\quad P(\omega)=\int_{-\infty}^{+\infty}R(\tau)\mathrm{e}^{-\mathrm{j}\omega\tau}\,\mathrm{d}\tau \tag{7.2.8}$$

除以上形式外,自相关函数也可采用对称形式定义为

$$R(\tau)=\int_{-\infty}^{+\infty}s(t+\tau/2)s^*(t-\tau/2)\mathrm{d}t \tag{7.2.9}$$

平稳信号自相关函数和功率谱的上述定义公式很容易推广到非平稳信号,而且在非平稳信号分析中,对称形式的时变自相关函数 $R(t,\tau)$ 比非对称形式更有用,因为信号对称形式的双线性变换 $s(t+\tau/2)s^*(t-\tau/2)$ 更能表现出非平稳信号的一些重要特性。不过,对非平稳信号采用双线性变换时,为了体现信号的局部时频特性,应做类似于短时傅里叶变换的滑动窗处理,同时沿 τ 轴加权,得到时变相关函数

$$R(t,\tau)=\int_{-\infty}^{+\infty}\varphi(u-t,\tau)s(u+\tau/2)s^*(u-\tau/2)\mathrm{d}u \tag{7.2.10}$$

式中,$\varphi(u-t,\tau)$ 为窗函数;$R(t,\tau)$ 为局部相关函数。对局部相关函数 $R(t,\tau)$ 做傅里叶变换,又可得到时变功率谱,也就是信号能量的时频分布,即有

$$P(t,\omega)=\int_{-\infty}^{+\infty}R(t,\tau)\mathrm{e}^{-\mathrm{j}\omega\tau}\,\mathrm{d}\tau \tag{7.2.11}$$

式(7.2.11)表明,时频分布 $P(t,\omega)$ 也可利用局部相关函数 $R(t,\tau)$ 来定义。事实上,如果取不同的局部相关函数形式,就能够得到不同的时频分布。

进一步取窗函数 $\varphi(u-t,\tau)=\delta(u-t)$（即对 τ 不加限制,而在时域取瞬时值）,则有

$$R(t,\tau)=\int_{-\infty}^{+\infty}\delta(u-t)s(u+\tau/2)s^*(u-\tau/2)\mathrm{d}u=s(t+\tau/2)s^*(t-\tau/2)\quad(7.2.12)$$

称式(7.2.12)中的局部相关函数为瞬时相关函数,它的傅里叶变换就是著名的 Wigner-Ville 分布

$$W(t,\omega)=\int_{-\infty}^{+\infty}s(t+\tau/2)s^*(t-\tau/2)\mathrm{e}^{-\mathrm{j}\omega\tau}\mathrm{d}\tau\quad(7.2.13)$$

由于 Wigner $-$ Ville 分布反映了非平稳信号的时变频谱特性,加之能做相关化解释,从而成为非平稳信号分析处理的一个有力的工具。但是由于其对多分量信号产生无法解释的难以抑制的交叉项干扰,从而限制了它的发展。下面介绍时频分布的基本性质。

性质 1　实值性

时频分布的实值性是指时频分布必须是实的。应当指出,作为能量密度的表示,时频分布不仅应该是实数,而且应当是非负的。但是,实际的时频分布却难以保证总取正值。

性质 2　能量特性

通过在全部时间和频率范围内积分,就可以得到总能量。另一种方式是在$(0,0)$点计算特征函数也可以得到总能量。 一般地,分布的总能量应该是信号的总能量,即

$$E=\int_{-\infty}^{+\infty}\int_{-\infty}^{+\infty}P(t,\omega)\mathrm{d}t\mathrm{d}\omega=2\pi\int_{-\infty}^{+\infty}|s(t)|^2\mathrm{d}t=\int_{-\infty}^{+\infty}|S(\omega)|^2\mathrm{d}t\quad(7.2.14)$$

注意,如果联合密度满足边缘条件,那它就会自然地满足总能量的要求,但是相反的说法并不一定正确。联合密度满足总能量要求而不满足边缘条件的情况是可能的。总能量要求是一个弱的要求,这就是许多不满足总能量要求的分布仍然可以给出一个好的时频表示的原因。

性质 3　边缘特性

时频分布的边缘特性可以描述为

$$\int_{-\infty}^{+\infty}P(t,\omega)\mathrm{d}t=|S(\omega)|^2,\quad\int_{-\infty}^{+\infty}P(t,\omega)\mathrm{d}\omega=2\pi|s(t)|^2\quad(7.2.15)$$

即时频分布关于时间 t 和频率 ω 的积分分别给出信号在频率 ω 的谱密度和信号在 t 时刻的瞬时功率。

性质 4　线性尺度变换

对于一个信号 $s(t)$,由 $s_a(t)=\sqrt{a}s(at)$ 给定的信号是一个 $s(t)$ 的尺度变换形式,新信号被放大或者被缩小,取决于 a 是小于 1 还是大于 1。平方根因子 $\sqrt{a}$ 保持规范化和原信号一样。尺度变换信号的频谱是

$$S_a(\omega)=\frac{1}{\sqrt{a}}S\left(\frac{\omega}{a}\right)\quad(7.2.16)$$

可以看出,如果信号被压缩,那么频谱就被扩展,反之亦然。如果要求这些关系式对于联合分布也成立,那就必须有

$$P_a(t,\omega)=P(at,\frac{\omega}{a})\quad(7.2.17)$$

尺度变换分布满足尺度变换信号的边缘,也就是

$$\int_{-\infty}^{+\infty}P_a(t,\omega)\mathrm{d}\omega=|s_a(t)|^2=a|s(at)|^2\quad(7.2.18)$$

1966 年,L. Cohen 利用特征函数和算子理论将各种形式的时频表示方法之间的关系做了研究,指出包括 STFT 谱图在内,所有的二次型时频分布都可以通过对 Wigner－Ville 分布的时频二维卷积得出,因此将它们统称为 Cohen 类时频分布。Cohen 类时频表示的一个最大特点是时移不变与频移不变特性自动满足。由于只是各种变形 Wigner－Ville 分布的统一形式,Cohen 类仍避免不了交叉项干扰这个缺点。近年来发展起来的自适应时频分析,由于自适应方法潜在的优异性能,引起了人们的广泛关注,形成了非平稳信号处理领域内时频分析研究的一个新热点。

7.3　循环平稳随机信号

许多人工信号和天然信号相关函数虽然是时变的,但是却随时间的变化呈现出周期性。对平稳脉冲序列的幅度、脉宽和脉冲位置进行随机调制,对平稳随机信号的周期性采样、编码等都将产生循环平稳信号。另外,通信系统中的各种键控调制信号也是循环平稳信号。这类循环平稳信号有一个共同的性质,即所谓的谱冗余(谱相关)。充分利用谱冗余对信号进行处理,可以使之具有一些新的性质,对信号的本质有更清晰的认识。通过研究发现,把信号建模成循环平稳过程一方面反映了信号统计量随时间的变化,弥补了平稳信号处理的不足,更多地反映信号的本质特征;另一方面认为信号的统计量周期变化,简化了一般的非平稳信号处理。因而它是介于平稳和非平稳信号处理之间的一种解决方案,能比平稳信号处理得到更满意的结果,而比非平稳信号处理更简洁,更易于实现,利于实时化。因此,采用循环谱理论解决调制方式识别和高动态同步问题有其独特的优越性。

通信信号常用待传输信号对周期性信号的某个参数进行调制,如对正弦载波进行调幅、调频和调相,以及对周期性脉冲信号进行脉幅、脉宽和脉位调制,都会产生具有周期平稳性的信号;信号的编码和多路转换也都具有周期平稳性质。在过去,通信信号常常按照平稳随机信号来处理,即使各采样时间段的观测信号并不是平稳时间序列。这通常是通过引入相位随机化变量将通信信号建模成平稳随机信号。如果在这种情况下求助于遍历性,那么根据该随机信号的单个采样时间段计算得到的统计量(例如矩和累积量)就可能是错误的,因为它们不一定与该过程的概率函数相匹配。这样一类建模方法是不可取的。正确的做法是考虑通信信号的循环遍历性。

把通信信号建模成循环平稳过程是在 20 世纪 50 年代,在 1958 年 Bennett 首次利用"循环平稳过程"表述均值和自相关函数周期性变化的随机信号。Bennett 研究了周期平稳过程的基本问题,主要包括自相关函数的傅里叶变换和傅里叶系数估计以及引入随机相位对平稳过程的影响。Brelsford 和 Jones 研究了循环平稳过程的线性预测问题。Franks 和 Gardner 详细地研究了循环平稳过程,主要内容包括通信信号的循环平稳过程建模、循环平稳过程的序列表示以及 MMSE(Minimum Mean-square Estimation) 线性滤波方法,时间平均以及循环平稳过程理论在信号检测和到达时间上的应用。在此基础上 Gardner 等人系统研究了循环平稳过程,把各种通信调制信号建模成循环平稳过程,对它们的循环谱进行研究,提出了循环平稳过程的循环矩和循环累积量理论。另外,W. Brown 和 L. Izzo 等人也对循环平稳过程的发展做了一些贡献。

循环平稳随机信号是一种特殊的非平稳随机信号。它的统计特性虽然是非平稳的,但却随时间的变化呈现出周期性平稳变化。

7.3.1　循环平稳和循环谱的定义

通常把统计特性呈周期平稳变化的信号统称为循环平稳或周期平稳(cyclostationary)过程。根据所呈现的周期性的统计数字特性,循环平稳过程还可进一步分为一阶(均值)、二阶(相关函数)和高阶(高阶累积量)循环平稳。

假设随机信号 $X(t)$,如果它的均值 $M_X(t)=E[X(t)]$ 为一周期函数,则称 $X(t)$ 为一阶循环平稳过程。循环平稳过程的均值展开为傅里叶级数为

$$M_X(t) = \sum_{\alpha=-\infty}^{+\infty} M_X^{\alpha} e^{j2\pi\alpha t} \tag{7.3.1}$$

其中,$\alpha = m/T_0$,T_0 为均值的周期;M_X^{α} 为傅里叶级数系数,其计算公式为

$$M_X^{\alpha} = \frac{1}{T_0} \int_{-T_0/2}^{T_0/2} M_X(t) e^{-j2\pi\alpha t} dt \tag{7.3.2}$$

如果随机信号 $X(t)$ 是一个零均值的非平稳复信号,由于均值为零,它不可能满足式(7.3.2),取其相关函数,即

$$R_X(t;\tau) = E[X(t)X^*(t-\tau)] \tag{7.3.3}$$

如果自相关函数 $R_X(t;\tau)$ 是周期信号,则称 $X(t)$ 为二阶循环平稳过程。按照高阶矩和高阶累积量理论,它应被称为二阶时变矩。相关函数也可写成时间平均的形式,如

$$R_X(t;\tau) = \lim_{N\to+\infty} \frac{1}{2N+1} \sum_{n=-N}^{N} X(t+nT_0)X^*(t+nT_0-\tau) \tag{7.3.4}$$

其中,N 是数据个数。由于 $R_X(t;\tau)$ 是周期信号,展开为傅里叶级数如

$$R_X(t;\tau) = \sum_{\alpha=-\infty}^{+\infty} R_X^{\alpha}(\tau) e^{j2\pi\alpha t} \tag{7.3.5}$$

其中,$\alpha = m/T_0$,T_0 为均值的周期。傅里叶级数的傅里叶系数为

$$R_X^{\alpha}(\tau) = \frac{1}{T_0} \int_{-T_0/2}^{T_0/2} R_X(t;\tau) e^{-j2\pi\alpha t} dt \tag{7.3.6}$$

把式(7.3.4)代入式(7.3.6),整理得到

$$R_X^{\alpha}(\tau) = \lim_{T_0\to+\infty} \frac{1}{T_0} \int_{-T_0/2}^{T_0/2} X(t)X^*(t-\tau) e^{-j2\pi\alpha t} dt = \langle X(t) \cdot X^*(t-\tau) e^{-j2\pi\alpha t} \rangle \tag{7.3.7}$$

它表示循环频率为 α 的循环自相关强度,根据式(7.3.7)它还是 τ 的函数,简称循环自相关函数。从公式可以看出,循环自相关函数实际是在不同循环频率 α 上,对输入信号的相关函数 $R_X(t,t+\tau)$ 乘上不同的时变旋转因子 $e^{-j2\pi\alpha t}$,使得信号的自相关函数在相位上达到或接近一致,在不同循环频率上实现相干累积,故输入信号的循环谱在某些循环频率处出现谱峰。因此能实现相干累积。

对(7.3.7)式做傅里叶变换,得到

$$S_X^{\alpha}(f) = \int_{-\infty}^{+\infty} R_X^{\alpha}(\tau) e^{-j2\pi f\tau} d\tau \tag{7.3.8}$$

$S_x^{\alpha}(f)$ 被称为循环谱密度函数(Cyclic Spectrum Density,CSD),也称循环谱。实际上就是循环周期信号的自相关函数和它的傅里叶变换。在高阶矩的定义中,它对应二阶循环矩。

根据循环平稳过程的遍历性,循环自相关函数也可以写成

$$R_X^\alpha(\tau) = \langle X(t+\tau/2) \cdot X^*(t-\tau/2) \mathrm{e}^{-\mathrm{j}2\pi\alpha t} \rangle \tag{7.3.9}$$

该式表明了循环自相关函数最本质的解释,它表示延迟乘积信号 $X(t+\tau/2)X^*(t-\tau/2)$ 在频率 α 处的傅里叶系数。通过式(7.3.5)可以看出,一个循环平稳过程的循环频率有很多个,循环频率 $\alpha=0$ 对应过程的平稳部分,此时式(7.3.9)表示为

$$R_X^\alpha(\tau) = \langle X(t+\tau/2) \cdot X^*(t-\tau/2) \rangle \tag{7.3.10}$$

比较式(7.3.9)和式(7.3.10),可以看出循环自相关函数是相关函数在循环平稳域的推广,即在时间平均运算中引入循环权重 $\mathrm{e}^{-\mathrm{j}2\pi\alpha t}$,因子只有 $\alpha \neq 0$ 处的值才能刻画过程的循环平稳性。

如果令 $u(t) = X(t)\mathrm{e}^{-\mathrm{j}\pi\alpha t}$,$v(t) = X(t)\mathrm{e}^{\mathrm{j}\pi\alpha t}$,则式(7.3.6)变为

$$R_X^\alpha(\tau) = R_{uv} = \langle u(t+\tau/2) \cdot v^*(t-\tau/2) \rangle \tag{7.3.11}$$

它也表示函数 $u(t)$ 和 $v(t)$ 的互相关函数,由此可知,随机信号的循环自相关函数是随机信号两个频移信号之间的时间平均互相关函数。可以看出,式(7.3.11)是 $u(t)$ 和 $v^*(-t)$ 的卷积,因此在频域上表现为乘积。因此 $R_X^\alpha(\tau)$ 的傅里叶变换 $S_X^\alpha(f)$ 可以用 $u(t)$ 和 $v^*(-t)$ 两者的傅里叶变换的乘积表示。根据傅里叶变换的性质可知

$$U(f) = X(f+\alpha/2), \quad V(f) = X(f-\alpha/2) \tag{7.3.12}$$

因此,循环谱可以表示为

$$S_X^\alpha(f) = S_{UV}(f) \tag{7.3.13}$$

它表示循环平稳过程的频谱中某频率 f 的循环谱密度值可以用 $f+\alpha/2$ 与 $f-\alpha/2$ 谱分量的互相关求得。因此可以对循环谱做归一化处理,得到

$$\rho_X^\alpha(f) = \frac{S_{UV}(f)}{\sqrt{S_u(f)\,S_v(f)}} = \frac{S_X^\alpha(f)}{\sqrt{S_X^\alpha(f+\alpha/2)S_X^\alpha(f-\alpha/2)}} \tag{7.3.14}$$

它被称为谱相关系数,如果 $\rho_X^\alpha(f_0)=1$,则说明在频率 $f_0+\alpha/2$ 和 $f_0-\alpha/2$ 处的谱分量是完全相关的,这种特殊的谱相关特性称为谱冗余,它是一般平稳信号所没有的。

7.3.2 离散时间平稳过程的循环谱

在连续信号的情况下,使用对称的延迟乘积 $X(t+\tau/2)X^*(t-\tau/2)$ 定义循环自相关函数。对于离散循环平稳信号而言,由于在给定的两个采样值之间可能没有中间的那个采样值,因此需要使用非对称的形式定义循环自相关函数

$$R_X^\alpha(kT_s) = \langle X(nT_s+kT_s) \cdot X^*(nT_s)\mathrm{e}^{-\mathrm{j}2\pi\alpha nT_s} \rangle \mathrm{e}^{-\mathrm{j}\pi\alpha kT_s} \tag{7.3.15}$$

其中 $\langle \cdot \rangle$ 表示在变量时间域内的离散时间平均运算。注意,这里使用的是在 $\tau=kT_s$ 和 $\tau=0$ 处的延迟。与连续情况的定义相比,离散循环平稳信号的循环自相关函数增加了一个校正环节 $\mathrm{e}^{-\mathrm{j}\pi\alpha kT_s}$,这是为了最终的结果和连续时的情况一样。

理论上,循环谱可以完全抑制各种平稳噪声。对非平稳干扰,只要干扰的周期频率与信号的周期频率不同,就能够在循环谱平面分开。然而由于循环谱估计算法复杂,在估计信号周期谱时只能使用很短的(相对)数据,因而不能完全抑制。因此,要使循环谱检测方法实用化,必须寻找循环谱估计的快速算法。

由于本书不采用高阶循环平稳过程理论作为研究问题的工具,因此,在此不做介绍。

7.3.3 循环谱的性质

本节根据循环平稳和循环谱的定义给出循环谱的各种性质,这样能够正确理解和应用这

些性质解决实际问题。

1. 信号相乘的循环谱

如果 $X(t)=r(t)s(t)$，$r(t)$ 和 $s(t)$ 都是循环平稳过程，且相互独立，则 $X(t)$ 的循环自相关函数是 $r(t)$ 和 $s(t)$ 的循环自相关函数在循环频率域的离散卷积，即有

$$R_X^\alpha(\tau)=\sum_\beta R_r^\beta(\tau)\,R_s^{\alpha-\beta}(\tau) \tag{7.3.16}$$

取式(7.3.16)的傅里叶变换得到

$$S_X^\alpha(f)=\sum_\beta\int_{-\infty}^{+\infty} S_r^\beta(v)\,S_s^{\alpha-\beta}(f-v)\mathrm{d}v \tag{7.3.17}$$

2. 信号相加的循环谱

如果 $X(t)=r(t)+s(t)$，$r(t)$ 和 $s(t)$ 都是循环平稳过程，并且二者互不相关，则

$$S_X^\alpha(f)=S_r^\alpha(f)+S_s^\alpha(f) \tag{7.3.18}$$

3. 采样信号的循环谱

采样可以看成连续平稳过程 $X(t)$ 和一个周期的冲激函数相乘，即

$$X(n)=X(t)p(t) \tag{7.3.19}$$

其中

$$p(t)=\sum_{n=-\infty}^{+\infty}\delta(t-nT_s)=\frac{1}{T_s}\sum_{n=-\infty}^{+\infty}\mathrm{e}^{\mathrm{j}2\pi m/(T_s t)} \tag{7.3.20}$$

代入到(7.3.17)中的循环谱公式，得到采样信号的循环谱

$$\hat{S}_s^\alpha(f)=\frac{1}{T}\sum_{m,n=-\infty}^{+\infty} S_s^{\alpha+m/T}\left(f+\frac{m}{2T}+\frac{n}{T}\right) \tag{7.3.21}$$

T 为采样周期。图 7.3.1 是原始信号循环谱的支撑区，图 7.3.2 为采样信号循环谱的支撑区。图中 B 为信号的带宽。

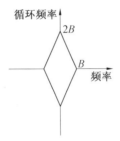

图 7.3.1　原始信号循环谱的支撑区

4. 滤波信号的循环谱

当一个循环平稳过程通过一个时不变系统(即滤波器)产生的一个循环平稳过程时，它的循环谱推导如下。

$$X(t)=h(t)*z(t)=\int_{-\infty}^{+\infty} h(u)z(t-u)\mathrm{d}u \tag{7.3.22}$$

$$R_X^\alpha(\tau)=\langle X(t+\tau/2)\mathrm{e}^{-\mathrm{j}\pi\alpha t}\cdot[X(t-\tau/2)\mathrm{e}^{\mathrm{j}\pi\alpha t}]^*\rangle \tag{7.3.23}$$

则

$$S_X^\alpha(f)=H(f+\alpha/2)H^*(f-\alpha/2)S_z^\alpha(f) \tag{7.3.24}$$

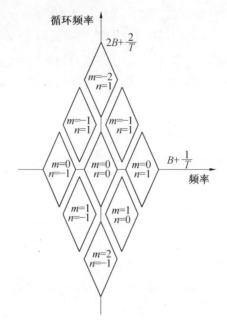

图 7.3.2　采样信号循环谱的支撑区

但相干系数不变,即

$$|\rho_z^a(f)| = |\rho_X^a(f)| \tag{7.3.25}$$

5. 离散信号的循环谱

如果 $X(n)$ 为平稳随机信号,且是 $X(t)$ 的采样信号,那么 $X(n)$ 的循环谱可表达为

$$S_X^a(f) = \begin{cases} 0 & \text{(其他)} \\ S_X(f + \alpha/2) & (\alpha = k/T) \end{cases} \tag{7.3.26}$$

其中 T 代表采样周期。证明参考公式(7.3.15)的离散平稳循环过程的循环谱定义。

6. 循环谱的对称性

循环谱函数关于循环频率和谱频率都是偶对称。

$$S_X^a(f) = S_X^a(-f) \tag{7.3.27}$$

$$S_X^a(f) = S_X^{-a}(f) \tag{7.3.28}$$

通过循环谱的理论和性质,可知信号循环谱典型的循环频率主要包括脉冲周期、键控速度、扩频码速率、编码重复率以及载波频率。

7.3.4　通信调制信号的循环谱

Gardner 等人研究了各种常规调制信号和高斯噪声的循环谱。利用他们的方法和理论以及循环谱的性质可以分析其他调制信号的循环谱。基于以上原因,本节给出几种传统的调制信号的循环谱。所有的图中采用归一化处理。

1. 连续 AM 信号的循环谱

其时域表达式为 $X(t) = a(t)\cos(2\pi f_0 t + \theta)$,$a(t)$ 是纯平稳随机信号,根据式(7.3.6)得到傅里叶级数的系数为

$$R_X^\alpha(\tau) = \begin{cases} 1/4 e^{\pm j2\theta} R_a(\tau) & (\alpha = \pm 2 f_0) \\ 1/2 R_a(\tau)\cos(2\pi f_0\tau) & (\alpha = 0) \\ 0 & (\text{其他}) \end{cases} \tag{7.3.29}$$

对式(7.3.29)进行傅里叶变换得到连续 AM 信号的循环谱公式

$$S_X^\alpha(f) = \begin{cases} 1/4 e^{\pm j2\theta} S_a(f) & (\alpha = \pm 2 f_0) \\ 1/4[S_a(f + f_0) + S_a(f - f_0)] & (\alpha = 0) \\ 0 & (\text{其他}) \end{cases} \tag{7.3.30}$$

式(7.3.30)表示的 AM 信号循环谱的幅度示意图如图 7.3.3 所示。其中载波频率归一化为 1/3 Hz。

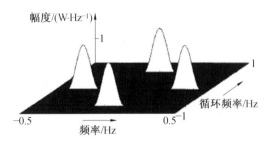

图 7.3.3 连续 AM 信号的循环谱幅度

2. PAM 信号的循环谱

其时域表达式为

$$X(t) = \sum_{n=-\infty}^{+\infty} a(n T_0) P(t - n T_0 + \varepsilon) \tag{7.3.31}$$

其中 $a(n T_0)$ 为平稳随机信号。根据循环谱性质,相当于

$$h(t, u) = \sum_{n=-\infty}^{+\infty} P(t - n T_0 + \varepsilon)\delta(u - n T_0) \tag{7.3.32}$$

则式(7.3.31)变为

$$X(t) = a(t)h(t, u) \tag{7.3.33}$$

求其循环谱得到

$$S_X^\alpha(f) = \frac{1}{T_0^2} P(f + \alpha/2) P^*(f - \alpha/2) \sum_{m,n=-\infty}^{+\infty} S_a^{\alpha+m/T_0}\left(f - \frac{m}{2T_0} - \frac{n}{T_0}\right) e^{j2\pi\alpha\varepsilon} \tag{7.3.34}$$

再根据循环谱性质得到

$$S_X^\alpha(f) = \begin{cases} 0 & (\text{其他}) \\ \dfrac{1}{T_0} P(f + \alpha/2) P^*(f - \alpha/2) S_a(f + \alpha/2) e^{j2\pi\alpha\varepsilon} & (\alpha = k/T_0) \end{cases} \tag{7.3.35}$$

对应的循环自相关函数为

$$R_X^\alpha(\tau) = \begin{cases} \dfrac{1}{T_0} \sum_{n=-\infty}^{+\infty} R_a(n T_0) r_p^\alpha(\tau - n T_0) e^{j2\pi\alpha\varepsilon} & (\alpha = k/T_0) \\ 0 & (\text{其他}) \end{cases} \tag{7.3.36}$$

其中 $r_p^\alpha(\tau) \triangleq \int_{-\infty}^{+\infty} p(t + \tau/2) p^*(t - \tau/2) e^{-j2\pi\alpha t} dt$。得到用公式(7.3.35)表示的 PAM 信号的循

环谱(图 7.3.4)。其中脉冲周期归一化为 1/6。

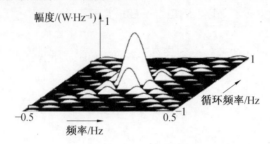

图 7.3.4　PAM 信号的循环谱

3. MPSK 信号的循环谱

BPSK 和 QPSK、OQPSK 是 3 种常用的 PSK 调制信号。对于 3 种信号可以用统一的数学表达式表示为

$$X(t) = c(t)\cos(2\pi f_c t + \varphi_0) - s(t)\sin(2\pi f_c t + \varphi_0) + n(t) \tag{7.3.37}$$

其中

$$c(t) = \sum_{n=-\infty}^{+\infty} c_n q(t - n T_0 - t_0) \tag{7.3.38}$$

$$s(t) = \sum_{n=-\infty}^{+\infty} s_n q(t - n T_0 - t_0) \tag{7.3.39}$$

对于 BPSK 信号 $s(t) = 0$，对于 QPSK 信号，表示式如式(7.3.37)所示。对于 OQPSK 信号，$c(t) = \sum_{n=-\infty}^{+\infty} c_n q(t - n T_0 - t_0 - \frac{1}{2} T_0)$。假设 c_n 是等概率相互独立的随机变量，且 $q(t)$ 为高度为 1、宽度为 T_s 的矩形波。对于 BPSK 信号，它的循环谱的表达式为

$$S_X^\alpha(f) = \frac{1}{4 T_0} \big[S_c^\alpha(f + f_c) + S_c^\alpha(f - f_c) + S_c^{\alpha + 2f_0}(f) e^{-j2\varphi_0} + S_c^{\alpha - 2f_0}(f) e^{j2\varphi_0} \big] \tag{7.3.40}$$

$$(\alpha = \pm 2 f_c + k T_0, \alpha = k T_0, k \text{ 为整数})$$

其中

$$S_c^\alpha(f) = \frac{1}{T_0} Q(f + \alpha/2) Q^*(f - \alpha/2) \widetilde{S}_c^\alpha(f) \tag{7.3.41}$$

其中，$S_c^\alpha(f)$ 为 $c(t)$ 的循环谱；$\widetilde{S}_c^\alpha(f)$ 为 c_n 的循环谱，则

$$Q(f) = \frac{\sin \pi f T_s}{\pi f} \tag{7.3.42}$$

则式(7.3.40)表示的 BPSK 信号的循环谱如图 7.3.5 所示。

对于 QPSK 信号，假设 c_n 和 s_n 相互独立，且都是等概率相互独立的随机变量。采取和 BPSK 信号相同的处理方法，并且假设同相和正交分量平衡，且都是互不相关的平稳随机序列，因此

$$S_c^\alpha(f) - S_s^\alpha(f) = S_{cs}^\alpha(f) = 0 \tag{7.3.43}$$

$$S_c^\alpha(f) = \begin{cases} R_c(0) & (\alpha = k / T_0) \\ 0 & (\alpha \neq k / T_0) \end{cases} \tag{7.3.44}$$

得到循环谱的公式为

$$S_X^\alpha(f) = \frac{R_c(0)}{T_0} e^{j2\pi\alpha t_0} \big[Q(f+\alpha/2+f_c)Q^*(f-\alpha/2+f_c) +$$

$$Q(f+\alpha/2-f_c)Q^*(f-\alpha/2-f_c) \big] \quad (\alpha = kT_0, k \text{ 为整数})$$

$$(7.3.45)$$

图 7.3.6 给出式(7.3.45) 所表达的 QPSK 信号的循环谱示意图。

对于 OQPSK 信号,如果 $\{C_n\}$ 和 $\{S_n\}$ 是统计独立、互不相关的二进制序列,且 $S_{cs}^\alpha(f) \equiv 0$,均值为 0。则

$$S_c^\alpha(f) = S_s^\alpha(f) = \begin{cases} R_c(0) & (\alpha = k/T_0) \\ 0 & (\alpha \neq k/T_0) \end{cases} \quad (7.3.46)$$

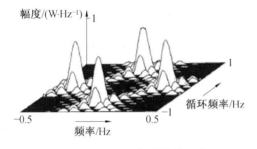

图 7.3.5　BPSK 信号的循环谱

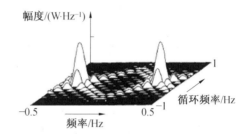

图 7.3.6　QPSK 信号的循环谱

则 OQPSK 信号的循环谱公式为式(7.3.47),图 7.3.7 则是式(7.3.47)表示的循环谱幅度示意图。

$$S_X^\alpha(f) = \begin{cases} \frac{R_c(0)}{T_0}\big[Q(f+\alpha/2+f_c)Q^*(f-\alpha/2+f_c) + \\ \qquad Q(f+\alpha/2-f_c)Q^*(f-\alpha/2-f_c)\big]e^{j2\pi\alpha t_0} \quad (\alpha=m/T_0, m \text{ 为偶数}) \\ \frac{R_c(0)}{T_0}\big[Q(f+\alpha/2+f_c)Q^*(f-\alpha/2+f_c) \cdot \exp\{-i(2\pi[\alpha+2f_c]t_0+2\varphi_0)\} + \\ \qquad Q(f+\alpha/2-f_c)Q^*(f-\alpha/2-f_c) \cdot \exp\{-i(2\pi[\alpha-2f_c]t_0-2\varphi_0)\}\big] \\ \qquad (\alpha=\pm 2f_c+m/T_0, m \text{ 为奇数}) \end{cases}$$

$$(7.3.47)$$

如果把 OQPSK 信号中 $q(t)$ 用半个周期的余弦信号代替,即

$$q(t) = \begin{cases} \cos(\pi t/T_s) & (|t| \leqslant T_s) \\ 0 & (|t| > T_s) \end{cases} \quad (7.3.48)$$

则 OQPSK 变成 MSK 信号,则式(7.3.47)仍然可以利用,但此时

$$Q(f) = \frac{1}{2}\big[Q_0(f+1/2T_0) + Q_0(f-1/2T_0)\big] \quad (7.3.49)$$

其中 $Q_0(f)$ 就是式(7.3.47) 中的 $Q(f)$。图 7.3.8 是根据式(7.3.47) 和式(7.3.49)表示的 MSK 循环谱幅度示意图。

从以上可以看出调制信号谱相关函数的特性有以下两点:

① 不同类型的调制信号(如:AM,PM,BPSK,QPSK 等),它们的功率谱密度函数可能完全相同,但它们的谱相关函数却存在着明显的不同。因此,利用谱相关函数比用功率谱函数更有利于信号的分类与识别。

② 循环谱将通常的功率谱定义域从频率轴推广到频谱频率 — 周期频率双频率平面,谱相

关函数包含了调制信号中与时间函数有关的频率信息和相位信息,从循环谱的幅度和相位中可测得正弦信号的频率和相位参数。因此,循环谱分析是一种比功率谱更完善的信号分析工具。

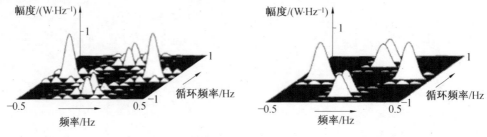

图 7.3.7　OQPSK 信号的循环谱　　　　图 7.3.8　MSK 信号的循环谱

7.3.5　循环谱理论的应用领域及其优点

根据循环矩和累计量理论,通信信号的循环特征能反映出信号的许多特征,主要有载波频率、脉冲周期、码片周期、跳频数目、调制方式。因此利用循环谱理论能解决软件无线电、认知无线电中许多信号处理任务,主要包括信道估计、载波频率、符号速度、扩频码的有关参数识别,调制方式识别,载波同步(定时参数估计,频偏估计) 等。其应用总结如下。

1. 信号检测和分类

传统的信号检测理论和方法是基于能量检测的,由于它一般以测量某一频带的能量为依据,因而当背景噪声未知、时变、信噪比非常低时得到的结果不可靠,比如现在的扩频通信系统,信噪比都比较低。另外,当信号与噪声在时间和频谱上均重叠时,基于能量检测的传统方法便无能为力。

周期平稳信号处理能克服上述能量检测缺点。因为一般的噪声,高斯的或非高斯的,平稳或非平稳的不是周期平稳信号,它的周期矩或周期累计量或周期多谱不存在即等于零,也即是它的周期统计量为零。另外,对于时域和频域都重叠的信号,由于要被不同的载波和不同的调制方式调制,被不同的扩频码扩频,有不同的脉冲速度或键控速度等使得它们的循环统计量或循环谱不同,因此信号的循环平稳处理还能抗干扰。

2. 系统 / 信道辨识

在以往的系统 / 信道辨识中,把系统 / 信道输出序列作为平稳过程,此时采用二阶统计特性只能恢复系统传递函数的幅度而不能恢复其相位。要完全恢复系统传递函数必须用高阶统计特性。高阶统计特性的估计需要相对长的数据。如果对系统 / 信道输出过采样,可得到周期平稳序列,周期平稳信号处理分析其周期时变的数据相关函数,可得到相位信息。因而由二阶周期统计特性(周期自相关函数) 即可辨识系统 / 信道,而不必采用高阶统计特性。由于二阶周期统计特性的估计比高阶统计估计需要较短的数据,因而利用周期平稳性可得到更快速的系统 / 信道辨识算法。

3. 信号同步

在通信系统中,尤其是在日益广泛应用的数字通信系统中,同步与定时恢复是至关重要的。一般的同步方法是对输入信号进行非线性变换产生一定的谱线,然后用锁相环使恢复的时钟与输入的时钟同频同相。目前的同步器多采用平方或延迟乘积来产生谱线。将输入信号作为周期平稳信号来处理，通过计算谱相关函数可以找到所有可能被恢复的谱线，增强了同步器设计的灵活性。信号的周期平稳性，从另一个角度又可理解为信号经过时不变非线性变换后，将产生频率为二倍载波频率（$\alpha = 2f_0$）、相位为 2θ 的正弦信号，此时周期频率的最佳谱线所对应的二次非线性变换的核函数由信号的谱相关函数和噪声的功率谱函数完全确定。

4. 信号到达方向估计

在常规的信号到达方向估计中，主要利用信号的空间特性（空间时延），例如子空间方法。许多算法也是通过寻找信号子空间来估计信号到达方向，这些方法的不足是仅利用了信号的空间特性。

周期平稳信号处理利用信号的周期平稳性，用空间域与时间域相结合的处理方法，提高了估计的信噪比，改善了估计性能。这种方法用周期互相关矩阵代替一般子空间算法中的相关矩，周期互相关矩阵引入了空间域的处理，因而它同时考虑了信号的空间特性和时间特性，利用了周期平稳信号中的谱相关冗余，可以从根本上去除背景噪声和其他具有不同周期频率的同带干扰的影响，得到了信噪比的提高。对于噪声和干扰信号的相关特性不需要确切的了解，从而避免了传统算法的一些限制。

5. 均衡和干扰

自适应滤波器广泛应用于均衡时不变或慢变信道，LMS(Least Mean Square) 型自适应算法收敛速度较慢，当信道变化很快或衰落很深时，不能满足要求。RLS(Recursive Least Square) 型自适应算法收敛速度较快，但其数值稳定性有待提高。自适应滤波假定输入是平稳的，未考虑信号的时变特性，因而要进一步提高均衡性能，需要进一步考虑信道的时变模型。

对输入信号按波特率抽样，得到的是平稳信号，但如果过采样，得到的是一个周期平稳信号。利用信号的周期平稳性，可以克服 LMS 自适应算法收敛慢的不足，实现对快衰落信道的均衡。在调制信号中，若干扰和信号处于同一频带，它们虽然从频谱上不能分开，但利用它们不同的周期频率集，仍能将它们分开。并且由于周期平稳信号的谱相关特性，不仅能去除干扰，而且可以利用谱相关，用处于另一频带的干扰较小的信号代替去除干扰过程中受影响的有效信号，从而从总体上减少有效信号的失真。

另外，循环平稳信号处理还可以处理移动通信中的许多问题，如盲自适应天线陈列处理等。因此，循环平稳信号处理在许多领域得到了广泛应用，值得进一步深入研究。

在通信信号处理操作中，采样、扩频、调制等处理都能使通信信号产生循环平稳性。在移动通信中，如 GPS、CDMA(Code Division Multiple Access) 系统，这些系统的信号都具有周期平稳性。也就是说，通信信号本身或经过某种处理后都将具有循环平稳，因此，循环平稳随机信号理论适合所有的通信信号处理。移动通信具有复杂的信道，各种衰落和码间干扰均存在。并且，移动通信用户的移动性有很大差异，既有低速步行用户，也有高速车载用户。因此，移动通信的信道可用线性时变模型表示。应该注意，软件无线电中的一个重要理论，即多速率信号处理也可以采用循环平稳过程理论来解决。循环平稳理论的优点有以下几点：

① 分辨率高。如果时间信号是周期平稳的，即使信号的功率谱是连续的，其谱相关平面图体现的信号特征仍是按周期频率离散分布的。因此功率谱中那些交叠在一起的特征，在用

谱相关处理时仍可有效地加以离析鉴别。

② 抗干扰性强。因为实际信号的噪声环境一般都不理想,信噪比有可能很低,采用常规谱分析法时,信号的谱特征往往会淹没于背景噪声中。如果采用谱相关函数法,则因背景噪声在周期频率非零处没有谱特征,因此分析周期频率非零处的周期谱,就完全摆脱了背景噪声的影响。

③ 信息丰富。谱相关函数法一改传统的时频及其变换平面的信号分析方法,建立起了所谓的循环频率－谱频率平面,开辟了更为丰富的信号分析领域。除了通过循环谱把信号分离识别之外,还可通过检测循环谱的幅度、位移等特征来测定载波、定时信息、脉冲速率及相位信息等。

综上所述,循环平稳理论能解决信号处理的很多问题,并且具备很多优点。

参考文献

[1] 陈希孺. 数理统计学简史[M]. 长沙:湖南教育出版社,2002.

[2] 陈希孺. 概率论与数理统计[M]. 合肥:中国科学技术大学出版社,2014.

[3] 盛骤,谢式千,潘承毅. 概率论与数理统计[M]. 北京:高等教育出版社,2002.

[4] 徐传胜.圣彼得堡概率学派的大数定理理论探析[J].西北大学学报(自然科学版),2011,41(4):727-732.

[5] 徐传胜,潘丽云,任瑞芳.惠更斯的14个概率命题研究[J].西北大学学报(自然科学版),2007,37(1):164-168.

[6] SHELDON M R. Introduction to probability models[M]. 10th ed. San Diego. California:Academic Press Elsevier,2010.

[7] 赵淑清. 随机信号分析 [M]. 2 版.北京:电子工业出版社,2013.

[8] 李兵兵. 随机信号分析教程[M]. 北京:高等教育出版社,2012.

[9] 陈义平. 随机信号分析[M]. 哈尔滨:哈尔滨工业大学出版社,2012.

[10] 南利平. 通信原理简明教程[M]. 北京:清华大学出版社,2007.

[11] 曹志刚. 现代通信原理[M]. 北京:清华大学出版社,2012.

[12] 张贤达. 现代信号处理[M]. 2 版.北京:清华大学出版社,2002.

[13] 朱华,黄辉宁,李永庆,等.随机信号分析[M]. 北京:北京理工大学出版社,1990.

[14] 普罗克斯. 现代通信系统——使用 matlab[M]. 刘树棠,译. 西安:西安交通大学出版社,2001.

[15] PROAKIS J G. Digital communications [M]. 5th ed. Beijing:Publishing House of Electronics Industry,2013.

[16] PROAKIS J G,MANOLAKIS D G. Digital signal processing:principles,algorithms,and applications[M].4th ed. New Jersey:Prentice Hall ,2006.

[17] LUDEMAN L C.随机信号——滤波、估计与检测[M]. 邱天爽,李婷,毕英伟,等译. 北京:电子工业出版社,2005.

[18] 张贤达,保铮.非平稳信号分析与处理[M]. 北京:国防工业出版社,1998.

[19] 王大凯,彭进业. 小波分析及其在信号处理中的应用[M]. 北京:电子工业出版社,2006.

[20] DAUBECHIES I.小波十讲[M]. 李建平,译.北京:国防工业出版社,2004.

[21] 高玉龙. 基于循环谱的调制方式识别与高动态同步技术研究[D]. 哈尔滨:哈尔滨工业大学,2007.

[22] GARDNER W A. The role of spectral correlation in design and performance analysis of synchronizers[J]. IEEE Trans. on Communications, 1986,34:1089-1095.

[23] GARDNER W,FRANKS L. Characterization of cyclostationary random signal proces-

ses[J]. IEEE Trans. on Information Theory, 1975, 21: 4-14.

[24] GARDNER W A. Stationarizable random processes[J]. IEEE Trans. on Inform. Theory, 1978, 24: 8-22.

[25] BOYLES R, GARDNER W A. Cycloergodic properties of discrete-parameter nonstationary stochastic processes[J]. IEEE Trans. on Information Theory, 1983, 29: 105-114.

[26] GARDNER W A. Signal interception: A unifying theoretical framework for feature detection[J]. IEEE Trans. on Communications, 1988, 36: 897-906.

[27] GARDNER W A. Spectral correlation of modulated signals: Part I —analog modulation[J]. IEEE Trans. on Communications, 1987, 35: 584-594.

[28] GARDNER W A, BROWN W, CHEN CHIH-KANG. Spectral correlation of modulated signals: Part II —digital modulation[J]. IEEE Trans. on Communications, 1987, 35: 595-601.

[29] GARDNER W A, SPOONER C. The cumulant theory of cyclostationary time-series. I. Foundation[J]. IEEE Trans. on Signal Processing, 1994, 42: 3387-3408.

[30] GARDNER W A. Measurement of spectral correlation[J]. IEEE Transactions on Acoust, Speech, Signal Processing, 1986, 34: 1111-1123.

[31] DANDAWATE A, GIANNAKIS G. Nonparametric polyspectral estimators for kth-order (almost) cyclostationary processes[J]. IEEE Transactions on Information Theory, 1994, 40: 67-84.

[32] SPOONER C, GARDNER W A. The cumulant theory of cyclostationary time-series. II. development and applications[J]. IEEE Transactions on Signal Processing, 1994, 42: 3409-3429.

[33] IZZO L, NAPOLITANO A. The higher order theory of generalized almost cyclostationar time series[J]. IEEE Trans. on Signal Processing, 1998, 46: 2975-2989.

[34] NAPOLITANO A, SPOONER C. Cyclic spectral analysis of continuous-phase modulated signals[J]. IEEE Trans. on Signal Processing, 2001, 49: 30-44.

[35] FERREOL A, CHEVALIER P, ALBERA L. Second-order blind separation of first-and second-order cyclostationary sources-application to AM, FSK, CPFSK, and deterministic sources[J]. IEEE Transactions on Signal Processing, 2004, 52(4): 845-861.

[36] FUSCO T, IZZO L, NAPOLITANO A. On the second-order cyclo-stationarity properties of long-code DS-SS signals[J]. IEEE Transactions on Communications, 2006, 54(10): 1741-1746.